중·고교 연결수학

중학교 수학의 기초가 없어도 어려운 고등학교 수학을
쉽게 공부할 수 있는 유일한 수학 교재

공통수학 2 상

중간고사 대비

중고교 연결수학을 펴내면서

▌왜 수학 때문에 고민하십니까?

학생1 : 중학교 때 열심히 공부하지 않은 것을 많이 후회했는데 중고교 연결수학으로 공부하면서 중학교 수학의 기초부터 다져가며 공부할 수 있어 정말 너무 좋아요. 고등학교에 입학하기 전에 열심히 공부하여 원하는 대학에 꼭 합격할 거예요!

학생2 : 중학교 수학과는 달리 고등학교 수학은 어렵고 분량도 많아 미리 공부했지만 머릿속에 남아있는 것이 아무것도 없어 고민했는데 중고교 연결수학을 만나면서 수학이 재미있어졌어요! 이 책에는 여러 가지 특별한 장점이 많아요. 특히 일타강사의 명쾌하고 요약된 강의는 머릿속에 온전히 남아있어 문제를 풀 때 큰 도움이 되고 있어요. 이제부터 정말 열심히 공부하여 소위 말하는 SKY 대학에 진학할 거예요!

위와 같은 사례는 직접 학생들을 상담하면서 수학 때문에 고민하는 많은 학생들에게 들었던 내용입니다.

▌수학에 대한 고민 완전 해결

고등학교 수학은 학생들이 많이 어려워하고 나름대로 열심히 공부해 보지만 실제로 학교 내신성적이 잘 오르지 않아 고민하는 학생이 의외로 많습니다. 따라서 고차원수학에서는 이런 학생들의 고민을 해결하고자 최초로 중고교 과정을 연결하는 수학 교재를 개발하였습니다.

본 교재는 어느 출판사에서도 시도해 본 적이 없는 여러 가지 좋은 교육 노하우가 담겨있고 이미 현장 강의에서 큰 호응을 얻고 있으니 고등학교 수학을 공부하면서 어려움을 겪고 있는 학생들에게 큰 도움이 될 수 있다고 확신합니다. 이 책으로 공부한 학생들이 수학의 어려움을 딛고 일어나 수학에 자신감을 갖고 열심히 공부할 수 있기를 바랍니다.

🎓 고차원능률학습연구소

중고교 연결수학의 구성과 특징

고차원수학에서는 어려운 수학을 학생들이 쉽고 재미있게 공부할 수 있도록 연구 개발하여 다음과 같이 다른 교재와 차별화된 내용으로 편찬하였습니다.

1 최초로 중고교 연결과정 선수학습

이 책에서는 각 단원마다 중고교 연결과정을 선수학습 함으로써 중학교 수학의 기초가 없어도 고등학교 수학을 쉽게 공부할 수 있도록 하였습니다.

2 최초로 수학 일타강사의 현장 강의 수록

이 책에서는 수학 일타강사의 현장 강의 내용을 그대로 수록하여 복잡한 수학의 개념과 원리를 한눈에 알아보고 머릿속에 오래 기억될 수 있도록 하였습니다.

3 최초로 탐구학습을 통해 문제를 보는 방법과 푸는 방법 제시

이 책에서는 일타강사의 강의가 문제에 어떻게 적용되는가를 보여주고 탐구학습을 통해 문제를 보는 방법과 푸는 방법을 연마할 수 있도록 하였습니다.

4 최초로 각 단원마다 복습 확인 문제로 점검

이 책에서는 각 단원마다 복습 확인 문제 A, B 단계를 두어 앞에서 배운 내용을 복습하고 점검할 수 있도록 하였습니다.

5 최초로 각 단원 끝에 반복학습기록란 배치

이 책에서는 각 단원 끝에 반복학습기록란을 배치하여 학생 스스로 반복 학습한 횟수를 기록하고 선생님이 체크하므로써 반복 학습할 때마다 수학 실력이 향상되는 것을 직접 느낄 수 있도록 하였습니다.

이 책의 학습방법

1 개념학습 방법

개념 은 대부분 복잡하고 긴 문장으로 이루어져 있기 때문에 잘 이해하려면 중요한 것에 밑줄을 그어 가면서 정독해야 한다.

2 강의학습 방법

강의 는 복잡한 개념을 간단하게 요약해 놓은 것으로 언제든지 머리 속에서 꺼내 활용할 수 있도록 이해하고 암기해 두어야 한다.

3 예시학습 방법

예시 는 요약된 강의 내용이 문제에 어떻게 적용되는지를 보여주는 것으로 반드시 강의를 활용하여 문제를 풀도록 해야 한다.

4 탐구학습 방법

탐구 는 어려운 문제를 한눈에 알아보고 쉽게 푸는 방법을 제시해 주는 것으로 탐구를 통해 문제를 볼 줄 아는 안목을 길러야 한다.

5 풀이학습 방법

풀이 는 가장 쉽고 간결하게 풀어놓았으니 풀이를 읽으면서 이해하거나 연습장에 쓰면서 따라 풀어보도록 한다.

6 유제학습 방법

1, 2단계로 구성하여 유제 1단계 문제는 예제와 비슷한 난이도로 출제하였고 유제 2단계는 난이도를 높여 한번 더 생각하며 풀 수 있도록 하였으니 학생 스스로 풀어보고 안 풀리는 문제는 선생님께 질문하여 해결하도록 한다.

어려운 수학 문제를 잘 풀 수 있는 방법은 잘 모르는 문제와 씨름하지 말고 자신이 잘 알고 있는 개념과 문제를 여러 번 반복 학습하는 것이다. 그렇게 하면 수학 실력이 향상되어 어려운 문제도 쉽게 풀 수 있는 능력이 생긴다는 것을 명심해야 한다.

이 책의 내용을 한 눈에

I 도형의 방정식

Ⅰ.
도형의 방정식

P A R T

01

점과 직선

- ◈ 중·고교 연결과정 선수학습
- **1** 평면좌표
- **2** 직선의 방정식
- ◈ 반복학습 기록란
- ◈ 연습문제 (A) (B)

> **명언**
>
> 당신의 행복은 무엇이 당신의 영혼을 노래하게 하는가에 따라 결정된다.
>
> - 낸시 설리번 -

1 삼각형의 내심과 외심

[1] 삼각형의 내심

➜ 삼각형의 내접원의 중심을 **내심**이라 하고, 내심에서 세 변까지의 거리가 모두 같다.

➜ 내심은 삼각형의 세 내각의 이등분선의 교점이다.

[2] 삼각형의 외심

➜ 삼각형의 외접원의 중심을 **외심**이라 하고, 외심에서 세 꼭짓점까지의 거리가 모두 같다.

➜ 외심은 삼각형의 세 변의 수직이등분선의 교점이다.

강의 삼각형의 내심은 각을 이등분, 외심은 변을 수직이등분한 것이다!

➜ 삼각형의 세 변의 길이를 a, b, c라 하고 내접원의 반지름의 길이를 r, 외접원의 반지름의 길이를 R이라 할 때

(1) 내심(內心)

① 정의 – 세 내각의 이등분선의 교점

② 내심에서 세 변에 이르는 거리는 같다.
   → 내접원의 중심

③ 넓이 $S = pr\left(\text{단},\ p = \dfrac{a+b+c}{2}\right)$

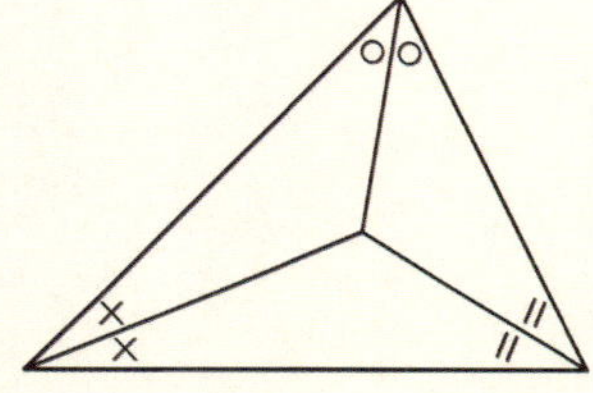

(2) 외심(外心)

① 정의 – 세 변의 수직이등분선의 교점

② 외심에서 세 꼭짓점까지의 거리는 같다.
   → 외접원의 중심

③ 외심의 위치

　ⅰ) 예각 △형 : 안에

　ⅱ) 직각 △형 : 빗변에

　ⅲ) 둔각 △형 : 밖에

④ 넓이 $S = \dfrac{abc}{4R}$

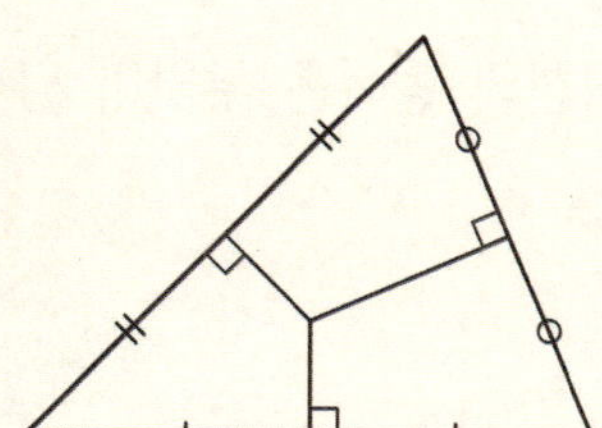

주의 무게중심과 내심, 외심이 일치하면 정삼각형이다.

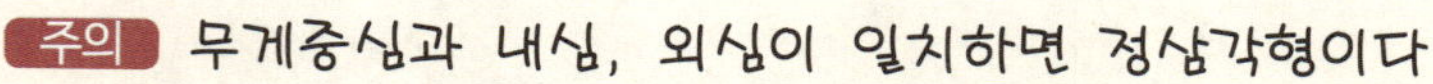

內(안 내)　外(바깥 외)　心(마음 심)

기 | 본 | 예 | 제 01

$\triangle ABC$에서 $\overline{AB} = 4\,cm$, $\overline{BC} = 3\,cm$, $\overline{AC} = 3\,cm$이다. $\triangle ABC$의 넓이가 $5\,cm^2$일 때,
$\triangle ABC$의 내접원의 반지름의 길이를 구하시오.

탐구 $S = pr\left(단, p = \dfrac{a+b+c}{2}\right)$

풀이 세 변의 길이의 합은 $a+b+c = 10$이므로
내접원의 반지름의 길이를 r이라 하고 넓이를 구하면
$$\triangle ABC = \frac{1}{2} r \times 10 = 5 \qquad \therefore\ r = 1\,cm$$

정답 $1\,cm$

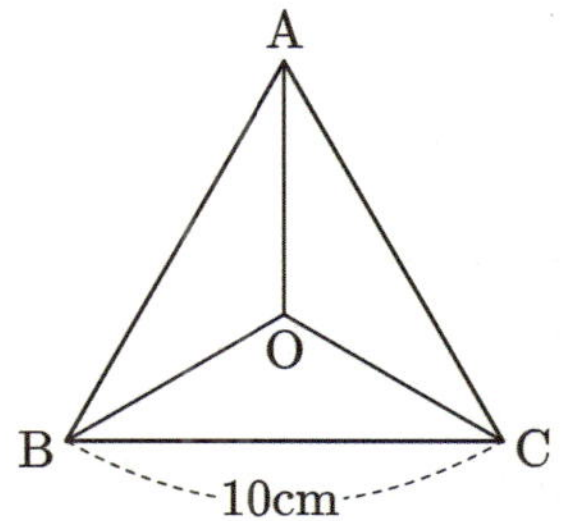

유제 01-1 오른쪽 그림에서 점 O는 $\triangle ABC$의 외심이고,
$\overline{BC} = 10\,cm$이다. $\triangle OBC$의 둘레의 길이가
$22\,cm$라 할 때, $\overline{OA}$의 길이를 구하시오.

유제 01-2 오른쪽 그림과 같이 $\angle C = 90\,°$인 직각삼각형
ABC에서 $\overline{BC} = 6\,cm$, $\overline{CA} = 8\,cm$일 때, 외접
원의 둘레의 길이를 구하시오.

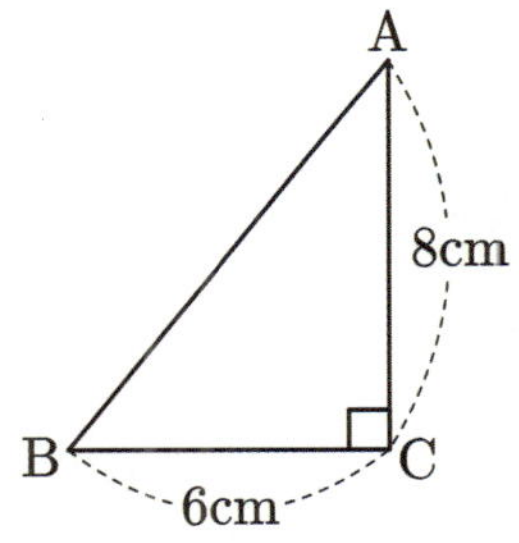

유제 01-3 오른쪽 그림에서 점 I는 $\triangle ABC$의 내심일 때,
내접원의 반지름의 길이를 구하시오.

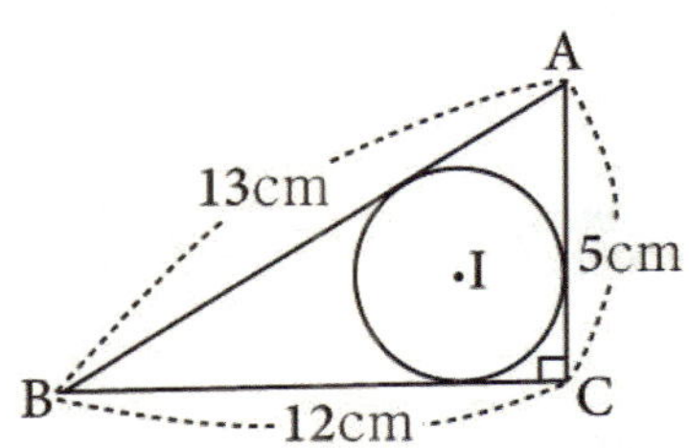

2 직선의 기울기

→ 직선의 기울기 $m = \dfrac{(y\text{의 값의 증가량})}{(x\text{의 값의 증가량})}$

$\qquad\quad = \dfrac{y_2 - y_1}{x_2 - x_1}$

$\qquad\quad = \tan\theta$

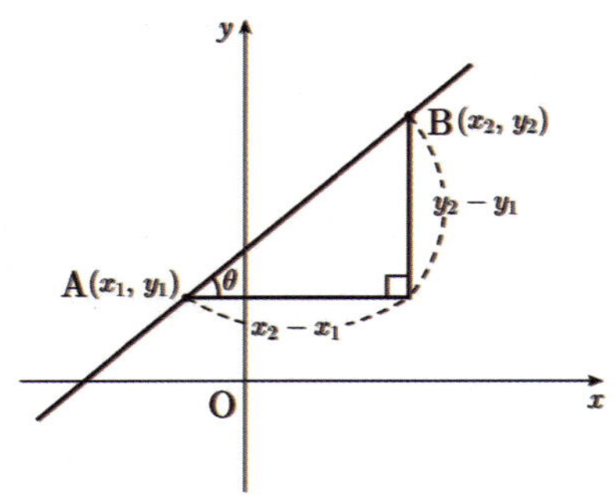

강의 기울기를 구하는 여러 가지 방법을 알아두어라!

→ 기울기 $m = \dfrac{\triangle y}{\triangle x}$ (길이를 알 때)

$\qquad\quad = \dfrac{y_2 - y_1}{x_2 - x_1}$ (두 점을 알 때)

$\qquad\quad = \tan\theta$ (양각을 알 때)

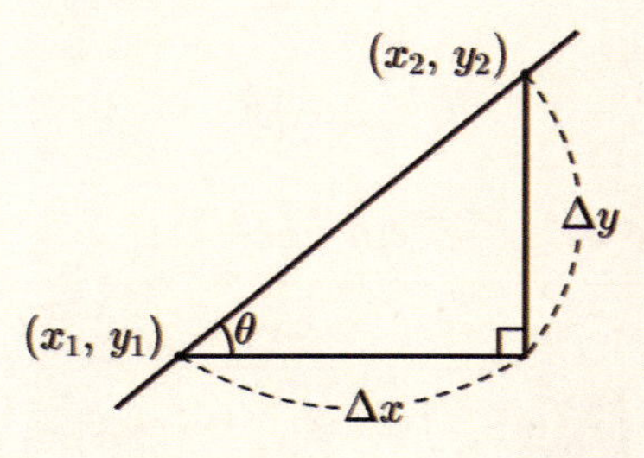

기|본|예|제 02

다음의 각 경우에 직선의 기울기 a를 구하시오.
(1) 길이를 알 때
(2) 두 점을 알 때
(3) 양각을 알 때

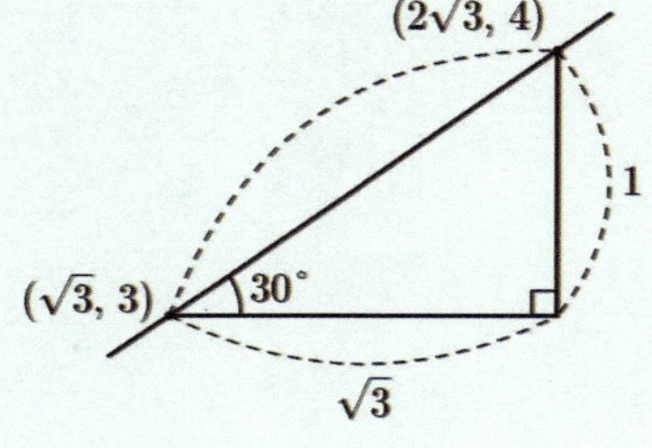

탐구 직선의 기울기는 여러 가지 방법으로 구할 수 있다.

풀이

(1) $a = \dfrac{\triangle y}{\triangle x} = \dfrac{1}{\sqrt{3}} = \dfrac{\sqrt{3}}{3}$

(2) $a = \dfrac{y_2 - y_1}{x_2 - x_1} = \dfrac{4-3}{2\sqrt{3}-\sqrt{3}} = \dfrac{1}{\sqrt{3}} = \dfrac{\sqrt{3}}{3}$

(3) $a = \tan\theta = \tan 30° = \dfrac{1}{\sqrt{3}} = \dfrac{\sqrt{3}}{3}$

정답 풀이참조

유제 02-1 직선이 x축의 양의 방향과 이루는 각이 $60°$일 때, 이 직선의 기울기를 구하시오.

유제 02-2 세 점 $A(a-5, 1)$, $B(-2, 4)$, $C(a, -2)$가 한 직선 위에 있도록 하는 a의 값을 구하시오.

평면좌표

1 두 점 사이의 거리

[1] 수직선 위의 두 점 $A(x_1)$, $B(x_2)$ 사이의 거리

➡ $\overline{AB} = |x_2 - x_1| = |x_1 - x_2|$

[2] 좌표평면 위의 두 점 $A(x_1, y_1)$, $B(x_2, y_2)$ 사이의 거리

➡ $\overline{AB} = \sqrt{(x_2 - x_1)^2 + (y_2 - y_1)^2} = \sqrt{(x_1 - x_2)^2 + (y_1 - y_2)^2}$

체크 **특수한 경우의 두 점 사이의 거리**

(1) 두 점 A, B 사이의 거리

➡ x축 평행인 경우이므로 ⇒ $\overline{AB} = 右 - 左 = b - a$

(2) 두 점 C, D 사이의 거리

➡ y축 평행인 경우이므로 ⇒ $\overline{CD} = 上 - 下 = c - d$

(3) 두 점 E, F 사이의 거리

➡ 일반적인 경우이므로 ⇒ $\overline{EF} = \sqrt{(x_2 - x_1)^2 + (y_2 - y_1)^2}$

(4) 두 점 O, G 사이의 거리

➡ O가 원점인 경우이므로 ⇒ $\overline{OG} = \sqrt{x_3^2 + y_3^2}$

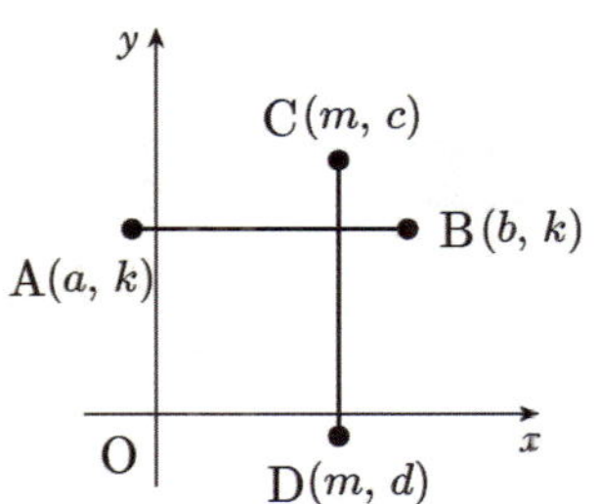
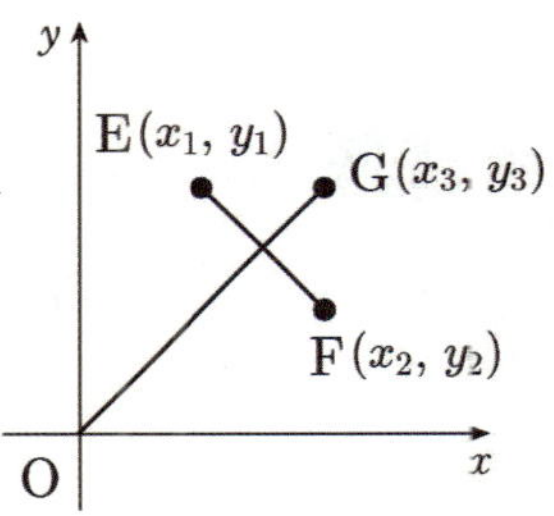

강의 **두 점 사이의 거리는 공식을 이용하면 된다!**

(1) 수직선상

① 대소경우 → $\overline{AB} = 大 - 小$

② 미지경우 → $\overline{AB} = |a - b|$

(2) 수평면상

① x축 평행 → $\overline{AB} = 右 - 左$

② y축 평행 → $\overline{AB} = 上 - 下$

③ 일반경우 → $\overline{AB} = \sqrt{(x_2 - x_1)^2 + (y_2 - y_1)^2}$

④ 원점경우 → $\overline{OA} = \sqrt{x_1^2 + y_1^2}$

大(클 대) 小(작을 소) 右(오른 우) 左(왼 좌) 上(윗 상) 下(아래 하)

두 점 $A(1, 2)$, $B(x+2, 5)$에 대하여 $\overline{AB} = \sqrt{13}$이 되게 하는 x의 값을 모두 구하시오.

탐구 두 점 (x_1, y_1), (x_2, y_2) 사이의 거리 $= \sqrt{(x_2 - x_1)^2 + (y_2 - y_1)^2}$

풀이 $\overline{AB} = \sqrt{(x+2-1)^2 + (5-2)^2} = \sqrt{(x+1)^2 + 9} = \sqrt{x^2 + 2x + 10}$

$\overline{AB} = \sqrt{13}$이므로

$$\sqrt{x^2 + 2x + 10} = \sqrt{13} \quad x^2 + 2x + 10 = 13$$

$$x^2 + 2x - 3 = 0 \quad (x+3)(x-1) = 0$$

$$\therefore x = -3 \ \text{또는} \ x = 1$$

정답 -3 또는 1

유제 01-1 다음을 구하시오.

(1) 두 점 $A(-3, 2)$, $B(5, 2)$ 사이의 거리

(2) 두 점 $C(-2, 2)$, $D(-2, -4)$ 사이의 거리

유제 01-2 세 점 $A(3, 4)$, $B(1, -1)$, $C(a, 1)$에 대하여 $\overline{AB} = \overline{BC}$가 성립할 때, a의 값을 모두 구하시오.

두 점 $A(-4, 5)$, $B(3, 2)$에서 같은 거리에 있는 x축 위의 점 P의 좌표를 구하시오.

탐구 x축 위의 점 $\rightarrow P(a, 0)$

풀이 $P(a, 0)$이라 놓으면

$$\overline{AP} = \sqrt{(a+4)^2 + 5^2}$$

$$\overline{BP} = \sqrt{(a-3)^2 + 2^2}$$

$\overline{AP} = \overline{BP}$ 에서 $\overline{AP}^2 = \overline{BP}^2$ 이므로

$$(a+4)^2 + 25 = (a-3)^2 + 4$$

$$\therefore a = -2$$

따라서 점 P의 좌표는 $(-2, 0)$이다.

정답 $(-2, 0)$

유제 02-1 두 점 $A(1, 5)$, $B(-1, 3)$에서 같은 거리에 있는 y축 위의 점 Q의 좌표를 구하시오.

유제 02-2 두 점 $A(0, -3)$, $B(-1, 4)$에서 같은 거리에 있는 $y = x$ 위의 점 R의 좌표를 구하시오.

기 | 본 | 예 | 제 03

두 점 $A(-1, 3)$, $B(5, 1)$에 대하여 $\overline{AP}^2 + \overline{BP}^2$이 최소가 되게 하는 y축 위의 점 P의 좌표와 그 최솟값을 구하시오.

탐구 y축 위의 점 P는 $(0, b)$로 놓고 계산한다.

풀이   점 P의 좌표를 $(0, b)$라 놓고, $\overline{AP}^2 + \overline{BP}^2$을 계산하면

$$\begin{aligned}\overline{AP}^2 + \overline{BP}^2 &= 1 + (b-3)^2 + 25 + (b-1)^2 \\ &= 2b^2 - 8b + 36 \\ &= 2(b^2 - 4b + 4) + 28 \\ &= 2(b-2)^2 + 28\end{aligned}$$

따라서 점 P의 좌표는 $(0, 2)$이고, 최솟값은 28이다.

정답 $P(0, 2)$, 최솟값 : 28

유제 03-1 두 점 $A(-4, 2)$, $B(0, -3)$에 대하여 $\overline{AQ}^2 + \overline{BQ}^2$이 최소가 되게 하는 x축 위의 점 Q의 좌표와 그 최솟값을 구하시오.

유제 03-2 두 점 $A(6, 4)$, $B(5, -1)$에 대하여 $\overline{AR}^2 + \overline{BR}^2$이 최소가 되게 하는 $y = x - 1$ 위의 점 R의 좌표와 그 최솟값을 구하시오.

삼각형 ABC의 세 꼭짓점이 A$(1, 0)$, B$(0, 5)$, C$(5, 4)$일 때, 이 삼각형의 모양을 말하시오.

탐구 세 변의 길이를 구한 후 모양을 판단한다.

풀이 세 변의 길이를 각각 구하면

$$\overline{AB} = \sqrt{(0-1)^2 + (5-0)^2} = \sqrt{26}$$

$$\overline{BC} = \sqrt{(5-0)^2 + (4-5)^2} = \sqrt{26}$$

$$\overline{CA} = \sqrt{(1-5)^2 + (0-4)^2} = \sqrt{32} = 4\sqrt{2}$$

따라서 삼각형 ABC는 $\overline{AB} = \overline{BC}$ 인 이등변삼각형이다.

정답 $\overline{AB} = \overline{BC}$ 인 이등변삼각형

유제 04-1 세 점 A$(4, 3)$, B$(2, 5)$, C$(1, 2)$를 꼭짓점으로 하는 삼각형은 어떤 삼각형인지 말하시오.

유제 04-2 다음 세 점을 꼭짓점으로 하는 삼각형의 모양을 말하시오.

$$O(0, 0), \quad A(a, b), \quad B(a+b, b-a)$$

강의 $\overline{PA} + \overline{PB} + \overline{PC}$의 최소는 꺾인 그래프의 중앙값이다!

→ $|x-a| + |x-b| + |x-c|$의 최소

→ 꺾인 직선 → 중앙값에서 최소

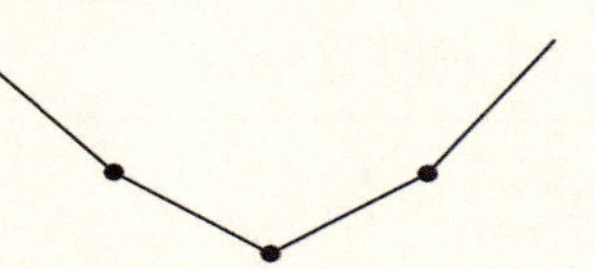

P(x), A(-2), B(2), C(4)일 때, $\overline{PA} + \overline{PB} + \overline{PC}$의 최솟값을 구하시오.

탐구 $|x-a| + |x-b| + |x-c|$의 최소 → 중앙값에서 최소

풀이 점 P의 좌표를 P(x)라 하면 $\overline{PA} + \overline{PB} + \overline{PC} = |x+2| + |x-2| + |x-4|$는 중앙값 $x = 2$일 때, 최솟값을 가진다. $x = 2$를 대입하여 최솟값을 구하면

$$|2+2| + |2-2| + |2-4| = 6$$

정답 6

유제 05-1 수직선 위의 세 점 $A(1)$, $B(2)$, $C(3)$가 있다. 이 직선 위에 점 P를 잡을 때, $\overline{PA}+\overline{PB}+\overline{PC}$가 최소가 되는 점 P의 좌표를 구하고 $\overline{PA}+\overline{PB}+\overline{PC}$의 최솟값을 구하시오.

유제 05-2 $O(0)$, $A(1)$, $B(k)$일 때, 수직선 위의 점 P에 대하여 $\overline{PO}+\overline{PA}+\overline{PB}$의 최솟값이 4가 되게 하는 1보다 큰 k의 값을 구하시오.

강의 $\overline{PA}+\overline{PB}+\overline{PC}+\overline{PD}$의 최소는 사각형의 대각선의 길이의 합이다!

→ □ABCD의 두 대각선의 길이의 합
→ ① 두 대각선의 교점 → $P(x, y)$
   ② 최솟값 → $\overline{AC}+\overline{BD}$

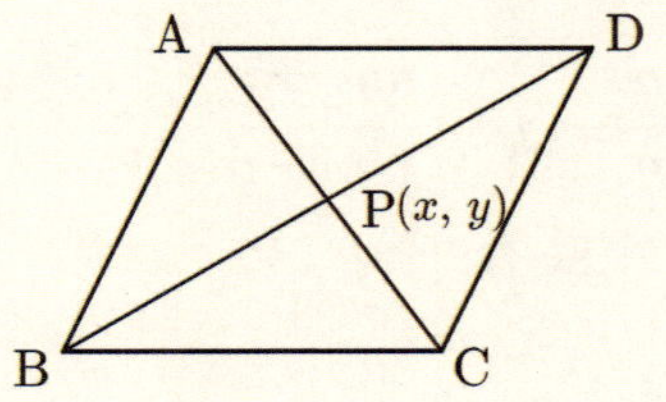

기|본|예|제 06

네 점 $A(-2, 3)$, $B(-1, 1)$, $C(2, 0)$, $D(3, 5)$일 때, 한 점 P에 대하여 $\overline{PA}+\overline{PB}+\overline{PC}+\overline{PD}$의 최솟값을 구하시오.

탐구 $\overline{PA}+\overline{PB}+\overline{PC}+\overline{PD}$의 최소 → □ABCD의 두 대각선의 길이의 합

풀이 $\overline{PA}+\overline{PB}+\overline{PC}+\overline{PD}$의 최솟값은 □ABCD의 두 대각선의 길이의 합과 같으므로

$$\overline{AC}+\overline{BD} = \sqrt{(2+2)^2+(0-3)^2}+\sqrt{(3+1)^2+(5-1)^2} = 5+4\sqrt{2}$$

정답 $5+4\sqrt{2}$

유제 06-1 네 점 $A(-3, 1)$, $B(2, 2)$, $C(2, -2)$, $D(-3, -1)$과 한 점 P에 대하여 $\overline{PA}+\overline{PB}+\overline{PC}+\overline{PD}$의 최솟값을 구하시오.

유제 06-2 네 점 $A(2, 5)$, $B(0, 4)$, $C(2, 0)$, $D(a, 2)$와 한 점 P에 대하여 $\overline{PA}+\overline{PB}+\overline{PC}+\overline{PD}$의 최솟값이 13이라 할 때, 양수 a의 값을 구하시오.

[1] 수직선 위의 내분점

➜ 수직선 위의 두 점 $A(x_1)$, $B(x_2)$를 이은 선분 AB를
$m:n\,(m>0,\,n>0)$으로 내분하는 점 $P(x)$의 좌표는

$$\to\ x=\frac{mx_2+nx_1}{m+n}\left(\neq\frac{mx_1+nx_2}{m+n}\right)$$

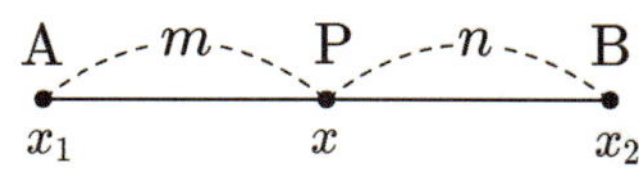

[2] 평면 위의 내분점

➜ 좌표평면 위의 두 점 $A(x_1,\,y_1)$, $B(x_2,\,y_2)$를 이은 선분
AB를 $m:n\,(m>0,\,n>0)$으로 내분하는 점 $P(x,\,y)$의
좌표는

$$\to\ x=\frac{mx_2+nx_1}{m+n},\ y=\frac{my_2+ny_1}{m+n}$$

특히 선분 AB의 중점의 좌표는

$$\to\ x=\frac{x_1+x_2}{2},\ y=\frac{y_1+y_2}{2}$$

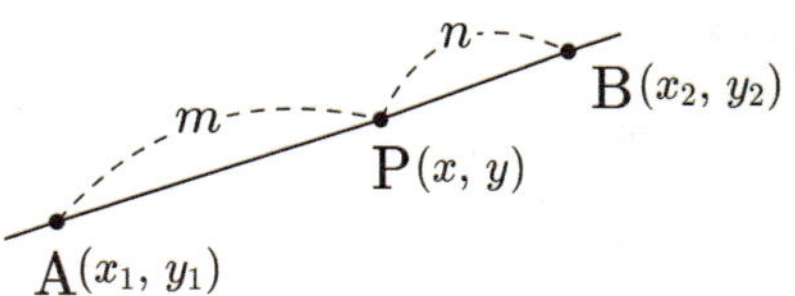

강의 선분 AB를 $m:n$으로 내분하는 점은 곱하는 대상을 정확하게 선정해야 한다!

① 그림

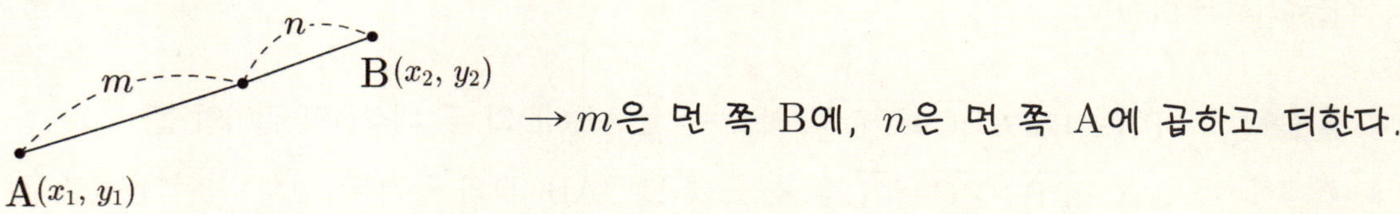

$\to m$은 먼 쪽 B에, n은 먼 쪽 A에 곱하고 더한다.

② 좌표

$A(x_1,\,y_1)\ B(x_2,\,y_2)\qquad m:n \to m$은 안쪽 B에, n은 바깥쪽 A에 곱하고 더한다.

$$\to\ 내분점\left(\frac{mx_2+nx_1}{m+n},\ \frac{my_2+ny_1}{m+n}\right)$$

주의 외분점은 내분점에서 연결부호를 바꾸면 된다.

$$\to\ 외분점\left(\frac{mx_2-nx_1}{m-n},\ \frac{my_2-ny_1}{m-n}\right)$$

두 점 $A(3, 5)$, $B(-1, -3)$에 대하여 선분 AB를 $3:1$로 내분하는 점 P와 선분 AB를 $1:3$으로 내분하는 점 Q의 좌표를 각각 구하시오.

탐구 $A(x_1, y_1)$, $B(x_2, y_2)$ $\rightarrow$ $m:n$ 내분점 $\left(\dfrac{mx_2+nx_1}{m+n}, \dfrac{my_2+ny_1}{m+n} \right)$

풀이 선분 AB를 $3:1$로 내분하는 점 P의 좌표는

$$\left(\frac{3\times(-1)+1\times 3}{3+1}, \frac{3\times(-3)+1\times 5}{3+1} \right) = (0, -1)$$

선분 AB를 $1:3$으로 내분하는 점 Q의 좌표는

$$\left(\frac{1\times(-1)+3\times 3}{1+3}, \frac{1\times(-3)+3\times 5}{1+3} \right) = (2, 3)$$

정답 $P(0, -1)$, $Q(2, 3)$

유제 07-1 두 점 $A(-4, 8)$, $B(6, -2)$를 이은 선분 AB를 $3:2$로 내분하는 점 $P(x, y)$의 좌표를 구하시오.

유제 07-2 두 점 $A(5, 2)$, $B(a, -1)$에 대하여 선분 AB를 $2:b$로 내분하는 점의 좌표가 $(1, 0)$일 때, $a+b$의 값을 구하시오.

두 점 $A(-2, 1)$, $B(2, -4)$를 이은 선분 AB를 $t:1-t$로 내분하는 점 P가 제 3 사분면에 있도록 하는 t의 범위를 구하시오.

탐구 내분점 (x, y)가 제 3 사분면의 점 $\rightarrow x<0, y<0$

풀이 선분 AB를 $t:1-t$로 내분하는 점 P의 좌표를 구하면

$$P(2t-2(1-t), -4t+1-t) = P(4t-2, 1-5t)$$

점 P가 제 3 사분면의 점이므로 $4t-2<0$ $\quad \therefore t < \dfrac{1}{2} \cdots$ ①

$$1-5t<0 \quad \therefore t > \frac{1}{5} \cdots ②$$

①, ②에 의해 $\dfrac{1}{5} < t < \dfrac{1}{2}$

정답 $\dfrac{1}{5} < t < \dfrac{1}{2}$

유제 08-1 두 점 $A(-2, 3)$, $B(2, 2)$를 이은 선분 AB를 $m : 1-m$으로 내분하는 점 P가 제 2 사분면에 있도록 하는 m의 범위를 구하시오.

유제 08-2 두 점 $A(1, -4)$, $B(3, 9)$를 이은 선분 AB를 $1 : k$로 내분하는 점 P가 제 1 사분면에 있도록 하는 양의 정수 k에 대하여 점 P의 좌표를 구하시오.(단, $k \neq 1$)

기|본|예|제 09

두 점 $A(-1, 5)$, $B(1, 3)$을 이은 선분 AB를 연장한 직선 위의 점 C에 대하여 $3\overline{AB} = \overline{BC}$일 때, 점 C의 좌표를 구하시오. (단, 점 C의 x좌표는 양수이다.)

탐구 $3\overline{AB} = \overline{BC}$이므로 $\overline{AB} : \overline{BC} = 1 : 3$이고 점 B는 $\overline{AC}$를 $1 : 3$으로 내분하는 점이다.

풀이 $3\overline{AB} = \overline{BC}$를 비례식으로 나타내면

$$\overline{AB} : \overline{BC} = 1 : 3$$

점 C의 x좌표가 양수이므로 세 점 A, B, C의 위치를 나타내면 다음 그림과 같다.

$$\overset{\overset{1}{\frown} \quad \overset{3}{\frown}}{\underset{A(-1,\,5) \quad B(1,\,3) \qquad\qquad C}{\bullet\!-\!\!-\!\!-\!\bullet\!-\!\!-\!\!-\!\!-\!\!-\!\!-\!\!-\!\bullet}}$$

따라서 점 B가 선분 AC를 $1 : 3$으로 내분하는 점이다.

점 C의 좌표를 (x, y)라 하면

$$\frac{1 \times x + 3 \times (-1)}{1+3} = 1, \quad \frac{1 \times y + 3 \times 5}{1+3} = 3$$

$$\therefore x = 7, \ y = -3$$

$$\therefore C(7, -3)$$

정답 $C(7, -3)$

유제 09-1 두 점 $A(1, 4)$, $B(2, -1)$을 이은 선분 AB를 연장한 직선 위의 점 C에 대하여 $2\overline{AB} = \overline{BC}$일 때, 점 C의 좌표를 구하시오. (단, 점 C의 x좌표는 양수이다.)

유제 09-2 두 점 $A(4, -3)$, $B(0, 3)$을 이은 선분 AB를 연장한 직선 위의 점 C에 대하여 $\overline{AC} = 3\overline{BC}$일 때, 점 C의 좌표를 구하시오. (단, 점 C의 x좌표는 음수이다.)

 사각형의 성질을 이용하여 식을 세운다!

(1) 평행사변형

　① 대변 → 同

　② 대각선 → 서로 이등분 → 중점일치

(2) 마름모

　① 네 변 → 同

　② 대각선 → 서로 수직이등분　　ⅰ) 중점일치 ⅱ) 직교조건

同(같을 동)

기|본|예|제 10

네 점 $A(a, 1)$, $B(3, 5)$, $C(7, 3)$, $D(b, -1)$을 꼭짓점으로 하는 사각형 ABCD가 마름모가 될 때, a, b의 값을 구하시오.

탐구 　마름모는 네 변의 길이가 같고 대각선은 서로 수직이등분하므로 마주보는 두 점을 잇는 선분의 중점의 좌표가 일치함을 이용한다.

풀이 　$\overline{AB} = \overline{BC}$이므로 $\overline{AB}^2 = \overline{BC}^2$

$$(3-a)^2 + (5-1)^2 = (7-3)^2 + (3-5)^2$$

$$a^2 - 6a + 5 = 0$$

$$\therefore a = 1 \text{ 또는 } a = 5 \cdots ①$$

$\overline{AC}$의 중점과 $\overline{BD}$의 중점의 좌표가 일치하므로

$$\left(\frac{a+7}{2}, \frac{1+3}{2} \right) = \left(\frac{3+b}{2}, \frac{5-1}{2} \right)$$

$$a + 7 = 3 + b \quad \therefore b = a + 4 \cdots ②$$

① → ② ; $a = 1$이면 $b = 5$, $a = 5$이면 $b = 9$

정답 　$a = 1$, $b = 5$ 또는 $a = 5$, $b = 9$

유제 10-1 　네 점 $A(a, 4)$, $B(5, b)$, $C(2, 1)$, $D(-2, 2)$를 꼭짓점으로 하는 평행사변형 ABCD에서 $a + b$의 값을 구하시오.

유제 10-2 　네 점 $A(a, 8)$, $B(b, 3)$, $C(7, 2)$, $D(6, 7)$을 꼭짓점으로 하는 마름모 ABCD에서 a, b의 값을 구하시오.

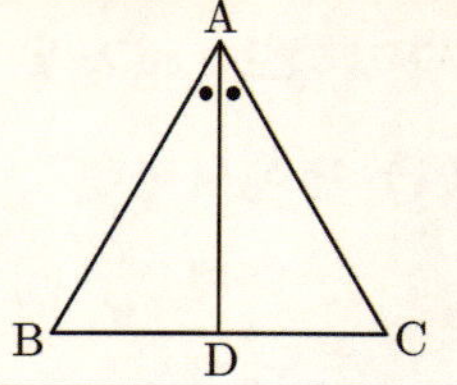

강의 삼각형의 내각의 이등분선의 성질을 잘 기억해두세요!

→ $\triangle ABC$에서 $\angle A$의 이등분선과 $\overline{BC}$의 교점을 D라 하면

→ $\overline{AB} : \overline{AC} = \overline{BD} : \overline{CD}$

기|본|예|제 **11**

오른쪽 그림과 같이 세 점 $A(2, 4)$, $B(-1, 0)$, $C(8, -4)$를 꼭짓점으로 하는 삼각형 ABC의 각 A의 이등분선이 $\overline{BC}$와 만나는 점을 D라 할 때, 점 D의 좌표를 구하시오.

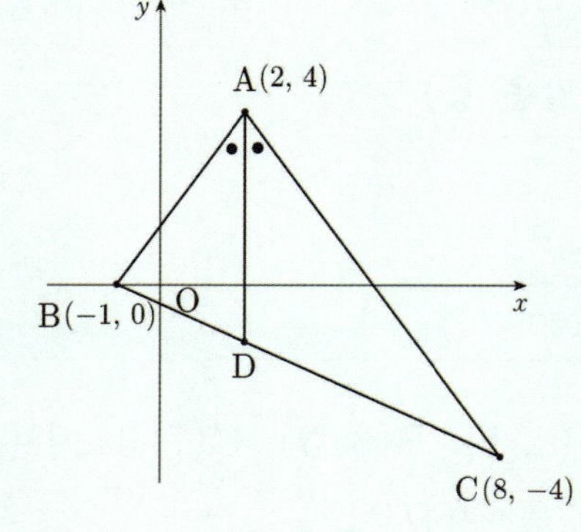

탐구 $\angle A$의 이등분선과 $\overline{BC}$의 교점 D → $\overline{AB} : \overline{AC} = \overline{BD} : \overline{CD}$

풀이 $\overline{AB} = \sqrt{(-1-2)^2 + (0-4)^2} = 5$, $\overline{AC} = \sqrt{(8-2)^2 + (-4-4)^2} = 10$

$\overline{AD}$가 각 A의 이등분선이므로

$$\overline{AB} : \overline{AC} = 1 : 2 = \overline{BD} : \overline{CD}$$

따라서 점 D는 $\overline{BC}$를 $1:2$로 내분하는 점이다.

$$\therefore D\left(2, -\frac{4}{3}\right)$$

정답 $D\left(2, -\frac{4}{3}\right)$

유제 11-1 세 점 $A(0, 4)$, $B(-3, 0)$, $C(4, 1)$을 꼭짓점으로 하는 삼각형 ABC의 각 A의 이등분선이 $\overline{BC}$와 만나는 점을 D라 할 때, 점 D의 좌표를 구하시오.

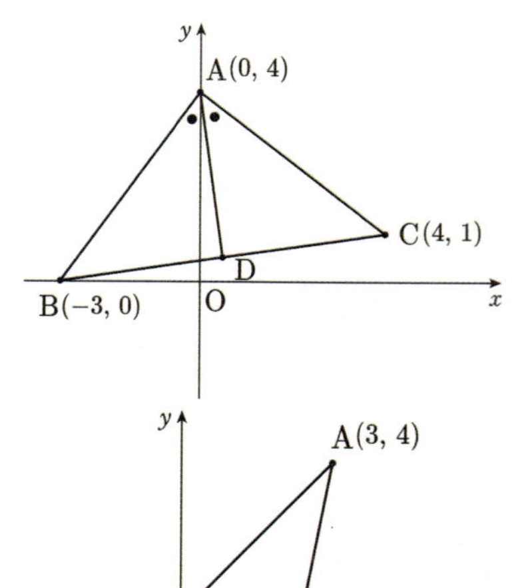

유제 11-2 세 점 $A(3, 4)$, $B(0, 1)$, $C(2, -1)$을 꼭짓점으로 하는 삼각형 ABC의 각 B의 이등분선이 $\overline{AC}$와 만나는 점을 D라 할 때, $\overline{BD}$의 길이를 구하시오.

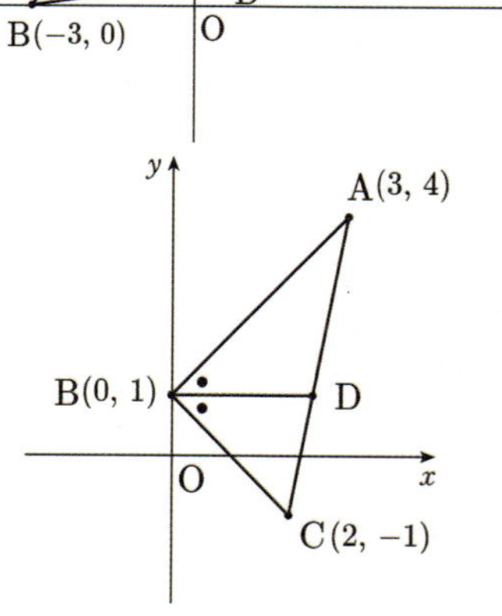

→ 세 점 $A(x_1, y_1)$, $B(x_2, y_2)$, $C(x_3, y_3)$을 꼭짓점으로 하는 삼각형의 무게중심 G의 좌표는

$$\to \ G\left(\frac{x_1+x_2+x_3}{3}, \ \frac{y_1+y_2+y_3}{3}\right)$$

강의 **삼각형의 무게중심은 중선 $\overline{AM}$을 $2:1$로 내분하는 점이다.**

① 정의: 세 중선의 교점

② 공식: $G\left(\dfrac{x_1+x_2+x_3}{3}, \ \dfrac{y_1+y_2+y_3}{3}\right)$

③ 성질: $\overline{AM}$의 $2:1$내분점

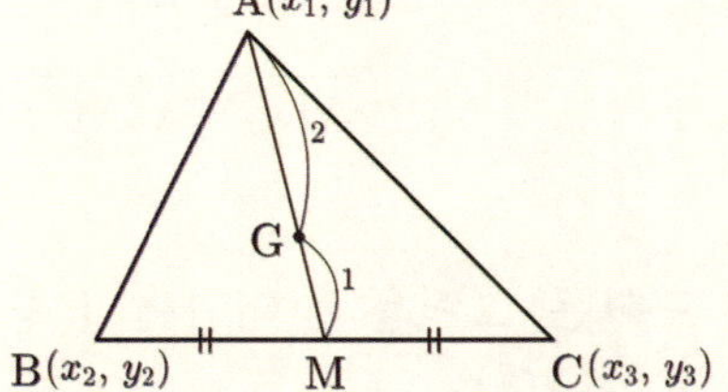

기|본|예|제 **12**

$\triangle OAB$의 세 꼭짓점이 $O(0, 0)$, $A(2, -1)$, $B(4, 4)$이고 $\triangle OAB$ 내부의 점 P에 대하여 $\triangle POA = \triangle PAB = \triangle PBO$를 만족할 때, 점 P의 좌표를 구하시오.

탐구 $\triangle OAB$에서 $\triangle POA = \triangle PAB = \triangle PBO$이면 점 P는 $\triangle OAB$의 무게중심이다.

풀이 $\triangle POA = \triangle PAB = \triangle PBO$이면 점 P는 무게중심이므로 점 P의 좌표를 구하면

$$P\left(\frac{0+2+4}{3}, \ \frac{0-1+4}{3}\right) = P(2, 1)$$

정답 $P(2, 1)$

유제 12-1 세 꼭짓점이 $A(a, 8)$, $B(b, a)$, $C(5, b)$인 삼각형 ABC의 무게중심이 $G(a, 3)$일 때, a, b의 값을 구하시오.

유제 12-2 평면 위에서 질량이 같은 점들을 한 점을 중심으로 가장 쉽게 회전시키려면 각 점으로부터 회전중심까지의 거리의 제곱의 합이 가장 작아야 한다. 평면 위의 점 $O(0, 0)$, $A(2, 0)$, $B(2, 1)$에 각각 질량이 같은 점이 놓여 있을 때, 이들 세 점을 가장 쉽게 회전시키는 회전중심 P의 좌표를 구하시오.

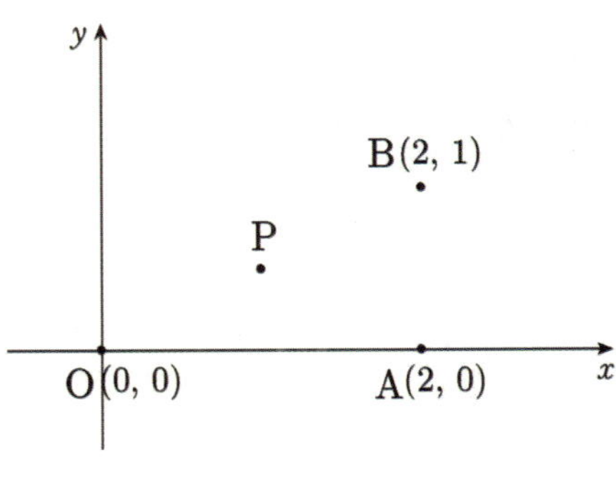

→ △ABC의 변 BC의 중점을 M이라 할 때, 중선 AM에 대하여 다음과 같은 파푸스의 중선정리가 성립한다.

$$\to \ \overline{AB}^2 + \overline{AC}^2 = 2\left(\overline{AM}^2 + \overline{BM}^2\right) = 2\left(\overline{AM}^2 + \overline{CM}^2\right)$$

강의 Pappus의 중선정리는 도형을 짚어가면서 기억해두어야 한다.

$$\to \ \overline{AB}^2 + \overline{AC}^2 = 2\left(\overline{AM}^2 + \overline{BM}^2\right)$$
$$= 2\left(\overline{AM}^2 + \overline{CM}^2\right)$$

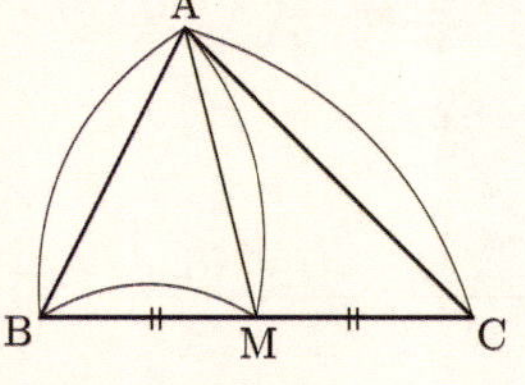

주의 도형은 그림을 짚어가면서 공식을 익혀야 한다.

① 삼각형에서

$$\to \ \overline{AB}^2 + \overline{AC}^2 = 2\left(\overline{AM}^2 + \overline{BM}^2\right)$$

② 평행사변형에서

$$\to \ \overline{AB}^2 + \overline{AD}^2 = 2\left(\overline{AM}^2 + \overline{BM}^2\right)$$

기|본|예|제 13

평행사변형 ABCD에서 $\overline{AB} = 4$, $\overline{BC} = 6$, $\overline{AC} = 8$일 때, $\overline{BD}$의 길이를 구하시오.

탐구 △ABC의 변 AC의 중점을 M이라 할 때

$$\overline{BA}^2 + \overline{BC}^2 = 2\left(\overline{BM}^2 + \overline{AM}^2\right) = 2\left(\overline{BM}^2 + \overline{CM}^2\right)$$

풀이 $\overline{BA}^2 + \overline{BC}^2 = 2\left(\overline{BM}^2 + \overline{AM}^2\right)$

$4^2 + 6^2 = 2\left(\overline{BM}^2 + 4^2\right)$ $\overline{BM}^2 = 10$ $\therefore \overline{BM} = \sqrt{10}$

$\therefore \overline{BD} = 2\overline{BM} = 2\sqrt{10}$

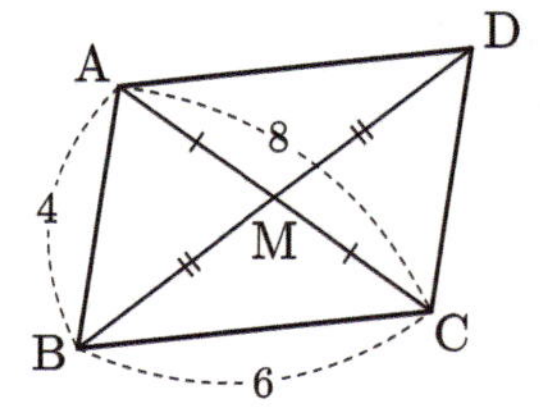

정답 $2\sqrt{10}$

유제 13-1 △ABC에서 $\overline{AB} = 4$, $\overline{AC} = 5$이고 $\overline{BC}$의 중점 D에 대하여 $\overline{AD} = 3$이라 할 때, $\overline{BC}$의 길이를 구하시오.

유제 13-2 △ABC의 무게중심을 G라 하면 $\overline{AB} = 6$, $\overline{BC} = 8$, $\overline{AG} = 2\sqrt{2}$라 할 때, 변 $\overline{AC}$의 길이를 구하시오.

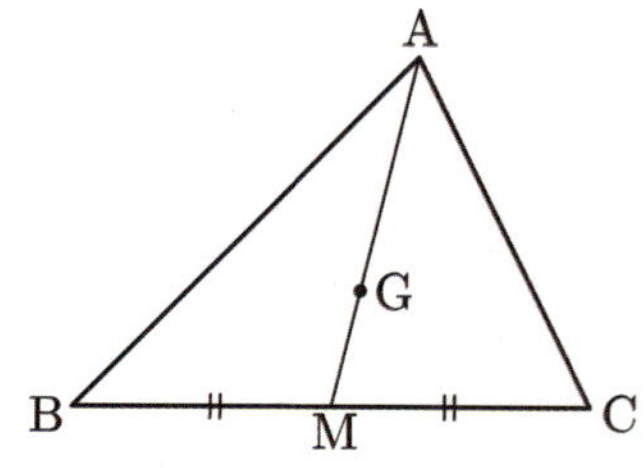

➜ 일정한 조건을 만족하는 점들의 방정식 $f(x, y)=0$을 **자취의 방정식**이라 한다.

첫째, 주어진 조건을 이용하기 좋도록 좌표축을 설정한다.

둘째, 주어진 조건에 맞는 임의의 점을 $P(x, y)$로 놓는다.

셋째, 주어진 조건을 이용하여 x와 y의 관계식을 구한다.

넷째, 주어진 조건에 변역이 있으면 찾아서 표시해 준다.

체크　좌표축의 설정 방법

① 주어진 도형의 대칭 관계를 이용한다.

② 주어진 도형의 가장 중요한 직선을 좌표축으로 설정한다.

③ 주어진 도형의 가장 중요한 점을 원점으로 설정한다.

※ 좌표축이 정해져 있을 때는 새로 좌표축을 설정하지 않는다.

보기　① 정점 $C(a, b)$에서 일정한 거리에 있는 점 $P(x, y)$의 자취

➜ 관계식 $\overline{PC} = r \rightarrow$ 원

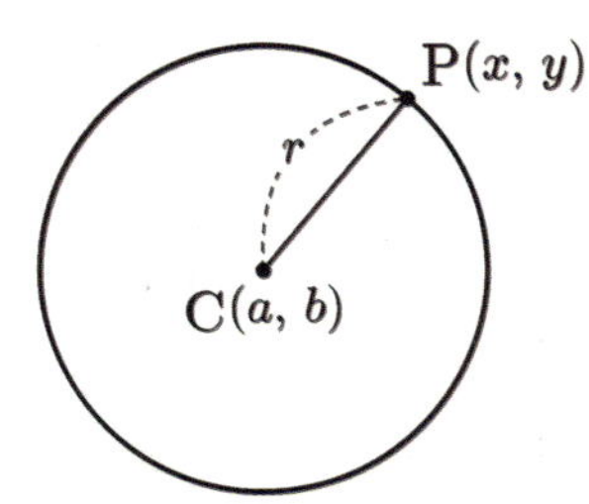

② 두 점 $A(a, b)$, $B(c, d)$로부터 같은 거리에 있는 점 $P(x, y)$의 자취

➜ 중점을 지나고 선분 $\overline{AB}$와 수직인 직선

➜ 관계식 $y - y_1 = m(x - x_1)$

강의　**일반적인 점의 자취는 아래 4단계를 꼭 기억해두어야 한다.**

➜ 일반적인 점 → 명칭 無 → 구점불능

① 좌표축 설정 ⎡ 확정 → 필요 ×
　　　　　　　⎣ 미정 → 필요 ○

② 점 $P(x, y)$

③ 관계식 유도 (=)

④ 변역 표시 ⎡ 제한조건 有 → 변역 有
　　　　　　 ⎣ 제한조건 無 → 변역 無

有(있을 유)　無(없을 무)

두 정점 A, B의 거리가 10일 때, $\overline{PA}^2 - \overline{PB}^2 = 20$인 점 P의 자취를 구하시오.

탐구 　좌표축이 주어져 있지 않을 때에는 주어진 조건을 이용하기 좋도록 좌표축을 설정한다.

풀이 　$\overline{AB} = 10$이 되도록 A$(0, 0)$, B$(10, 0)$으로 놓는다.

P(x, y)에 대하여

$$\overline{PA}^2 - \overline{PB}^2 = x^2 + y^2 - \{(x-10)^2 + y^2\} = 20x - 100 = 20$$

$$\therefore x = 6$$

x, y에 대한 제한 조건이 없으므로 변역을 표시할 필요가 없다.

점 P의 자취는 점 A에서 점 B쪽으로 거리가 6인 점을 지나고 $\overline{AB}$에 수직인 직선이다.

정답 　점 A에서 점 B쪽으로 거리가 6인 점을 지나고 $\overline{AB}$에 수직인 직선

유제 14-1 　두 정점 P, Q의 거리가 6일 때, $\overline{PT}^2 - \overline{QT}^2 = 24$인 점 T의 자취를 구하시오.

유제 14-2 　두 정점 X, Y의 거리가 5일 때, $\overline{PX}^2 - \overline{PY}^2 = 15$인 점 P의 자취를 구하시오.

두 점 P$(3, 4)$, Q$(-1, 5)$에 대하여 $\overline{PR}^2 - \overline{QR}^2 = 4$인 점 R의 자취를 구하시오.

탐구 　R(x, y) 설정 → 조건을 이용하여 관계식을 구한다.

풀이 　R(x, y)로 놓고 주어진 관계식을 구하면

$$\overline{PR}^2 - \overline{QR}^2 = (x-3)^2 + (y-4)^2 - (x+1)^2 - (y-5)^2 = 4$$

$$-8x + 2y = 5$$

$$\therefore 8x - 2y + 5 = 0$$

정답 　$8x - 2y + 5 = 0$

유제 15-1 　두 점 A$(2, 0)$, B$(0, 2)$에서의 거리의 제곱의 차가 12인 점의 자취를 구하시오.

유제 15-2 　두 점 A$(1, -2)$, B$(a, 0)$으로부터 같은 거리에 있는 점의 자취의 방정식이 $x + y - 1 = 0$일 때, a의 값을 구하시오.

[1] 매개변수가 1개인 경우

첫째, 조건에 맞는 점 $(f(t), g(t))$를 구한다.
둘째, $x = f(t)$, $y = g(t)$라 놓는다.
셋째, t를 소거하여 자취를 구한다.
넷째, 매개변수에 변역이 있으면 찾아서 표시해 준다.

[2] 매개변수가 2개인 경우

첫째, 조건에 맞는 점 $(f(a), g(b))$를 구한다.
둘째, $x = f(a)$, $y = g(b)$라 놓는다.
셋째, a, b를 소거하여 주어진 식에 대입한다.
넷째, 매개변수에 변역이 있으면 찾아서 표시해 준다.

강의 특정한 점의 자취는 다음 4단계를 꼭 기억해두어야 한다.

→ 특정한 점 → 명칭 有 → 구점가능

① 구점 → 특정한 점을 구한다.
② 소속 → 좌표의 소속을 찾는다.
③ 관계 → 관계식을 유도한다.
④ 변역 → 변역을 찾아본다.

주의 관계식 유도 방법 $\left[\begin{array}{l}\text{매개변수 } 同 \to \text{자체소거} \\ \text{매개변수 } 異 \to \text{외부대입}\end{array}\right.$

有(있을 유) 同(같을 동) 異(다를 이)

기|본|예|제 16

포물선 $y = (x-a)^2 - a^2$의 꼭짓점의 자취를 구하시오.

탐구 특정한 점의 자취는 명칭이 있고, 구점이 가능하다.

풀이 구점 : 꼭짓점 $(a, -a^2)$

소속 : $x = a$, $y = -a^2$ → 매개변수 同

관계 : $x = a \to y = -a^2 \qquad \therefore y = -x^2$

변역 : 제한조건 無 → 변역 無

정답 $y = -x^2$

유제 16-1 포물선 $y=2x^2+4ax+a-3$의 꼭짓점의 자취를 구하시오.

유제 16-2 t가 실수일 때, 점 $(t^2+4,\ 2t^2)$의 자취의 방정식을 구하시오.

기 | 본 | 예 | 제 **17**

정점 $A(3, 2)$와 직선 $3x-4y-11=0$ 위의 점을 잇는 선분의 중점의 자취의 방정식을 구하시오.

탐구 직선 위의 임의의 점을 $P(a, b)$로 놓고 중점을 구한다.

풀이 직선 $3x-4y-11=0$ 위의 한 점을 $P(a, b)$라 놓으면

$$3a-4b-11=0 \cdots ①$$

$\overline{AP}$의 중점은 $\left(\dfrac{3+a}{2},\ \dfrac{2+b}{2}\right)$이므로 중점의 좌표를 $(X,\ Y)$로 놓으면

$$X=\frac{3+a}{2},\ \ Y=\frac{2+b}{2} \text{에서}$$

$$a=2X-3,\ b=2Y-2 \cdots ②$$

②를 ①에 대입하여 정리하면

$$3(2X-3)-4(2Y-2)-11=0$$
$$6X-9-8Y+8-11=0$$
$$6X-8Y-12=0$$
$$\therefore 3x-4y-6=0$$

정답 $3x-4y-6=0$

유제 17-1 정점 $A(2, 3)$과 직선 $3x-5y-2=0$ 위의 점을 연결한 선분의 중점의 자취를 구하시오.

유제 17-2 $2a+b=3$일 때, $y=-(x-2a)^2+4a^2+b$의 꼭짓점의 자취를 구하시오.

02 직선의 방정식

1 직선의 방정식

[1] 축에 평행한 직선의 방정식

(1) x절편 a, y축에 평행한 직선의 방정식 ➡ $x=a$

특히, y축의 방정식 ➡ $x=0$

(2) y절편 b, x축에 평행한 직선의 방정식 ➡ $y=b$

특히, x축의 방정식 ➡ $y=0$

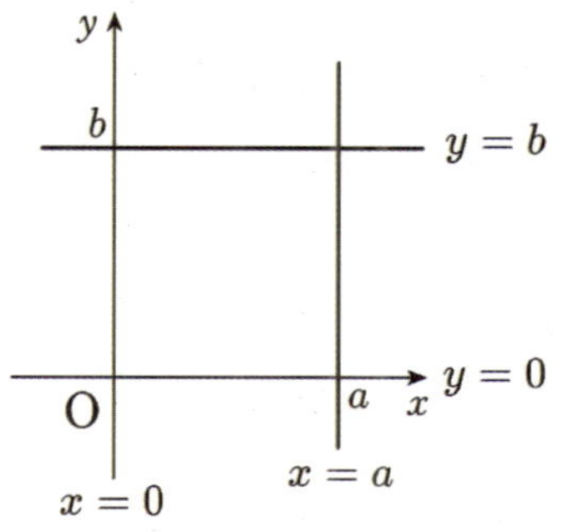

[2] 직선의 방정식

(1) 기울기가 a이고, y절편이 b인 직선의 방정식은

➡ $y=ax+b$

(2) 기울기가 m이고, 점 (x_1, y_1)을 지나는 직선의 방정식은

➡ $y-y_1=m(x-x_1)$

(3) 두 점 (x_1, y_1), (x_2, y_2)를 지나는 직선의 방정식은

① $x_1 \neq x_2$일 때 ➡ $y-y_1=\dfrac{y_2-y_1}{x_2-x_1}(x-x_1)$

② $x_1=x_2$일 때 ➡ $x=x_1$

(4) x절편이 a이고, y절편이 b인 직선의 방정식은

➡ $\dfrac{x}{a}+\dfrac{y}{b}=1$

체크 좌표축의 방정식

① x축의 방정식 ➡ $y=0$　　　② y축의 방정식 ➡ $x=0$

강의 직선의 방정식(Ⅰ)은 x절편, y절편이 주어진 경우이다!

① 기울기 a, x절편 b ➡ $y=a(x-b)$

② 기울기 a, y절편 b ➡ $(y-b)=ax$

③ x절편 a, y절편 b ➡ $\dfrac{x}{a}+\dfrac{y}{b}=1$

다음과 같은 직선의 방정식을 구하시오.

(1) 기울기 2, x절편 -1인 직선

(2) 기울기 -1, y절편 3인 직선

(3) x절편 2, y절편 4인 직선

탐구

① 기울기 a, x절편 b인 직선 $\rightarrow y = a(x-b)$

② 기울기 a, y절편 b인 직선 $\rightarrow y - b = ax$

③ x절편 a, y절편 b인 직선 $\rightarrow \dfrac{x}{a} + \dfrac{y}{b} = 1$

풀이

(1) 기울기 2, x절편 -1인 직선의 방정식은
$$y = 2(x+1) \qquad \therefore y = 2x + 2$$

(2) 기울기 -1, y절편 3인 직선의 방정식은
$$y - 3 = -x \qquad \therefore y = -x + 3$$

(3) x절편 2, y절편 4인 직선의 방정식은
$$\dfrac{x}{2} + \dfrac{y}{4} = 1 \qquad \therefore 2x + y = 4$$

정답 (1) $y = 2x + 2$ (2) $y = -x + 3$ (3) $2x + y = 4$

유제 18-1 다음과 같은 직선의 방정식을 구하시오.

(1) 기울기 3, x절편 2인 직선

(2) 기울기 -2, y절편 1인 직선

(3) x절편 6, y절편 -4인 직선

유제 18-2 기울기 1, x절편 1인 직선과 기울기 -1, y절편 -1인 직선의 교점의 좌표를 구하시오.

유제 18-3 x절편 1, y절편 2인 직선과 기울기가 같고 y절편이 -1인 직선의 x절편을 구하시오.

 직선의 방정식(Ⅱ)는 한 점, 두 점이 주어진 경우이다!

① 한 점형 $\rightarrow y - y_1 = a(x - x_1)$

② 두 점형 $\rightarrow y - y_1 = \dfrac{y_2 - y_1}{x_2 - x_1}(x - x_1)$

기 | 본 | 예 | 제 **19**

다음과 같은 직선의 방정식을 구하시오.
(1) 한 점 $(2, -1)$을 지나고 기울기가 2인 직선
(2) 두 점 $(5, 2)$, $(1, -2)$를 지나는 직선

탐구

① 한 점형 $\rightarrow y - y_1 = a(x - x_1)$

② 두 점형 $\rightarrow y - y_1 = \dfrac{y_2 - y_1}{x_2 - x_1}(x - x_1)$

풀이

(1) 한 점 $(2, -1)$을 지나고 기울기가 2인 직선의 방정식은
$$y - (-1) = 2(x - 2) \qquad \therefore y = 2x - 5$$
(2) 두 점 $(5, 2)$, $(1, -2)$를 지나는 직선의 방정식은
$$y - 2 = \frac{-2 - 2}{1 - 5}(x - 5) \qquad \therefore y = x - 3$$

정답 (1) $y = 2x - 5$ (2) $y = x - 3$

유제 19-1 기울기가 2이고, 한 점 $(-3, 2)$를 지나는 직선의 방정식을 구하시오.

유제 19-2 두 점 $A(1, 8)$, $B(-3, 2)$의 중점을 지나며 x축의 양의 방향과 $45°$의 각을 이루는 직선의 방정식을 구하시오.

→ $ax+by+c+k(a'x+b'y+c')=0$ (k는 임의의 실수)

→ k의 값에 관계없이 항상 $ax+by+c=0$과 $a'x+b'y+c'=0$의 교점을 지난다.

강의 두 직선의 교점 방정식은 교점과 한 점이 주어질 때 이용한다!

→ (직선 ①)$+k$(직선 ②)$=0$

→ $ax+by+c+k(a'x+b'y+c')=0$

주의
교점 + 한점 有 → 교점 방정식 이용
교점 + 한점 無 → 연립 방정식 이용

有(있을 유) 無(없을 무)

체크 정점을 구하는 방법

정점식 → 계수의 항등식 → 정점 탄생

기|본|예|제 **20**

두 직선 $y=2x+3$, $y=-x+2$의 교점과 한 점 $(1, 2)$를 지나는 직선을 구하시오.

탐구 두 직선 $ax+by+c=0$, $a'x+b'y+c'=0$의 교점을 지나는 직선의 방정식

→ $ax+by+c+k(a'x+b'y+c')=0$ (k는 임의의 실수)

풀이
$\begin{cases} y=2x+3 & \rightarrow 2x-y+3=0 \\ y=-x+2 & \rightarrow x+y-2=0 \end{cases}$

교점의 방정식 $(2x-y+3)+k(x+y-2)=0$ $\cdots$ ①

$(1, 2)$ → ① ; $(2-2+3)+k(1+2-2)=0$ $\therefore k=-3$

$k=-3$ → ① ; $-x-4y+9=0$

$\therefore x+4y-9=0$

정답 $x+4y-9=0$

유제 20-1 두 직선 $3x+2y=-1$, $2x-y=-10$의 교점을 지나며, 또 원점을 지나는 직선의 방정식을 구하시오.

유제 20-2 방정식 $5x^2-10xy-2x+4y=0$은 두 직선을 나타낸다. 이 두 직선의 교점을 지나는 직선 중에서 기울기가 -2인 직선을 구하시오.

(1) 교차   (2) 평행   (3) 일치   (4) 직교

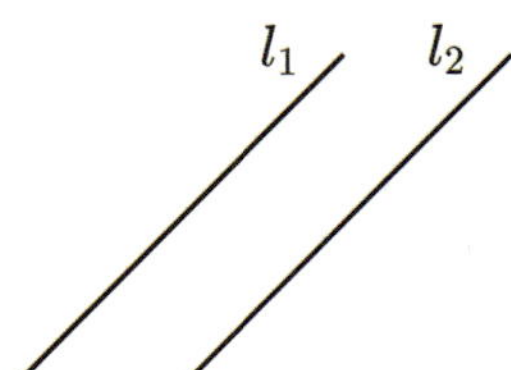
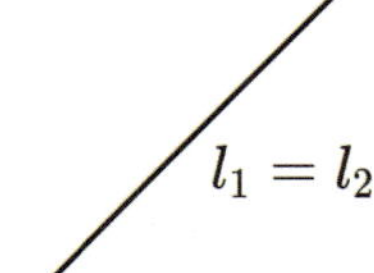
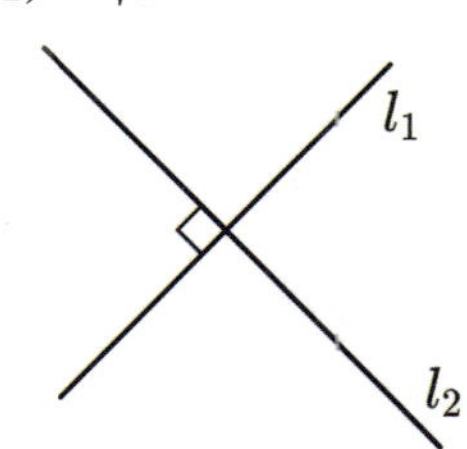

[1] $\begin{cases} y = ax + b \\ y = a'x + b' \end{cases}$ 의 위치 관계

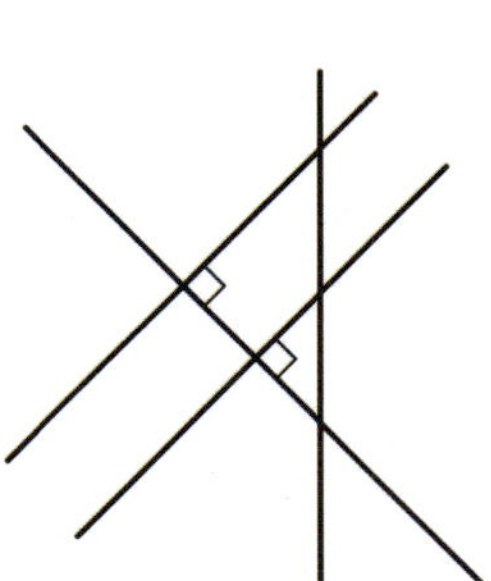

  (1) 교차(실근) $\iff a \neq a'$

  (2) 평행(불능) $\iff a = a',\ b \neq b'$

  (3) 일치(부정) $\iff a = a',\ b = b'$

  (4) 직교(실근) $\iff aa' = -1$

[2] $\begin{cases} ax + by + c = 0 \\ a'x + b'y + c' = 0 \end{cases}$ 의 위치 관계

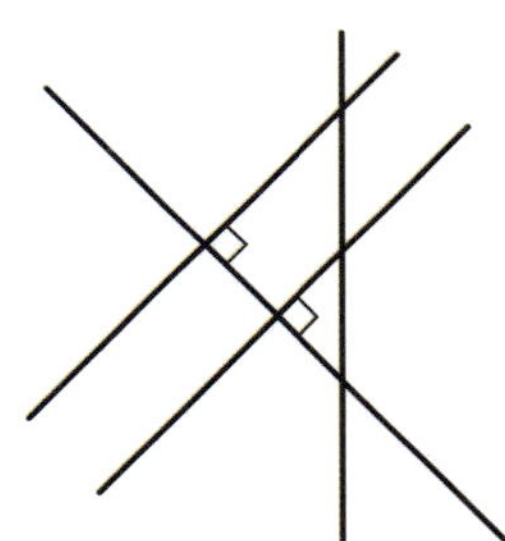

  (1) 교차(실근) $\iff \dfrac{a}{a'} \neq \dfrac{b}{b'}$

  (2) 평행(불능) $\iff \dfrac{a}{a'} = \dfrac{b}{b'} \neq \dfrac{c}{c'}$

  (3) 일치(부정) $\iff \dfrac{a}{a'} = \dfrac{b}{b'} = \dfrac{c}{c'}$

  (4) 직교(실근) $\iff aa' = -bb'$

강의   두 직선의 위치관계는 기울기와 y절편을 이용한다!

→ 기울기와 y절편 이용하여 판단한다.

$$ax + by + c = 0 \rightarrow y = -\frac{a}{b}x - \frac{c}{b} \qquad \text{① 기울기 } \frac{a}{a'} = \frac{b}{b'}$$

$$a'x + b'y + c' = 0 \rightarrow y = -\frac{a'}{b'}x - \frac{c'}{b'} \qquad \text{② } y\text{절편 } \frac{b}{b'} = \frac{c}{c'}$$

     기울기 y절편

    주의   두 직선의 일치와 평행

       (AB의 기울기) = (BC의 기울기) → 일치

       (AB의 기울기) = (CD의 기울기) → 평행

직선 $x+ay+1=0$이 직선 $2x-by+1=0$과 수직이고 직선 $x-(b-3)y-1=0$과는 평행일 때, a^2+b^2의 값을 구하시오.

탐구 $ax+by+c=0$, $a'x+b'y+c'=0$의 위치 관계

① 수직 $\left(\dfrac{a}{b}\right)\left(\dfrac{a'}{b'}\right)=-1 \ \rightarrow \ aa'=-bb'$

② 평행 $\dfrac{a}{a'}=\dfrac{b}{b'}\neq\dfrac{c}{c'}$

풀이 $\left.\begin{cases}x+ay+1=0\\2x-by+1=0\end{cases}\right\} \rightarrow$ 수직 $\rightarrow 2=-a\times(-b)$

$\qquad \therefore ab=2$

$\left.\begin{cases}x+ay+1=0\\x-(b-3)y-1=0\end{cases}\right\} \rightarrow$ 평행 $\rightarrow \dfrac{1}{1}=\dfrac{a}{-(b-3)}\neq\dfrac{1}{-1}$

$\qquad \therefore a+b=3$

$\therefore a^2+b^2=(a+b)^2-2ab=9-4=5$

정답   5

유제 21-1   두 직선 $\begin{cases}y=-\dfrac{b}{a}x+b\\[2mm]y=-\dfrac{a}{b}x+a\end{cases}$ 가 평행할 때, $a,\,b$의 관계식을 구하시오.

유제 21-2   두 직선 $3x+2y=-1$, $2x-y=-10$의 교점을 지나며, 직선 $x+3y=3$에 수직인 직선의 방정식을 구하시오.

세 직선이 삼각형을 이루려면 2가지가 달라야 한다!

조건 ① 기울기 異   조건 ② 교점 異

異(다를 이)

기|본|예|제 22

세 직선 $y=x$, $y=-x+4$, $4x-ay=10$이 삼각형을 이루지 않도록 하는 a의 값을 모두 구하시오.

탐구

세 직선의 삼각형 결정조건
→ 조건 1. 기울기가 달라야 한다.
  조건 2. 교점이 달라야 한다.

풀이

i) $\begin{cases} y=x \\ 4x-ay=10 \end{cases}$ → $\begin{cases} x-y=0 \\ 4x-ay=10 \end{cases}$ → 기울기 같다. → $\dfrac{1}{4}=\dfrac{-1}{-a}$ $\qquad \therefore a=4$

ii) $\begin{cases} y=-x+4 \\ 4x-ay=10 \end{cases}$ → $\begin{cases} x+y=4 \\ 4x-ay=10 \end{cases}$ → 기울기 같다. → $\dfrac{1}{4}=\dfrac{1}{-a}$ $\qquad \therefore a=-4$

iii) $\begin{cases} y=x \\ y=-x+4 \end{cases}$ → 교점 $(2,\ 2)$ → $4x-ay=10$에 대입

$\qquad\qquad 8-2a=10 \qquad \therefore a=-1$

i), ii), iii)에 의해 $a=4$ 또는 $a=-4$ 또는 $a=-1$

정답 4 또는 -4 또는 -1

유제 22-1 세 직선 $x+y+1=0$, $2x-y-1=0$, $x+ay+2=0$이 삼각형을 이루지 않도록 하는 a의 값의 합을 구하시오.

유제 22-2 세 직선 $l:4x-2y+7=0$, $m:x-y+2=0$, $n:ax-y+3=0$이 있다. 세 직선 l, m, n으로 삼각형을 이루지 못하도록 하는 모든 상수 a의 값의 곱이 $\dfrac{q}{p}$ (단, p, q는 서로소인 자연수)라 할 때, $p+q$의 값을 구하시오.

첫째, $ax+by+c=0$꼴로 변형한다.

둘째, 공식을 이용한다.

→ 점 (x_1, y_1)에서 직선 $ax+by-c=0$에 내린 수선의 길이

$$d = \frac{|ax_1 + by_1 + c|}{\sqrt{a^2 + b^2}}$$

$a=0,\ b\neq 0$ 또는 $a\neq 0,\ b=0$일 때도 성립한다.

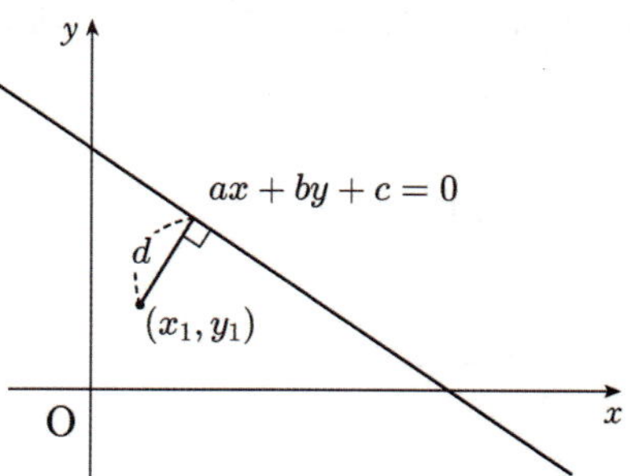

강의 **점과 직선 사이의 거리는 수직 거리를 의미한다!**

$$\rightarrow\quad d = \frac{|ax_1 + by_1 + c|}{\sqrt{a^2 + b^2}}$$

기|본|예|제 23

한 점 $(2, 3)$과 직선 $y = 2x+3$ 사이의 거리를 구하시오.

탐구 점 $\mathrm{P}(x_1, y_1)$과 직선 $ax+by+c=0$ 사이의 거리 $\rightarrow d = \dfrac{|ax_1 + by_1 + c|}{\sqrt{a^2 + b^2}}$

풀이 $y = 2x+3$을 변형하면 $2x - y + 3 = 0$

거리 $d = \dfrac{|4 - 3 + 3|}{\sqrt{2^2 + (-1)^2}} = \dfrac{4}{\sqrt{5}} = \dfrac{4\sqrt{5}}{5}$

정답 $\dfrac{4\sqrt{5}}{5}$

유제 23-1 x축 위에 있는 점 중에서 직선 $y = 3x+2$에 이르는 거리가 $\sqrt{10}$인 점의 좌표를 구하시오.

유제 23-2 좌표평면 위에서 원점과 직선 $x+y-2+k(x-y)=0$ 사이의 거리를 $f(k)$라 할 때, $f(k)$의 최댓값을 구하시오.

삼각형 ABC의 세 꼭짓점이 $A(4, 4)$, $B(0, 2)$, $C(3, -1)$이라 할 때, 이 삼각형의 넓이를 구하시오.

탐구 점과 직선 사이의 거리를 이용하여 삼각형의 높이를 구한 후 넓이를 구한다.

풀이 선분 BC를 밑변으로 놓고 길이를 구하면

$$\overline{BC} = \sqrt{(3-0)^2 + (-1-2)^2}$$
$$= \sqrt{18} = 3\sqrt{2}$$

직선 BC의 방정식은

$$y - 2 = \frac{-1-2}{3-0}(x-0)$$
$$y - 2 = -x$$
$$\therefore x + y - 2 = 0$$

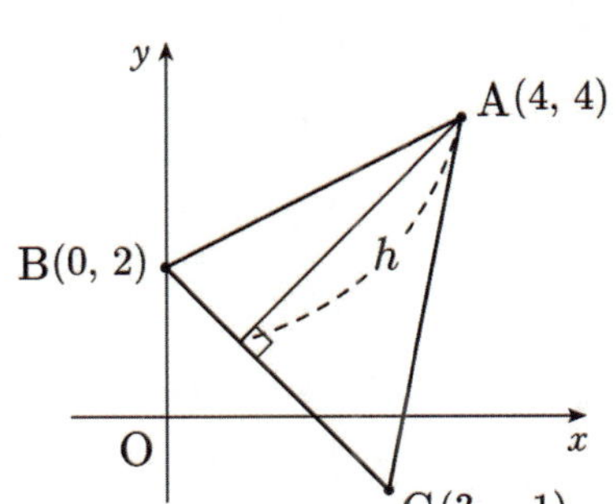

넓이를 구하는 삼각형의 높이는 꼭짓점 A에서 직선 BC까지의 거리이므로 높이 h를 구하면

$$h = \frac{|4+4-2|}{\sqrt{1+1}} = \frac{6}{\sqrt{2}} = 3\sqrt{2}$$

따라서 삼각형 ABC의 넓이는

$$\frac{1}{2} \times 3\sqrt{2} \times 3\sqrt{2} = 9$$

정답 9

유제 24-1 삼각형 ABC의 세 꼭짓점이 $A(2, -5)$, $B(-5, -2)$, $C(-2, 2)$라 할 때, 이 삼각형의 넓이를 구하시오.

유제 24-2 세 직선 $y = 2x + 1$, $2y = x + 2$, $x + y = 4$로 둘러싸인 삼각형의 넓이를 구하시오.

기 | 본 | 예 | 제 **25**

평행한 두 직선 $x-2y+3=0$과 $x-2y+k=0$ 사이의 거리가 $\sqrt{5}$일 때, 양수 k의 값을 구하시오.

탐구 한 직선 위의 가장 간단한 점 설정 $\rightarrow$ 점과 직선 사이의 거리 공식 이용

풀이 평행한 두 직선 $x-2y+3=0$과 $x-2y+k=0$ 사이의 거리는 직선 $x-2y+3=0$ 위의
한 점 $(-3, 0)$과 직선 $x-2y+k=0$ 사이의 거리로 구하면 된다.

$$\frac{|-3+k|}{\sqrt{1^2+2^2}} = \sqrt{5}$$

$$|-3+k| = 5$$

$$\therefore -3+k = \pm 5$$

i) $-3+k=5$ $\therefore k=8$

ii) $-3+k=-5$ $\therefore k=-2$

따라서 양수 k의 값은 8이다.

정답 8

유제 25-1 평행한 두 직선 $x+y=1$과 $x+y-4=0$ 사이의 거리를 구하시오.

유제 25-2 두 직선 $2x+3y=3$과 $ax-y=1$이 평행할 때, 두 직선 사이의 거리를 구하시오.

(1) 서로 다른 두 점 A, B에서 같은 거리에 있는 점의 자취는 $\overline{AB}$의 수직이등분선이다.

(2) 한 점에서 만나는 두 직선에 이르는 거리가 같은 점의 자취는 직선이 이루는 각의 이등분선이다.

(1) 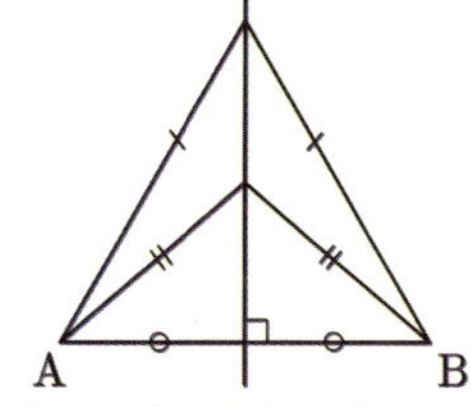　　　　(2) 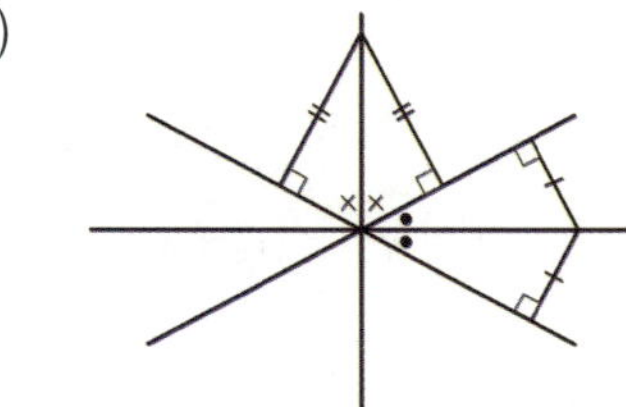

강의　**직선과 자취는 조건을 그림으로 나타내어 해결한다!**

→ 조건 → 그래프화 → 관계식 유도

(1) 두 점 A, B에서 같은 거리에 있는 점의 자취

　　→ 선분 AB의 수직이등분선

　　　　① 중점조건

　　　　② 수직조건 이용

(2) 교차하는 두 직선에서 같은 거리에 있는 점의 자취

　　→ 교각의 이등분선

　　→ 수직 거리가 같음을 이용

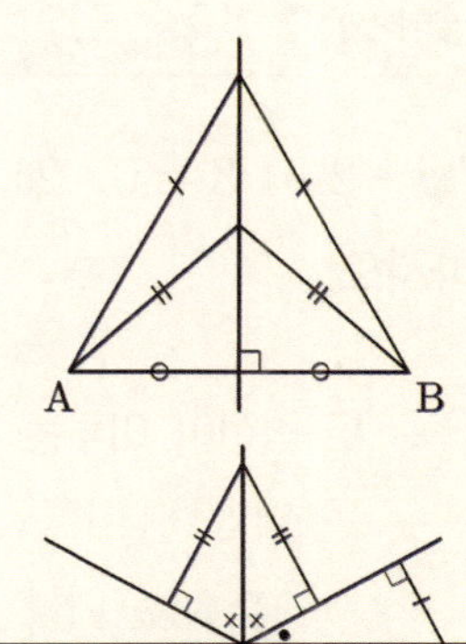
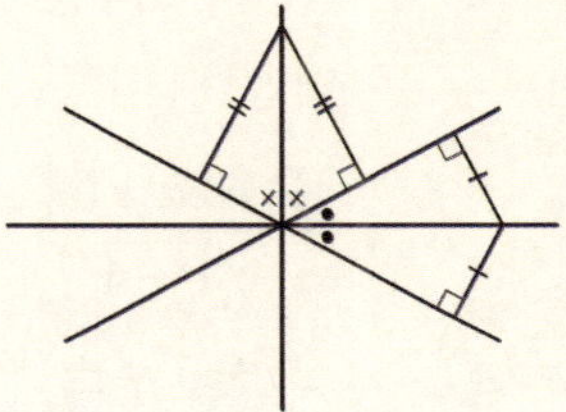

기|본|예|제 26

두 점 $A(a, -2)$, $B(b, 0)$으로부터 같은 거리에 있는 점의 자취의 방정식이 $x+y-1=0$일 때, a, b의 값을 구하시오.

탐구　　두 점 A, B에서 같은 거리에 있는 점의 자취

　　　　→ 선분 AB의 수직이등분선 → ① 중점조건　② 수직조건 이용

풀이　　A, B에서 같은 거리에 있는 점의 자취는 $\overline{AB}$의 수직이등분선이다.

따라서 $\overline{AB}$의 기울기가 1이므로

$$\frac{2}{b-a}=1 \qquad \therefore a-b=-2 \cdots ①$$

A, B의 중점 $\left(\dfrac{a+b}{2}, -1\right)$은 $x+y-1=0$ 위의 점이므로

$$\frac{a+b}{2}-1-1=0 \qquad \therefore a+b=4 \cdots ②$$

①, ②를 연립하여 풀면 $a=1$, $b=3$

정답　　$a=1$, $b=3$

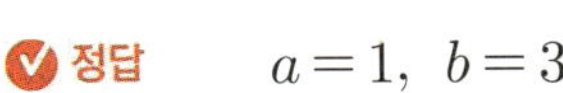

유제 26-1 두 점 $A(0, -2)$, $B(3, -1)$에서 같은 거리에 있는 점의 자취의 방정식을 구하시오.

유제 26-2 두 점 $A(3, 2)$, $B(6, 5)$에 대하여 선분 AB를 $1:2$로 내분하는 점 P를 지나고 선분 AB에 수직인 직선의 방정식을 구하시오.

기 | 본 | 예 | 제 27

두 직선 $x+2y+3=0$, $2x-y-5=0$이 이루는 각의 이등분선이 점 $(2, a)$를 지날 때, a의 값을 모두 구하시오.

탐구 두 직선이 이루는 각의 이등분선 위의 점에서 두 직선까지의 거리는 서로 같다.

풀이 두 직선이 이루는 각의 이등분선 위의 점 $(2, a)$는 두 직선까지의 거리가 같으므로

$$\frac{|2+2a+3|}{\sqrt{1+4}} = \frac{|4-a-5|}{\sqrt{4+1}} \qquad |2a+5|=|-a-1|$$

$$\therefore 2a+5 = \pm(-a-1)$$

ⅰ) $2a+5 = -a-1$ $\qquad \therefore a = -2$

ⅱ) $2a+5 = a+1$ $\qquad \therefore a = -4$

$$\therefore a=-2 \text{ 또는 } a=-4$$

정답 $a=-2$ 또는 $a=-4$

유제 27-1 두 직선 $y = \sqrt{3}\,x+3$, $y = \dfrac{1}{\sqrt{3}}x+3$이 이루는 각을 이등분하는 직선의 방정식을 구하시오.

유제 27-2 직선 $\sqrt{3}\,x-y-\sqrt{3}=0$과 x축이 이루는 각을 이등분하는 직선 중 기울기가 양수인 직선의 방정식을 구하시오.

가장 좋은 학습방법은 학교에서나 학원에서나 선생님의 강의를 열심히 듣고 여러 번 반복학습하는 것입니다.
지금부터 당장 선생님의 강의를 열심히 듣고 반복! 반복하십시오. 그러면 곧 모든 과목에 자신이 생길 것입니다.

회수	시작이 반!			끝을 봐야!			확인
제1회	년	월	일 부터	년	월	일 까지	
제2회	년	월	일 부터	년	월	일 까지	
제3회	년	월	일 부터	년	월	일 까지	
제4회	년	월	일 부터	년	월	일 까지	
제5회	년	월	일 부터	년	월	일 까지	
제6회	년	월	일 부터	년	월	일 까지	
제7회	년	월	일 부터	년	월	일 까지	
제8회	년	월	일 부터	년	월	일 까지	
제9회	년	월	일 부터	년	월	일 까지	
제10회	년	월	일 부터	년	월	일 까지	

▶ 연습문제 A는 앞에서 배운 기초 단계의 문제이므로 선생님의 도움 없이 스스로
풀어 자신의 실력을 점검해 보도록 하자.

01 $\triangle ABC$에서 $\overline{AB}=4\,\text{cm}$, $\overline{BC}=3\,\text{cm}$, $\overline{AC}=3\,\text{cm}$이다. $\triangle ABC$의 넓이가 $5\,\text{cm}^2$일 때, $\triangle ABC$의 내접원의 반지름의 길이를 구하시오.

02 오른쪽 그림에서 점 O는 $\triangle ABC$의 외심이고, $\overline{BC}=10\,\text{cm}$이다. $\triangle OBC$의 둘레의 길이가 $22\,\text{cm}$라 할 때, $\overline{OA}$의 길이를 구하시오.

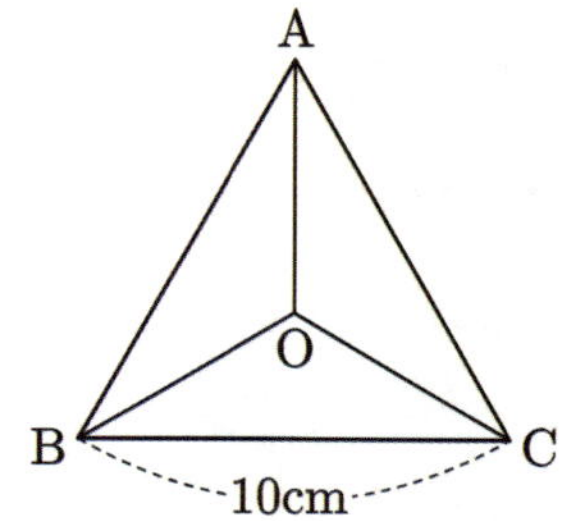

03 직선이 x축의 양의 방향과 이루는 각이 $60°$일 때, 이 직선의 기울기를 구하시오.

04 두 점 $A(1,2)$, $B(x+2,5)$에 대하여 $\overline{AB}=\sqrt{13}$이 되게 하는 x의 값을 모두 구하시오.

05 다음을 구하시오.
(1) 두 점 $A(-3,2)$, $B(5,2)$ 사이의 거리
(2) 두 점 $C(-2,2)$, $D(-2,-4)$ 사이의 거리

06 두 점 $A(-4, 5)$, $B(3, 2)$에서 같은 거리에 있는 x축 위의 점 P의 좌표를 구하시오.

07 두 점 $A(-1, 3)$, $B(5, 1)$에 대하여 $\overline{AP}^2 + \overline{BP}^2$이 최소가 되게 하는 y축 위의 점 P의 좌표와 그 최솟값을 구하시오.

08 삼각형 ABC의 세 꼭짓점이 $A(1, 0)$, $B(0, 5)$, $C(5, 4)$일 때, 이 삼각형의 모양을 달하시오.

09 $P(x)$, $A(-2)$, $B(2)$, $C(4)$일 때, $\overline{PA} + \overline{PB} + \overline{PC}$의 최솟값을 구하시오.

10 네 점 $A(-2, 3)$, $B(-1, 1)$, $C(2, 0)$, $D(3, 5)$일 때, 한 점 P에 대하여 $\overline{PA} + \overline{PB} + \overline{PC} + \overline{PD}$의 최솟값을 구하시오.

11 두 점 $A(3, 5)$, $B(-1, -3)$에 대하여 선분 AB를 $3:1$로 내분하는 점 P와 선분 AB를 $1:3$으로 내분하는 점 Q의 좌표를 각각 구하시오.

12 두 점 $A(-2, 1)$, $B(2, -4)$를 이은 선분 AB를 $t : 1-t$로 내분하는 점 P가 제 3 사분면에 있도록 하는 t의 범위를 구하시오.

13 두 점 $A(-1, 5)$, $B(1, 3)$을 이은 선분 AB를 연장한 직선 위의 점 C에 대하여 $3\overline{AB} = \overline{BC}$일 때, 점 C의 좌표를 구하시오. (단, 점 C의 x좌표는 양수이다.)

14 네 점 $A(a, 4)$, $B(5, b)$, $C(2, 1)$, $D(-2, 2)$를 꼭짓점으로 하는 평행사변형 ABCD에서 $a+b$의 값을 구하시오.

15 오른쪽 그림과 같이 세 점 $A(2, 4)$, $B(-1, 0)$, $C(8, -4)$를 꼭짓점으로 하는 삼각형 ABC의 각 A의 이등분선이 $\overline{BC}$와 만나는 점을 D라 할 때, 점 D의 좌표를 구하시오.

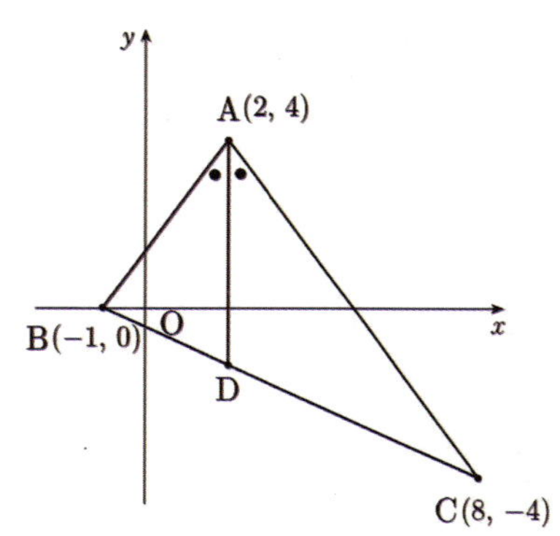

16 세 꼭짓점이 $A(a, 8)$, $B(b, a)$, $C(5, b)$인 삼각형 ABC의 무게중심이 $G(a, 3)$일 때, a, b의 값을 구하시오.

17 평행사변형 ABCD에서 $\overline{AB}=4$, $\overline{BC}=6$, $\overline{AC}=8$일 때, $\overline{BD}$의 길이를 구하시오.

18 두 정점 A, B의 거리가 10일 때, $\overline{PA}^2-\overline{PB}^2=20$인 점 P의 자취를 구하시오.

19 두 점 $P(3, 4)$, $Q(-1, 5)$에 대하여 $\overline{PR}^2-\overline{QR}^2=4$인 점 R의 자취를 구하시오.

20 포물선 $y=(x-a)^2-a^2$의 꼭짓점의 자취를 구하시오.

21 정점 $A(3, 2)$와 직선 $3x-4y-11=0$ 위의 점을 잇는 선분의 중점의 자취의 방정식을 구하시오.

22 다음과 같은 직선의 방정식을 구하시오.
(1) 기울기 2, x절편 -1인 직선
(2) 기울기 -1, y절편 3인 직선
(3) x절편 2, y절편 4인 직선

23 다음과 같은 직선의 방정식을 구하시오.
(1) 한 점 $(2, -1)$을 지나고 기울기가 2인 직선
(2) 두 점 $(5, 2)$, $(1, -2)$를 지나는 직선

24 두 직선 $y = 2x + 3$, $y = -x + 2$의 교점과 한 점 $(1, 2)$를 지나는 직선을 구하시오.

25 직선 $x + ay + 1 = 0$이 직선 $2x - by + 1 = 0$과 수직이고 직선 $x - (b-3)y - 1 = 0$과는 평행일 때, $a^2 + b^2$의 값을 구하시오.

26 세 직선 $y = x$, $y = -x + 4$, $4x - ay = 10$이 삼각형을 이루지 않도록 하는 a의 값을 모두 구하시오.

27 한 점 $(2, 3)$과 직선 $y = 2x + 3$ 사이의 거리를 구하시오.

28 x축 위에 있는 점 중에서 직선 $y = 3x + 2$에 이르는 거리가 $\sqrt{10}$인 점의 좌표를 구하시오.

29 삼각형 ABC의 세 꼭짓점이 $A(4, 4)$, $B(0, 2)$, $C(3, -1)$이라 할 때, 이 삼각형의 넓이를 구하시오.

30 평행한 두 직선 $x - 2y + 3 = 0$과 $x - 2y + k = 0$ 사이의 거리가 $\sqrt{5}$일 때, 양수 k의 값을 구하시오.

31 두 점 $A(a, -2)$, $B(b, 0)$으로부터 같은 거리에 있는 점의 자취의 방정식이 $x + y - 1 = 0$일 때, a, b의 값을 구하시오.

32 두 직선 $x + 2y + 3 = 0$, $2x - y - 5 = 0$이 이루는 각의 이등분선이 점 $(2, a)$를 지날 때, a의 값을 모두 구하시오.

▶ 연습문제 B는 앞에서 배운 중급 단계의 문제이므로 선생님의 도움 없이 스스로 풀어 자신의 실력을 점검해 보도록 하자.

01 오른쪽 그림에서 점 I는 $\triangle ABC$의 내심일 때, 내접원의 반지름의 길이를 구하시오.

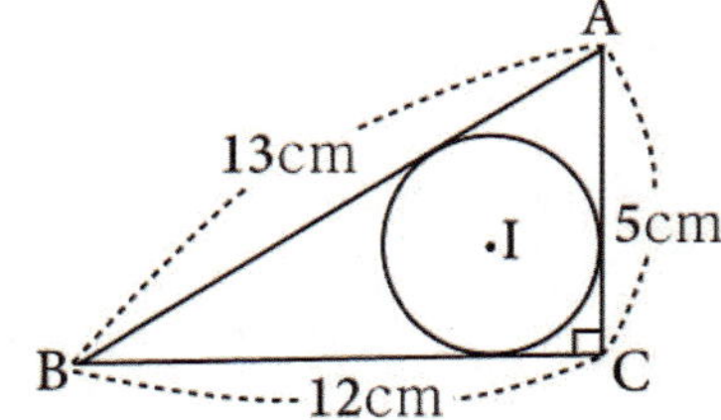

02 오른쪽 그림과 같이 $\angle C = 90°$인 직각삼각형 ABC에서 $\overline{BC} = 6\,cm$, $\overline{CA} = 8\,cm$일 때, 외접원의 둘레의 길이를 구하시오.

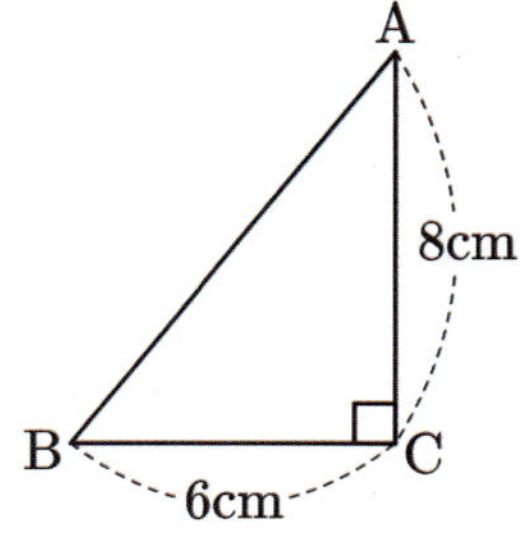

03 세 점 $A(a-5, 1)$, $B(-2, 4)$, $C(a, -2)$가 한 직선 위에 있도록 하는 a의 값을 구하시오.

04 세 점 $A(3, 4)$, $B(1, -1)$, $C(a, 1)$에 대하여 $\overline{AB} = \overline{BC}$가 성립할 때, a의 값을 모두 구하시오.

05 두 점 $A(0, -3)$, $B(-1, 4)$에서 같은 거리에 있는 $y = x$ 위의 점 R의 좌표를 구하시오.

06 두 점 $A(6, 4)$, $B(5, -1)$에 대하여 $\overline{AR}^2 + \overline{BR}^2$이 최소가 되게 하는 $y = x - 1$ 위의 점 R의 좌표와 그 최솟값을 구하시오.

07 다음 세 점을 꼭짓점으로 하는 삼각형의 모양을 말하시오.
$$O(0, 0), \quad A(a, b), \quad B(a+b, b-a)$$

08 $O(0)$, $A(1)$, $B(k)$일 때, 수직선 위의 점 P에 대하여 $\overline{PO} + \overline{PA} + \overline{PB}$의 최솟값이 4가 되게 하는 1보다 큰 k의 값을 구하시오.

09 네 점 $A(2, 5)$, $B(0, 4)$, $C(2, 0)$, $D(a, 2)$와 한 점 P에 대하여 $\overline{PA} + \overline{PB} + \overline{PC} + \overline{PD}$의 최솟값이 13이라 할 때, 양수 a의 값을 구하시오.

10 두 점 $A(5, 2)$, $B(a, -1)$에 대하여 선분 AB를 $2 : b$로 내분하는 점의 좌표가 $(1, 0)$일 때, $a + b$의 값을 구하시오.

11 두 점 $A(1, -4)$, $B(3, 9)$를 이은 선분 AB를 $1 : k$로 내분하는 점 P가 제 1 사분면에 있도록 하는 양의 정수 k에 대하여 점 P의 좌표를 구하시오.(단, $k \neq 1$)

12 두 점 $A(4, -3)$, $B(0, 3)$을 이은 선분 AB를 연장한 직선 위의 점 C에 대하여 $\overline{AC} = 3\overline{BC}$일 때, 점 C의 좌표를 구하시오. (단, 점 C의 x좌표는 음수이다.)

13 네 점 $A(a, 8)$, $B(b, 3)$, $C(7, 2)$, $D(6, 7)$을 꼭짓점으로 하는 마름모 $ABCD$에서 a, b의 값을 구하시오.

14 세 점 $A(3, 4)$, $B(0, 1)$, $C(2, -1)$을 꼭짓점으로 하는 삼각형 ABC의 각 B의 이등분선이 $\overline{AC}$와 만나는 점을 D라 할 때, $\overline{BD}$의 길이를 구하시오.

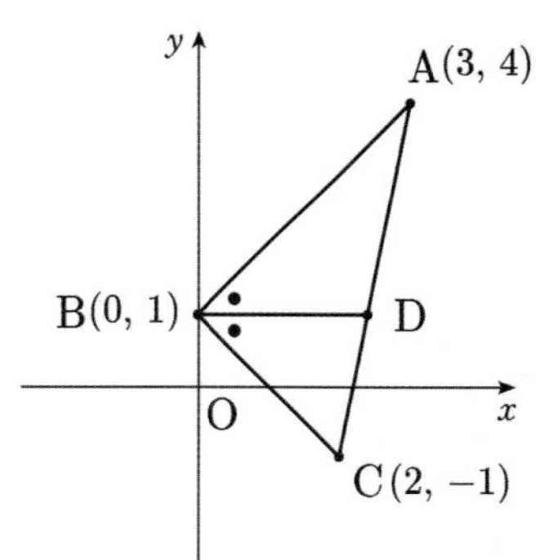

15 평면 위에서 질량이 같은 점들을 한 점을 중심으로 가장 쉽게 회전시키려면 각 점으로부터 회전중심까지의 거리의 제곱의 합이 가장 작아야 한다. 평면 위의 점 $O(0, 0)$, $A(2, 0)$, $B(2, 1)$에 각각 질량이 같은 점이 놓여 있을 때, 이들 세 점을 가장 쉽게 회전시키는 회전중심 P의 좌표를 구하시오.

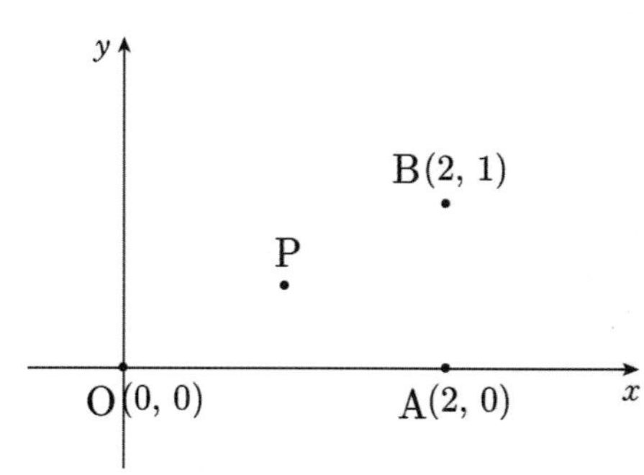

16 △ABC의 무게중심을 G라 하면
$\overline{AB}=6$, $\overline{BC}=8$, $\overline{AG}=2\sqrt{2}$ 라 할 때,
변 $\overline{AC}$의 길이를 구하시오.

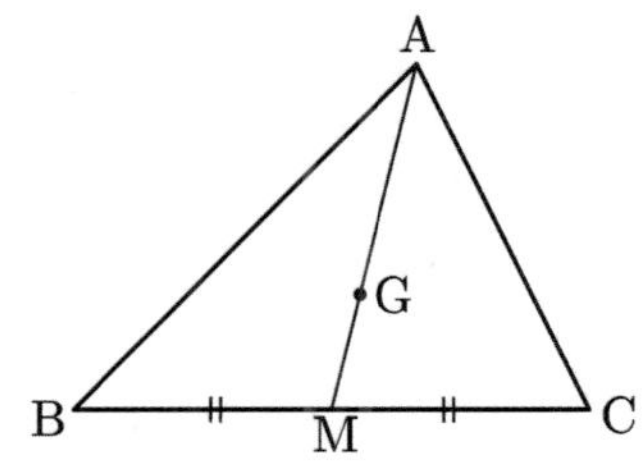

17 두 정점 X, Y의 거리가 5일 때, $\overline{PX}^2-\overline{PY}^2=15$인 점 P의 자취를 구하시오.

18 두 점 $A(1,-2)$, $B(a,0)$으로부터 같은 거리에 있는 점의 자취의 방정식이
$x+y-1=0$일 때, a의 값을 구하시오.

19 t가 실수일 때, 점 $(t^2+4,\,2t^2)$의 자취의 방정식을 구하시오.

20 $2a+b=3$일 때, 포물선 $y=-(x-2a)^2+4a^2+b$의 꼭짓점의 자취를 구하시오.

21 x절편 1, y절편 2인 직선과 기울기가 같고 y절편이 -1인 직선의 x절편을 구하시오.

22 두 점 $A(1, 8)$, $B(-3, 2)$의 중점을 지나며 x축의 양의 방향과 $45°$의 각을 이루는 직선의 방정식을 구하시오.

23 방정식 $5x^2 - 10xy - 2x + 4y = 0$은 두 직선을 나타낸다. 이 두 직선의 교점을 지나는 직선 중에서 기울기가 -2인 직선을 구하시오.

24 두 직선 $3x + 2y = -1$, $2x - y = -10$의 교점을 지나며, 직선 $x + 3y = 3$에 수직인 직선의 방정식을 구하시오.

25 세 직선 $l : 4x - 2y + 7 = 0$, $m : x - y + 2 = 0$, $n : ax - y + 3 = 0$이 있다. 세 직선 l, m, n으로 삼각형을 이루지 못하도록 하는 모든 상수 a의 값의 곱이 $\dfrac{q}{p}$ (단, p, q는 서로소인 자연수)라 할 때, $p + q$의 값을 구하시오.

26 좌표평면 위에서 원점과 직선 $x+y-2+k(x-y)=0$ 사이의 거리를 $f(k)$라 할 때, $f(k)$의 최댓값을 구하시오.

27 세 직선 $y=2x+1$, $2y=x+2$, $x+y=4$로 둘러싸인 삼각형의 넓이를 구하시오.

28 두 직선 $2x+3y=3$과 $ax-y=1$이 평행할 때, 두 직선 사이의 거리를 구하시오.

29 두 점 $\mathrm{A}(3,2)$, $\mathrm{B}(6,5)$에 대하여 선분 PB의 길이가 선분 PA의 길이의 2배가 되는 점 $\mathrm{P}(x,y)$의 자취의 방정식을 구하시오.

30 직선 $\sqrt{3}\,x-y-\sqrt{3}=0$과 x축이 이루는 각을 이등분하는 직선 중 기울기가 양수인 직선의 방정식을 구하시오.

MEMO

P A R T

02

원

◈ 중·고교 연결과정 선수학습
1 원의 방정식
2 원과 직선
◈ 반복학습 기록란
◈ 연습문제 (A) (B)

명언

승자는 문제 속에 뛰어든다. 패자는 문제의 변두리에서만 맴돈다.

- 빅토르 위고 -

1 원의 둘레의 길이와 넓이

➜ 반지름의 길이가 r인 원에 대하여

[1] 원의 둘레의 길이

$$l = 2 \times (\text{원주율}) \times (\text{반지름의 길이}) = 2\pi r$$

[2] 원의 넓이

$$S = (\text{원주율}) \times (\text{반지름의 길이}) \times (\text{반지름의 길이}) = \pi r^2$$

> **강의** 원의 둘레 $l = 2\pi r$ 이고, 원의 넓이 $S = \pi r^2$ 이다!
>
> ➜ 반지름 r, 원의 둘레 l, 넓이 S라 하면
>
> ➜ $l = 2\pi r,\ S = \pi r^2$

기|본|예|제 01

반지름의 길이가 5cm인 원의 둘레의 길이와 넓이를 구하시오.

탐구 원의 둘레 $l = 2\pi r$, 원의 넓이 $S = \pi r^2$

풀이 반지름의 길이 $r = 5$이므로

원의 둘레 $l = 2\pi \times 5 = 10\pi \,(\text{cm})$

원의 넓이 $S = \pi \times 5^2 = 25\pi \,(\text{cm}^2)$

정답 원의 둘레의 길이 : $10\pi \,\text{cm}$, 원의 넓이 : $25\pi \,\text{cm}^2$

유제 01-1 원의 둘레의 길이가 $6\pi \,\text{cm}$인 원의 넓이를 구하시오.

유제 01-2 다음 그림에서 색칠한 부분의 둘레의 길이와 넓이를 구하시오.

(1)

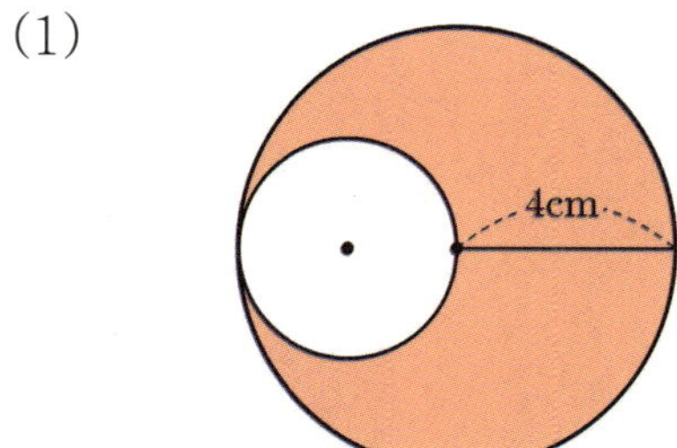

(2)

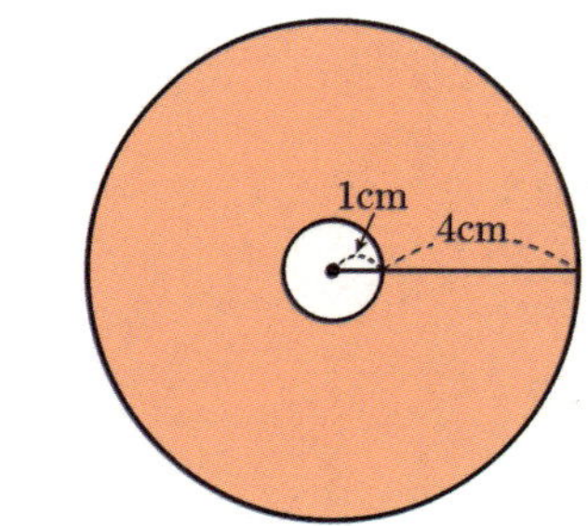

2 현의 수직이등분선

(1) 원에서 현의 수직이등분선은 원의 중심을 지난다.
(2) 원의 중심에서 현에 내린 수선은 그 현을 수직이등분한다.

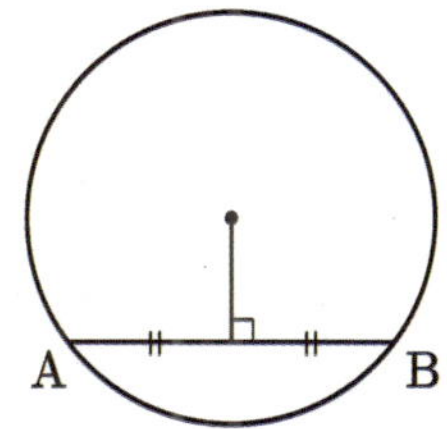

강의 현의 수직이등분선은 원의 중심을 지난다!

$$\rightarrow \quad \overline{AB} \perp \overline{OM} \rightarrow \overline{AM} = \overline{BM}$$

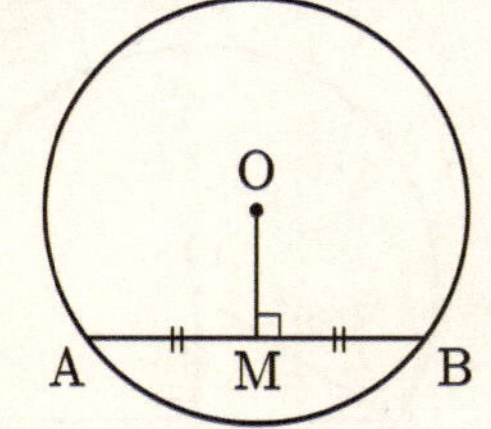

기 | 본 | 예 | 제 02

오른쪽 그림에서 $\overline{OM}$이 원 O의 현 $\overline{AB}$와 수직이라고 할 때,
이 원의 반지름의 길이를 구하시오.

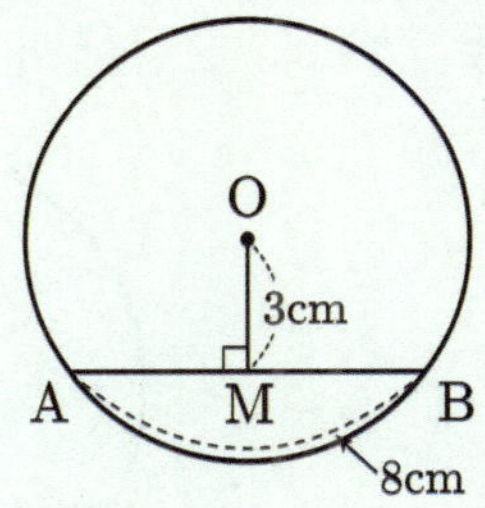

탐구 $\overline{AB} \perp \overline{OM}$이면 $\overline{AM} = \overline{BM}$ 이다.

풀이 현 $\overline{AB}$와 $\overline{OM}$이 수직이면 $\overline{AM} = \overline{BM}$ 이므로
$\overline{AM} = 4\,\text{cm}$ 이다.
△OAM은 직각삼각형이므로 피타고라스 정리에 의해

$$\overline{OA}^2 = \overline{OM}^2 + \overline{AM}^2$$
$$= 3^2 + 4^2 = 25$$
$$\therefore \overline{OA} = 5$$

따라서 이 원의 반지름의 길이는 $5\,\text{cm}$이다.

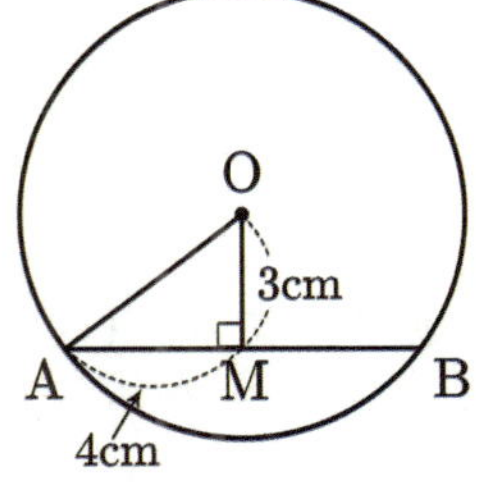

정답 $5\,\text{cm}$

유제 02-1 다음 그림에서 x의 값을 구하시오.

(1) 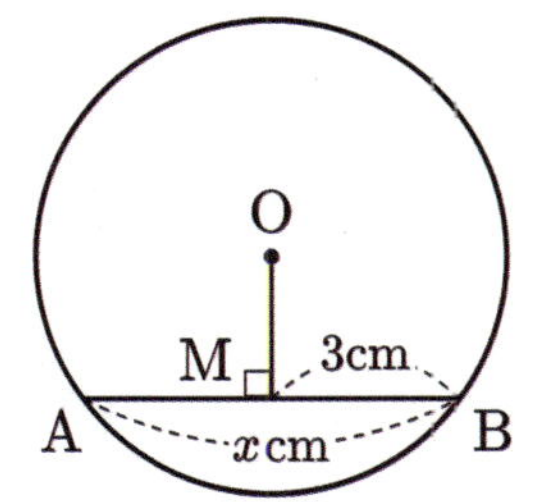

(2) 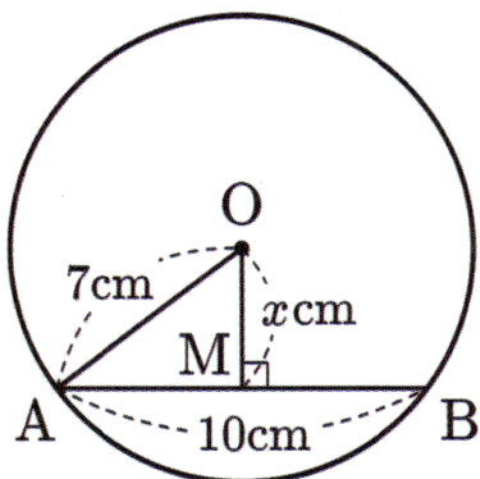

(3) 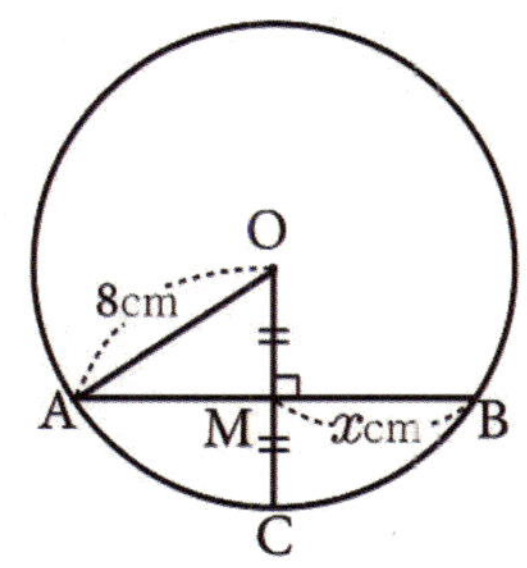

(4) 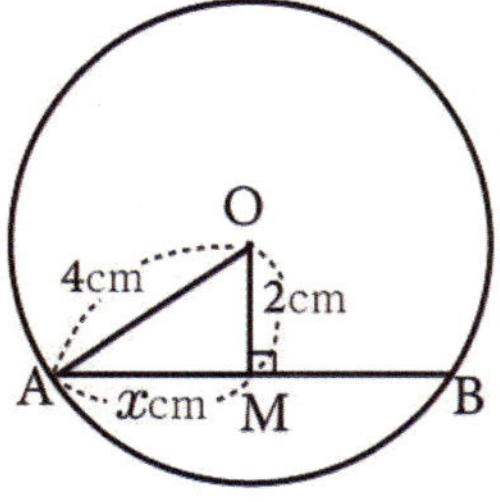

유제 02-2 다음 그림에서 원의 반지름의 길이를 구하시오.

(1) 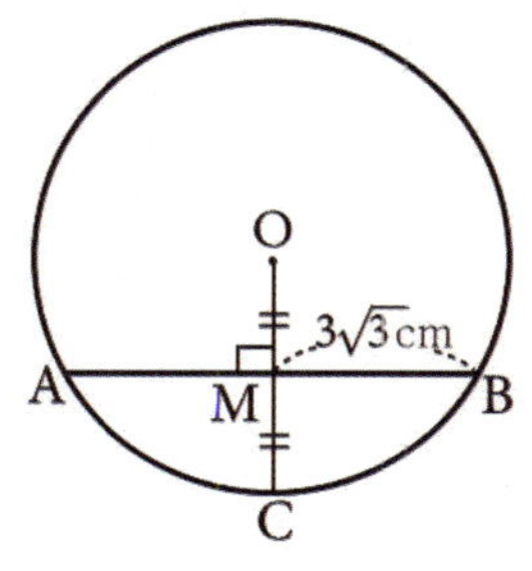

(2) 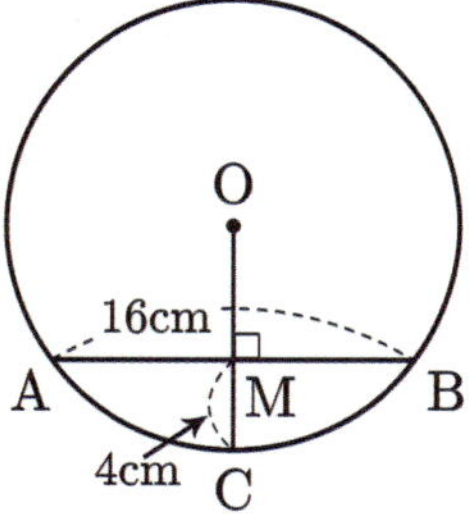

유제 02-3 오른쪽 그림에서 색칠한 부분의 넓이를 구하시오.

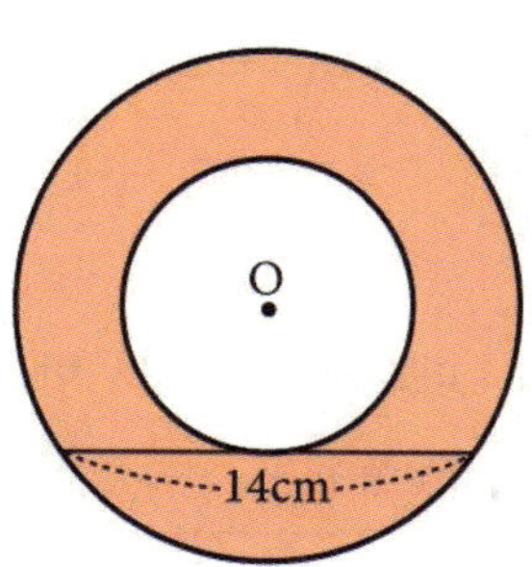

2 원의 접선의 성질과 그 길이

(1) 원의 접선은 그 접점을 지나는 반지름과 수직이다.

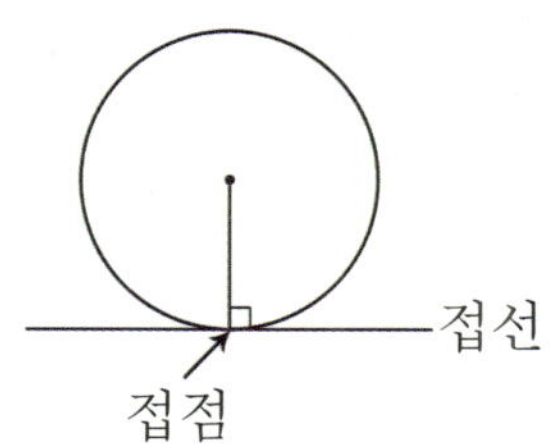

(2) 원 밖의 한 점에서 원에 그은 접선은 2개이고
그 길이가 같다.

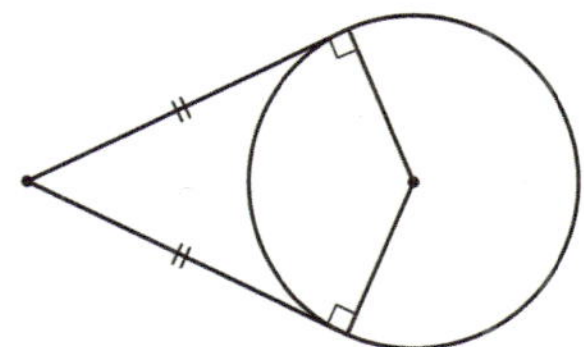

강의 원의 접선은 $\overline{PT} = \overline{PT'}$ 이고, $\overline{OT}$, $\overline{OT'}$ 과 수직으로 만난다!

→ 원의 중심 O, 원 밖의 한 점 P, 점 P에서 원에 그은
두 접선의 접점 T, T′에 대하여
$$\overleftrightarrow{PT} \perp \overline{OT}, \ \overleftrightarrow{PT'} \perp \overline{OT'}, \ \overline{PT} = \overline{PT'}$$

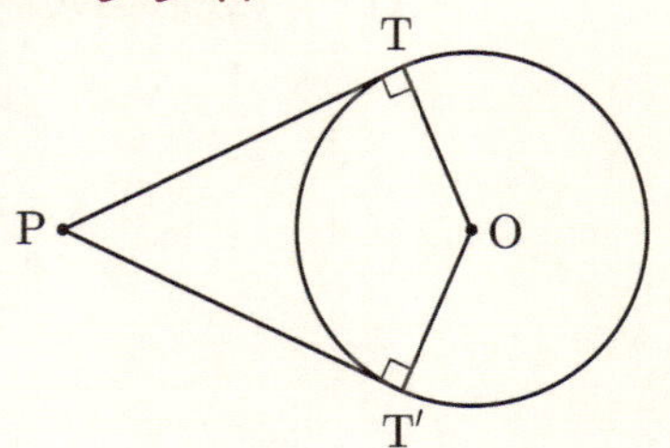

기|본|예|제 03

오른쪽 그림에서 $\overline{PT}$의 길이를 구하시오.

($\overleftrightarrow{PT}$는 원 O의 접선이다.)

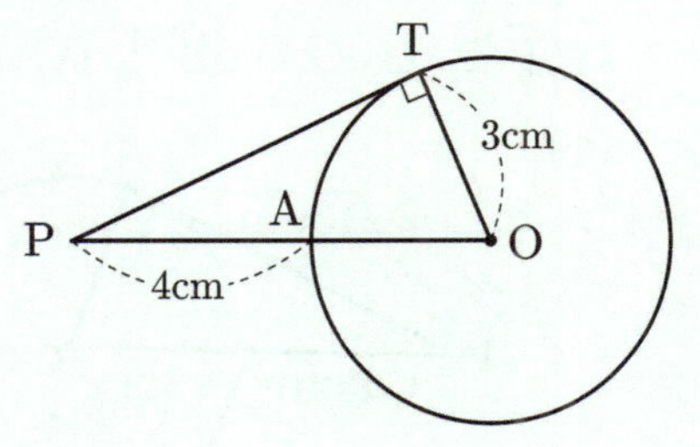

탐구 $\overleftrightarrow{PT} \perp \overline{OT}$이므로 피타고라스 정리를 이용한다.

풀이 $\triangle OTP$에서 $\angle T = 90°$ 이고 $\overline{OA} = \overline{OT} = 3\,(cm)$이므로
피타고라스 정리를 이용하여 $\overline{PT}$의 길이를 구하면
$$\overline{PT}^2 = \overline{OP}^2 - \overline{OT}^2 = 49 - 9 = 40$$
$$\therefore \overline{PT} = \sqrt{40} = 2\sqrt{10}$$

정답 $2\sqrt{10}$

유제 03-1 오른쪽 그림에서 $\overline{PT}$의 길이를 구하시오.
($\overleftrightarrow{PT}$, $\overleftrightarrow{PT'}$은 원 O의 접선이다.)

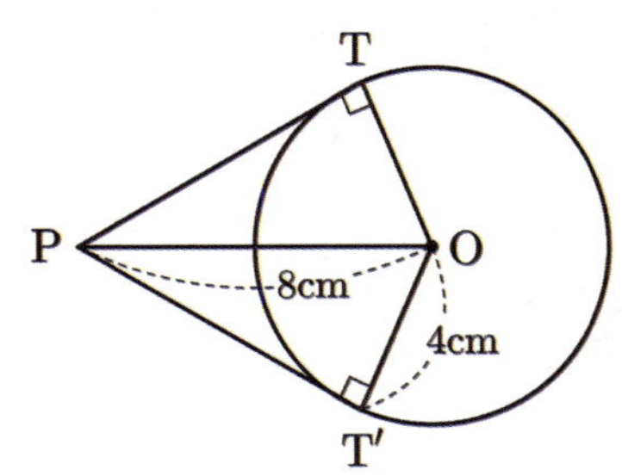

유제 03-2 오른쪽 그림에서 △ABC의 둘레의
길이를 구하시오.
($\overleftrightarrow{AD}$, $\overleftrightarrow{AE}$, $\overleftrightarrow{BC}$는 원 O의 접선이다.)

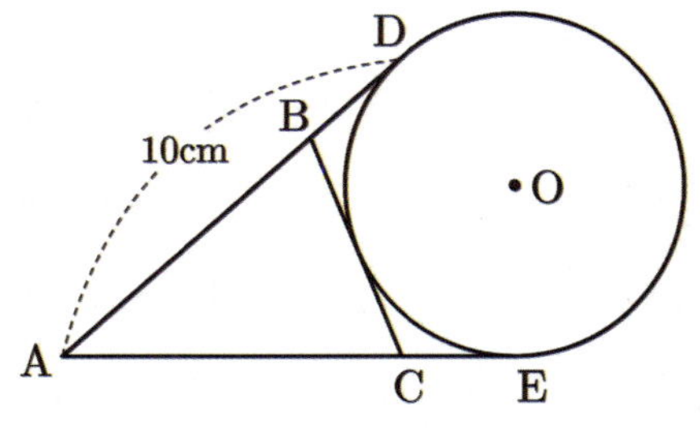

유제 03-3 다음 그림에서 x의 값을 구하시오.
($\overleftrightarrow{PT}$는 원 O의 접선이다.)

(1)

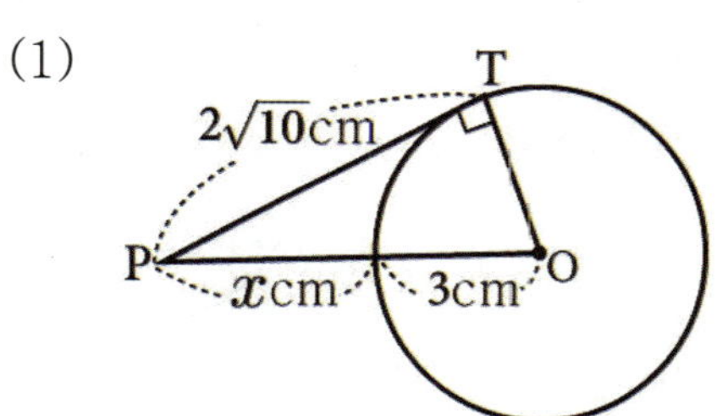

(2)

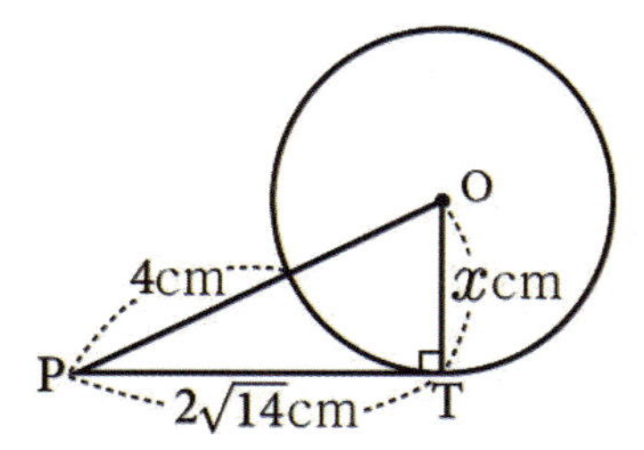

01 원의 방정식

1 원의 정의와 그 방정식

[1] 원의 정의

→ 평면 위의 한 정점에서 일정한 거리에 있는 점의 자취를 **원**이라 하며, 이때 정점을 **원의 중심**, 일정한 거리를 **반지름의 길이**라 한다.

[2] 원의 방정식

(1) 기본형 : $x^2 + y^2 = r^2$

→ 중심 : $(0, 0)$

→ 반지름의 길이 : $|r|$

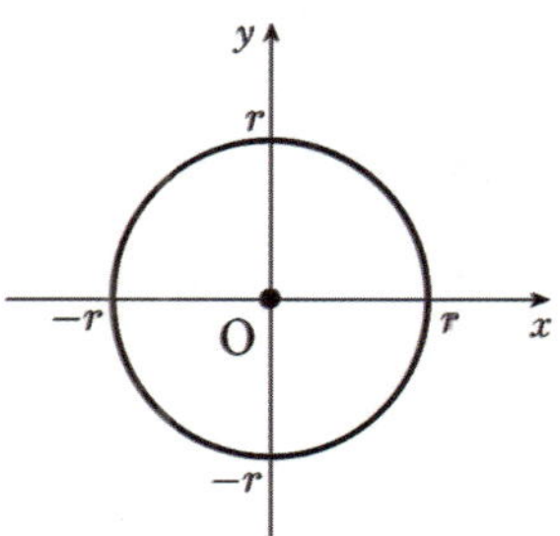

(2) 표준형(이동형) : $(x-a)^2 + (y-b)^2 = r^2$

→ $x^2 + y^2 = r^2$을 x축 방향으로 a만큼, y축 방향으로 b만큼 평행이동한 것이다.

→ $x^2 + y^2 = r^2$의 x값에서는 a를, y값에서는 b를 빼주어야 한다.

→ 중심 : (a, b)

→ 반지름의 길이 : $|r|$

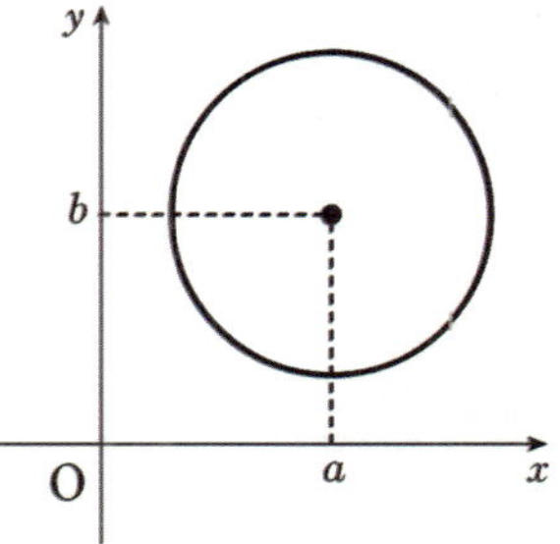

(3) 일반형 : $x^2 + y^2 + ax + by + c = 0$ (단, $a^2 + b^2 - 4c > 0$)

→ 중심 : $\left(-\dfrac{a}{2}, -\dfrac{b}{2}\right)$

→ 반지름의 길이 : $\dfrac{\sqrt{a^2 + b^2 - 4c}}{2}$

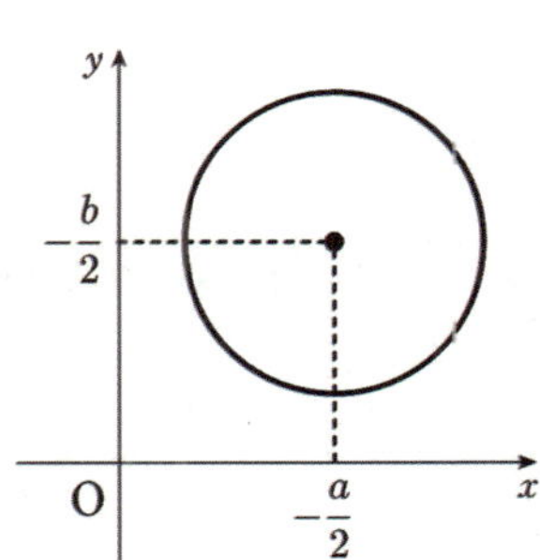

체크 점원과 허원과 실원의 판별

→ 원 $x^2 + y^2 + ax + by + c = 0$ → 판별식 $a^2 + b^2 - 4c$ 이용

(1) $a^2 + b^2 - 4c = 0$ → 반지름의 길이가 0인 원 → 점원

(2) $a^2 + b^2 - 4c < 0$ → 반지름의 길이가 허수인 원 → 허원

(3) $a^2 + b^2 - 4c > 0$ → 실원

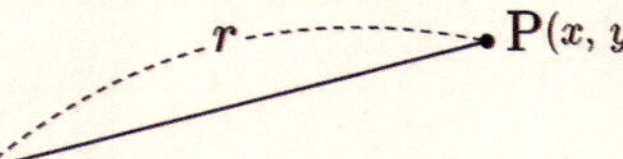

기|본|예|제 01

점 $C(2, 3)$에서 거리가 5인 점 $P(x, y)$의 자취를 구하시오.

탐구 평면 위의 한 정점으로부터 같은 거리에 있는 점들의 집합 → 원

풀이 $\overline{PC} = \sqrt{(x-2)^2 + (y-3)^2} = 5$

$\therefore (x-2)^2 + (y-3)^2 = 25$

정답 $(x-2)^2 + (y-3)^2 = 25$

유제 01-1 중심이 $C(1, -1)$인 원 위에 한 점 $A(3, 3)$이 있을 때, 이 원의 반지름의 길이를 구하시오.

유제 01-2 평면 위의 한 점 $(-2, 3)$으로부터 일정한 거리에 있는 점 P의 자취 중 점 $(1, 6)$을 지나는 도형의 방정식을 구하시오.

다음 원의 방정식을 구하시오.

(1) 중심이 원점이고 반지름의 길이가 3인 원

(2) 중심이 점 $(1, -3)$이고 점 $(2, 0)$을 지나는 원

(3) 세 점 $(0, 0)$, $(4, 0)$, $(4, 2)$를 지나는 원

탐구

① 중심 (a, b), 반지름의 길이 $r \rightarrow (x-a)^2 + (y-b)^2 = r^2$

② 세 점이 주어진 경우 $\rightarrow x^2 + y^2 + ax + by + c = 0$에 대입

풀이

(1) 중심이 점 $(0, 0)$, 반지름의 길이가 3인 원의 방정식은

$$x^2 + y^2 = 3^2 \qquad \therefore x^2 + y^2 = 9$$

(2) 반지름의 길이 $r = \sqrt{(2-1)^2 + (0+3)^2} = \sqrt{10}$

중심이 점 $(1, -3)$, 반지름의 길이가 $\sqrt{10}$인 원의 방정식은

$$(x-1)^2 + (y+3)^2 = \sqrt{10}\,^2 \qquad \therefore (x-1)^2 + (y+3)^2 = 10$$

(3) $x^2 + y^2 + ax + by + c = 0$에 세 점을 대입하면

ⅰ) $(0, 0)$ 대입 ; $c = 0 \qquad \therefore x^2 + y^2 + ax + by = 0$

ⅱ) $(4, 0)$ 대입 ; $16 + 4a = 0 \quad a = -4 \qquad \therefore x^2 + y^2 - 4x + by = 0$

ⅲ) $(4, 2)$ 대입 ; $16 + 4 - 16 + 2b = 0 \quad b = -2$

$$\therefore x^2 + y^2 - 4x - 2y = 0$$

정답 (1) $x^2 + y^2 = 9$ (2) $(x-1)^2 + (y+3)^2 = 10$ (3) $x^2 + y^2 - 4x - 2y = 0$

유제 02-1 중심이 $C(-2, 2)$이고 반지름의 길이가 4인 점 $P(a, 4)$가 있다. 이때 모든 a의 값의 곱을 구하시오.

유제 02-2 원 $x^2 + y^2 + ax + by + c = 0$이 세 점 $O(0, 0)$, $A(3, 3)$, $B(0, 4)$를 지날 때, 다음을 구하시오.

(1) a, b, c의 값

(2) $\triangle OAB$에 외접하는 원의 중심의 좌표와 반지름의 길이

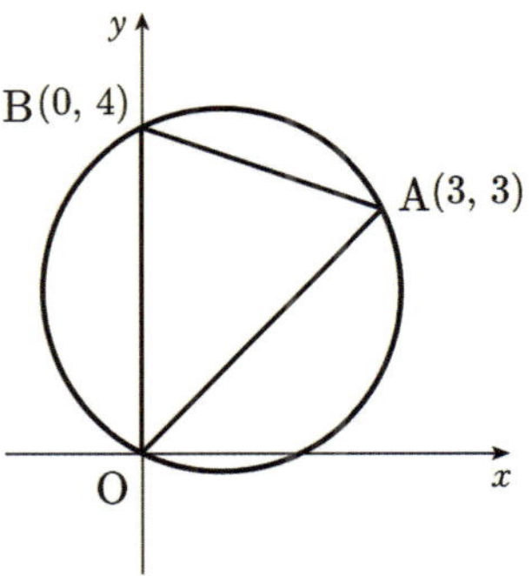

원 $x^2+y^2+2ax-6y+8=0$의 중심이 점 $(-2, b)$일 때, 상수 a, b의 값과 반지름의 길이를 구하시오.

탐구 일반형의 원의 방정식은 표준형의 원의 방정식으로 바꾸어 계산한다.

풀이 주어진 원의 방정식을 표준형으로 바꾸면
$$(x^2+2ax+a^2)+(y^2-6y+9)=-8+9+a^2$$
$$(x+a)^2+(y-3)^2=1+a^2$$
중심 $(-a, 3)=(-2, b)$ $\therefore a=2,\ b=3$
반지름의 길이 $\sqrt{1+a^2}=\sqrt{1+4}=\sqrt{5}$

정답 $a=2,\ b=3$, 반지름의 길이 : $\sqrt{5}$

유제 03-1 원 $x^2+y^2-2ax+4ay-5=0$의 둘레의 길이가 10π일 때, a의 값을 모두 구하시오.

유제 03-2 방정식 $x^2+y^2+2x+y+k=0$의 그래프가 원이 되도록 상수 k의 범위를 구하시오.

강의 중심이 직선 위에 있는 원의 방정식은 중심을 직선에 대입하라!

① 중심 $C(a, b)$ → $y=x$ → $b=a$
   → 원 $(x-a)^2+(y-a)^2=r^2$

② 중심 $C(a, b)$ → $y=x+3$ → $b=a+3$
   → 원 $(x-a)^2+(y-a-3)^2=r^2$

③ 중심 $C(a, b)$ → x축 위 → $b=0$
   → 원 $(x-a)^2+y^2=r^2$

④ 중심 $C(a, b)$ → y축 위 → $a=0$
   → 원 $x^2+(y-b)^2=r^2$

다음 원의 방정식을 구하시오.

(1) 중심이 x축 위에 있고 두 점 $(0, 1)$, $(3, 2)$를 지나는 원

(2) 중심이 직선 $y = -x + 3$ 위에 있고 두 점 $(-2, 3)$, $(4, 1)$을 지나는 원

탐구

① x축 $\rightarrow$ 반대로 $y = 0$

② 위에 있다, 지난다 $\rightarrow$ 대입하라!

풀이

(1) 중심이 x축 위에 있으므로 중심을 점 $(a, 0)$으로 놓고 원의 방정식을 만들면

$$(x - a)^2 + y^2 = r^2 \cdots ①$$

$$(0, 1) \rightarrow ① \; ; \; a^2 + 1 = r^2 \cdots ②$$

$$(3, 2) \rightarrow ① \; ; \; (3 - a)^2 + 4 = r^2 \cdots ③$$

$$③ - ② \; ; \; -6a + 9 + 3 = 0 \qquad \therefore a = 2$$

$$a = 2 \rightarrow ② \; ; \; r^2 = 5 \qquad \therefore (x - 2)^2 + y^2 = 5$$

(2) 중심이 직선 $y = -x + 3$ 위에 있으므로 중심을 점 $(a, -a + 3)$으로 놓고 원의 방정식을 만들면

$$(x - a)^2 + (y + a - 3)^2 = r^2 \cdots ①$$

$$(-2, 3) \rightarrow ① \; ; \; (-2 - a)^2 + a^2 = r^2$$

$$2a^2 + 4a + 4 = r^2 \cdots ②$$

$$(4, 1) \rightarrow ① \; ; \; (4 - a)^2 + (a - 2)^2 = r^2$$

$$2a^2 - 12a + 20 = r^2 \cdots ③$$

$$② - ③ \; ; \; 16a - 16 = 0 \qquad \therefore a = 1$$

$$a = 1 \rightarrow ② \; ; \; r^2 = 10 \qquad \therefore (x - 1)^2 + (y - 2)^2 = 10$$

정답

(1) $(x - 2)^2 + y^2 = 5$ (2) $(x - 1)^2 + (y - 2)^2 = 10$

유제 04-1 중심이 직선 $y = x$ 위에 있고, 두 점 $(1, -1)$, $(3, 5)$를 지나는 원의 방정식을 구하시오.

유제 04-2 중심이 직선 $y = x - 2$ 위에 있고 두 점 $(2, -2)$, $(1, -3)$을 지나는 원의 반지름의 길이를 구하시오.

→ 원의 중심은 선분 AB의 중점이고, 반지름의 길이는 선분 AB의 길이의 반이다.

강의 두 점을 지름의 양 끝으로 하는 원은 중심과 반지름을 구하라!

지름의 양 끝 → [중심 / 반경] 〉 원

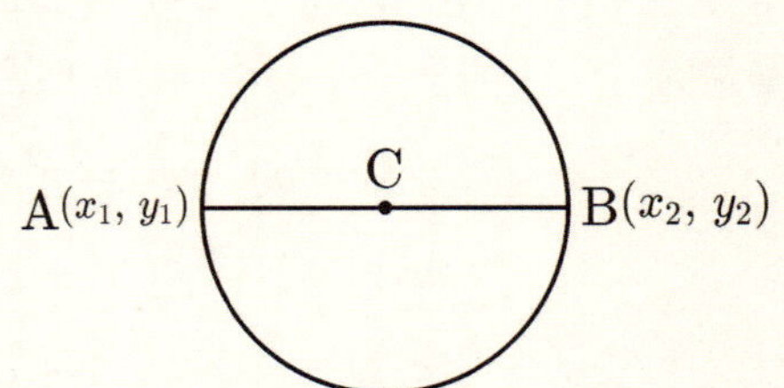

① 중심 $C\left(\dfrac{x_1+x_2}{2},\ \dfrac{y_1+y_2}{2}\right)$

② 반경 $r = \dfrac{\overline{AB}}{2} = \dfrac{\sqrt{(x_2-x_1)^2+(y_2-y_1)^2}}{2}$

→ 원 $\left(x - \dfrac{x_1+x_2}{2}\right)^2 + \left(y - \dfrac{y_1+y_2}{2}\right)^2 = \left(\dfrac{\overline{AB}}{2}\right)^2$

기 | 본 | 예 | 제 05

지름의 양 끝이 두 점 $A(3, 1)$, $B(-1, 5)$인 원의 방정식을 구하시오.

탐구 $\overline{AB}$의 중점 C를 구하고, 반지름의 길이 $r = \overline{AC} = \overline{BC}$를 구한다.

풀이 구하는 원의 중심은 $\overline{AB}$의 중점이므로 원의 중심 C를 구하면

$$C\left(\frac{3-1}{2},\ \frac{1+5}{2}\right) = C(1, 3)$$

구하는 원의 반지름의 길이는 $\overline{AC}$ 또는 $\overline{BC}$와 같으므로 반지름의 길이 r을 구하면

$$r = \sqrt{(3-1)^2 + (1-3)^2} = 2\sqrt{2}$$

따라서 중심이 점 $(1, 3)$이고 반지름의 길이가 $2\sqrt{2}$인 원의 방정식을 구하면

$$(x-1)^2 + (y-3)^2 = 8$$

정답 $(x-1)^2 + (y-3)^2 = 8$

유제 05-1 두 점 $A(-2, 3)$, $B(4, -1)$을 지름의 양 끝으로 하는 원의 방정식을 구하시오.

유제 05-2 두 점 $A(a, -3)$, $B(5, b)$를 지름의 양 끝으로 하는 원의 중심의 좌표가 $(4, -1)$이고, 원의 반지름의 길이를 r이라 할 때, $a+b+r^2$의 값을 구하시오.

[1] x축에 접하는 원의 방정식

→ 원 중심의 y좌표의 절댓값과 반지름의 길이가 같다.

→ $(x-a)^2+(y-r)^2=r^2$ (x축의 위쪽)

→ $(x-a)^2+(y+r)^2=r^2$ (x축의 아래쪽)

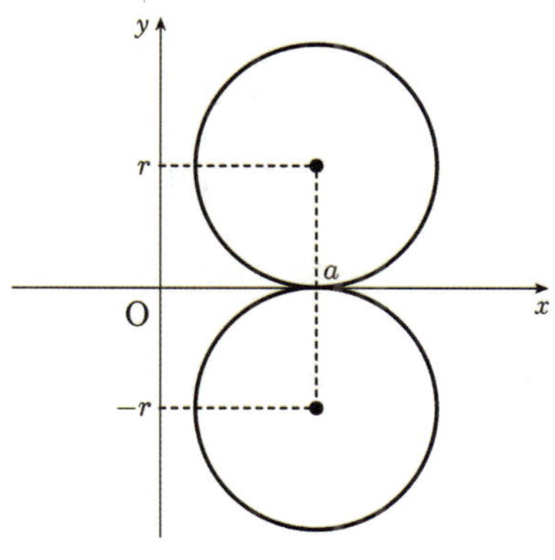

[2] y축에 접하는 원의 방정식

→ 원 중심의 x좌표의 절댓값과 반지름의 길이가 같다.

→ $(x-r)^2+(y-b)^2=r^2$ (y축의 오른쪽)

→ $(x+r)^2+(y-b)^2=r^2$ (y축의 왼쪽)

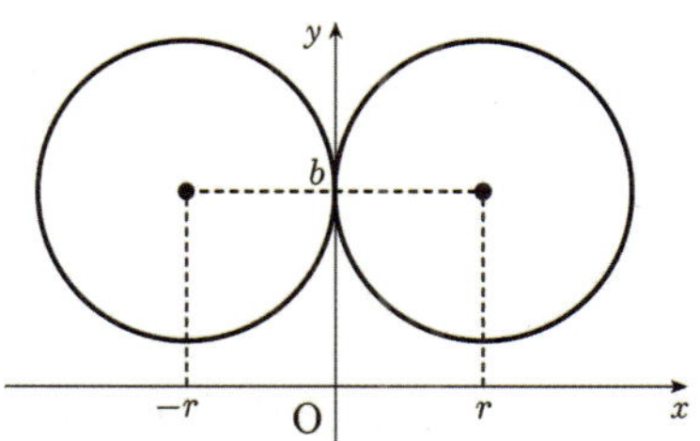

[3] x축 및 y축에 접하는 원의 방정식

→ 원 중심의 x, y좌표의 절댓값과 반지름의 길이가 같다.

→ $(x-r)^2+(y-r)^2=r^2$ (제 1 사분면)

→ $(x+r)^2+(y-r)^2=r^2$ (제 2 사분면)

→ $(x+r)^2+(y+r)^2=r^2$ (제 3 사분면)

→ $(x-r)^2+(y+r)^2=r^2$ (제 4 사분면)

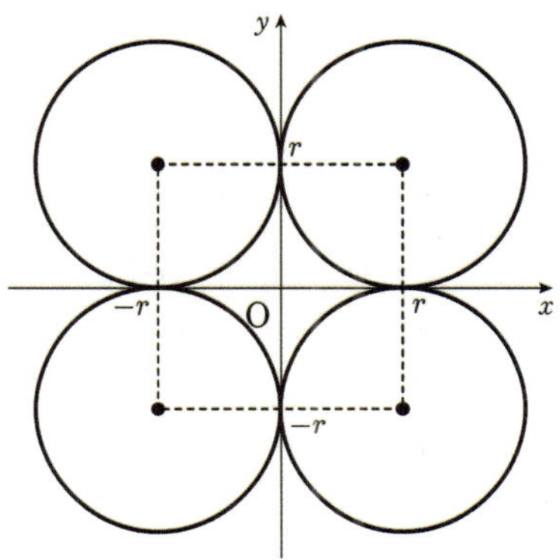

강의 축에 접하는 원의 방정식은 그림에서 '같다'를 찾아라!

① x축에 접하는 원

→ 중심의 y좌표 $|b|$=반지름의 길이 r

→ $(x-a)^2+(y-b)^2=b^2$

② y축에 접하는 원

→ 중심의 x좌표 $|a|$=반지름의 길이 r

→ $(x-a)^2+(y-b)^2=a^2$

주의 축에 접하는 원의 방정식

① x축에 접한다. → 반대로 y좌표 $|b|=r$

② y축에 접한다. → 반대로 x좌표 $|a|=r$

다음 원의 방정식을 구하시오.

(1) 중심이 점 $(3, 2)$이고 y축에 접하는 원

(2) 중심이 점 $(2, -1)$이고 x축에 접하는 원

탐구 ① y축에 접한다 → 반대로 $|a|=r$ ② x축에 접한다 → 반대로 $|b|=r$

풀이 (1) y축에 접하므로 $r=3$ ∴ $(x-3)^2+(y-2)^2=9$

(2) x축에 접하므로 $r=1$ ∴ $(x-2)^2+(y+1)^2=1$

정답 (1) $(x-3)^2+(y-2)^2=9$ (2) $(x-2)^2+(y+1)^2=1$

유제 06-1 두 점 $A(-2, 0)$, $B(1, 6)$을 $2:1$로 내분하는 점을 중심으로 하고 x축에 접하는 원의 방정식을 구하시오.

유제 06-2 y축에 접하는 원 $x^2+y^2+2x+4ky+4=0$의 중심이 제 3 사분면에 있을 때, 상수 k의 값을 구하시오.

중심이 $y=x+3$ 위에 있고 점 $(6, 2)$를 지나며 x축에 접하는 원의 방정식을 구하시오.

탐구 x축에 접한다 → 반대로 $|b|=r$

풀이 중심이 $y=x+3$ 위에 있으므로 중심을 점 $(a, a+3)$이라 놓고 x축에 접하는 원의 방정식을 구하면

$$(x-a)^2+(y-a-3)^2=(a+3)^2 \cdots ①$$

①이 $(6, 2)$를 지나므로 대입하여 정리하면

$$(6-a)^2+(2-a-3)^2=(a+3)^2$$

$$a^2-12a+36+a^2+2a+1=a^2+6a+9$$

$$a^2-16a+28=0 \qquad (a-2)(a-14)=0$$

$$∴ a=2 \text{ 또는 } a=14$$

따라서 구하는 원의 방정식은

$$(x-2)^2+(y-5)^2=25 \text{ 또는 } (x-14)^2+(y-17)^2=289$$

정답 $(x-2)^2+(y-5)^2=25$ 또는 $(x-14)^2+(y-17)^2=289$

 중심이 $y=-x+3$ 위에 있고 점 $(6, 0)$을 지나며 y축에 접하는 원의 방정식을 구하시오.

 중심이 $y=2x$ 위에 있고 점 $(-1, -1)$을 지나며 y축에 접하는 두 원의 중심 사이의 거리를 구하시오.

강의 x축, y축에 동시에 접하는 원의 방정식은 사분면에 따라 중심과 식이 달라진다!

→ $|a|=|b|=r$

① 제 1 사분면 $C(+r, +r)$ → 원 $(x-r)^2+(y-r)^2=r^2$

② 제 2 사분면 $C(-r, +r)$ → 원 $(x+r)^2+(y-r)^2=r^2$

③ 제 3 사분면 $C(-r, -r)$ → 원 $(x+r)^2+(y+r)^2=r^2$

④ 제 4 사분면 $C(+r, -r)$ → 원 $(x-r)^2+(y+r)^2=r^2$

기|본|예|제 08

x축과 y축에 동시에 접하는 두 원이 점 $(4, 2)$를 지난다고 할 때, 두 원의 반지름의 길이를 각각 구하시오.

탐구 제 1 사분면 $C(+r, +r)$ → 원 $(x-r)^2+(y-r)^2=r^2$

풀이 점 $(4, 2)$가 제 1 사분면의 점이므로 구하는 원의 중심도 제 1 사분면에 있다.

이 원의 반지름의 길이를 r이라 하면

$$(x-r)^2+(y-r)^2=r^2 \cdots ①$$

①이 $(4, 2)$를 지나므로 대입하여 정리하면

$$(4-r)^2+(2-r)^2=r^2 \qquad r^2-12r+20=0$$

$$(r-2)(r-10)=0 \qquad \therefore r=2, \ r=10$$

정답 2, 10

 점 $(2, 1)$을 지나고, x축, y축에 접하는 원의 방정식을 구하시오.

 점 $(3, 3)$을 지나고, x축 및 y축에 접하는 원이 두 개 있다. 이 두 원의 중심 사이의 거리를 구하시오.

→ 두 점에서 만나는 두 원

$O : x^2+y^2+ax+by+c=0,\ O' : x^2+y^2+a'x+b'y+c'=0$에 대하여
k를 임의의 실수라 하면 $x^2+y^2+ax+by+c+k(x^2+y^2+a'x+b'y+c')=0$은
k의 값에 관계없이 항상 $O,\ O'$의 교점을 지난다.

(1) $k\neq-1$일 때 : 두 원의 교점을 지나는 원의 방정식

→ $x^2+y^2+ax+by+c+k(x^2+y^2+a'x+b'y+c')=0$

(이 원은 어떠한 k의 값에 대해서도 원 O'이 될 수는 없다.)

(2) $k=-1$일 때 : 두 원의 교점을 지나는 직선의 방정식, 즉 두 원의 공통현의 방정식

→ $(a-a')x+(b-b')y+(c-c')=0$

강의 **두 원의 교점 방정식의 결과는 원과 직선 2가지이다!**

→ (원 ①) $+k$(원 ②)$=0$

→ $x^2+y^2+ax+by+c+k(x^2+y^2+a'x+b'y+c')=0$

→ $\begin{cases} k\neq-1일\ 때\ \to\ 원 \\ k=-1일\ 때\ \to\ 직선 \end{cases}$

기|본|예|제 09

두 원 $x^2+y^2-6x+6=0,\ x^2+y^2-2x-4y+2=0$의 두 교점과 원점을 지나는 원의 반지름의 길이를 구하시오.

탐구 두 원의 교점 방정식 → (원 ①) $+k$(원 ②)$=0$

풀이 두 원의 교점을 지나는 원의 방정식을 구하면

$$(x^2+y^2-6x+6)+k(x^2+y^2-2x-4y+2)=0\,(단,\ k\neq-1)\ \cdots①$$

①이 점 $(0,\,0)$을 지나므로 대입하여 정리하면

$$6+2k=0 \qquad \therefore k=-3$$

$k=-3$을 ①에 대입하여 원의 방정식을 구하면

$$x^2+y^2-6y=0 \qquad x^2+(y-3)^2=3^2$$

따라서 원의 반지름의 길이는 3이다.

정답 3

유제 09-1 두 원 $x^2+y^2-4x+3=0$, $x^2+y^2-2x+2y+1=0$의 두 교점과 점 $(1, 1)$을 지나는 원의 반지름을 구하시오.

유제 09-2 두 원 $x^2+y^2-4x-4y+4=0$, $x^2+y^2-8=0$의 교점을 지나고 x축에 접하는 원의 방정식을 구하시오.

기|본|예|제 **10**

두 원 $x^2+y^2=10$, $x^2+y^2-8x-6y+15=0$의 공통현의 길이를 구하시오.

탐구 두 원의 교점을 지나는 직선을 구한 후 피타고라스의 정리를 이용한다.

풀이 두 원의 교점을 지나는 직선의 방정식을 구하면

$$x^2+y^2-10-(x^2+y^2-8x-6y+15)=0$$

$$\therefore 8x+6y-25=0$$

원 $x^2+y^2=0$의 중심인 점 $(0, 0)$과 직선 사이의 거리를 구하면

$$\overline{OH}=\frac{|-25|}{\sqrt{8^2+6^2}}=\frac{25}{10}=\frac{5}{2}$$

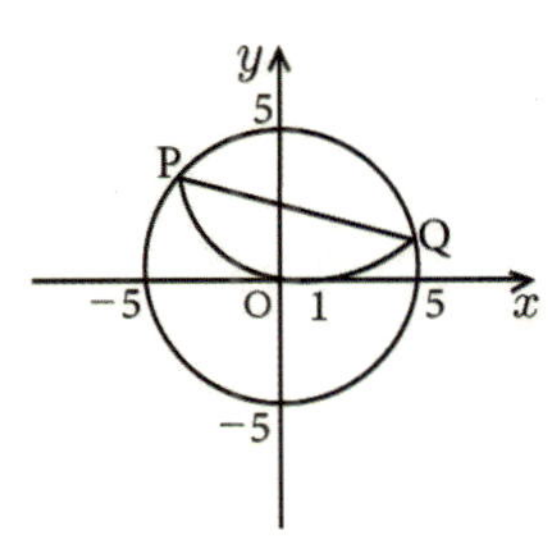

$\overline{OA}=\sqrt{10}$ 이므로 직각삼각형 OAH에서 $\overline{AH}$의 길이를 구하면

$$\overline{AH}=\sqrt{\sqrt{10}^{\,2}-\left(\frac{5}{2}\right)^2}=\frac{\sqrt{15}}{2}$$

따라서 공통현의 길이 $\overline{AB}$를 구하면

$$\overline{AB}=2\overline{AH}=\sqrt{15}$$

정답 $\sqrt{15}$

유제 10-1 두 원 $x^2+y^2-4=0$과 $x^2+y^2-2x+4y+2=0$의 공통현의 길이를 구하시오.

유제 10-2 오른쪽 그림과 같이 원 $x^2+y^2=25$의 그래프를 점 $(1, 0)$에서 접하도록 접었을 때, 직선 $\overleftrightarrow{PQ}$의 방정식을 구하시오.

➜ 두 정점으로부터의 거리의 비가 일정한 점의 자취이다.

강의　아폴로니우스의 원은 두 점에서의 거리의 비가 일정한 점의 자취이다!

➜ 비 일정 → 아폴로니우스의 원

기 | 본 | 예 | 제 11

두 점 $A(-2, 3)$, $B(2, 5)$로부터 거리의 비가 $2:1$인 점의 자취의 방정식을 구하시오.

탐구　$\overline{AP} : \overline{BP} = 2 : 1 \rightarrow \overline{AP} = 2\overline{BP}$

풀이　자취를 구하는 점을 $P(x, y)$라 놓으면

$$\overline{AP} : \overline{BP} = 2 : 1 \quad \overline{AP} = 2\overline{BP}$$

$\overline{AP}^2 = 4\overline{BP}^2$이므로

$$(x+2)^2 + (y-3)^2 = 4\{(x-2)^2 + (y-5)^2\}$$
$$3x^2 + 3y^2 - 20x - 34y + 103 = 0$$
$$x^2 + y^2 - \frac{20}{3}x - \frac{34}{3}y + \frac{103}{3} = 0$$

정답　$x^2 + y^2 - \dfrac{20}{3}x - \dfrac{34}{3}y + \dfrac{103}{3} = 0$

유제 11-1　두 점 $A(-2, 0)$, $B(1, 0)$으로부터의 거리의 비가 $\overline{AP} : \overline{BP} = 2 : 1$을 만족하는 점 $P(x, y)$의 자취의 방정식을 구하시오.

유제 11-2　두 점 $A(1, 0)$, $B(4, 0)$으로부터의 거리의 비가 $2 : 1$인 점 P가 있다. 다음 물음에 답하시오.

(1) 점 P의 자취의 방정식을 구하시오.

(2) 자취의 길이를 구하시오.

(3) $\angle PAB$의 크기의 최댓값을 구하시오.

원과 직선

1 원과 직선의 위치 관계

→ 중심과 직선 사이의 거리 d와 반지름의 길이 r을 이용한다.

첫째, 원의 중심과 직선 사이의 거리 d를 구한다.

둘째, d와 r의 관계를 이용한다.

(1) $d < r$　　　　　　　　(2) $d = r$　　　　　　　　(3) $d > r$

　　⇔ 두 점에서 만난다.　　　　⇔ 한 점에서 만난다.　　　　⇔ 만나지 않는다

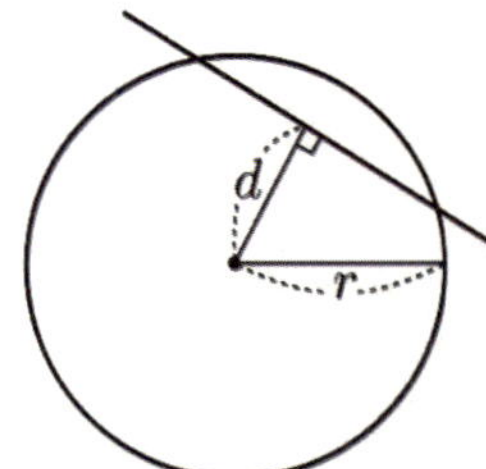　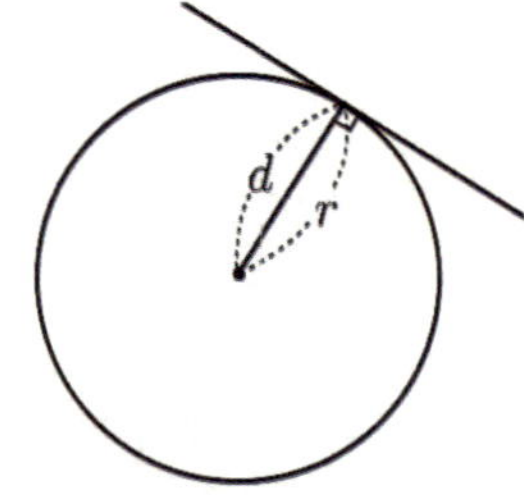　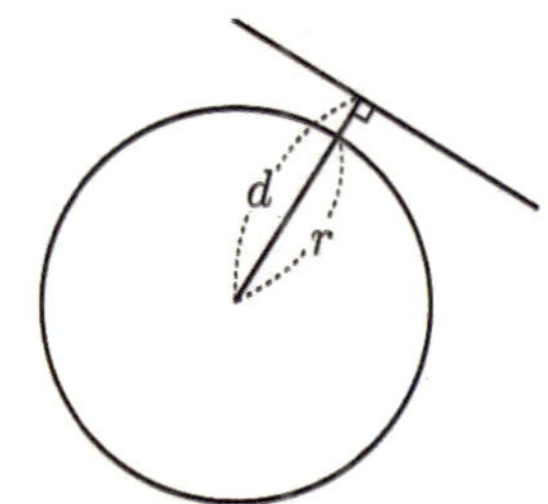

강의 원과 직선에 관한 문제는 판별식을 사용해서는 안 된다!

→ 반드시 d와 r을 이용해야 한다!

① $d < r$ ⇔ 교차

② $d = r$ ⇔ 접선

③ $d > r$ ⇔ 분리

주의 원과 직선의 위치 관계는 판별식을 이용하면 매우 복잡하거나 불가능한 경우도 있으므로 사용하지 않는 것이 바람직하다.

기 | 본 | 예 | 제 **12**

두 원 $(x-2)^2 + (y-3)^2 = r^2$과 직선 $y = 2x + 3$이 교차할 때, 양수 r의 범위를 구하시오.

탐구　원과 직선과의 관계는 절대로 판별식 D를 사용해서는 안된다. → d와 r의 관계 이용!

풀이　중심이 C$(2, 3)$이므로 직선 $2x - y + 3 = 0$과 중심 사이의 거리 d는

$$d = \frac{|4-3+3|}{\sqrt{4+1}} = \frac{4}{\sqrt{5}} = \frac{4\sqrt{5}}{5}$$

원과 직선이 교차하는 경우 $d < r$이므로

$$r > \frac{4\sqrt{5}}{5}$$

✔ 정답　$r > \dfrac{4\sqrt{5}}{5}$

$\boxed{\text{유제 } \textbf{12-1}}$ 원 $x^2+y^2=2$와 직선 $x+y=k$가 서로 다른 두 점에서 만나기 위한 상수 k의 범위를 구하시오.

$\boxed{\text{유제 } \textbf{12-2}}$ 원 $x^2+y^2=4$와 직선 $y=ax+2\sqrt{b}$가 한 점에서 만나게 되는 b의 값의 합을 구하시오. (단, a, b는 10보다 작은 자연수이다.)

기 | 본 | 예 | 제 13

원 $x^2+y^2=16$과 직선 $3x+4y-10=0$이 만나서 생기는 현의 길이를 구하시오.

탐구 원의 중심과 직선 사이의 거리를 구한 후 피타고라스 정리를 이용한다.

풀이 오른쪽 그림과 같이 원과 직선의 교점을 각각 A, B라
하고 원의 중심과 직선 사이의 거리를 구하면

$$\overline{\text{OH}} = \frac{|-10|}{\sqrt{9+16}} = 2$$

$\overline{\text{OA}} = 4$ 이므로 직각삼각형 OAH에서

$$\overline{\text{AH}} = \sqrt{4^2-2^2} = \sqrt{12} = 2\sqrt{3}$$

따라서 구하는 현의 길이 $\overline{\text{AB}}$는

$$\overline{\text{AB}} = 2\overline{\text{AH}} = 4\sqrt{3}$$

✔ 정답 $4\sqrt{3}$

$\boxed{\text{유제 } \textbf{13-1}}$ 원 $x^2+y^2=4$와 직선 $x-y-1=0$이 만나서 생기는 현의 길이를 구하시오.

$\boxed{\text{유제 } \textbf{13-2}}$ 원 $x^2+y^2-2x-4y-3=0$을 직선 $y=x+3$으로 자른 현의 길이를 a라 하고 원의 중심과 직선 사이의 거리를 b라 할 때, a^2-b^2의 값을 구하시오.

원 $x^2+y^2-6x-4y-3=0$ 위의 점과 직선 $3x+4y+8=0$ 사이의 거리의 최댓값과 최솟값을 구하시오.

탐구   원의 중심과 직선 사이의 거리를 구한 후 최댓값 $d+r$과 최솟값 $d-r$을 구한다.

풀이   주어진 원의 방정식을 표준형으로 바꾸어
원의 중심과 반지름의 길이를 구하면

$$(x^2-6x+9)+(y^2-4y+4)=16$$

$$(x-3)^2+(y-2)^2=4^2$$

$\therefore$ 중심 $(3,2)$, 반지름의 길이 : 4

구한 값을 이용하여 그림으로 나타내면
오른쪽과 같다.

원의 중심과 직선 사이의 거리를 구하면

$$d=\frac{|3\times3+4\times2+8|}{\sqrt{9+16}}=\frac{25}{5}=5$$

그림에서 원 위의 점과 직선 사이의 거리의 최댓값은 $5+4=9$이고
최솟값은 $5-4=1$이다.

정답   최댓값 : 9, 최솟값 : 1

유제 14-1   원 $x^2+y^2-2x+4y-3=0$ 위의 점과 직선 $y=x+3$과의 최단거리를 구하시오.

유제 14-2   원 $x^2+y^2-6x-2y+1=0$ 위의 점과 직선 $y=a$와의 거리의 최솟값이 2일 때, a의 값을 구하시오.

유제 14-3   원 $x^2+y^2=4$ 위의 한 점 P와 두 점 $A(0,-3)$, $B(4,0)$을 꼭짓점으로 하는 삼각형 PAB의 넓이의 최댓값을 구하시오.

[1] 원 $(x-a)^2+(y-b)^2=r^2$ 밖의 한 점 $(x_1,\,y_1)$에서 원에 그은 접선의 길이

→ $l=\sqrt{(x_1-a)^2+(y_1-b)^2-r^2}$

[2] 원 $x^2+y^2+ax+by+c=0$ 밖의 한 점 $(x_1,\,y_1)$에서 원에 그은 접선의 길이

→ $l=\sqrt{{x_1}^2+{y_1}^2+ax_1+by_1+c}$

강의 접선의 길이 공식은 아래 3단계를 꼭 기억하자!

→ 직각삼각형 → 피타고라스의 정리 이용

→ $\overline{\mathrm{PT}}^2=\overline{\mathrm{PC}}^2-r^2$

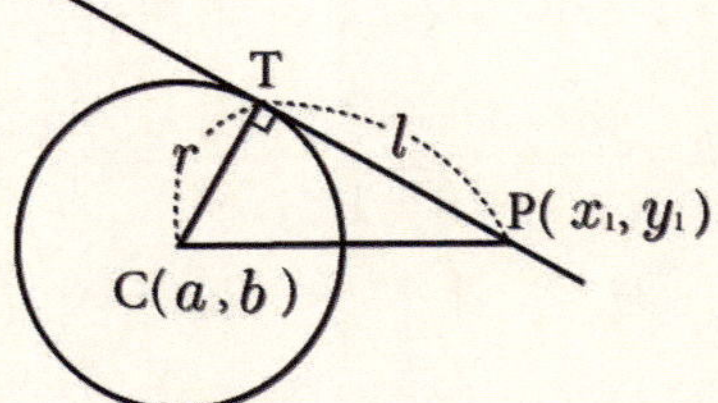

첫째 : 몽땅 이항하고

둘째 : 점을 대입하고

셋째 : $\sqrt{}$ 를 씌운다.

Type 1) 원 $(x-a)^2+(y-b)^2=r^2$ 밖의 한 점 $(x_1,\,y_1)$에서 원에 그은 접선의 길이

$$l=\sqrt{(x_1-a)^2+(y_1-b)^2-r^2}$$

Type 2) 원 $x^2+y^2+ax+by+c=0$ 밖의 한 점 $(x_1,\,y_1)$에서 원에 그은 접선의 길이

$$l=\sqrt{{x_1}^2+{y_1}^2+ax_1+by_1+c}$$

기 | 본 | 예 | 제 15

점 $\mathrm{P}(5,\,2)$에서 원 $(x-2)^2+(y+3)^2=9$에 그은 접선의 길이를 구하시오.

탐구 접선의 길이 공식은 3단계로 기억해 두면 편리하다.

① 몽땅 이항 → ② 점 대입 → ③ $\sqrt{}$ 씌우기

풀이 몽땅 이항 : $(x-2)^2+(y+3)^2-9=0 \ \cdots$ ①

점 대입 : $\mathrm{P}(5,\,2) \to$ ① ; $(5-2)^2+(2+3)^2-9$

$\sqrt{}$ 씌우기 : $\sqrt{3^2+5^2-9}=5$

정답 5

유제 15-1 점 $(2, 1)$에서 원 $(x-4)^2+(y-3)^2=3$에 그은 접선의 길이를 구하시오.

유제 15-2 점 $(-1, k)$에서 원 $(x-2)^2+(y-1)^2=5$에 그은 접선의 길이가 $\sqrt{13}$일 때, 양수 k의 값을 구하시오.

기 | 본 | 예 | 제 16

점 $(4, -1)$에서 원 $x^2+y^2+2x+4y+1=0$에 그은 접선의 길이를 구하시오.

탐구 접선의 길이 공식은 3단계로 기억해 두면 편리하다.

① 몽땅 이항 → ② 점 대입 → ③ $\sqrt{}$ 씌우기

풀이 몽땅 이항 : $x^2+y^2+2x+4y+1=0$ … ①

점 대입 : $(4, -1) \rightarrow$ ① ; $4^2+(-1)^2+2\times4+4\times(-1)+1$

$\sqrt{}$ 씌우기 : $\sqrt{16+1+8-4+1}=\sqrt{22}$

✔ 정답 $\sqrt{22}$

유제 16-1 점 $(-1, 3)$에서 원 $x^2+y^2-2x+2y-8=0$에 그은 접선의 길이를 구하시오.

유제 16-2 점 $(3, a)$에서 원 $x^2+y^2-4x-6y+9=0$에 그은 접선의 길이가 1일 때, a의 값을 구하시오.

(1) 접점 $P(x_1, y_1)$이 주어지는 경우 $x^2+y^2=r^2$의 접선의 방정식

$$\rightarrow x_1x+y_1y=r^2$$

(2) 기울기 m이 주어지는 경우 $x^2+y^2=r^2$의 접선의 방정식

$$\rightarrow y=mx\pm r\sqrt{1+m^2}$$

체크 원의 접선에 관한 문제의 해법

① 접선의 공식을 이용한다.

② (원의 중심에서 접선에 이르는 거리) = (반지름)을 이용한다.

강의 원의 접선 방정식은 접점과 기울기가 주어질 때 사용한다!

① 접점 → 요령 이용

$$\rightarrow \begin{bmatrix} x^2 \to x_1x \\ y^2 \to y_1y \end{bmatrix} \rightarrow \begin{bmatrix} x \to \dfrac{x_1+x}{2} \\ y \to \dfrac{y_1+y}{2} \end{bmatrix}$$

② 기울기 → 공식 이용

$$\rightarrow y=mx\pm r\sqrt{1+m^2}$$

기|본|예|제 **17**

원 $x^2+y^2=4$ 위의 점 $(\sqrt{2}, \sqrt{2})$에서의 접선의 방정식을 구하시오.

탐구 원 $x^2+y^2=r^2$ 위의 점 (x_1, y_1)에서의 접선의 방정식 $\rightarrow x_1x+y_1y=r^2$

풀이 $x^2+y^2=4$ 위의 점 $(\sqrt{2}, \sqrt{2})$에서의 접선의 방정식은

$$\sqrt{2}\,x+\sqrt{2}\,y=4$$

$$\therefore x+y-2\sqrt{2}=0$$

정답 $x+y-2\sqrt{2}=0$

유제 17-1 원 $x^2+y^2=25$와 직선 $4x+3y=0$이 만나는 점에서의 접선의 방정식을 구하시오.

유제 17-2 원 $(x-2)^2+(y+1)^2=5$ 위의 점 $(3, 1)$에서의 접선의 방정식을 구하시오.

기 | 본 | 예 | 제 **18**

원 $x^2+y^2=9$에 접하고 기울기가 2인 접선의 방정식을 구하시오.

탐구 원 $x^2+y^2=r^2$에 접하고 기울기가 m인 접선의 방정식 $\rightarrow y=mx\pm r\sqrt{1+m^2}$

풀이 $x^2+y^2=9$에 접하고 $m=2$인 접선의 방정식은

$$y=2x\pm 3\sqrt{1+2^2}$$

$$\therefore y=2x\pm 3\sqrt{5}$$

정답 $y=2x\pm 3\sqrt{5}$

유제 18-1 x축의 양의 방향과 $60°$를 이루고, 원 $x^2+y^2=4$에 접하는 접선의 방정식을 구하시오.

유제 18-2 원 $x^2+y^2=25$에 접하고 $y=-4x+5$에 수직인 직선의 x축과의 교점의 좌표를 구하시오.

첫째, 기울기가 m이고 한 점 (a, b)를 지나는 접선의 방정식을 세운다.
둘째, 원의 중심과 반지름의 길이를 구한다.
셋째, 원의 중심과 접선 사이의 거리와 반지름의 길이가 같음을 이용한다.

> **강의** 원 밖의 점 (a, b)에서의 접선은 먼저 방정식을 세우고 생각한다.
>
> 첫째, 기울기 m, 한 점 (a, b)인 접선 $\rightarrow y - b = m(x - a)$
>
> 둘째, 원의 중심과 반지름의 길이 $\rightarrow$ C, r
>
> 셋째, (원의 중심과 접선 사이의 거리)=(반지름의 길이) 이용 $\rightarrow d = r$

기 | 본 | 예 | 제 19

점 $(-1, 2)$에서 $x^2 + y^2 = 4$에 그은 접선의 방정식을 구하시오.

탐구 기울기 m인 접선의 방정식을 설정하여 원의 중심과 접선 사이의 거리와 반지름이 같음을 이용한다.

풀이 기울기 m, 점 $(-1, 2)$를 지나는 접선의 방정식을 구하면

$$y - 2 = m(x + 1) \qquad \therefore mx - y + 2 + m = 0 \ \cdots \ ①$$

원의 중심 $(0, 0)$과 ① 사이의 거리를 구하면

$$d = \frac{|2 + m|}{\sqrt{m^2 + 1}}$$

①이 원의 접선이므로 $d = r$이어야 한다.

$$\frac{|2 + m|}{\sqrt{m^2 + 1}} = 2 \text{ 에서 } m(3m - 4) = 0 \qquad \therefore \ m = 0 \text{ 또는 } m = \frac{4}{3}$$

i) $m = 0 \rightarrow ① \ ; \ y = 2$

ii) $m = \dfrac{4}{3} \rightarrow ① \ ; \ 4x - 3y + 10 = 0$

정답 $y = 2$ 또는 $4x - 3y + 10 = 0$

유제 19-1 점 $(3, 1)$을 지나면서 원 $x^2 + y^2 = 5$에 접하는 직선의 방정식을 구하시오.

유제 19-2 점 A$(-5, -4)$에서 원 $(x - 1)^2 + (y - 2)^2 = 9$에 그은 두 접선의 기울기의 곱을 구하시오.

→ 큰 원의 중심을 C, 반지름의 길이를 r이라 하고 작은 원의 중심을 C′, 반지름의 길이를 r'이라 할 때,

[1] 분리 : $\overline{CC'} > r+r'$

[2] 외접 : $\overline{CC'} = r+r'$

[3] 교차 : $r-r' < \overline{CC'} < r+r'$

[4] 내접 : $r-r' = \overline{CC'}$

[5] 포함 : $r-r' > \overline{CC'}$

강의 원과 원의 위치 관계는 $\overline{CC'}$과 r, r'을 이용한다!

→ 두 원의 그림을 보고 r, r'와 $\overline{CC'}$을 이용한다!

① 외접 → $\overline{CC'} = r+r'$

② 내접 → $\overline{CC'} = r-r'$

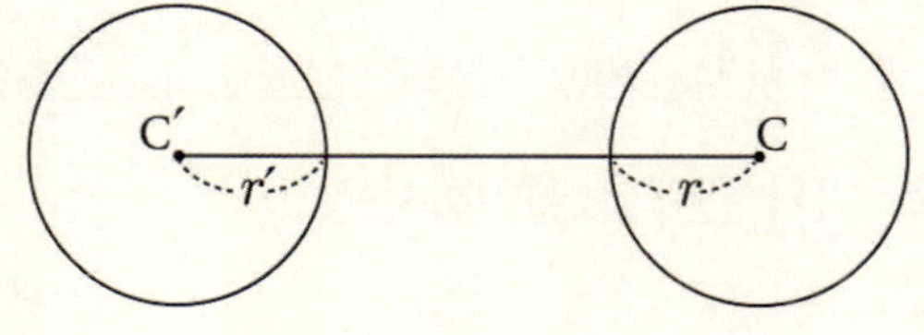

주의 직교(두 원의 교점에서 접선이 직교) → $\overline{CC'}^2 = r^2 + r'^2$

기|본|예|제 20

두 원 $x^2+y^2-8x-6y+21=0$과 $x^2+y^2-6x+2y-k^2+10=0$이 서로 접할 때, k의 값을 구하시오. (단, $k>0$)

탐구
① 두 원이 외접 → $\overline{CC'} = r+r'$

② 두 원이 내접 → $\overline{CC'} = r-r'$ (단, $r > r'$)

풀이
$x^2+y^2-8x-6y+21=0$에서 $(x-4)^2+(y-3)^2=2^2$

중심 $C(4, 3)$, 반지름의 길이 2

$x^2+y^2-6x+2y-k^2+10=0$에서 $(x-3)^2+(y+1)^2=k^2$

중심 $C'(3, -1)$, 반지름의 길이 k

$d = \overline{CC'} = \sqrt{(4-3)^2+(3+1)^2} = \sqrt{17}$

ⅰ) 외접 ; $k+2 = \sqrt{17}$ $\therefore k = \sqrt{17}-2$

ⅱ) 내접 ; $|k-2| = \sqrt{17}$ $k-2 = \pm\sqrt{17}$ $\therefore k = 2+\sqrt{17}$ $(\because k>0)$

정답 $k = \sqrt{17}-2$ 또는 $k = 2+\sqrt{17}$

유제 20-1 그림과 같이 원 O에 내접하는 두 원 A, B가
서로 외접하고 있다. 세 원의 중심 O, A, B에
대하여 $\overline{OA}=2$, $\overline{OB}=3.5$, $\overline{AB}=4.5$일 때,
세 원 O, A, B의 반지름의 길이를 구하시오.

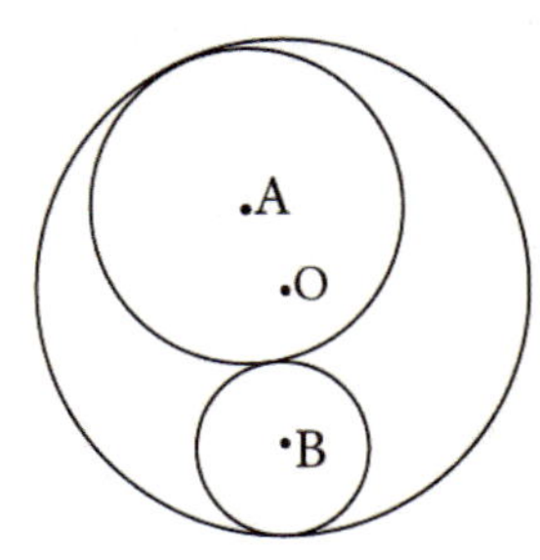

유제 20-2 원 $x^2+y^2-8x-4y+11=0$에 원 $x^2+y^2-6x-4y+13-a^2=0$이 내접하고
원 $x^2+y^2-8x+6y+25-b^2=0$은 외접할 때, 양수 a, b에 대하여 $a-b$의 값을
구하시오. (단, $a<3$)

기 | 본 | 예 | 제 21

다음 두 원의 위치 관계를 설명하시오.

$$O:\ x^2+y^2=9$$
$$O':\ (x-2)^2+(y+1)^2=16$$

탐구 두 원의 위치관계는 중심거리와 반지름의 길이를 이용하여 판단한다.

풀이 원 O의 중심은 $(0,0)$, 반지름의 길이는 3이고, 원 O'의 중심은 $(2,-1)$, 반지름의 길이는
4이다.

두 원의 중심 사이의 거리를 구하면

$$d=\sqrt{2^2+(-1)^2}=\sqrt{5}$$

$4-3<\sqrt{5}<4+3$이므로 두 원은 서로 다른 두 점에서 만난다.

정답 서로 다른 두 점에서 만난다.

유제 21-1 다음 두 원의 위치 관계를 설명하시오.

$$O:\ (x-1)^2+(y-1)^2=5$$
$$O':\ (x+3)^2+(y+2)^2=4$$

유제 21-2 두 원 $x^2+y^2=8$, $(x-1)^2+(y-1)^2=r^2$이 서로 다른 두 점에서 만나기 위한
r의 값의 범위를 구하시오.

[1] 공통접선

➜ 두 원에 동시에 접하는 직선을 **공통접선**이라 한다. 이때 공통접선에 대하여 두 원이 같은 쪽에 있으면 **공통외접선**, 반대쪽에 있으면 **공통내접선**이라 한다.

[2] 공통접선의 길이

➜ 공통접선의 두 접점 사이의 거리를 **공통접선의 길이**라 한다.

두 원이 반지름의 길이가 r, r'이고 중심거리가 d일 때,

(1) 공통외접선의 길이

➜ $\sqrt{d^2 - (r - r')^2}$

$\overline{AB} = \overline{A'C'} = \sqrt{d^2 - (r - r')^2}$

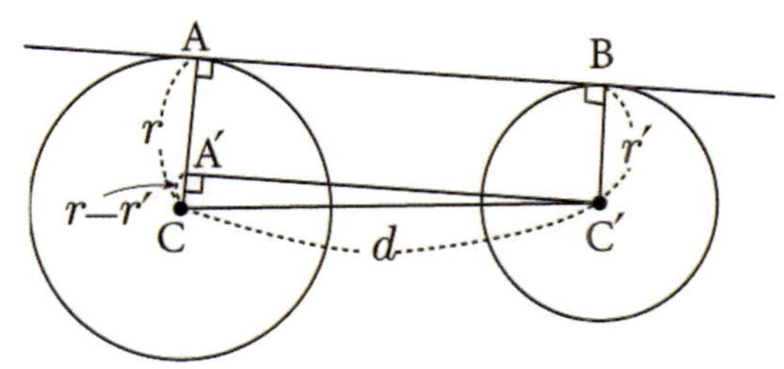

(2) 공통내접선의 길이

➜ $\sqrt{d^2 - (r + r')^2}$

$\overline{AB} = \overline{A'C'} = \sqrt{d^2 - (r + r')^2}$

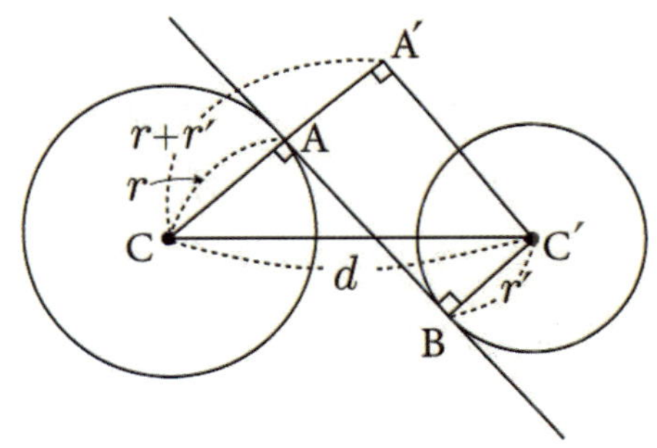

강의 **공통접선의 길이는 평행이동하여 직각삼각형을 만들어 구한다!**

➜ 평행이동 → 직각삼각형 → 피타고라스의 정리 이용

① 외접 → 평행이동 → 한 변 : $r - r'$

→ $l = \sqrt{\overline{CC'}^2 - (r - r')^2}$

② 내접 → 평행이동 → 한 변 : $r + r'$

→ $l = \sqrt{\overline{CC'}^2 - (r + r')^2}$

두 원 $(x+2)^2+(y-3)^2=25$와 $(x-3)^2+(y+4)^2=9$가 한 직선에 동시에 접할 때, 두 접점 사이의 거리를 구하시오.

탐구

공통외접선의 길이 $\rightarrow l=\sqrt{\overline{CC'}^2-(r-r')^2}$

공통내접선의 길이 $\rightarrow l=\sqrt{\overline{CC'}^2-(r+r')^2}$

풀이

$(x+2)^2+(y-3)^2=25$에서 중심 $C(-2, 3)$, 반지름의 길이 $r=5$

$(x-3)^2+(y+4)^2=9$에서 중심 $C'(3, -4)$, 반지름의 길이 $r'=3$

$$d=\overline{CC'}=\sqrt{(-2-3)^2+(3+4)^2}=\sqrt{74}$$

$$r-r'=2, \ r+r'=8$$

i) 공통외접선의 길이 $l=\sqrt{d^2-(r-r')^2}=\sqrt{(\sqrt{74})^2-2^2}=\sqrt{70}$

ii) 공통내접선의 길이 $l=\sqrt{d^2-(r+r')^2}=\sqrt{(\sqrt{74})^2-8^2}=\sqrt{10}$

정답 $\sqrt{70}$ 또는 $\sqrt{10}$

유제 22-1 오른쪽 그림과 같이 두 원 $(x-6)^2+y^2=9$, $x^2+(y-5)^2=4$에 동시에 접하는 직선과 두 원과의 교점을 각각 A, B라 할 때, $\overline{AB}$의 길이를 구하시오.

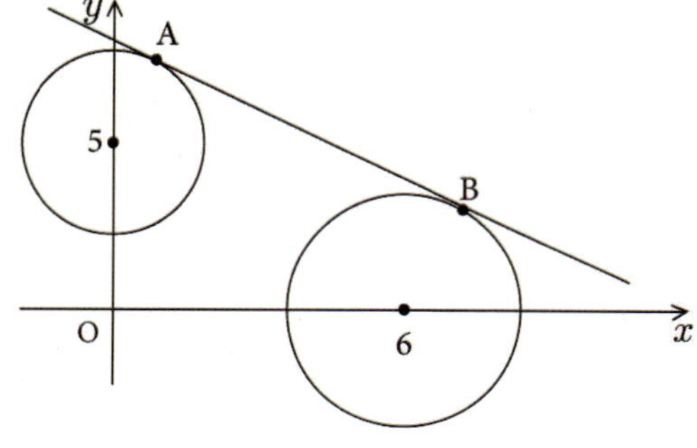

유제 22-2 오른쪽 그림과 같이 두 원 $(x-3)^2+(y-1)^2=4$, $(x+2)^2+(y-1)^2=1$에 동시에 접하는 직선과 두 원과의 교점을 각각 A, B라 할 때, $\overline{AB}$의 길이를 구하시오.

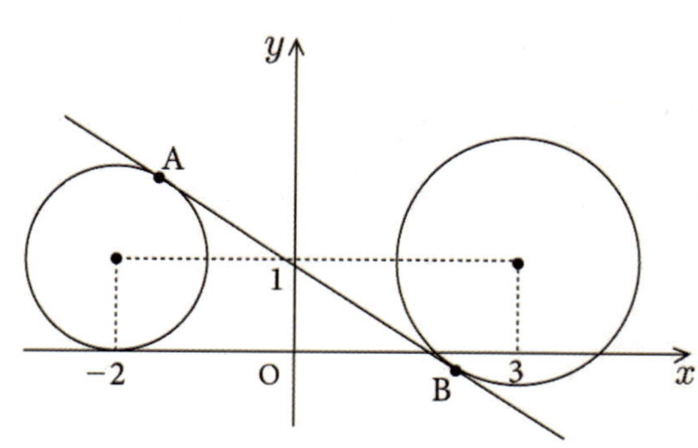

반복학습 기록란.

가장 좋은 학습방법은 학교에서나 학원에서나 선생님의 강의를 열심히 듣고 여러 번 반복학습하는 것입니다.
지금부터 당장 선생님의 강의를 열심히 듣고 반복! 반복하십시오. 그러면 곧 모든 과목에 자신이 생길 것입니다.

회수	시작이 반!			끝을 봐야!			확인
제1회	년	월	일 부터	년	월	일 까지	
제2회	년	월	일 부터	년	월	일 까지	
제3회	년	월	일 부터	년	월	일 까지	
제4회	년	월	일 부터	년	월	일 까지	
제5회	년	월	일 부터	년	월	일 까지	
제6회	년	월	일 부터	년	월	일 까지	
제7회	년	월	일 부터	년	월	일 까지	
제8회	년	월	일 부터	년	월	일 까지	
제9회	년	월	일 부터	년	월	일 까지	
제10회	년	월	일 부터	년	월	일 까지	

▶ 연습문제 A는 앞에서 배운 기초 단계의 문제이므로 선생님의 도움 없이 스스로 풀어 자신의 실력을 점검해 보도록 하자.

01 반지름의 길이가 5cm인 원의 둘레의 길이와 넓이를 구하시오.

02 다음 그림에서 x의 값을 구하시오.

(1)

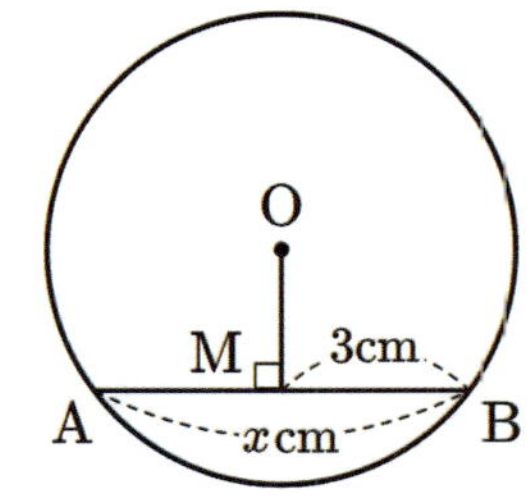

(2)

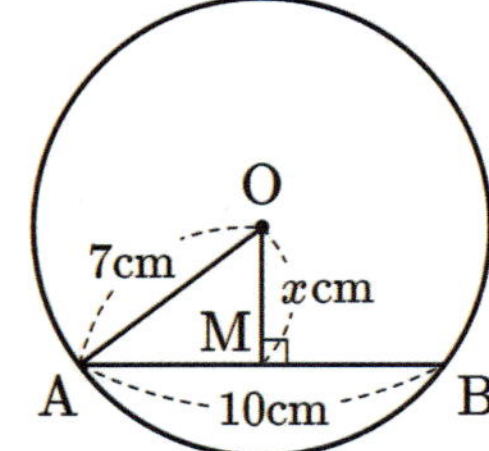

(3)

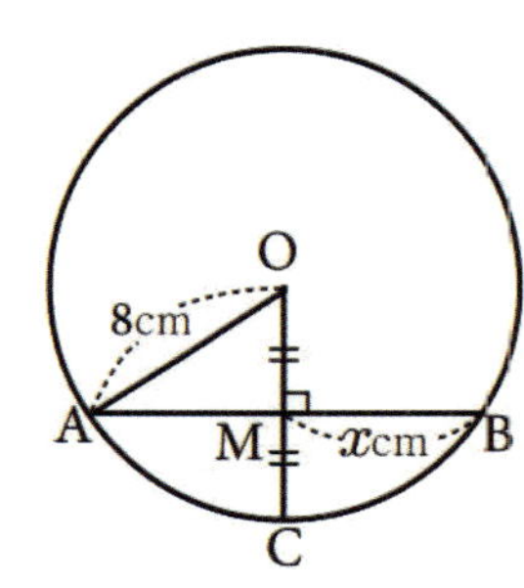

(4)

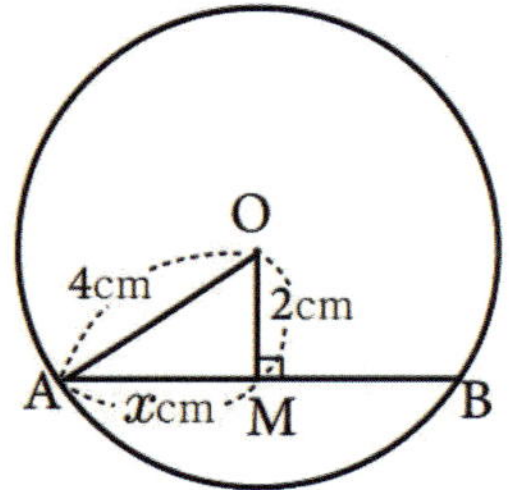

03 오른쪽 그림에서 $\overline{\mathrm{PT}}$의 길이를 구하시오.
($\overleftrightarrow{\mathrm{PT}}$는 원 O의 접선이다.)

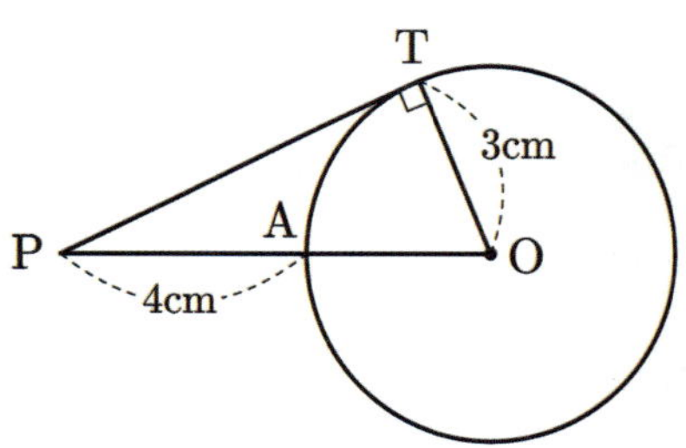

04 점 $C(2, 3)$에서 거리가 5인 점 $P(x, y)$의 자취를 구하시오.

05 다음 원의 방정식을 구하시오.
(1) 중심이 원점이고 반지름의 길이가 3인 원
(2) 중심이 점 $(1, -3)$이고 점 $(2, 0)$을 지나는 원
(3) 세 점 $(0, 0)$, $(4, 0)$, $(4, 2)$를 지나는 원

06 원 $x^2 + y^2 + 2ax - 6y + 8 = 0$의 중심이 점 $(-2, b)$일 때, 상수 a, b의 값과 반지름의 길이를 구하시오.

07 다음 원의 방정식을 구하시오.
(1) 중심이 x축 위에 있고 두 점 $(0, 1)$, $(3, 2)$를 지나는 원
(2) 중심이 직선 $y = -x + 3$ 위에 있고 두 점 $(-2, 3)$, $(4, 1)$을 지나는 원

08 지름의 양 끝이 두 점 $A(3, 1)$, $B(-1, 5)$인 원의 방정식을 구하시오.

09 다음 원의 방정식을 구하시오.
(1) 중심이 점 $(3, 2)$이고 y축에 접하는 원
(2) 중심이 점 $(2, -1)$이고 x축에 접하는 원

10 중심이 $y = x + 3$ 위에 있고 점 $(6, 2)$를 지나며 x축에 접하는 원의 방정식을 구하시오.

11 x축과 y축에 동시에 접하는 두 원이 점 $(4, 2)$를 지난다고 할 때, 두 원의 반지름의 길이를 각각 구하시오.

12 두 원 $x^2 + y^2 - 6x + 6 = 0$, $x^2 + y^2 - 2x - 4y + 2 = 0$의 두 교점과 원점을 지나는 원의 반지름의 길이를 구하시오.

13 두 원 $x^2 + y^2 = 10$, $x^2 + y^2 - 8x - 6y + 15 = 0$의 공통현의 길이를 구하시오.

14 두 점 $A(-2, 3)$, $B(2, 5)$로부터 거리의 비가 $2 : 1$인 점의 자취의 방정식을 구하시오.

15 두 원 $(x - 2)^2 + (y - 3)^2 = r^2$과 직선 $y = 2x + 3$이 교차할 때, 양수 r의 범위를 구하시오.

16 원 $x^2+y^2=16$과 직선 $3x+4y-10=0$이 만나서 생기는 현의 길이를 구하시오.

17 원 $x^2+y^2-6x-4y-3=0$ 위의 점과 직선 $3x+4y+8=0$ 사이의 거리의 최댓값 M과 최솟값 m을 구하시오.

18 점 $P(5, 2)$에서 원 $(x-2)^2+(y+3)^2=9$에 그은 접선의 길이 l을 구하시오.

19 점 $(-1, 3)$에서 원 $x^2+y^2-2x+2y-8=0$에 그은 접선의 길이를 구하시오.

20 원 $x^2+y^2=4$ 위의 점 $(\sqrt{2}, \sqrt{2})$에서의 접선의 방정식을 구하시오.

21 원 $x^2+y^2=9$에 접하고 기울기가 2인 접선의 방정식을 구하시오.

22 점 $(-1,\,2)$에서 $x^2+y^2=4$에 그은 접선의 방정식을 구하시오.

23 두 원 $x^2+y^2-8x-6y+21=0$과 $x^2+y^2-6x+2y-k^2+10=0$이 서로 접할 때, k의 값을 구하시오. (단, $k>0$)

24 다음 두 원의 위치 관계를 설명하시오.
$O:\ x^2+y^2=9$
$O':\ (x-2)^2+(y+1)^2=16$

25 오른쪽 그림과 같이 두 원 $(x-6)^2+y^2=9$, $x^2+(y-5)^2=4$에 동시에 접하는 직선과 두 원과의 교점을 각각 A, B라 할 때, $\overline{\text{AB}}$의 길이를 구하시오.

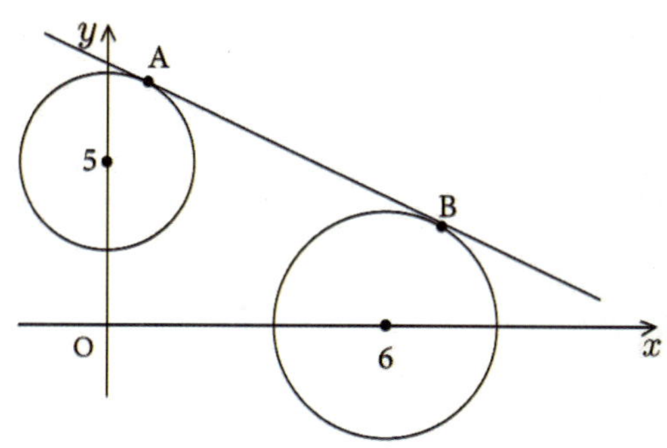

▶ 연습문제 B는 앞에서 배운 중급 단계의 문제이므로 선생님의 도움 없이 스스로 풀어 자신의 실력을 점검해 보도록 하자.

01 다음 그림에서 색칠한 부분의 둘레의 길이와 넓이를 구하시오.

(1)

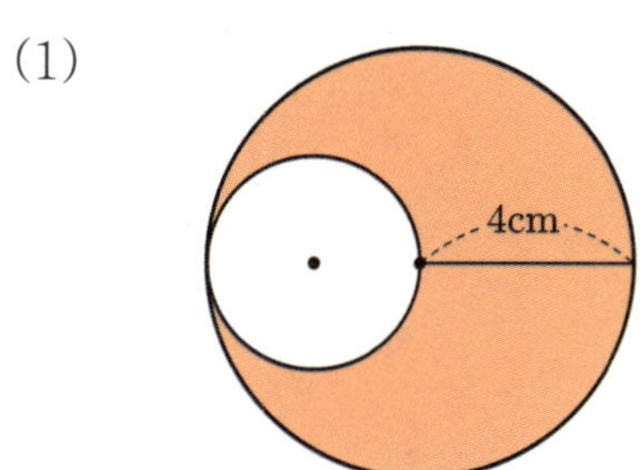

(2)

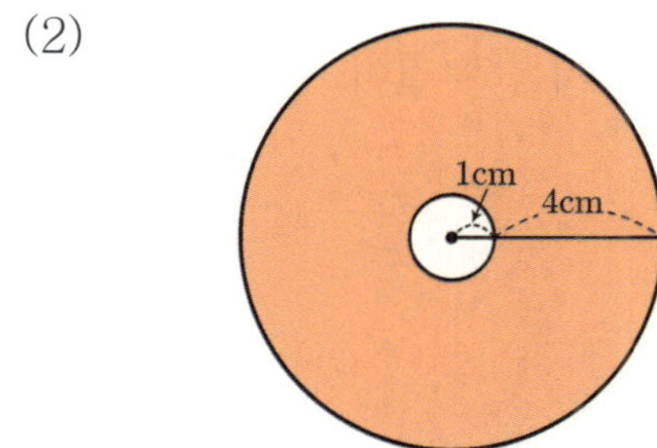

02 오른쪽 그림에서 색칠한 부분의 넓이를 구하시오.

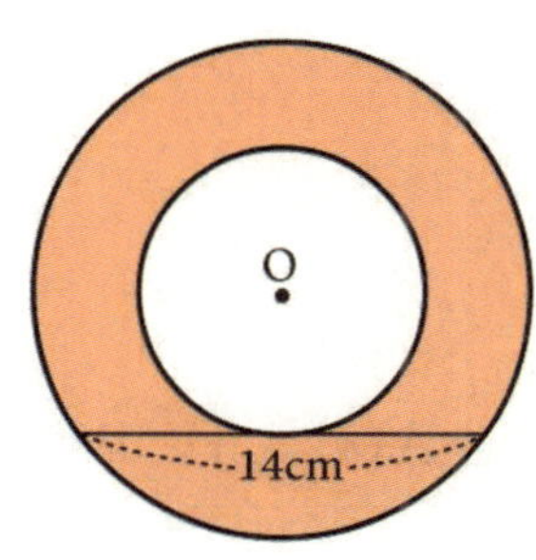

03 오른쪽 그림에서 $\triangle ABC$의 둘레의 길이를 구하시오.

($\overleftrightarrow{AD}$, $\overleftrightarrow{AE}$, $\overleftrightarrow{BC}$는 원 O의 접선이다.)

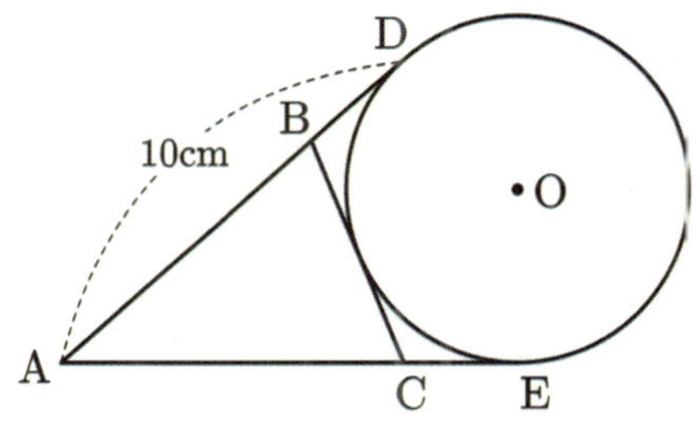

04 중심이 $C(-2, 2)$이고 반지름의 길이가 4인 점 $P(a, 4)$가 있다. 이때 모든 a의 값의 곱을 구하시오.

05 원 $x^2+y^2+ax+by+c=0$이 세 점
O$(0, 0)$, A$(3, 3)$, B$(0, 4)$를 지날 때,
다음을 구하시오.

(1) a, b, c의 값

(2) $\triangle$OAB에 외접하는 원의 중심의 좌표와
반지름의 길이

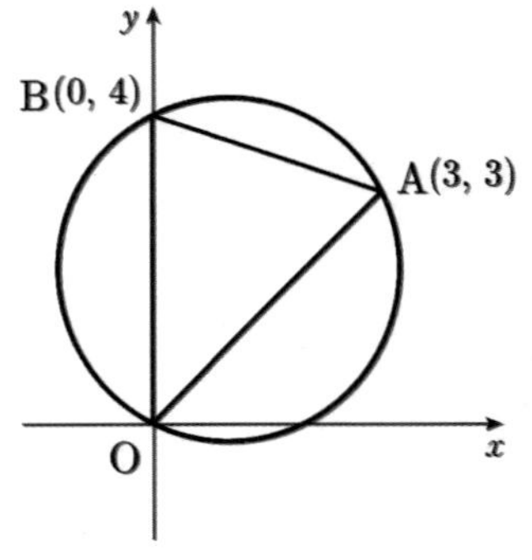

06 방정식 $x^2+y^2+2x+y+k=0$의 그래프가 원이 되도록 상수 k의 범위를 구하시오.

07 두 점 A$(a, -3)$, B$(5, b)$를 지름의 양 끝으로 하는 원의 중심의 좌표가 $(4, -1)$이고, 원의 반지름의 길이를 r이라 할 때, $a+b+r^2$의 값을 구하시오.

08 y축에 접하는 원 $x^2+y^2+2x+4ky+4=0$의 중심이 제 3 사분면에 있을 때, 상수 k의 값을 구하시오.

09 중심이 $y=2x$ 위에 있고 점 $(-1, -1)$을 지나며 y축에 접하는 두 원의 중심 사이의 거리를 구하시오.

10 점 $(3, 3)$을 지나고, x축 및 y축에 접하는 원이 두 개 있다. 이 두 원의 중심 사이의 거리를 구하시오.

11 두 원 $x^2+y^2-4x-4y+4=0$, $x^2+y^2-8=0$의 교점을 지나고 x축에 접하는 원의 방정식을 구하시오.

12 오른쪽 그림과 같이 원 $x^2+y^2=25$의 그래프를 점 $(1, 0)$에서 접하도록 접었을 때, 직선 $\overleftrightarrow{PQ}$의 방정식을 구하시오.

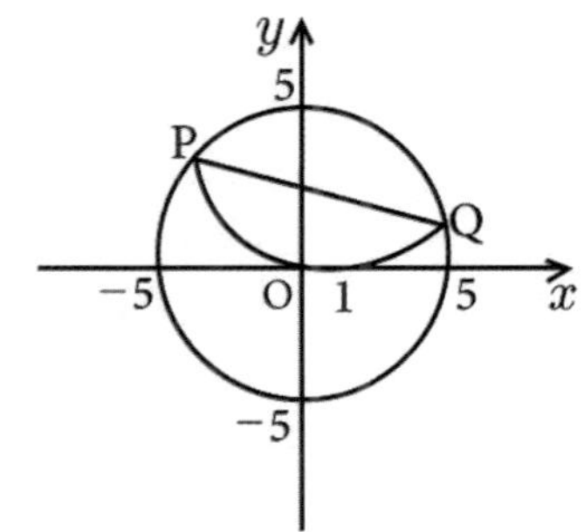

13 두 점 $A(1, 0)$, $B(4, 0)$으로부터의 거리의 비가 $2:1$인 점 P가 있다. 다음 물음에 답하시오.

(1) 점 P의 자취의 방정식을 구하시오.

(2) 자취의 길이를 구하시오.

(3) $\angle PAB$의 크기의 최댓값을 구하시오.

14 원 $x^2+y^2=4$와 직선 $y=ax+2\sqrt{b}$가 한 점에서 만나게 되는 b의 값의 합을 구하시오. (단, a, b는 10보다 작은 자연수이다.)

15 원 $x^2+y^2-2x-4y-3=0$을 직선 $y=x+3$으로 자른 현의 길이를 a라 하고 원의 중심과 직선 사이의 거리를 b라 할 때, a^2-b^2의 값을 구하시오.

16 원 $x^2+y^2=4$ 위의 한 점 P와 두 점 $A(0,-3)$, $B(4,0)$을 꼭짓점으로 하는 삼각형 PAB의 넓이의 최댓값을 구하시오.

17 점 $(-1, k)$에서 원 $(x-2)^2+(y-1)^2=5$에 그은 접선의 길이가 $\sqrt{13}$일 때, 양수 k의 값을 구하시오.

18 점 $(3, a)$에서 원 $x^2+y^2-4x-6y+9=0$에 그은 접선의 길이가 1일 때, a의 값을 구하시오.

19 원 $x^2+y^2=25$와 직선 $4x+3y=0$이 만나는 점에서의 접선의 방정식을 구하시오.

20 원 $(x-2)^2+(y+1)^2=5$ 위의 점 $(3, 1)$에서의 접선의 방정식을 구하시오.

21 원 $x^2+y^2=25$에 접하고 $y=-4x+5$에 수직인 직선의 x축과의 교점의 좌표를 구하시오.

22 점 $A(-5, -4)$에서 원 $(x-1)^2+(y-2)^2=9$에 그은 두 접선의 기울기의 곱을 구하시오.

23 원 $x^2+y^2-8x-4y+11=0$에 원 $x^2+y^2-6x-4y+13-a^2=0$이 내접하고 원 $x^2+y^2-8x+6y+25-b^2=0$은 외접할 때, 양수 a, b에 대하여 $a-b$의 값을 구하시오. (단, $a<3$)

24 두 원 $x^2+y^2=8$, $(x-1)^2+(y-1)^2=r^2$이 서로 다른 두 점에서 만나기 위한 r의 값의 범위를 구하시오.

25 두 원 $(x+2)^2+(y-3)^2=25$와 $(x-3)^2+(y+4)^2=9$가 한 직선에 동시에 접할 때, 두 접점 사이의 거리를 구하시오.

Ⅰ.
도형의 방정식

P A R T

03

도형의 이동

- ◆ 중·고교 연결과정 선수학습
- **1 평행이동**
- **2 대칭이동**
- ◆ 반복학습 기록란
- ◆ 연습문제 (A) (B)

명언

위험을 감수하지 않으면 더한 위험이 찾아온다.

- 에리카 종 -

1 식과 점의 평행이동

→ $y=ax^2$의 그래프의 꼭짓점은 $(0,0)$이다. 이 그래프를 x축의 방향으로 m만큼, y축의 방향으로 n만큼 평행이동하면 식은 $y-n=a(x-m)^2$이고 꼭짓점은 $(0+m, 0+n)$이 된다.

강의 **식과 점의 평행이동은 부호가 서로 반대이다!**

→ x축 방향 m, y축 방향 n만큼 평행이동

① 식 → x 대신 $(x-m)$, y 대신 $(y-n)$ 대입 } 반대현상

② 점 → $(x$좌표$+m, y$좌표$+n)$

기 | 본 | 예 | 제 01

다음을 x축의 방향으로 2만큼, y축의 방향으로 1만큼 평행이동하시오.

(1) $y=2x$ (2) $(2, -1)$

탐구 식과 점의 평행이동은 부호가 서로 반대이다.

풀이 (1) 식의 평행이동은 부호가 반대이므로 x 대신 $x-2$, y 대신 $y-1$을 대입하면

$$y-1=2(x-2) \qquad \therefore y=2x-3$$

(2) 점의 평행이동은 부호가 그대로이므로 x 대신 $x+2$, y 대신 $y+1$을 대입하면

$$(2+2, -1+1)=(4, 0)$$

정답 (1) $y=2x-3$ (2) $(4, 0)$

유제 01-1 다음을 x축의 방향으로 -1만큼, y축의 방향으로 3만큼 평행이동하시오.

(1) $y=-x+2$ (2) $(4, 3)$

유제 01-2 이차함수 $y=x^2+2$의 꼭짓점을 C라 하자. 이 함수의 그래프를 x축의 방향으로 -2만큼, y축의 방향으로 -1만큼 평행이동하였을 때의 식과 그 때의 꼭짓점 C′의 좌표를 구하시오.

01 평행이동

1 도형의 평행이동

→ x축의 방향으로 α만큼, y축의 방향으로 β만큼 도형을 평행이동하면

[1] 점 $\mathrm{P}(x_1, y_1)$의 평행이동

→ x값에는 α를, y값에는 β를 더한다.

→ 평행이동한 점 $\mathrm{P}'(x_1+\alpha, y_1+\beta)$

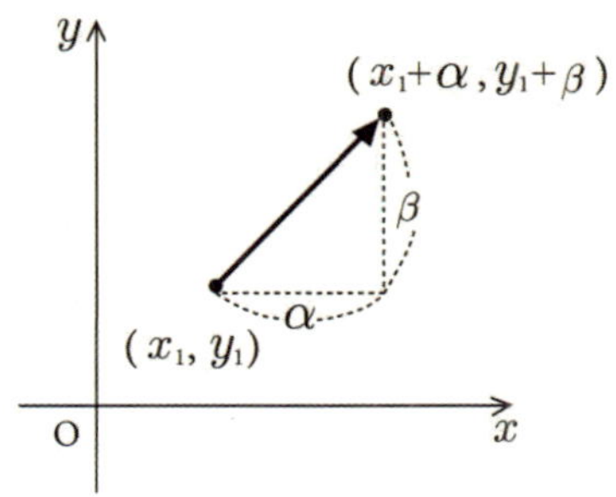

[2] 도형의 방정식 $f(x, y)=0$의 평행이동

→ x 대신 $x-\alpha$를, y 대신 $y-\beta$를 대입한다.

→ 평행이동한 도형의 방정식 $f(x-\alpha, y-\beta)=0$

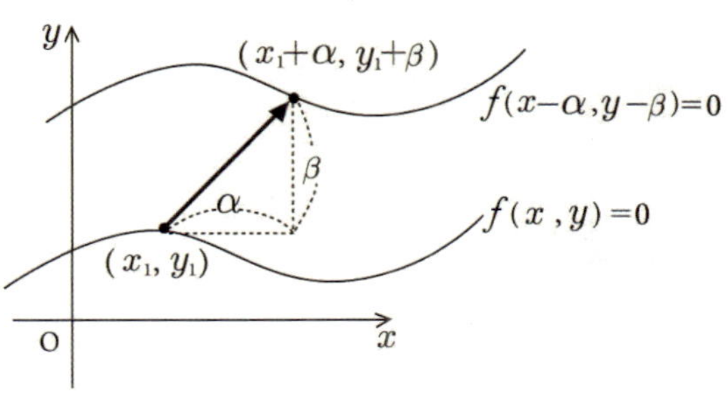

체크 $f(x, y)=0$ 의 평행이동

① x축의 양의 방향으로 a만큼 평행이동하면
  x축의 우측 방향으로 a만큼 평행이동하면
  x축의 방향으로 $+a$만큼 평행이동하면

→ x 대신 $x-a$를 대입해야 한다.

② x축의 음의 방향으로 a만큼 평행이동하면
  x축의 좌측 방향으로 a만큼 평행이동하면
  x축의 방향으로 $-a$만큼 평행이동하면

→ x 대신 $x+a$를 대입해야 한다.

강의 식과 값의 평행이동은 부호가 서로 반대이다!

(1) 기준 : x축 방향 $+\alpha$, y축 방향 $+\beta$만큼 평행이동

① 식 → x 대신 $x-\alpha$, y 대신 $y-\beta$ 대입
② 값 → x값$+\alpha$, y값$+\beta$

> 반대현상

(2) 기준 : x축 방향 $-\alpha$, y축 방향 $-\beta$만큼 평행이동

① 식 → x 대신 $x+\alpha$, y 대신 $y+\beta$ 대입
② 값 → x값$-\alpha$, y값$-\beta$

> 반대현상

다음을 x축의 방향으로 $+3$만큼, y축의 방향으로 -2만큼 평행이동하시오.

(1) $x^2+y^2=9$ (2) $(0, 0)$

탐구 식과 값의 평행이동은 서로 부호가 반대이다.

풀이 (1) 식의 평행이동은 부호가 반대이므로 $\begin{cases} x \text{ 대신 } x-3 \\ y \text{ 대신 } y+2 \end{cases}$

$$\therefore (x-3)^2+(y+2)^2=9$$

(2) 값의 평행이동은 부호가 그대로이므로 $\begin{cases} x_1 \text{ 대신 } x_1+3 \\ y_1 \text{ 대신 } y_1-2 \end{cases}$

$$\therefore (0+3,\ 0-2)=(3,\ -2)$$

정답 (1) $(x-3)^2+(y+2)^2=9$ (2) $(3, -2)$

유제 01-1 원 $x^2+y^2=5^2$을 다음과 같이 평행이동한 원의 방정식을 구하시오.

(1) x축의 방향으로 3만큼 평행이동

(2) y축의 방향으로 -2만큼 평행이동

(3) x축의 방향으로 3만큼, y축의 방향으로 -2만큼 평행이동

유제 01-2 2보다 큰 실수 k에 대하여 원 $x^2+y^2=2$를 x축의 방향으로 k만큼, y축의 방향으로 k만큼 평행이동한 원을 C라 하자. 원 $x^2+y^2=2$ 위의 점 $A(1, 1)$에서 원 C에 그은 두 접선이 서로 수직이 되도록 하는 상수 k의 값을 구하시오.

점 $(a, 2)$를 x축 방향으로 3만큼, y축 방향으로 b만큼 평행이동한 점의 좌표가 $(1, 1)$이 되게 하는 상수 a, b의 값을 구하시오.

탐구 x 대신 $x+3$, y 대신 $y+b$를 대입하여 정리한다.

풀이 값의 평행이동은 부호가 그대로이므로

$$\begin{cases} x \text{ 대신 } x+3 \\ y \text{ 대신 } y+b \end{cases} \rightarrow (a+3, 2+b) = (1, 1)$$

$$a+3 = 1, \quad 2+b = 1$$

$$\therefore a = -2, \ b = -1$$

정답 $a = -2, \ b = -1$

유제 02-1 점 $(2, 3)$을 원점으로 옮기는 평행이동에 의하여 점 $(5, 5)$를 평행이동한 점의 좌표를 구하시오.

유제 02-2 함수 $y = f(x)$의 그래프가 점 $(0, 2)$를 지날 때, 함수 $y = f(x)$의 그래프를 x축, y축의 방향으로 각각 2만큼 평행이동하면 점 $(0, 2)$는 점 $(2, \ \square)$(으)로 평행이동하게 되고, 함수 $y = f(x)$의 그래프를 x축, y축의 방향으로 각각 -2만큼 평행이동하면 점 $(0, 2)$는 점 $(\square, 0)$)으로 평행이동하게 된다. $\square$ 안에 알맞은 수를 차례로 쓰시오.

직선 $x + my - 1 + m = 0$이 평행이동 $(x, y) \rightarrow (x+n, y-2)$에 의하여 직선 $x + 2y + 3 = 0$으로 옮겨질 때, 상수 m, n에 대하여 $m - n$의 값을 구하시오.

탐구 x 대신 $x-n$, y 대신 $y+2$를 대입하여 정리한다.

풀이 식의 평행이동은 부호가 반대이므로

$$\begin{cases} x \text{ 대신 } x-n \\ y \text{ 대신 } y+2 \end{cases} \rightarrow (x-n) + m(y+2) - 1 + m = 0$$

$$\therefore x + my + 3m - n - 1 = 0 \ \cdots \ ①$$

①은 직선 $x + 2y + 3 = 0$과 같으므로

$$m = 2, \ 3m - n - 1 = 3$$

$$\therefore m = 2, n = 2$$

따라서 $m - n = 0$이다.

정답 0

 직선 $2x+y+5=0$을 x축의 방향으로 2만큼, y축의 방향으로 -1만큼 평행이동한 직선의 방정식이 $2x+y+a=0$일 때, 상수 a의 값을 구하시오.

 직선 $2x+3y-5=0$을 x축의 방향으로 -4만큼, y축의 방향으로 2만큼 평행이동한 직선이 처음 직선을 x축의 방향으로 $-m$만큼 평행이동한 직선과 같다고 할 때, m의 값을 구하시오.

기 | 본 | 예 | 제 04

점 $(1, 1)$을 점 $(3, -1)$로 옮기는 평행이동에 의하여 원 $x^2+y^2-4x+4y+4=0$을 평행이동한 식을 구하시오.

탐구 원을 평행이동하면 원의 중심만 평행이동이 되고 반지름은 처음과 같다.

풀이 원의 방정식을 표준형으로 바꾸면
$$(x^2-4x+4)+(y^2+4y+4)=4$$
$$(x-2)^2+(y+2)^2=4$$
점 $(1, 1)$을 점 $(3, -1)$로 옮기는 평행이동은 x축 방향으로 2만큼, y축 방향으로 -2만큼 평행이동한 것이므로 원의 중심 $(2, -2)$를 이 값에 따라 평행이동하면
$$(2+2, -2-2)=(4, -4)$$
따라서 평행이동한 원의 방정식을 구하면
$$(x-4)^2+(y+4)^2=4$$

정답 $(x-4)^2+(y+4)^2=4$

 원점을 점 $(-2, 3)$으로 옮기는 평행이동에 의하여 원 $x^2+y^2+6x-2y=0$을 평행이동한 식을 구하시오.

 원 $x^2+y^2+2ax+2by+8=0$을 x축의 방향으로 2만큼, y축의 방향으로 -3만큼 평행이동하면 원 $x^2+y^2=c$가 된다고 할 때, $a+b+c$의 값을 구하시오.

1 x축, y축, 원점에 대한 대칭이동

[1] x축에 대한 대칭이동

→ y 대신 $-y$를 대입한다.

→ $f(x, -y) = 0$

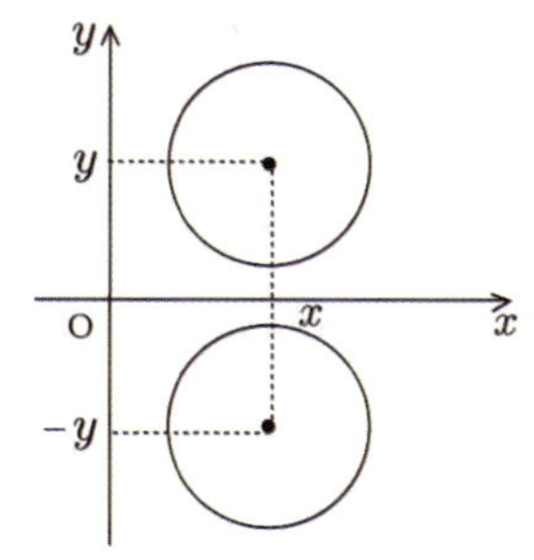

[2] y축에 대한 대칭이동

→ x 대신 $-x$를 대입한다.

→ $f(-x, y) = 0$

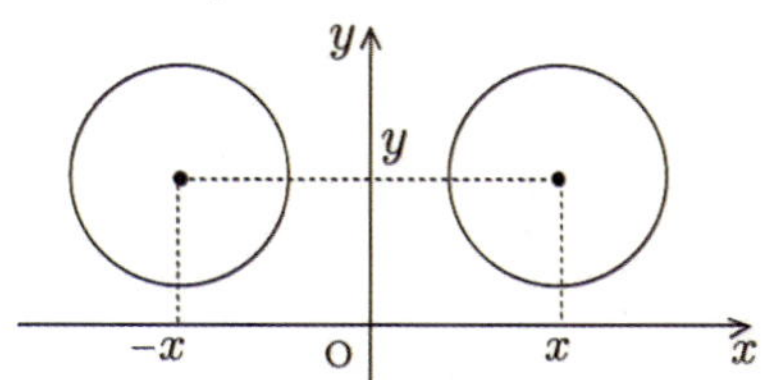

[3] 원점에 대한 대칭이동

→ x 대신 $-x$, y 대신 $-y$를 대입한다.

→ $f(-x, -y) = 0$

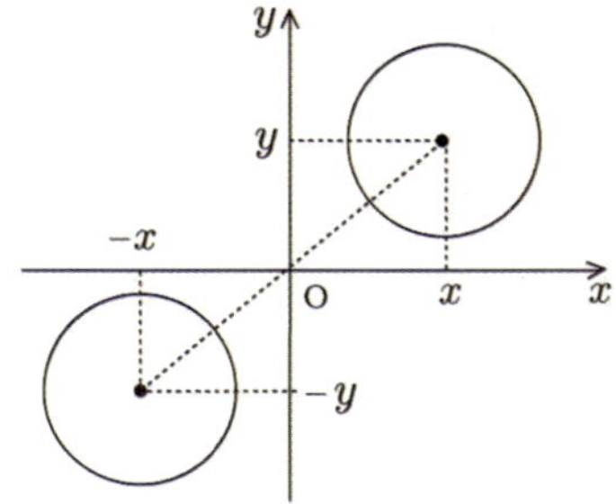

강의 x축, y축, 원점에 대한 대칭이동은 반대로 생각하라!

→ 반대쪽에 ⊖를 붙여 대입한다.

기 | 본 | 예 | 제 05

점 $(4, 2)$를 x축에 대하여 대칭이동한 점 A와 원점에 대하여 대칭이동한 점 B 사이의 거리 $\overline{AB}$를 구하시오.

탐구 ① x축 대칭 → 반대로 $-y$ ② 원점 대칭 → $-x, -y$

풀이 x축에 대하여 대칭이동한 점은 반대로 y 대신 $-y$를 대입하면 되므로

$\quad$ A$(4, -2)$

원점에 대하여 대칭이동한 점은 x 대신 $-x$, y 대신 $-y$를 대입하면 되므로

$\quad$ B$(-4, -2)$

$\quad \therefore \overline{AB} = \sqrt{(-4-4)^2 + (-2+2)^2} = 8$

✔ 정답 8

 점 $\mathrm{P}(2, 1)$을 원점에 대하여 대칭이동한 점을 Q, x축에 대하여 대칭이동한 점을 R이라고 할 때, $\overline{\mathrm{QR}}$의 길이를 구하시오.

 점 A를 원점에 대하여 대칭이동한 후 다시 x축의 방향으로 -2만큼, y축의 방향으로 3만큼 평행이동하였더니 점 A와 겹쳤다. 이때 점 A의 좌표를 구하시오.

기 | 본 | 예 | 제 06

직선 $2x-y+3=0$을 y축에 대하여 대칭이동하면 $(a, 5)$를 지날 때, 상수 a의 값을 구하시오.

탐구 y축 대칭 $\rightarrow$ 반대로 $-x$

풀이 y축에 대하여 대칭이동한 직선은 반대로 x 대신 $-x$를 대입하면 되므로

$$-2x-y+3=0 \qquad \therefore 2x+y-3=0 \cdots ①$$

①이 $(a, 5)$를 지나므로 대입하여 a를 구하면

$$2a+5-3=0$$
$$2a=-2 \qquad \therefore a=-1$$

정답 -1

 직선 $y=\dfrac{1}{3}x+2$를 x축에 대하여 대칭이동한 직선에 평행하고 점 $(-6, 2)$를 지나는 직선의 방정식을 구하시오.

 직선 $4x-3y+5=0$를 원점에 대하여 대칭이동한 직선에 수직이고 점 $(2, 1)$을 지나는 직선의 방정식을 구하시오.

포물선 $y = 2x^2 + 4ax + a^2 + 1$을 원점에 대하여 대칭이동하면 꼭짓점의 좌표가 $(3, b)$가 된다고 할 때, 상수 a, b의 값을 구하시오.

탐구 도형을 원점에 대하여 대칭이동 $\rightarrow$ x 대신 $-x$, y 대신 $-y$ 대입

풀이 포물선의 방정식을 변형하면

$$y = 2(x^2 + 2ax + a^2) - a^2 + 1$$
$$= 2(x + a)^2 - a^2 + 1$$

원점에 대하여 대칭이동하면

$$y = -2(x - a)^2 + a^2 - 1$$

따라서 $(a, a^2 - 1) = (3, b)$이므로 $a = 3$, $b = 8$이다.

정답 $a = 3$, $b = 8$

유제 07-1 포물선 $x^2 + ax + by - 1 = 0$을 원점에 대하여 대칭이동하면 $x^2 - 2x - 4y - 1 = 0$ 이 된다. 이때 상수 a, b의 값을 구하시오.

유제 07-2 원 $(x - a)^2 + (y - 3)^2 = 10$을 y축에 대하여 대칭이동한 원의 중심이 직선 $y = -x + 1$ 위에 있을 때, 상수 a의 값을 구하시오.

유제 07-3 원 $x^2 + y^2 - 6x + 4y + 12 = 0$을 y축에 대하여 대칭이동하면 $y = mx$에 접한다고 한다. 이때 모든 상수 m의 값의 합을 구하시오.

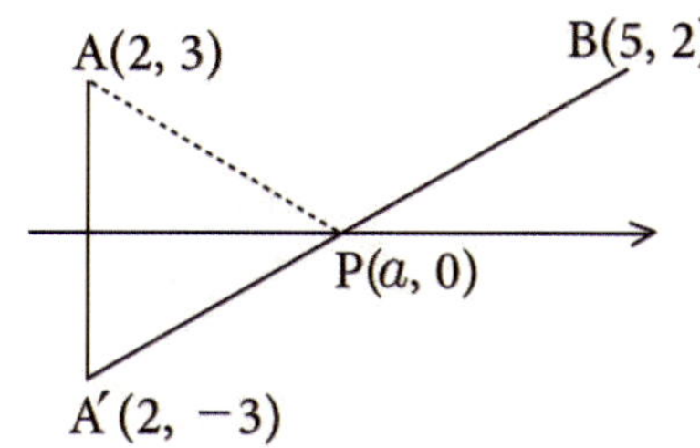

기│본│예│제 **08**

두 점 $A(2, 3)$, $B(5, 2)$이고, 점 P가 x축 위의 점일 때, $\overline{PA}+\overline{PB}$의 최솟값을 구하시오.

탐구 그림을 그려보면, 대칭점 A'에서 B에 그은 $\overline{A'B}$가 최단거리임을 알 수 있다.

풀이 A를 x축에 대하여 대칭이동한 점 $A' \rightarrow (2, -3)$

최솟값 $\overline{PA}+\overline{PB}=\overline{PA'}+\overline{PB} \geq \overline{A'B}$
$$= \sqrt{(5-2)^2+(2+3)^2} = \sqrt{34}$$

정답 $\sqrt{34}$

유제 08-1 두 점 $A(1, 4)$, $B(6, 2)$와 x축 위를 움직이는 점 P, y축 위를 움직이는 점 Q에 대하여 $\overline{AQ}+\overline{QP}+\overline{PB}$의 최솟값을 구하시오.

유제 08-2 수평면 위에서 두 점 $A(0, 5)$, $D(4, 2)$이고, x축 위의 점 B, C에 대하여 $\overline{BC}=2$인 사각형 ABCD의 둘레의 길이가 최소가 되도록 하는 $\overline{AB}+\overline{CD}$의 값을 구하시오.

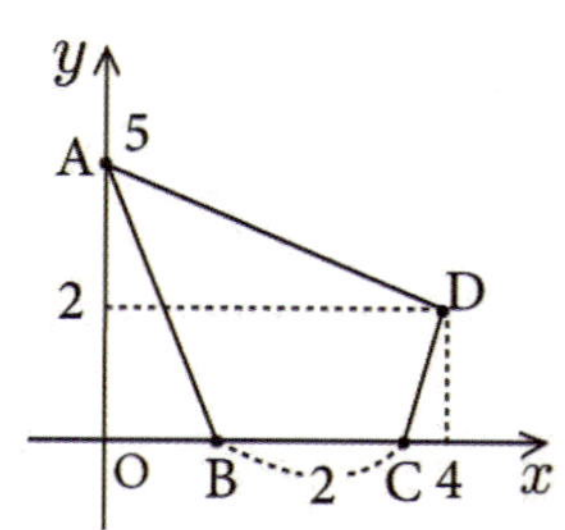

[1] 직선 $x=m$에 대한 대칭이동

→ x 대신 $2m-x$를 대입한다.

→ $f(2m-x,\ y)=0$

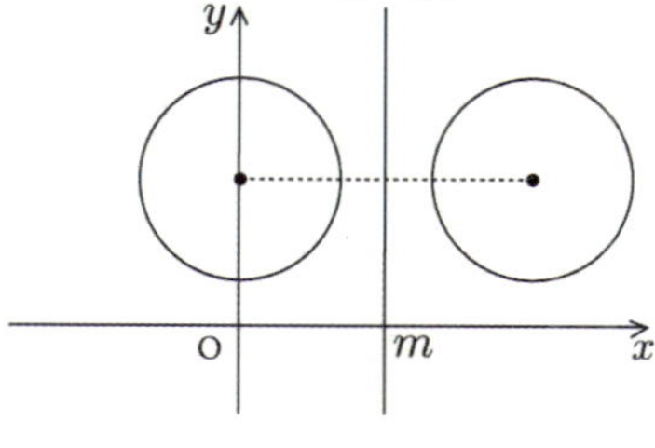

[2] 직선 $y=n$에 대한 대칭이동

→ y 대신 $2n-y$를 대입한다.

→ $f(x,\ 2n-y)=0$

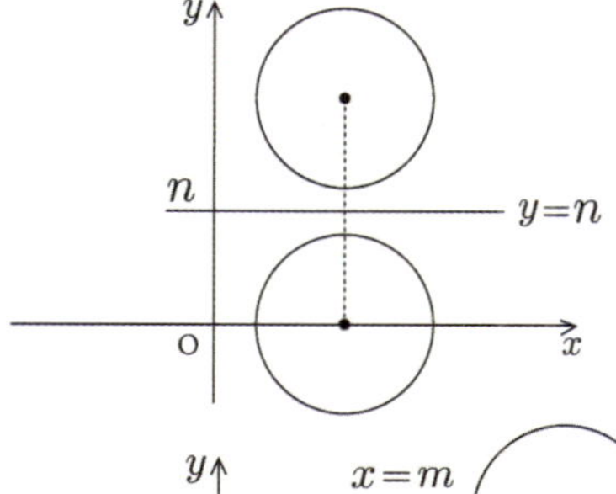

[3] 점 $(m,\ n)$에 대한 대칭이동

→ x 대신 $2m-x$, y 대신 $2n-y$를 대입한다.

→ $f(2m-x,\ 2n-y)=0$

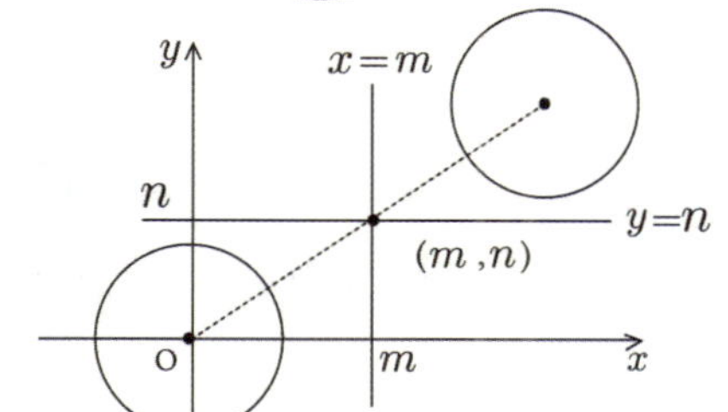

강의 $x=m,\ y=n,\ (m,\ n)$에 대한 대칭이동은 $=$를 2로 생각하라!

→ 등호 $=$를 2로 보고 이항하여 대입한다.

기 | 본 | 예 | 제 09

$y=x^2-2x+3$을 다음에 대하여 대칭이동하시오.

(1) $x=3$　　　　　　　　　　(2) $y=-2$

탐구　등호 $=$를 2로 보고 이항하여 대입한다.

① $x=m$ 대칭 → x 대신 $2m-x$ 대입

② $y=n$ 대칭 → y 대신 $2n-y$ 대입

풀이　(1) x 대신 $2\times3-x$를 대입하면 $y=(6-x)^2-2(6-x)+3$

$\therefore y=x^2-10x+27$

(2) y 대신 $2\times(-2)-y$를 대입하면 $(-4-y)=x^2-2x+3$

$\therefore y=-x^2+2x-7$

정답　(1) $y=x^2-10x+27$　　(2) $y=-x^2+2x-7$

유제 09-1 곡선 $y = 8x^2$을 다음과 같이 대칭이동한 식을 구하시오.

(1) 직선 $x = -3$에 대하여 대칭이동

(2) 직선 $y = 2$에 대하여 대칭이동

유제 09-2 직선 $y = x - 1$을 직선 $x = 1$에 대하여 대칭이동한 직선과 수직이고 원점과의 거리가 $\sqrt{2}$인 직선의 방정식을 구하시오.

기｜본｜예｜제 10

직선 $y = -2x + 3$을 점 $(3,\,2)$에 대하여 대칭이동하시오.

탐구 점 $(m,\,n)$에 대하여 대칭 $\rightarrow$ x 대신 $2m - x$, y 대신 $2n - y$ 대입

풀이 직선을 점 $(3,\,2)$에 대하여 대칭이동하면 x 대신 $2 \times 3 - x$, y 대신 $2 \times 2 - y$를 대입하면 된다.

$$4 - y = -2(6 - x) + 3$$
$$\therefore y = -2x + 13$$

정답 $y = -2x + 13$

유제 10-1 곡선 $y = 2x^2$을 다음과 같이 대칭이동한 식을 구하시오.

(1) 점 $(-1,\,2)$에 대하여 대칭이동

(2) 점 $(-2,\,4)$에 대하여 대칭이동

유제 10-2 직선 $y = 2x - 1$은 점 $(1,\,2)$에 대하여 대칭이동한 직선과 수직이고 원점과의 거리가 $2\sqrt{5}$인 직선의 방정식을 구하시오.

 기울기가 ± 1인 직선에 대한 대칭

[1] 직선 $y=x$에 대한 대칭이동

    ➜ x 대신 y, y 대신 x를 대입한다.

    ➜ $f(y,\,x)=0$

[1] 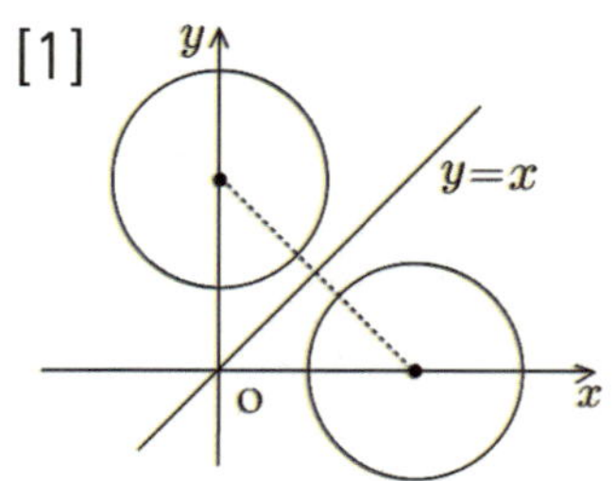

[2] 직선 $y=-x$에 대한 대칭이동

    ➜ x 대신 $-y$, y 대신 $-x$를 대입한다.

    ➜ $f(-y,\,-x)=0$

[2] 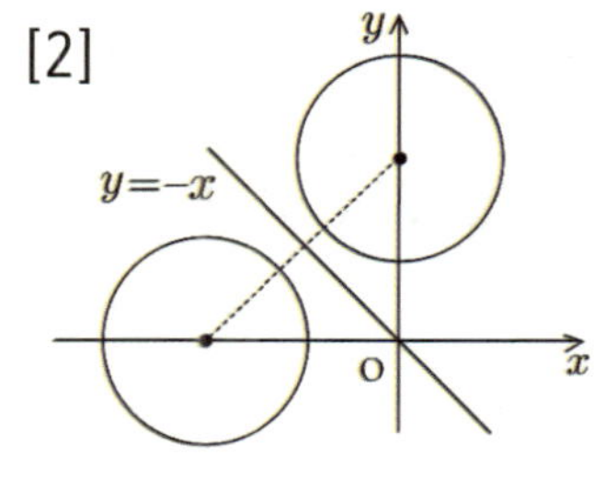

[3] 직선 $y=x+a$에 대한 대칭이동

    ➜ x 대신 $y-a$, y 대신 $x+a$를 대입한다.

    ➜ $f(y-a,\,x+a)=0$

[3] 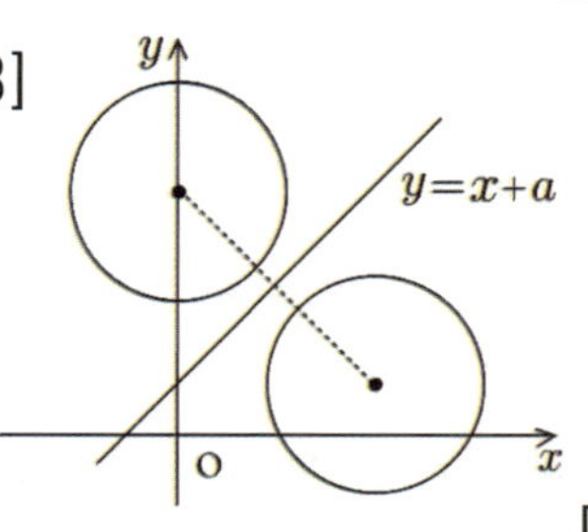

[4] 직선 $y=-x+a$에 대한 대칭이동

    ➜ x 대신 $-y+a$, y 대신 $-x+a$를 대입한다.

    ➜ $f(-y+a,\,-x+a)=0$

[4] 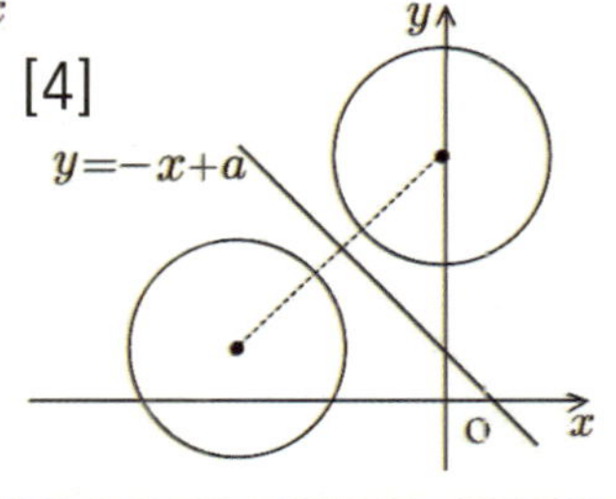

강의 **직선에 대한 대칭이동은 기울기 ± 1을 확인하라!**

    ➜ 몽땅 이항하여 대입한다.

    ① $y=x$ 대칭 $\rightarrow$ $x=y$, $y=x$를 대입한다.

    ② $y=-x+3$ 대칭 $\rightarrow$ $x=-y+3$, $y=-x+3$을 대입한다.

    ③ $x-y=3$ 대칭 $\rightarrow$ $x=y+3$, $y=x-3$을 대입한다.

기|본|예|제 11

포물선 $y=(x-1)^2+3$과 꼭짓점 $(1,\,3)$을 직선 $y=-x$에 대하여 대칭이동하시오.

탐구 $y=-x$에 대칭 $\rightarrow$ x 대신 $-y$, y 대신 $-x$ 대입

풀이 $\begin{cases} x=-y & \rightarrow x \text{ 대신 } -y \text{ 대입} \\ y=-x & \rightarrow y \text{ 대신 } -x \text{ 대입} \end{cases}$

     $-x=(-y-1)^2+3$ $\therefore x=-(y+1)^2-3$

     꼭짓점 $(-3,\,-1)$

정답 $x=-(y+1)^2-3$, 꼭짓점 $(-3,\,-1)$

유제 11-1 포물선 $y=-2x^2$을 다음과 같이 대칭이동한 식을 구하시오.

(1) 직선 $y=x$에 대하여 대칭이동

(2) 직선 $y=-x$에 대하여 대칭이동

유제 11-2 두 점 $A(0, 3)$, $B(2, 5)$이고 점 P가 직선 $y=x$ 위에 있을 때, $\overline{AP}+\overline{BP}$의 최솟값을 구하시오.

기|본|예|제 **12**

원 $(x+2)^2+(y-2)^2=4$를 직선 $y=x-3$에 대하여 대칭이동하시오.

탐구 기울기가 ±1인 직선 대칭 → 이항한 후 대입

풀이 직선 $y=x-3$에 대하여 대칭이동하므로 x 대신 $y+3$, y 대신 $x-3$을 대입하면 된다.

$$(y+3+2)^2+(x-3-2)^2=4$$

$$\therefore (x-5)^2+(y+5)^2=4$$

정답 $(x-5)^2+(y+5)^2=4$

유제 12-1 포물선 $y=x^2-2x-1$을 다음과 같이 대칭이동한 식을 구하시오.

(1) 직선 $y=x+2$에 대하여 대칭이동

(2) 직선 $y=-x+1$에 대하여 대칭이동

유제 12-2 점 $(5, 4)$를 직선 $y=-x+a$에 대하여 대칭이동한 점이 점 $(-2, b)$일 때, ab의 값을 구하시오.

4 **기울기가 ± 1이 아닌 직선에 대한 대칭이동**

→ 중점과 직교조건을 이용한다.
  첫째, 중점을 구하여 직선에 대입한다.
  둘째, 직교조건을 이용하여 식을 만든다.
  셋째, 두 식을 연립하여 미지수를 구한다.

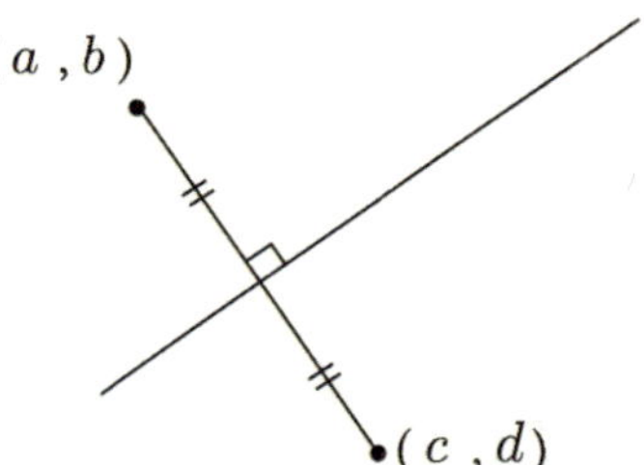

강의 **기울기가 ± 1이 아닌 직선에 대한 대칭이동은 그림을 그려보아라!**

→ $\begin{bmatrix} \text{중점대입} - ① \\ \text{직교조건} - ② \end{bmatrix}$ 연립

주의 기울기와 직교조건

① 기울기 $a = \dfrac{y_2 - y_1}{x_2 - x_1}$ ② 직교조건 $aa' = -1$

기 | 본 | 예 | 제 13

$A(2, 3)$을 $y = 2x - 3$에 대칭이동한 점 $A'(x_1, y_1)$을 구하시오.

탐구 기울기가 ± 1이 아닌 직선 대칭 ① 중점 대입 ② 직교조건 이용

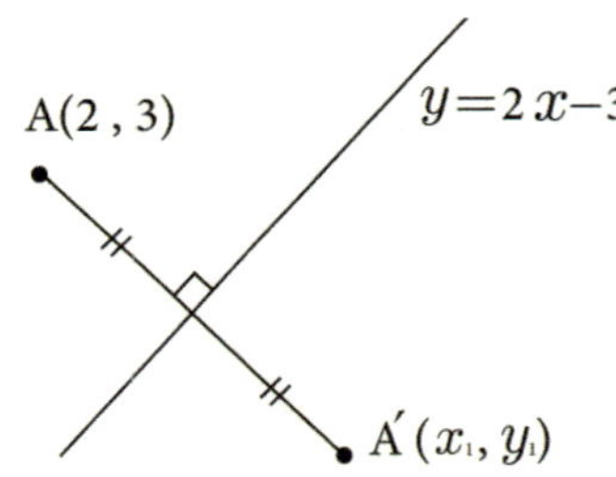

풀이 i) 중점 대입 $\left(\dfrac{x_1 + 2}{2}, \dfrac{y_1 + 3}{2} \right) \to y = 2x - 3$; $\dfrac{y_1 + 3}{2} = 2\left(\dfrac{x_1 + 2}{2} \right) - 3$

∴ $2x_1 - y_1 = 5 \cdots ①$

ii) 직교조건 $\left(\dfrac{y_1 - 3}{x_1 - 2} \right) \times 2 = -1$ ∴ $x_1 + 2y_1 = 8 \cdots ②$

①, ②를 연립하여 x_1, y_1을 구하면 $x_1 = \dfrac{18}{5}$, $y_1 = \dfrac{11}{5}$

∴ $A'\left(\dfrac{18}{5}, \dfrac{11}{5} \right)$

정답 $A'\left(\dfrac{18}{5}, \dfrac{11}{5} \right)$

유제 13-1 점 $(4, -3)$을 직선 $x - 2y = 2$에 대하여 대칭이동한 점을 구하시오.

유제 13-2 두 점 $(4, 1)$, $(-3, 4)$가 직선 $7x + ay + b = 0$에 대하여 대칭일 때, a, b의 값을 구하시오.

기 | 본 | 예 | 제 **14**

원 $x^2 + y^2 + 6y + 5 = 0$을 직선 $x + 2y = 4$에 대하여 대칭이동하시오.

탐구 기울기가 ± 1이 아닌 직선 대칭 ① 중점 대입 ② 직교조건 이용

풀이 원을 직선에 대하여 대칭이동하면 중심은 대칭이동하고 반지름의 길이는 변하지 않는다. 원의 방정식을 표준형으로 바꾸면

$$x^2 + (y + 3)^2 = 4$$

따라서 원의 중심 $(0, -3)$을 주어진 직선에 대하여 대칭이동하고 반지름은 2인 원의 방정식을 구하면 된다.

대칭이동한 중심의 좌표 (a, b)를 구하면

ⅰ) 중점 대입 $\left(\dfrac{a}{2}, \dfrac{b-3}{2} \right) \to x + 2y = 4$; $a + 2b = 14 \cdots$ ①

ⅱ) 직교조건 $\left(\dfrac{b+3}{a} \right) \times \left(-\dfrac{1}{2} \right) = -1$ $\therefore 2a - b = 3 \cdots$ ②

①, ②를 연립하여 a, b를 구하면 $a = 4, b = 5$

따라서 구하는 원의 방정식은 $(x-4)^2 + (y-5)^2 = 4$이다.

정답 $(x-4)^2 + (y-5)^2 = 4$

유제 14-1 원 $(x+2)^2 + (y-2)^2 = 9$를 직선 $x - 3y = 2$에 대하여 대칭이동하시오.

유제 14-2 두 원 $x^2 + y^2 - 4x + 6y + 9 = 0$과 $x^2 + y^2 + 2x - 4y + 1 = 0$은 직선 $ax + by - 4 = 0$에 대하여 대칭이다. 이때 $a + b$의 값을 구하시오.

반복학습 기록란.

가장 좋은 학습방법은 학교에서나 학원에서나 선생님의 강의를 열심히 듣고 여러 번 반복학습하는 것입니다.
지금부터 당장 선생님의 강의를 열심히 듣고 반복! 반복하십시오. 그러면 곧 모든 과목에 자신이 생길 것입니다.

회수	시작이 반!			끝을 봐야!			확인
제1회	년	월	일 부터	년	월	일 까지	
제2회	년	월	일 부터	년	월	일 까지	
제3회	년	월	일 부터	년	월	일 까지	
제4회	년	월	일 부터	년	월	일 까지	
제5회	년	월	일 부터	년	월	일 까지	
제6회	년	월	일 부터	년	월	일 까지	
제7회	년	월	일 부터	년	월	일 까지	
제8회	년	월	일 부터	년	월	일 까지	
제9회	년	월	일 부터	년	월	일 까지	
제10회	년	월	일 부터	년	월	일 까지	

> ▶ 연습문제 A는 앞에서 배운 기초 단계의 문제이므로 선생님의 도움 없이 스스로 풀어 자신의 실력을 점검해 보도록 하자.

01 다음을 x축의 방향으로 $+3$만큼, y축의 방향으로 -2만큼 평행이동하시오.

    (1) $x^2 + y^2 = 9$ (2) $(0, 0)$

02 점 $(a, 2)$를 x축 방향으로 3만큼, y축 방향으로 b만큼 평행이동한 점의 좌표가 $(1, 1)$이 되게 하는 상수 a, b의 값을 구하시오.

03 직선 $x + my - 1 + m = 0$이 평행이동 $(x, y) \rightarrow (x+n, y-2)$에 의하여 직선 $x + 2y + 3 = 0$일 때, 상수 m, n에 대하여 $m - n$의 값을 구하시오.

04 점 $(1, 1)$을 점 $(3, -1)$로 옮기는 평행이동에 의하여 원 $x^2 + y^2 - 4x + 4y + 4 = 0$을 평행이동한 식을 구하시오.

05 점 $(4, 2)$를 x축에 대하여 대칭이동한 점 A와 원점에 대하여 대칭이동한 점 B 사이의 거리 $\overline{AB}$를 구하시오.

06 직선 $2x-y+3=0$을 y축에 대하여 대칭이동하면 $(a, 5)$를 지날 때, 상수 a의 값을 구하시오.

07 포물선 $y=2x^2+4ax+a^2+1$을 원점에 대하여 대칭이동하면 꼭짓점의 좌표가 $(3, b)$가 된다고 할 때, 상수 a, b의 값을 구하시오.

08 두 점 $\mathrm{A}(2, 3)$, $\mathrm{B}(5, 2)$이고, 점 P가 x축 위의 점일 때, $\overline{\mathrm{PA}}+\overline{\mathrm{PB}}$의 최솟값을 구하시오.

09 두 점 $\mathrm{A}(1, 4)$, $\mathrm{B}(6, 2)$와 x축 위를 움직이는 점 P, y축 위를 움직이는 점 Q에 대하여 $\overline{\mathrm{AQ}}+\overline{\mathrm{QP}}+\overline{\mathrm{PB}}$의 최솟값을 구하시오.

10 $y=x^2-2x+3$을 다음에 대하여 대칭이동하시오.
(1) $x=3$ (2) $y=-2$

11 직선 $y=-2x+3$을 점 $(3, 2)$에 대하여 대칭이동하시오.

12 포물선 $y=(x-1)^2+3$과 꼭짓점 $(1, 3)$을 직선 $y=-x$에 대하여 대칭이동하시오.

13 원 $(x+2)^2+(y-2)^2=4$를 직선 $y=x-3$에 대하여 대칭이동하시오.

14 $\mathrm{A}(2, 3)$을 $y=2x-3$에 대칭이동한 점 $\mathrm{A}'(x_1, y_1)$을 구하시오.

15 원 $x^2+y^2+6y+5=0$을 직선 $x+2y=4$에 대하여 대칭이동하시오.

▶ 연습문제 B는 앞에서 배운 중급 단계의 문제이므로 선생님의 도움 없이 스스로 풀어 자신의 실력을 점검해 보도록 하자.

01 2보다 큰 실수 k에 대하여 원 $x^2+y^2=2$를 x축의 방향으로 k만큼, y축의 방향으로 k만큼 평행이동한 원을 C라 하자. 원 $x^2+y^2=2$ 위의 점 $\mathrm{A}(1,1)$에서 원 C에 그은 두 접선이 서로 수직이 되도록 하는 상수 k의 값을 구하시오.

02 점 $(2,3)$을 원점으로 옮기는 평행이동에 의하여 점 $(5,5)$를 평행이동한 점의 좌표를 구하시오.

03 직선 $2x+3y-5=0$을 x축의 방향으로 -4만큼, y축의 방향으로 2만큼 평행이동한 직선이 처음 직선을 x축의 방향으로 $-m$만큼 평행이동한 직선과 같다고 할 때, m의 값을 구하시오.

04 원 $x^2+y^2+2ax+2by+8=0$을 x축의 방향으로 2만큼, y축의 방향으로 -3만큼 평행이동하면 원 $x^2+y^2=c$가 된다고 할 때, $a+b+c$의 값을 구하시오.

05 점 A를 원점에 대하여 대칭이동한 후 다시 x축의 방향으로 -2만큼, y축의 방향으로 3만큼 평행이동하였더니 점 A와 겹쳤다. 이때 점 A의 좌표를 구하시오.

06 직선 $4x-3y+5=0$을 원점에 대하여 대칭이동한 직선에 수직이고 점 $(2, 1)$을 지나는 직선의 방정식을 구하시오.

07 원 $x^2+y^2-6x+4y+12=0$을 y축에 대하여 대칭이동하면 $y=mx$에 접한다고 한다. 이때 모든 상수 m의 값의 합을 구하시오.

08 수평면 위에서 두 점 $A(0, 5)$, $D(4, 2)$이고, x축 위의 점 B, C에 대하여 $\overline{BC}=2$인 사각형 ABCD의 둘레의 길이가 최소가 되도록 하는 $\overline{AB}+\overline{CD}$의 값을 구하시오.

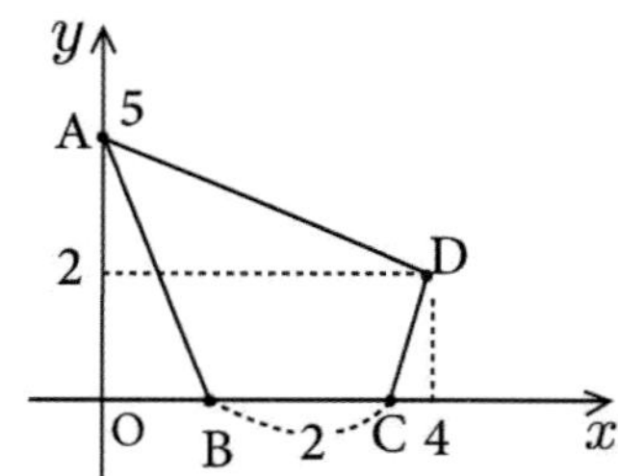

09 직선 $y=x-1$을 직선 $x=1$에 대하여 대칭이동한 직선과 수직이고 원점과의 거리가 $\sqrt{2}$인 직선의 방정식을 구하시오.

10 직선 $y=2x-1$은 점 $(1, 2)$에 대하여 대칭이동한 직선과 수직이고 원점과의 거리가 $2\sqrt{5}$인 직선의 방정식을 구하시오.

11 두 점 $A(0, 3)$, $B(2, 5)$이고 점 P가 직선 $y=x$ 위에 있을 때, $\overline{AP}+\overline{BP}$의 최솟값을 구하시오.)

12 점 $(5, 4)$를 직선 $y=-x+a$에 대하여 대칭이동한 점이 점 $(-2, b)$일 때, ab의 값을 구하시오.

13 두 점 $(4, 1)$, $(-3, 4)$가 직선 $7x+ay+b=0$에 대하여 대칭일 때, a, b의 값을 구하시오.

14 두 원 $x^2+y^2-4x+6y+9=0$과 $x^2+y^2+2x-4y+1=0$은 직선 $ax+by-4=0$에 대하여 대칭이다. 이때 $a+b$의 값을 구하시오.

◣ MEMO

II

집합과 명제

P A R T

01

집합

- ◆ 중·고교 연결과정 선수학습
- 1 집합의 정의
- 2 집합 사이의 포함 관계
- 3 집합의 연산
- ◆ 반복학습 기록란
- ◆ 연습문제 (A) (B)

명언

사랑은 지배하는 것이 아니라 자유를 주는 것이다.

- 에리히 프롬 -

1 합의 법칙과 곱의 법칙

[1] 합의 법칙

→ 문장이나 수식이 '또는(or)'으로 연결될 때는 합의 법칙을 이용한다.

→ 두 사건 A, B가 일어나는 경우의 수가 각각 a, b일 때, A 또는 B가 일어나는 경우의 수는

(1) 두 사건이 동시에 일어나지 않을 때

$\rightarrow a+b$

(2) 두 사건이 동시에 일어나는 경우의 수가 c일 때

$\rightarrow a+b-c$

[2] 곱의 법칙

→ 문장이나 수식이 '그리고(and)'로 연결될 때는 곱의 법칙을 이용한다.

→ 두 사건 A, B가 일어나는 경우의 수가 각각 a, b일 때, A와 B가 동시에 일어나는 경우의 수는

$a \times b$

강의 **경우의 수는 방법의 수를 조사하는 것이다!**

(1) or 법칙 − 단독성, 개별성

　　　→ 문장, 式 : or 연결 → ＋

(2) and 법칙 − 동시성, 연속성

　　　→ 문장, 式 : and 연결 → ×

式(법 식)

기|본|예|제 01

영어 참고서 3권과 수학 참고서 4권이 있다. 이때 영어 참고서 또는 수학 참고서 중 한 권을 선택하는 경우의 수를 구하시오.

탐구 또는, or로 연결된 경우에는 합의 법칙을 이용한다.

풀이 '또는'으로 연결된 경우이므로 합의 법칙을 이용하면

$$3+4=7$$

정답 7

유제 01-1 1부터 20까지의 자연수가 적힌 카드 중 한 장을 뽑을 때, 4의 배수 또는 7의 배수가 적힌 카드를 뽑는 경우의 수를 구하시오.

유제 01-2 1부터 100까지의 자연수가 적힌 공 100개가 들어있는 주머니에서 한 개의 공을 뽑을 때, 5의 배수 또는 9의 배수가 적힌 공을 뽑는 경우의 수를 구하시오.

기 | 본 | 예 | 제 02

소설책 5권과 자기계발서 6권이 있다. 이때 소설책과 자기계발서를 한 권씩 선택하는 경우의 수를 구하시오.

탐구 그리고, and로 연결된 경우에는 곱의 법칙을 이용한다.

풀이 '~과~'로 연결된 경우이므로 곱의 법칙을 이용하면

$$5 \times 6 = 30$$

정답 30

유제 02-1 동전 두 개와 주사위 한 개를 동시에 던질 때, 나오는 모든 경우의 수를 구하시오.

유제 02-2 남학생 4명, 여학생 5명이 있다. 이 중 남녀 대표를 각각 한 명씩 뽑는 경우의 수를 구하시오.

유제 02-3 5종류의 스웨터와 3종류의 바지가 있을 때, 스웨터와 바지를 각각 하나씩 선택하여 입는 경우의 수를 구하시오.

2 수식의 연산 법칙과 집합의 연산 법칙

	수식의 연산 법칙	집합의 연산 법칙
교환법칙	$a+b=b+a$ $ab=ba$	$A\cup B=B\cup A$ $A\cap B=B\cap A$
결합법칙	$a+(b+c)=(a+b)-c$ $a(bc)=(ab)c$	$A\cup(B\cup C)=(A\cup B)\cup C$ $A\cap(B\cap C)=(A\cap B)\cap C$
분배법칙	$a(b+c)=ab+ac$ $ab+ac=a(b+c)$	$A\cap(B\cup C)=(A\cap B)\cup(A\cap C)$ $(A\cap B)\cup(A\cap C)=A\cap(B\cup C)$

기|본|예|제 03

분배법칙을 이용하여 계산하는 과정이다. ☐ 안에 알맞은 수를 써넣으시오.

(1) $19\times105=19\times(100+\boxed{})$

$\qquad =19\times100+19\times\boxed{}$

$\qquad =1900+\boxed{}=\boxed{}$

(2) $7\times48+7\times2=7\times(\boxed{}+2)=7\times\boxed{}=\boxed{}$

탐구 ① $a(b+c)=ab+ac$ ② $ab+ac=a(b+c)$

풀이 (1) $19\times105=19\times(100+\boxed{5})$

$\qquad =19\times100+19\times\boxed{5}$

$\qquad =1900+\boxed{95}=\boxed{1995}$

(2) $7\times48+7\times2=7\times(\boxed{48}+2)=7\times\boxed{50}=\boxed{350}$

정답 풀이참조

유제 03-1 분배법칙을 이용하여 다음을 계산하시오.

(1) $14\times(100-7)$ (2) $\dfrac{3}{5}\times103-\dfrac{3}{5}\times3$

유제 03-2 세 수 $a,\ b,\ c$에 대하여 $ac=7,\ bc=25$일 때, $c(a+b)$의 값을 구하시오.

01 집합의 정의

[1] 집합

➜ 어떤 조건에 의하여 그 대상을 분명히 구분할 수 있는 것들의 모임을 **집합**이라 한다.

[2] 원소

➜ 집합을 이루고 있는 대상 하나하나를 그 집합의 **원소**라 한다.

(1) $x \in A$, $A \ni x$

➜ x는 A에 속한다.

➜ x는 A의 원소이다.

(2) $x \notin A$, $A \not\ni x$

➜ x는 A에 속하지 않는다.

➜ x는 A의 원소가 아니다.

강의 집합(Set)과 원소(Element)는 그 정의를 명확하게 파악해야 한다!

(1) 집합(Set)

➜ 모임 : 판단기준
- 명확 → 구체적 → 집합(○)
- 모호 → 추상적 → 집합(×)

➜ 기호 : { }

(2) 원소(Element)

➜ 원소 : { } 속에 있는 낱낱의 것

➜ {2, a, ☆, {3}, ♡}

➜ 기호 : E → ∈

주의
- 소속 관계 → 원소
- 포함 관계 → 부분집합

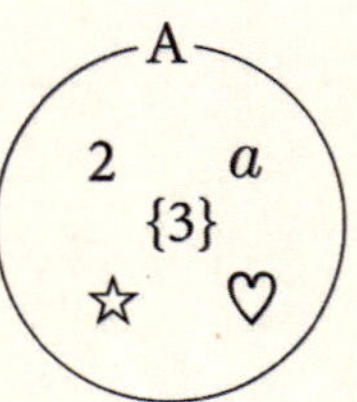

다음 중 집합이 아닌 것을 모두 고르시오.

① 키가 큰 학생의 모임
② 키가 170 cm보다 큰 학생의 모임
③ 문화인의 모임
④ 한국인의 모임
⑤ 대구사과의 모임
⑥ 빨간 대구사과의 모임
⑦ 축구부 학생의 모임
⑧ 축구를 좋아하는 학생의 모임
⑨ 전교 10등 이내의 학생의 모임
⑩ 공부를 매우 잘하는 학생의 모임
⑪ 대통령을 잘 아는 사람의 모임
⑫ 대통령과 악수를 나눈 적이 있는 사람의 모임

탐구   어떤 조건에 대하여 그 대상을 분명히 구분할 수 있는 것들의 모임을 집합이라 한다.

풀이

① 기준 모호 ($\times$)
② 기준 명확 ($\bigcirc$)
③ 문화 → 추상어 ($\times$)
④ 한국인 → 구체어 ($\bigcirc$)
⑤ 대구 → 구체어 ($\bigcirc$)
⑥ 색감 상이 ($\times$)
⑦ 축구부 → 구체어 ($\bigcirc$)
⑧ 좋아한다 → 추상어 ($\times$)
⑨ 기준 명확 ($\bigcirc$)
⑩ 잘 한다 → 추상어 ($\times$)
⑪ 잘 안다 → 추상어 ($\times$)
⑫ 악수 → 구체어 ($\bigcirc$)

따라서 집합이 아닌 것은 ①, ③, ⑥, ⑧, ⑩, ⑪이다.

정답   ①, ③, ⑥, ⑧, ⑩, ⑪

유제 01-1   다음 모임들 중에서 집합인 것과 집합이 아닌 것을 구별하고, 집합인 것은 그 판단의 기준을 말하시오.

(1) 미국인의 모임과 지식인의 모임
(2) 100보다 큰 수의 모임과 대단히 큰 수의 모임

유제 01-2   다음 중 집합인 것을 고르고 그 원소를 쓰시오.

㉠ 100에 가까운 수의 모임
㉡ 90보다 큰 두 자리 자연수의 모임
㉢ 달리기를 잘 하는 학생의 모임
㉣ 키가 큰 나무의 모임

[1] 조건제시법

→ { } 안에 집합에 속하는 원소들의 성질을 수식이나 문장으로 나타내는 방법

[2] 원소나열법

→ { } 안에 집합에 속하는 원소들을 모두 나열하는 방법
→ 원소를 나열하는 순서는 관계없으나, 같은 원소를 중복하여 나열하지 않는다.

[3] 벤 다이어그램(벤 오일러 다이어그램)

→ 집합의 포함관계를 직관에 의해 쉽게 알아보기 위해 원이나 타원, 사각형 등을 이용하여 나타내는 방법

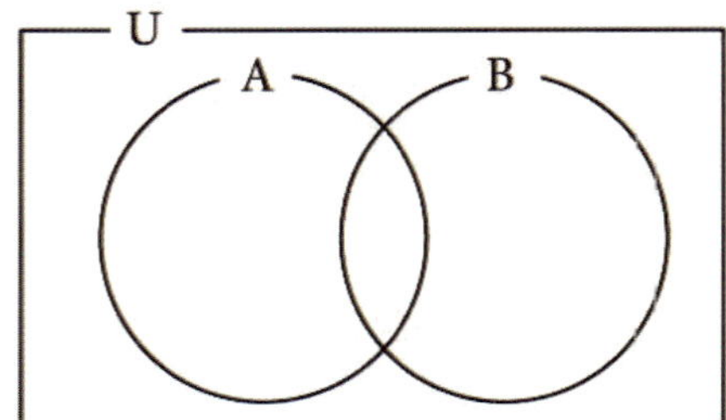

강의 **집합의 표시법에는 세 가지 표현방법이 있다!**

(1) 조건제시법 → $A = \{$ 원소의 성질 $\}$

→ $A = \{x \mid 1 \leq x \leq 20,\ x$는 소수$\}$

(2) 원소나열법 → $A = \{$ 낱낱의 원소 $\}$

→ $A = \{2, 3, 5, 7, 11, 13, 17, 19\}$

(3) 벤 다이어그램 →

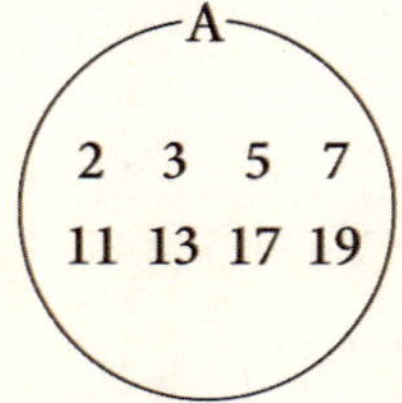

주의 집합에서 내용이 이해가 안 되거나 문제가 안 풀리면 벤 다이어그램을 그려보아라.

→ 이해(×), 풀이(×) → 벤의 그림 이용

집합 $A = \{2, 3, 5, 7\}$을 조건제시법과 벤 다이어그램으로 나타내시오.

탐구 집합의 표시법
ⅰ) 조건제시법 → { 원소의 성질 }   ⅱ) 원소나열법 → { 낱낱의 원소 }

ⅲ) 벤 다이어그램 → (낱낱의 원소)

풀이 (1) 조건제시법 $A = \{x \mid x$는 10 이하의 소수$\}$
(2) 벤 다이어그램

A
2 3
5 7

정답 (1) $A = \{x \mid x$는 10 이하의 소수$\}$ (2)

A
2 3
5 7

유제 02-1 5이상 30 미만의 자연수 중에서 5의 배수인 집합 A를 조건제시법과 원소나열법으로 나타내시오.

유제 02-2 다음 집합을 원소나열법으로 나타낸 것은 조건제시법으로 바꾸어 나타내고, 조건제시법으로 나타낸 것은 원소나열법으로 바꾸어 나타내시오.
(1) $A = \{x \mid x$는 $1 < x < 10$인 짝수$\}$
(2) $B = \{x \mid x$는 18의 약수$\}$
(3) $C = \{2, 3, 5, 7, 11, 13, 17, 19\}$
(4) $D = \{5, 10, 15, 20, \cdots, 100\}$

유제 02-3 오른쪽 벤 다이어그램을 조건제시법으로 나타낸 것 중 잘못된 것을 고르시오.
① $X = \{x \mid x$는 20 이하의 3의 배수$\}$
② $X = \{x \mid x$는 $1 < x < 19$인 3의 배수$\}$
③ $X = \{x \mid x$는 20 미만의 3의 배수$\}$
④ $X = \{x \mid x$는 $1 < x \leq 18$인 3의 배수$\}$
⑤ $X = \{x \mid x$는 $3 < x < 20$인 3의 배수$\}$

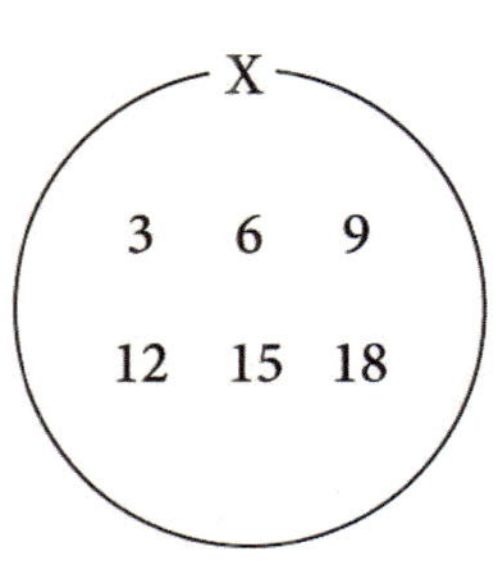

두 집합 $A = \{1, 2, 3\}$, $B = \{4, 5\}$에 대하여 다음 집합을 원소나열법으로 나타내시오.

(1) $A \oplus B = \{x \mid x = a+b, a \in A, b \in B\}$

(2) $A \otimes B = \{x \mid x = ab, a \in A, b \in B\}$

탐구   표를 이용하여 구하면 편리하다.

풀이   (1) $a+b$를 표를 이용하여 구하면

a \ b	4	5
1	5	6
2	6	7
3	7	8

$A \oplus B$의 원소를 중복되지 않게 나열하면

$$A \oplus B = \{5, 6, 7, 8\}$$

(2) ab를 표를 이용하여 구하면

a \ b	4	5
1	4	5
2	8	10
3	12	15

$A \otimes B$의 원소를 나열하면

$$A \otimes B = \{4, 5, 8, 10, 12, 15\}$$

정답   (1) $A \oplus B = \{5, 6, 7, 8\}$ (2) $A \otimes B = \{4, 5, 8, 10, 12, 15\}$

유제 03-1   집합 $A = \{0, 1, 2\}$에 대하여 집합 $B = \{x-y \mid x \in A, y \in A\}$일 때, 집합 B를 원소나열법으로 나타내시오.

유제 03-2   두 집합 $A = \{0, 1\}$, $B = \{1, 2, 3\}$에 대하여 $A \otimes B$를 다음과 같이 정의할 때, $(A \otimes A) \otimes B$를 원소나열법으로 나타내시오.

$$A \otimes B = \{x \mid x = ab, a \in A, b \in B\}$$

[1] 공집합

→ 원소를 하나도 가지지 않는 집합이다. → $\varnothing$

[2] 유한집합

→ 집합의 원소의 개수가 한정되어 유한한 집합이며 공집합을 포함한다. → $\{a_1, a_2, a_3, \cdots, a_n\}$
→ 집합 A가 유한집합이면 집합 A의 원소의 개수를 $n(A)$로 나타낸다.

[3] 무한집합

→ 원소의 개수가 무한히 많은 집합이다. → $\{a_1, a_2, a_3, \cdots\}$

체크 $\{0\}$은 공집합이 아니고 0을 원소로 갖는 집합이다.

강의 **공집합은 비어있는 집합이다!**

① 기호 $\varnothing = \{\ \}$

② 원소 : 0개

주의 ① $\{0\}$(원소 1개) $\neq \varnothing$　　② $\{\ \}$(원소 0개) $= \varnothing$

기 | 본 | 예 | 제 **04**

다음 (　) 안에 유한집합, 무한집합 중에서 알맞은 것을 써넣으시오.

(1) $A = \{x \mid 1 < x < 2, x$는 자연수$\}$　(　　　　)

(2) $B = \{x \mid 1 < x < 3, x$는 정수$\}$　(　　　　)

(3) $C = \{x \mid 1 < x < 4, x$는 유리수$\}$　(　　　　)

(4) $D = \{x \mid 1 < x < 5, x$는 실수$\}$　(　　　　)

탐구 원소가 0개인 공집합은 유한집합이다.

풀이
(1) $A = \{x \mid 1 < x < 2, x$는 자연수$\}$　→ 원소 0개 → (유한집합)이다.

(2) $B = \{x \mid 1 < x < 3, x$는 정수$\}$　→ 원소 1개 → (유한집합)이다.

(3) $C = \{x \mid 1 < x < 4, x$는 유리수$\}$　→ 원소 ∞개 → (무한집합)이다.

(4) $D = \{x \mid 1 < x < 5, x$는 실수$\}$　→ 원소 ∞개 → (무한집합)이다.

정답 (1) 유한집합　　(2) 유한집합　　(3) 무한집합　　(4) 무한집합

유제 04-1 다음 집합 중 무한집합을 모두 고르시오.

① $A=\{x\,|\,x$는 100 이하의 자연수$\}$

② $B=\{x\,|\,x$는 $1 \leq x \leq 100$인 실수$\}$

③ $C=\{x\,|\,x$는 1보다 작은 양의 정수$\}$

④ $D=\{x\,|\,x$는 한 자리의 자연수$\}$

⑤ $E=\{x\,|\,x$는 100 이상의 자연수$\}$

유제 04-2 다음 집합 중 $n(X)$의 값이 가장 큰 것을 고르시오.

① $X=\{x\,|\,x$는 15의 배수인 세 자리의 자연수$\}$

② $X=\{x\,|\,-10 < x < 10$인 정수$\}$

③ $X=\{x\,|\,x$는 25 미만의 짝수$\}$

④ $X=\{x\,|\,x$는 200 이하의 5의 배수$\}$

⑤ $X=\{x\,|\,x$는 72의 양의 약수$\}$

유제 04-3 다음 중 옳은 것을 모두 고르시오.

① $A=\{x\,|\,x$는 한 자리의 소수$\}$이면 $n(A)=9$

② $B=\{x\,|\,x$는 두 자리의 자연수$\}$이면 $n(B)=99$

③ $n(\{\varnothing\})+n(\varnothing)=1$

④ $n(\{2,\,4,\,6,\,8,\,10\})-n(\{2,\,4,\,6,\,8\})=10$

⑤ $n(\{11,\,12,\,13,\,\cdots,\,20\})=n(\{1,\,2,\,3,\,\cdots,\,10\})$

1 부분집합

(1) 집합 A의 원소가 집합 B의 원소만으로 이루어져 있을 때, 집합 A를 집합 B의 **부분집합**이라 한다.

(2) $x \in A$인 임의의 원소 x에 대하여 $x \in B$일 때, 집합 A를 집합 B의 **부분집합**이라 한다.

  ① $A \subset B,\ B \supset A$

    ➜ 집합 A는 집합 B에 포함된다.

    ➜ 집합 B는 집합 A를 포함한다.

    ➜ 집합 A는 집합 B의 **부분집합**이다.

  ② $A \subset B$이고 $B \subset C$이면 $A \subset C$이다.

  ③ $A \subset B$이고 $A \neq B$일 때, 집합 A를 집합 B의 **진부분집합**이라 한다.

강의 부분집합은 공집합과 전체집합을 포함한다.

① 포함 관계 : $A \subset B$

  ➜ A는 B에 포함된다.

  ➜ A는 B의 부분집합이다.

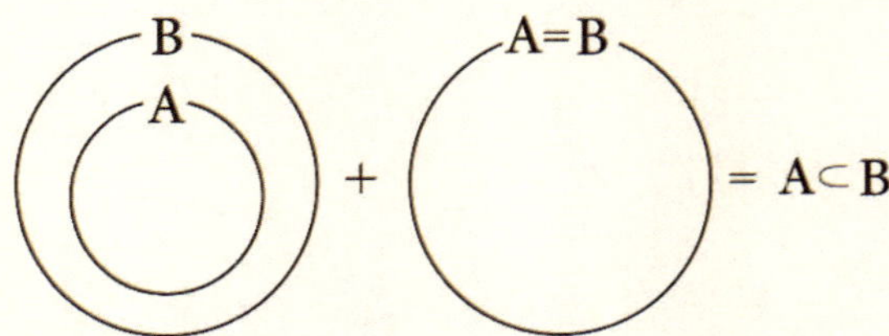

  ➜ 진부분집합   +   상등   = 부분집합$(A \subset B)$

② 출제 ; 포함 = 만족 = 충분조건 → $\subset$, $\leq$ 연상

주의 부분집합의 성질

  ① $A \subset A$ ($A \leq A$ 연상)

  ② $\varnothing \subset A,\ B,\ C,\ \cdots$ ($\varnothing$는 모든 집합의 부분집합)

  ③ $A \subset B,\ A \neq B$ (진부분집합)

  ④ $A \subset B,\ B \subset A \Leftrightarrow A = B$ (A와 B는 상등)

  ⑤ $A \subset B,\ B \subset C \to A \subset C$ (삼단논법)

집합 $A = \{\varnothing, 2, \{2\}\}$의 원소와 부분집합을 각각 구하시오.

탐구 원소는 소속 관계, 부분집합은 포함 관계이다.

풀이 ① 원소 → $\in$ (삼지창)

         → $\varnothing, 2, \{2\}$ (3개)

② 부분집합 → $\subset$ (이지창)

       원소 0개 → $\varnothing$

       원소 1개 → $\{\varnothing\}, \{2\}, \{\{2\}\}$

       원소 2개 → $\{\varnothing, 2\}, \{\varnothing, \{2\}\}, \{2, \{2\}\}$

       원소 3개 → $\{\varnothing, 2, \{2\}\}$

정답 원소 : $\varnothing, 2, \{2\}$

부분집합 : $\varnothing, \{\varnothing\}, \{2\}, \{\{2\}\}, \{\varnothing, 2\}, \{\varnothing, \{2\}\}, \{2, \{2\}\}, \{\varnothing, 2, \{2\}\}$

유제 05-1 집합 $A = \{1, 3, 5, 7\}$일 때, 집합 A의 부분집합을 모두 구하시오.

유제 05-2 집합 $A = \{0, \{1\}\}$일 때, 다음 중 옳은 것을 모두 고르시오.

① $0 \subset A$ ② $\{1\} \subset A$ ③ $\{\{1\}\} \subset A$

④ $\{0, 1\} \subset A$ ⑤ $\{0, \{1\}\} \subset A$

유제 05-3 집합 $A = \{0, 1, 2, \{1, 2\}\}$일 때, 다음 중 옳은 것은?

① $\begin{cases} \varnothing \in A \\ \varnothing \subset A \end{cases}$ ② $\begin{cases} 0 \in A \\ 0 \subset A \end{cases}$ ③ $\begin{cases} \{1\} \in A \\ \{1\} \subset A \end{cases}$

④ $\begin{cases} \{1, 2\} \in A \\ \{1, 2\} \subset A \end{cases}$ ⑤ $\begin{cases} \{\{1, 2\}\} \in A \\ \{\{1, 2\}\} \subset A \end{cases}$

(1) 집합 A와 집합 B가 서로 같은 집합일 때, $A=B$로 나타낸다.
(2) $A \subset B$이고 $B \subset A$이면 $A=B$이다.
(3) 두 집합 A, B가 서로 같다는 것은 A의 원소와 B의 원소가 서로 같다는 것을 의미한다.

강의 $A=B$의 의미는 그 원소가 같다는 뜻이다!

① $A=B \Leftrightarrow A \subset B$ and $B \subset A$

② $A=B \Leftrightarrow (A$의 원소$)=(B$의 원소$)$

기 | 본 | 예 | 제 06

두 집합 $A=\{1,\ a+1,\ a^2-2\}$, $B=\{4,\ 7,\ a^2-2a-2\}$에 대하여 $A=B$일 때, 상수 a의 값을 구하시오.

탐구 $A=B \Leftrightarrow (A$의 원소$)=(B$의 원소$)$

풀이 $1 \in A$이므로 $A=B$이려면 $a^2-2a-2=1$이다.

$a^2-2a-3=0$ $(a-3)(a+1)=0$ $\quad \therefore a=3$ 또는 $a=-1$

i) $a=3$이면 $A=\{1,\ 4,\ 7\}$이므로 $A=B$

ii) $a=-1$이면 $A=\{1,\ 0,\ -1\}$이므로 $A \neq B$

따라서 $a=3$이다.

정답 3

유제 06-1 다음 중 서로 같은 집합끼리 짝지으시오.

$A=\{x \mid x$는 $1 \leq x \leq 10$인 정수$\}$ $\qquad B=\{x \mid x$는 $1 \leq x \leq 10$인 홀수$\}$

$C=\{x \mid x$는 $1 \leq x \leq 10$인 자연수$\}$ $\qquad D=\{2,\ 3,\ 5,\ 7\}$

$E=\{1,\ 3,\ 5,\ 7,\ 9\}$ $\qquad F=\{x \mid x$는 $1 \leq x \leq 10$인 소수$\}$

유제 06-2 두 집합 $A=\{-1,\ -a,\ b\}$, $B=\{a^2-2,\ a+1,\ 1\}$에 대하여 $A \subset B$이고 $B \subset A$일 때, 상수 a, b의 합을 구하시오.

➔ 집합 $A = \{a_1, a_2, a_3, \cdots, a_n\}$일 때

[1] 집합 A의 부분집합의 개수

➔ 2^n

[2] $a_1, a_2, \cdots, a_k$를 모두 포함하는 집합 A의 부분집합의 개수

➔ 2^{n-k} (단, $k \le n$)

[3] $a_1, a_2, \cdots, a_m$을 모두 포함하지 않는 집합 A의 부분집합의 개수

➔ 2^{n-m} (단, $m \le n$)

[4] k개의 원소는 포함하고, m개의 원소는 포함하지 않는 집합 A의 부분집합의 개수

➔ 2^{n-k-m} (단, $k+m \le n$)

[5] 집합 A의 진부분집합의 개수

➔ $2^n - 1$

강의 **부분집합의 개수는 2^n개이다!**

➔ 집합 : $A = \{a_1, a_2, a_3, \cdots\cdots, a_n\}$일 때

① 부분집합의 개수 $\rightarrow 2^n$

② 진부분집합의 개수 $\rightarrow 2^n - 1$

③ 원소 m개를 반드시 포함하는 부분집합의 개수 $\rightarrow 2^{n-m}$

④ 원소 m개를 포함하고 원소 l개는 불포함하는 부분집합의 개수 $\rightarrow 2^{n-m-l}$

⑤ 부분집합의 원소의 개수가 k개인 부분집합의 개수 $\rightarrow {}_nC_k$

주의 "반드시"라는 개념이 있으면 제외하고 생각 or 계산하라!

기|본|예|제 07

집합 $A = \{x \mid x$는 30 이하의 2와 3의 공배수$\}$라 할 때, 집합 A의 부분집합의 개수를 구하시오.

탐구 원소의 개수가 n개인 집합의 부분집합의 개수 $\rightarrow 2^n$

풀이 $A = \{6, 12, 18, 24, 30\}$이므로 A의 부분집합의 개수는 $2^5 = 32$이다.

정답 32

유제 07-1 20 미만의 자연수 중 3의 배수인 수의 집합을 M이라 할 때, M의 진부분집합의 개수를 구하시오.

유제 07-2 집합 A의 진부분집합의 개수가 127개일 때, $n(A)$의 값을 구하시오.

기 | 본 | 예 | 제 08

집합 $A=\{a_1,\ a_2,\ a_3,\ a_4,\ a_5,\ a_6\}$의 부분집합 중에서 다음을 구하시오.

(1) $a_1,\ a_2,\ a_3$을 반드시 원소로 갖는 부분집합의 개수

(2) $a_1,\ a_2$는 반드시 원소로 갖고 a_3은 원소로 갖지 않는 부분집합의 개수

탐구 수학에서 반드시 포함하거나 불포함하는 경우에는 제외시키고 생각 또는 계산하라!

풀이 (1) $2^{6-3}=2^3=8$

(2) $2^{6-2-1}=2^3=8$

정답 (1) 8 　　(2) 8

유제 08-1 집합 $A=\{a,\ b,\ c,\ d\}$에 대하여 원소 a를 반드시 포함하는 집합 A의 부분집합의 개수를 구하시오.

유제 08-2 집합 $A=\{1,\ 2,\ 3,\ 4,\ 5,\ 6\}$에 대하여 적어도 한 개의 홀수를 포함하는 집합 A의 부분집합의 개수를 구하시오.

두 집합

$A = \{x \mid x \text{는 } 20 \text{ 이하의 2의 배수}\}, \ B = \{x \mid x \text{는 } 20 \text{ 이하의 4의 배수}\}$

에 대하여 $B \subset X \subset A$를 만족하는 집합 X의 개수를 구하시오.

탐구 $B \subset X \subset A$를 만족하는 X는 B를 포함하는 A의 부분집합이다.

풀이 집합 A와 B를 원소나열법으로 나타내면

$A = \{2, 4, 6, \cdots, 20\}$

$B = \{4, 8, 12, \cdots, 20\}$

집합 X는 집합 A의 부분집합 중 $4, 8, 12, \cdots, 20$을 반드시 포함하는 부분집합이므로 집합 X의 개수를 구하면

$2^{10-5} = 2^5 = 32$

정답 32

유제 09-1 두 집합 $A = \{5, 10, 15, 20, \cdots, 50\}$, $B = \{10, 20, 30, 40, 50\}$에 대하여 $B \subset X \subset A$를 만족하는 집합 X의 개수를 구하시오.

유제 09-2 두 집합 $A = \{1, 2, 3, 4, 5, 6\}$, $B = \{4, 5\}$에 대하여 $B \subset X \subset A$를 만족하는 집합 X의 개수를 구하시오.

유제 09-3 두 집합 $A = \{1, 2, 3, 4, 5\}$, $B = \{1, 2\}$에 대하여 $B \subset X \subset A$를 만족하고 모든 원소의 합이 3의 배수인 집합 X의 개수를 구하시오.

[1] 순서쌍

(1) 집합 A의 한 원소 a와 집합 B의 한 원소 b를 취하여 순서를 생각해서 만든 a와 b의 쌍을 **순서쌍**이라 하고, (a, b)로 나타낸다.

(2) $a \in A$, $b \in B$인 순서쌍 (a, b)

[2] 곱집합

(1) $a \in A$, $b \in B$인 모든 순서쌍 (a, b)의 집합을 A와 B의 **곱집합**이라 하고, $A \times B$로 나타낸다.

(2) $A \times B = \{(a, b) \,|\, a \in \mathrm{A}, \ b \in \mathrm{B}\}$

(3) $n(A \times B) = (\text{모든 순서쌍의 개수}) = n(A) \times n(B)$

체크 ① $(a, b) \neq (b, a)$　　　② $A \times B \neq B \times A$

강의 **곱집합은 모든 순서쌍의 집합이다!**

→ {모든 순서쌍}

→ $X \times Y = \{(x, y) \,|\, x \in X, \ y \in Y\}$

→ $n(X \times Y) = (\text{모든 순서쌍의 개수}) = n(X) \times n(Y)$

기 | 본 | 예 | 제 **10**

두 집합 A, B에 대하여 $A = \{1, 2\}$, $B = \{1, 2, 3\}$일 때, $A \times B$의 진부분집합의 개수를 구하시오.

탐구　$n(A \times B) = (\text{모든 순서쌍의 개수}) = n(A) \times n(B)$

풀이　$n(A \times B) = n(A) \times n(B) = 2 \times 3 = 6$

　　　　$A \times B$의 진부분집합의 개수 $\rightarrow 2^6 - 1 = 63$

정답　63

유제 10-1　두 집합 A, B에 대하여 $A = \{a, b\}$, $B = \{3, 4\}$일 때, $A \times B$의 부분집합의 개수를 구하시오.

유제 10-2　두 집합 A, B에 대하여 $n(A) + n(B) = 6$일 때, $n(A \times B)$가 될 수 있는 모든 값의 합을 구하시오.

→ 집합 A의 모든 부분집합을 원소로 하는 집합을 A의 **멱집합**이라 하고, 2^A 또는 $P(A)$로 나타낸다.

→ $2^A = \{X \mid X \subset A\}$

강의 **멱집합은 모든 부분집합의 집합이다!**

→ {모든 부분집합}

→ $2^A = \{X \mid X \subset A\}$

→ $n(2^A) = (A$의 부분집합의 개수$) = 2^n$

기|본|예|제 **11**

집합 $A = \{1, 2\}$일 때, $2^A = \{X \mid X \subset A\}$라 정의하면 2^A의 부분집합의 개수를 구하시오.

탐구 $2^A = \{X \mid X \subset A\}$일 때, 2^A의 원소의 개수는 A의 부분집합의 개수이다.

풀이 2^A의 원소의 개수는 집합 A의 부분집합의 개수이므로

$$n(2^A) = 2^2 = 4$$

따라서 2^A의 부분집합의 개수를 구하면

$$2^4 = 16$$

정답   16

유제 11-1   집합 A에 대하여 $2^A = \{X \mid X \subset A\}$로 정의할 때, 다음 중 옳은 것을 고르시오.

① $\{A\} = 2^A$ ② $\{A\} \in 2^A$ ③ $\{A\} \subset 2^A$

④ $A \subset 2^A$ ⑤ $A \not\in 2^A$

유제 11-2   집합 $A = \{1, 2, 3\}$일 때, $2^A = \{X \mid X \subset A\}$라 정의하면 2^{2^A}의 원소의 개수를 구하시오.

1 합집합과 교집합, 서로소

[1] 합집합 $(A \cup B)$

(1) 집합 A에 속하거나 집합 B에 속하는 모든 원소의 집합을 A와 B의 **합집합**이라 한다.

(2) $A \cup B = \{x \,|\, x \in A \ \text{or} \ x \in B\}$

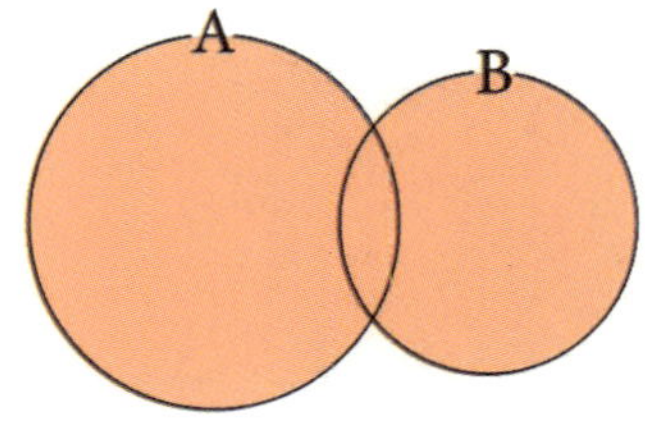 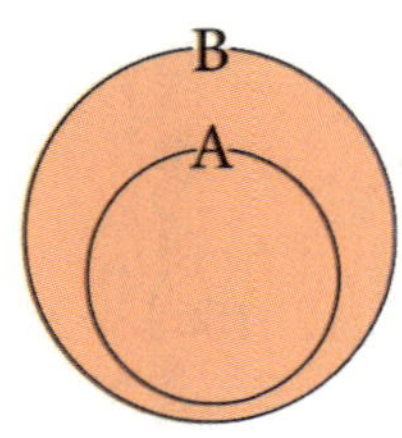 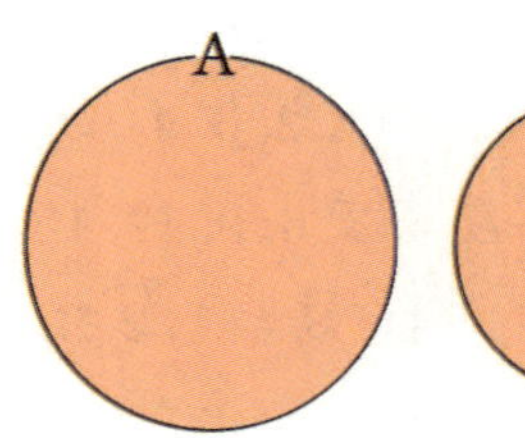 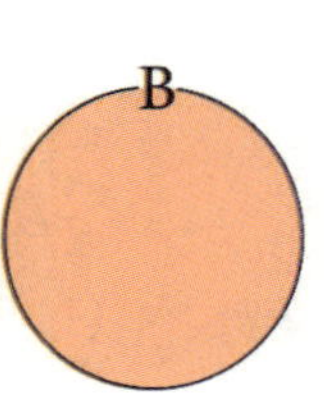

> **체크** or 법칙 : 단독성, 개별성 $\Rightarrow$ 또는, 이거나, 적어도 하나

[2] 교집합 $(A \cap B)$

(1) 집합 A에도 속하고 집합 B에도 속하는 모든 원소의 집합을 A와 B의 **교집합**이라 한다.

(2) $A \cap B = \{x \,|\, x \in A \ \text{and} \ x \in B\}$

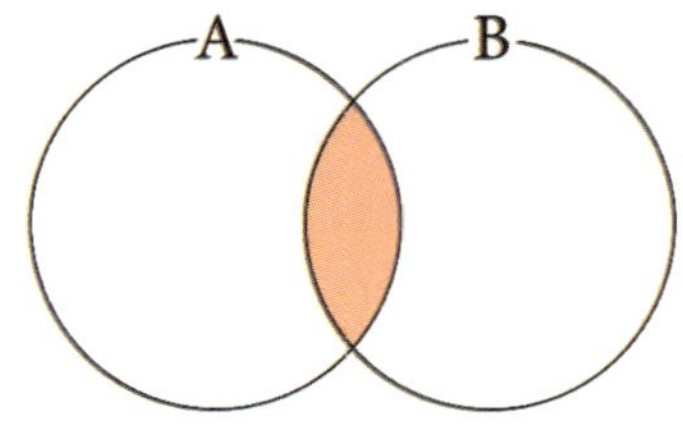 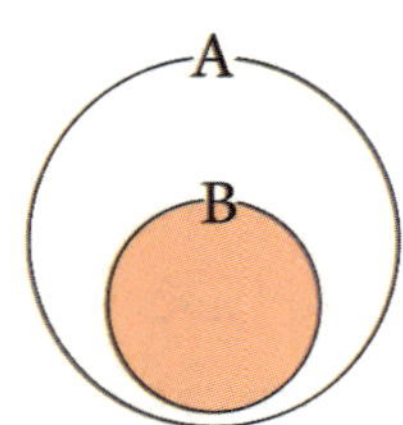 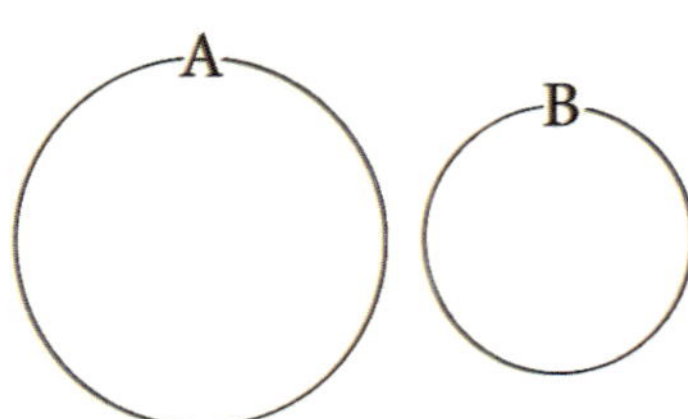

> **체크** and 법칙 : 동시성, 연속성, 연립성 $\Rightarrow$ 그리고, 이고, 모두

[3] 서로소

→ 두 집합 A, B에 속하는 공통된 원소가 하나도 없을 때 즉, $A \cap B = \varnothing$일 때, 집합 A와 B는 **서로소**라 한다.

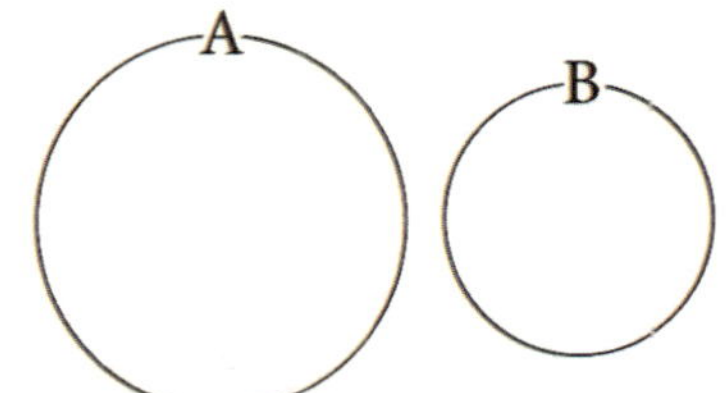

> **강의** or 법칙과 and 법칙은 그 의미를 명확히 해야 한다!
>
> ① or 법칙 → 또는, 이거나, 적어도 하나 → 단독성, 개별성
>
> → or 연결 ; $\cup$
>
> → 합집합 $A \cup B = \{x \,|\, x \in A \ \text{or} \ x \in B\}$
>
> ② and 법칙 → 그리고, 이고, 모두 → 동시성, 연속성, 연립성
>
> → and 연결 ; $\cap$
>
> → 교집합 $A \cap B = \{x \,|\, x \in A \ \text{and} \ x \in B\}$

두 집합 $A=\{x\,|\,x$는 24의 약수$\}$, $B=\{x\,|\,x$는 20 이하의 3의 배수$\}$에 대하여 다음 집합을 구하시오.

(1) $A\cup B$ (2) $A\cap B$

탐구
① $A\cup B=\{x\,|\,x\in A \text{ or } x\in B\}$
② $A\cap B=\{x\,|\,x\in A \text{ and } x\in B\}$

풀이 두 집합 A, B를 원소나열법으로 나타내면
$$A=\{1,\,2,\,3,\,4,\,6,\,8,\,12,\,24\},$$
$$B=\{3,\,6,\,9,\,12,\,15,\,18\}$$
(1) $A\cup B=\{1,\,2,\,3,\,4,\,6,\,8,\,9,\,12,\,15,\,18,\,24\}$
(2) $A\cap B=\{3,\,6,\,12\}$

정답 (1) $A\cup B=\{1,\,2,\,3,\,4,\,6,\,8,\,9,\,12,\,15,\,18,\,24\}$ (2) $A\cap B=\{3,\,6,\,12\}$

유제 12-1 세 집합
$$A=\{x\,|\,x \text{는 12의 약수}\},\quad B=\{x\,|\,x \text{는 15의 약수}\},\quad C=\{x\,|\,x \text{는 20의 약수}\}$$
에 대하여 다음 집합을 구하시오.
(1) $A\cup(B\cap C)$ (2) $(A\cup B)\cap C$

유제 12-2 두 집합 A, B에 대하여 $A=\{x\,|\,x<-1,\,x>1\}$, $B=\{x\,|\,\alpha\le x\le\beta\}$일 때, $A\cup B=\{x\,|\,x \text{는 모든 실수}\}$, $A\cap B=\{x\,|\,1<x\le3\}$이 되게 하는 α, β의 값을 구하시오.

두 집합 $A=\{2,\,3,\,a^2+1\}$, $B=\{a+1,\,4,\,a+3\}$일 때, $A\cap B=\{3,\,5\}$를 만족하는 상수 a의 값을 구하시오.

탐구 $A\cap B$는 집합 A에도 속하고 집합 B에도 속하는 모든 원소의 집합을 의미한다.

풀이 $a^2+1=5$에서 $a=\pm2$
ⅰ) $a=2$이면 $B=\{3,\,4,\,5\}$ $\therefore A\cap B=\{3,\,5\}$
ⅱ) $a=-2$이면 $B=\{-1,\,4,\,1\}$ $\therefore A\cap B=\varnothing$
$\therefore a=2$

정답 2

 두 집합 $A=\{a-1, 2, a+2\}$, $B=\{1, a^2, 3\}$일 때 $A\cap B=\{1, 4\}$를 만족하는 상수 a의 값을 구하시오.

 두 집합 $A=\{3, a^2-4a-8\}$, $B=\{a+1, 4, a^2-1\}$에 대하여 $A\cap B=\{3, 4\}$일 때, $A\cup B$를 구하시오.

기 | 본 | 예 | 제 14

n은 1부터 9까지의 자연수이고 집합 $A_n=\{x\,|\,2(n-1) \leq x \leq 2(n+1), x$는 실수$\}$일 때, 모든 A_n과 서로소가 아니면서 원소의 개수가 최소인 집합 B를 구하시오.

탐구 집합 A_n에 1부터 9까지의 자연수를 대입해보면 모든 A_n과 서로소가 아니면서 개수가 최소인 집합 B를 구할 수 있다.

① A_n과 B가 서로소가 아니다. $\rightarrow$ $A_n \cap B \neq \varnothing$

② B의 원소의 개수가 최소이다. $\rightarrow$ $B \subset A_n$

풀이 $A_1 : 0 \leq x \leq 4$, $A_2 : 2 \leq x \leq 6$, $A_3 : 4 \leq x \leq 8, \cdots$

$\therefore 4 \in B$

$A_4 : 6 \leq x \leq 10$, $A_5 : 8 \leq x \leq 12$, $A_6 : 10 \leq x \leq 14, \cdots$

$\therefore 10 \in B$

$A_7 : 12 \leq x \leq 16$, $A_8 : 14 \leq x \leq 18$, $A_9 : 16 \leq x \leq 20$

$\therefore 16 \in B$

따라서 원소가 최소인 집합 $B=\{4, 10, 16\}$이다.

정답 $B=\{4, 10, 16\}$

 k는 1부터 6까지의 자연수이고 집합 $A_k=\{x\,|\,2k-1 \leq x \leq 2k+1, x$는 실수$\}$일 때, 모든 A_k와 서로소가 아니면서 원소의 개수가 최소인 집합 B를 구하시오.

 집합 $A_n=\{x\,|\,2n-3 \leq x \leq 2n+3, x$는 실수$\}$에 대하여 n은 1에서 12까지의 자연수일 때, 모든 A_n과 서로소가 아니면서 원소의 개수가 최소인 집합 B의 부분집합의 개수를 구하시오.

[1] 차집합 $(A-B)$

(1) 집합 A에는 속하지만 집합 B에는 속하지 않는 모든 원소의 집합을 A에 대한 B의 **차집합**이라 한다.

(2) $A-B=\{x\,|\,x\in A \text{ and } x\not\in B\}$

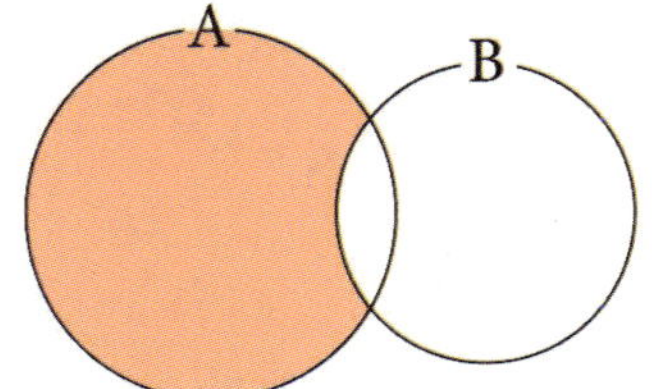
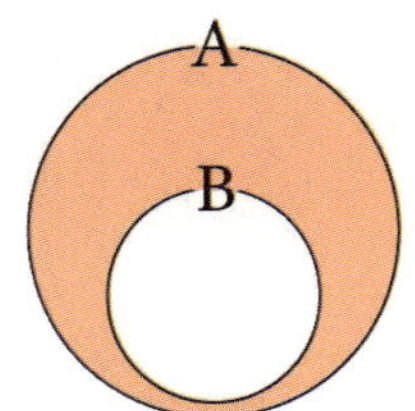
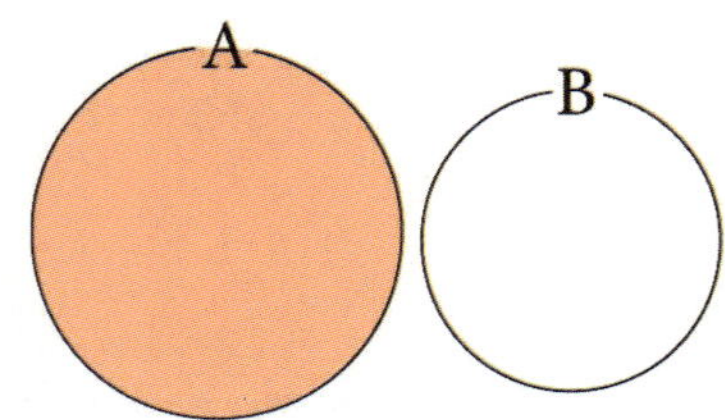

[2] 여집합 (A^C)

(1) 집합 A가 전체집합 U의 부분집합일 때, U에는 속하지만 A에는 속하지 않는 모든 원소의 집합을 A의 **여집합**이라 한다.

(2) $A^C=\{x\,|\,x\in U \text{ and } x\not\in A\}$

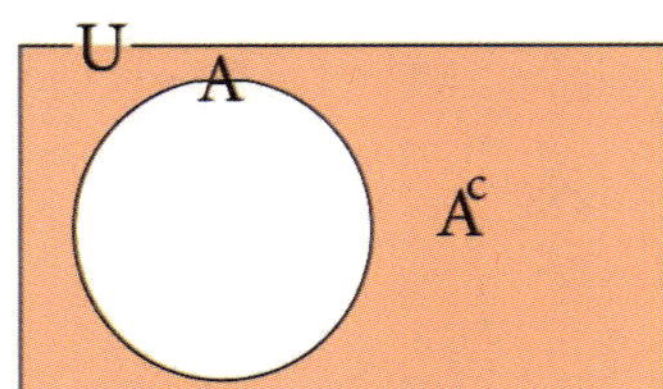
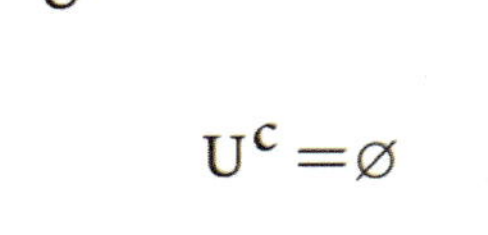

강의 차집합과 여집합의 관계는 시험에 잘 나온다!

① $A\cap B^C=A-B$
$\qquad =(A\cup B)-B$
$\qquad =A-(A\cap B)$

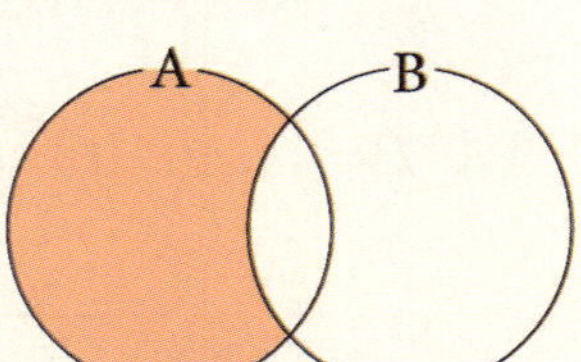

② $A^C\cap B=B-A$
$\qquad =(A\cup B)-A$
$\qquad =B-(A\cap B)$

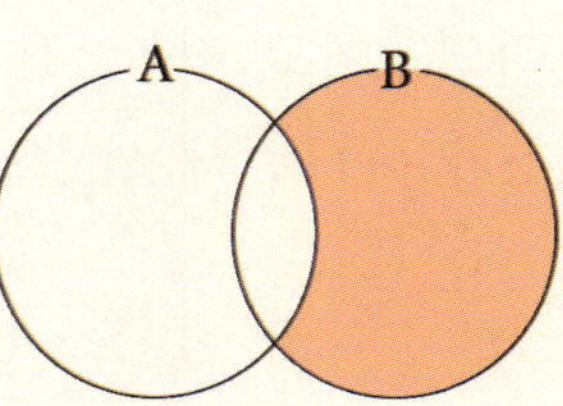

주의 ① $A^C=U-A$

② $(A\cup B)^C=U-(A\cup B)$

세 집합

$A=\{x\,|\,10 < x \le 15,\ x\text{는 정수}\}$, $B=\{x\,|\,5 \le x \le 13,\ x\text{는 정수}\}$,

$C=\{x\,|\,3 \le x < 8,\ x\text{는 정수}\}$

에 대하여 집합 $(B-A)\cap C^C$을 구하시오.

탐구 $A\cap B^C = A - B$

풀이 집합 A, B, C를 원소나열법으로 나타내면

$A=\{11,\ 12,\ 13,\ 14,\ 15\}$, $B=\{5,\ 6,\ 7,\ \cdots,\ 11,\ 12,\ 13\}$, $C=\{3,\ 4,\ 5,\ 6,\ 7\}$

$(B-A)\cap C^C = (B-A) - C = \{5,\ 6,\ 7,\ 8,\ 9,\ 10\} - \{3,\ 4,\ 5,\ 6,\ 7\}$
$= \{8,\ 9,\ 10\}$

정답 $\{8,\ 9,\ 10\}$

유제 15-1 세 집합 $A=\{x\,|\,0 \le x \le 10,\ x\text{는 정수}\}$, $B=\{x\,|\,0 < x < 10,\ x\text{는 소수}\}$, $C=\{x\,|\,1 \le x \le 9,\ x\text{는 실수}\}$일 때, 집합 $(A-B)\cap C$를 구하시오.

유제 15-2 전체집합 $U=\{1,\ 2,\ 3,\ 4,\ 5,\ 6\}$의 두 부분집합 $A,\ B$에 대하여
$A\cap B^C=\{1,\ 5\}$, $A^C=\{2,\ 4,\ 6\}$, $(A\cup B)^C=\{4\}$일 때, 집합 B를 구하시오.

유제 15-3 전체집합 $U=\{1,\ 2,\ 3,\ 4,\ 5,\ 6,\ 7,\ 8,\ 9\}$이고 U의 두 부분집합 $A,\ B$에 대하여
$A^C\cap B^C=\{1,\ 8,\ 9\}$, $A\cap B=\{3,\ 7\}$, $A^C\cap B=\{4,\ 5\}$일 때, 다음을 구하시오.

(1) $A\cup B$　　　　　　(2) A　　　　　　(3) B

[1] 교환법칙

→ 순서가 바뀐다.

(1) $A \cup B = B \cup A$ (2) $A \cap B = B \cap A$

[2] 결합법칙

→ 순서는 변하지 않고 괄호의 위치만 변한다.

(1) $(A \cup B) \cup C = A \cup (B \cup C)$ (2) $(A \cap B) \cap C = A \cap (B \cap C)$

[3] 분배법칙

→ 기호까지 분배된다는 사실에 유의한다.

(1) $A \cap (B \cup C) = (A \cap B) \cup (A \cap C)$ (2) $A \cup (B \cap C) = (A \cup B) \cap (A \cup C)$

[4] 흡수법칙

→ 큰 것이 작은 것을 흡수한다.

(1) $A \cup (A \cap B) = A$ (2) $A \cap (A \cup B) = A$

[5] 멱등법칙

→ 서로 같은 것이 연결된다.

(1) $A \cup A = A$ (2) $A \cap A = A$

[6] 부정법칙

→ 부정의 부정은 긍정이다.

(1) $(A^C)^C = A$ (2) $[(A^C)^C]^C = A^C$

[7] 드모르간의 법칙

→ 합집합은 교집합으로, 교집합은 합집합으로 바뀌고, 전체의 부정은 각각의 부정으로, 각각의 부정은 전체의 부정으로 바뀐다.

(1) $(A \cup B)^C = A^C \cap B^C$ (2) $(A \cap B)^C = A^C \cup B^C$

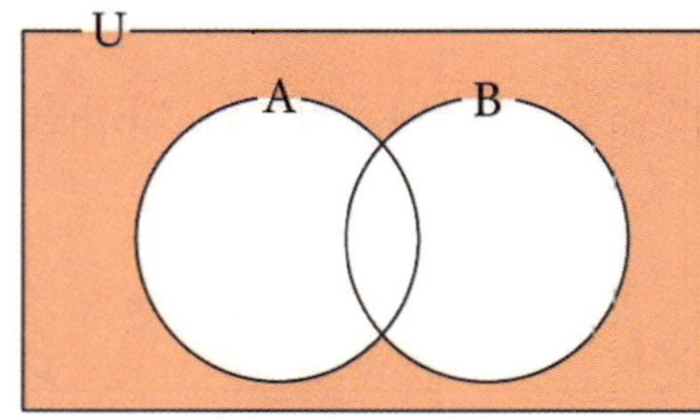

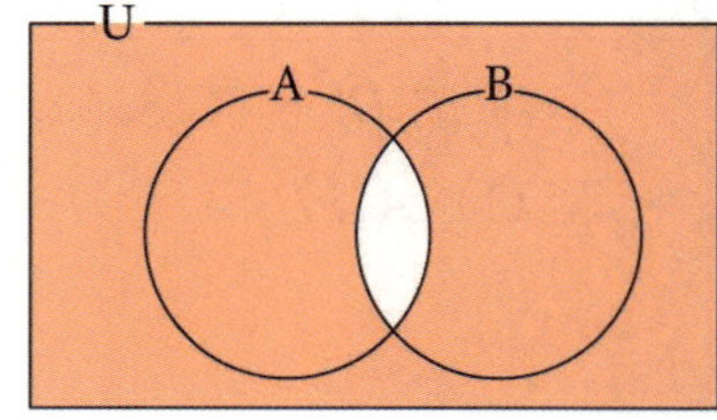

> **체크** ① $(A \cup B)^C = U - (A \cup B) = A^C \cap B^C$
> ② $(A \cap B)^C = U - (A \cap B) = A^C \cup B^C$

기|본|예|제 16

집합 $A \cup B = \{1, 2, 3, 4, 5, 7\}$, $A \cup C = \{1, 2, 3, 4, 6, 8\}$일 때, 집합 $A \cup (B \cap C)$를 구하시오.

탐구 $A \cup (B \cap C) = (A \cup B) \cap (A \cup C)$

풀이 $A \cup (B \cap C) = (A \cup B) \cap (A \cup C)$

$$= \{1, 2, 3, 4, 5, 7\} \cap \{1, 2, 3, 4, 6, 8\}$$

$$= \{1, 2, 3, 4\}$$

정답 $\{1, 2, 3, 4\}$

유제 16-1 집합 $C = \{2, 4, 6, 8\}$이고 $A \cap B = \{2, 3, 5, 7\}$일 때, 집합 $(A \cup C) \cap (B \cup C)$를 구하시오.

유제 16-2 집합 $B - A = \{2, 4\}$, $C - A = \{1, 3, 5\}$일 때, 집합 $A^C \cap (B \cup C)$를 구하시오.

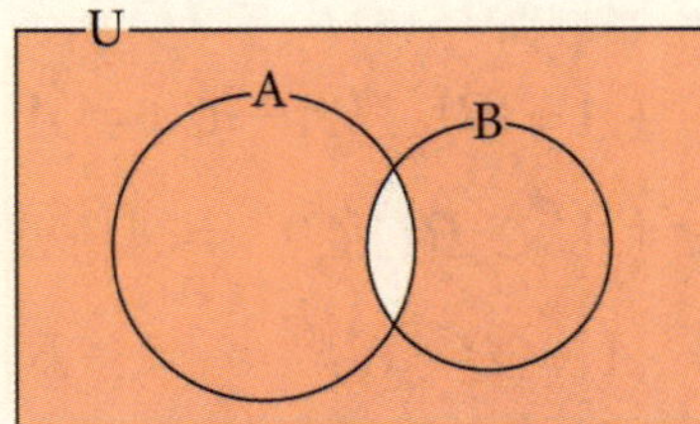

다음 중 옳지 않은 것을 고르시오.

① $(A \cap B) \cap C = A \cap (B \cap C)$ ② $A \cap (A \cup B) = A$

③ $A^C \cap B^C = (A \cap B)^C$ ④ $A \cap (B \cup C) = (A \cap B) \cup (A \cap C)$

⑤ $(A - B) - C = A \cap B^C \cap C^C$

탐구   법칙 또는 공식을 이용하여 변경한 후 판단한다.

풀이   ① $(A \cap B) \cap C = A \cap (B \cap C)$ [결합법칙] $(\bigcirc)$

② $A \cap (A \cup B) = A$ [흡수법칙] $(\bigcirc)$

③ $A^C \cap B^C = (A \cap B)^C$ $(\times)$

     $\Rightarrow A^C \cap B^C = (A \cup B)^C$ [드모르간의 법칙]

④ $A \cap (B \cup C) = (A \cap B) \cup (A \cap C)$ [분배법칙] $(\bigcirc)$

⑤ $(A - B) - C = (A \cap B^C) \cap C^C = A \cap B^C \cap C^C$ [차집합과 여집합의 관계] $(\bigcirc)$

따라서 옳지 않은 것은 ③이다.

정답   ③

유제 17-1   다음 중 옳지 않은 것을 모두 고르시오.

① $(A \cap B) \cup (A \cap C) = A \cap (B \cup C)$

② $(B - A)^C = A \cap B^C$

③ $(A - B)^C - B^C = B$

④ $(A - B) \cap (A - C) = A - (B \cup C)$

⑤ $(A \cup B) \cap (A \cup C) = A \cup (B \cap C)$

유제 17-2   다음 중 옳은 것을 고르시오.

① $(A - B)^C = A^C \cap B$

② $A \cap (A \cup B)^C = B^C$

③ $(A - B) \cup (A - C) = A - (B \cup C)$

④ $(A^C \cup B \cup C)^C = A \cap B^C \cap C^C$

⑤ $A - (B - C)^C = (A - B) - C^C$

[1] 기본성질 Ⅰ

(1) $A \cup A^C = U, \ A \cap A^C = \varnothing$

(2) $A \cup \varnothing = A, \ A \cap \varnothing = \varnothing$

(3) $A \cup U = U, \ A \cap U = A$

(4) $\varnothing^C = U, \ U^C = \varnothing$

[2] 기본성질 Ⅱ

(1) $A \subset B \Leftrightarrow A^C \supset B^C$

(2) $A^C \cup B = U \Leftrightarrow A \cap B^C = \varnothing$

(3) $A \cap B = A \Leftrightarrow A \subset B$ $\qquad A \cup B = A \Leftrightarrow A \supset B$

(4) $M \subset A, \ M \subset B \Leftrightarrow M \subset (A \cap B)$ $\qquad A \subset M, \ B \subset M \Leftrightarrow (A \cup B) \subset M$

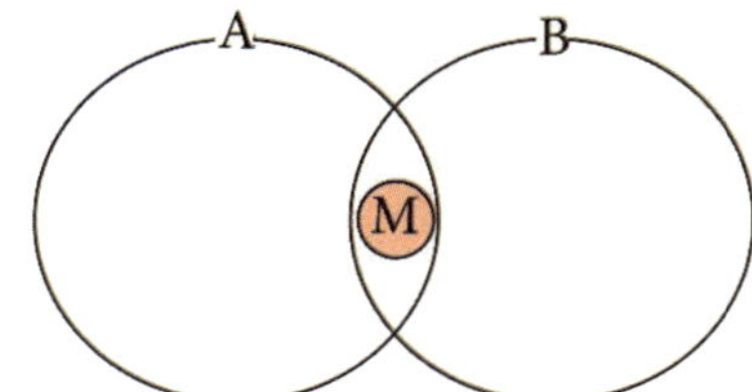
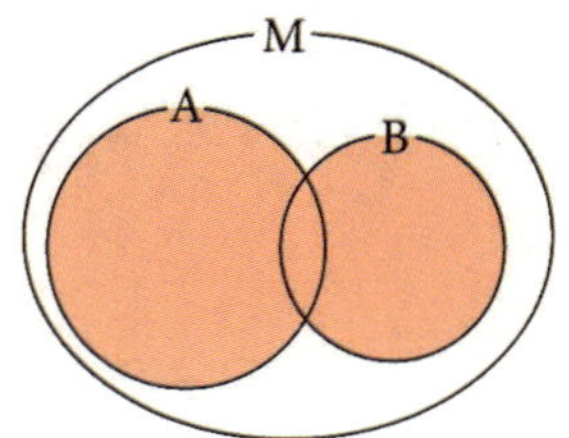

[3] 기본성질 Ⅲ

(1) $A \cap B = \varnothing$ 이면 A 와 B 는 서로소이다.

(2) $A \cup B = \varnothing$ 이면 $A = \varnothing$ 이고 $B = \varnothing$ 이다.

(3) $A - B = \varnothing$ 이면 $A \subset B$ 이다.

(4) 임의의 A 에 대하여 $A \cup X = A$ 이면 $X = \varnothing$

(5) 임의의 A 에 대하여 $A \cap X = A$ 이면 $X = U$

강의 집합의 기본성질은 공식으로 사용된다!

① $\begin{cases} A \cap B = A \Leftrightarrow A \subset B \text{(교 · 작)} \\ A \cup B = A \Leftrightarrow B \subset A \text{(합 · 큰)} \end{cases}$

② $\begin{cases} A \cup B = \varnothing \Leftrightarrow A = \varnothing \text{ and } B = \varnothing \\ A \cap B = U \Leftrightarrow A = U \text{ and } B = U \end{cases}$

전체집합 U의 두 부분집합 A, B에 대하여 $A \subset B$일 때, 항상 성립한다고 할 수 없는 것을 고르시오.

① $A \cup B = B$ ② $A \cap B = A$

③ $(A \cap B)^C = B^C$ ④ $B^C \subset A^C$

⑤ $A - B = \varnothing$

탐구 ① $A \cap B = A \Leftrightarrow A \subset B$ (교·작)

② $A \cup B = A \Leftrightarrow B \subset A$ (합·큰)

풀이 ① $A \cup B = B$ (○) → 합 · 큰

② $A \cap B = A$ (○) → 교 · 작

③ $(A \cap B)^C = B^C$ (×) → 판단 불가 ($A = B$일 때만 성립)

④ $B^C \subset A^C$ (○) → 방향 반대

⑤ $A - B = \varnothing$ (○) → 소−대 $= \varnothing$, 동−동 $= \varnothing$

따라서 항상 성립한다고 할 수 없는 것은 ③이다.

정답 ③

유제 18-1 다음 중 집합의 기본성질에 맞지 않는 것을 고르시오.

① $A \cup B = \varnothing \Leftrightarrow A = \varnothing$이고 $B = \varnothing$

② $A \cap B = U \Leftrightarrow A = U$이고 $B = U$

③ $A - B = \varnothing \Leftrightarrow A \subset B$

④ $(A - B)^C = U \Leftrightarrow A^C \subset B^C$

⑤ $A \cap B = \varnothing \Leftrightarrow A$와 B는 서로소

유제 18-2 전체집합 U의 두 부분집합 A, B에 대하여 $[(A \cap B) \cup (A - B)] \cap B = A$가 성립할 때, 집합 A와 집합 B 사이의 관계를 구하시오.

기 | 본 | 예 | 제 **19**

다음 중 $A-(B-C)$와 같은 집합을 고르시오.

① $(A\cup B)-(A\cup C)$

② $(A-B)-(A-C)$

③ $(A\cap B)\cup(A-C)$

④ $(A-B)\cup(A\cap C)$

⑤ $(A\cup B)-(A\cap C)$

탐구 관찰하면서 공식이나 법칙이 보이면 변형한다.

풀이

$$A-(B-C) \qquad \rightarrow 공식\ A-B=A\cap B^C\ 이용$$
$$=A\cap(B\cap C^C)^C \qquad \rightarrow 드모르간의\ 법칙\ 이용$$
$$=A\cap(B^C\cup C) \qquad \rightarrow 분배법칙\ 이용$$
$$=(A\cap B^C)\cup(A\cap C) \qquad \rightarrow 공식\ A\cap B^C=A-B\ 이용$$
$$=(A-B)\cup(A\cap C) \qquad \rightarrow ④$$

정답 ④

유제 19-1 두 집합 A, B에 대하여 다음 중 집합 $(A\cup B)-(B-A)$와 같은 집합을 고르시오.

① $\varnothing$ ② A ③ B ④ $A\cup B$ ⑤ $A\cap B$

유제 19-2 전체집합 U의 세 부분집합 P, Q, R에 대하여 집합
$(P\cap Q)\cup\{R\cap(P^C\cup Q^C)\}$을 간단히 한 것을 고르시오.

① $R\cup(P\cup Q)$ ② $R\cap(P\cup Q)$ ③ $R\cup(P\cup Q)^C$

④ $R\cup(P\cap Q)$ ⑤ $R\cap(P\cap Q)$

→ 대칭차집합은 반드시 벤 다이어그램을 이용한다.

[1]　$A \triangle B = (A-B) \cup (B-A)$

$\qquad = (A \cap B^C) \cup (B \cap A^C)$

[2]　$A \triangle B = (A \cup B) - (A \cap B)$

$\qquad = (A \cup B) \cap (A \cap B)^C$

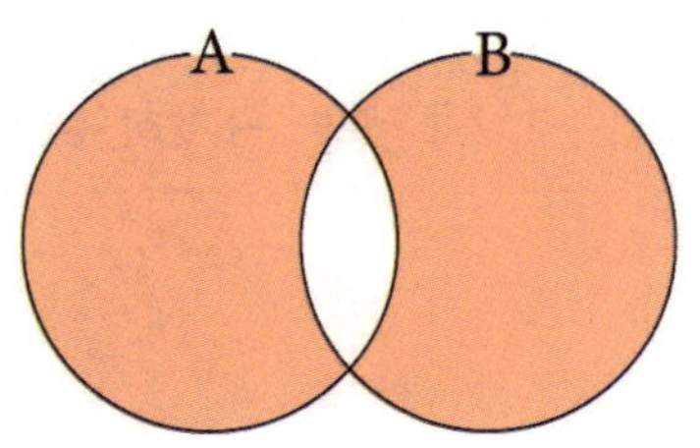

강의　대칭차집합 문제는 벤 다이어그램을 이용하여 풀면 편리하다!

① $X \triangle Y = (X-Y) \cup (Y-X)$

→ $X * Y = (X \cap Y^C) \cup (Y \cap X^C)$

② $X \circ Y = (X \cup Y) - (X \cap Y)$

→ $X \odot Y = (X \cup Y) \cap (X \cap Y)^C$

주의　대칭차집합의 의미는 한쪽에 속하면 되고, 양쪽에 속하면 안된다는 것이다.

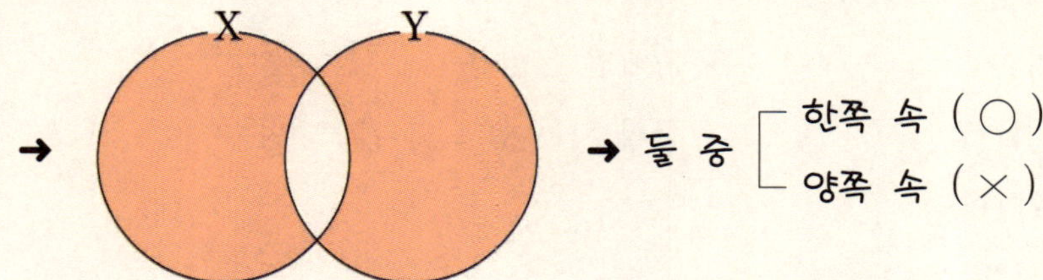

→ 둘 중　┌ 한쪽 속 (○)
　　　　└ 양쪽 속 (×)

보기　$X \triangle Y = (X \cup Y) \cap (X \cup Y)^C$일 때, $A \triangle (B \triangle C)$를 벤 다이어그램으로 나타내기

$B \triangle C$

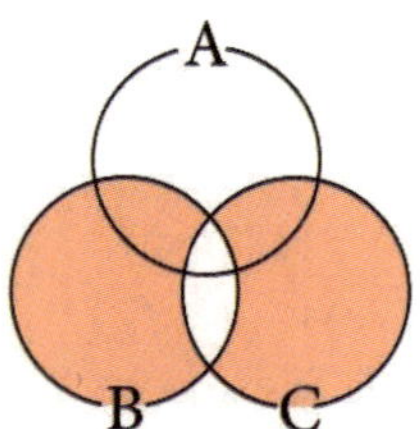

B, C 둘 중 한쪽에
속하는 부분을 색칠한다.

$A \triangle (B \triangle C)$

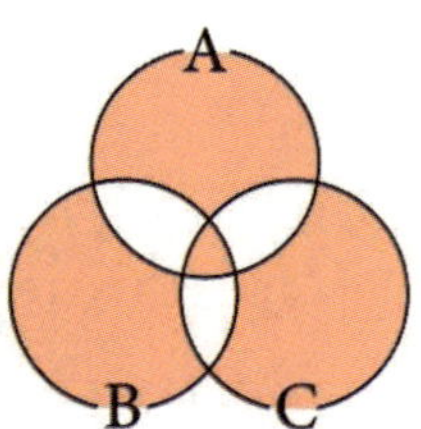

A, $B \triangle C$ 둘 중 한쪽에
속하는 부분을 색칠한다.

전체집합 $U=\{1, 2, 3, 4, 5, 6, 7\}$이고 U의 두 부분집합 A, B에 대하여 $A=\{1, 2, 3\}$, $(A \cup B) \cap (A^C \cup B^C) = \{1, 2, 4, 6\}$일 때, 집합 $A^C \cap B^C$의 원소의 합을 구하시오.

탐구

① 대칭차집합의 의미 $(A \cup B) \cap (A \cap B)^C = (A \cup B) - (A \cap B)$

② 드모르간의 법칙 $A^C \cup B^C = (A \cap B)^C$, $A^C \cap B^C = (A \cup B)^C$

③ 여집합의 의미 $(A \cup B)^C = U - (A \cup B)$

풀이

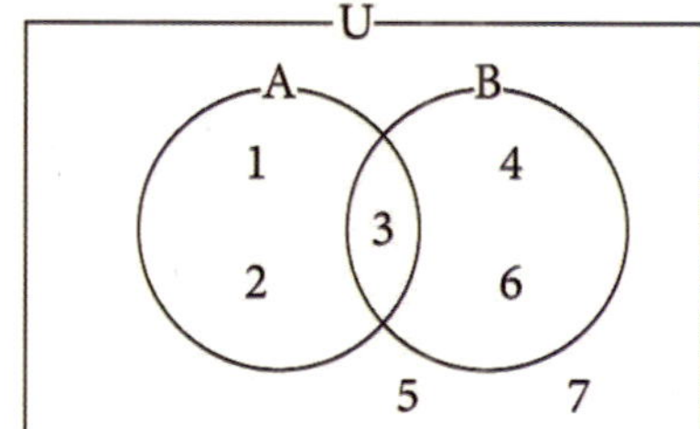

$$(A \cup B) \cap (A^C \cup B^C) = (A \cup B) \cap (A \cap B)^C$$
$$= (A \cup B) - (A \cap B)$$
$$= \{1, 2, 4, 6\}$$

주어진 집합을 벤 다이어그램으로 나타내면 오른쪽 그림과 같다.

$$A^C \cap B^C = (A \cup B)^C = U - (A \cup B) = \{5, 7\}$$
$$\therefore 5 + 7 = 12$$

정답 12

유제 20-1 두 집합 A, B에 대하여 $A = \{1, 2, 3, 4\}$, $(A - B) \cup (B - A) = \{1, 3, 6\}$일 때, 집합 B를 구하시오.

유제 20-2 전체집합 U의 두 부분집합 A, B에 대하여 $A \odot B = (A \cap B) \cup (A \cup B)^C$ 라 정의할 때, 항상 성립한다고 할 수 없는 것을 고르시오. (단, $U \neq \varnothing$)

① $A \odot U = U$ 　　② $A \odot B = B \odot A$ 　　③ $A \odot \varnothing = A^C$

④ $A \odot B = A^C \odot B^C$ 　　⑤ $A \odot A^C = \varnothing$

→ 집합 A의 원소의 개수를 $n(A)$라 하면

(1) $n(A \cup B) = n(A) + n(B) - n(A \cap B)$

(2) $n(A \cup B \cup C) = n(A) + n(B) + n(C) - n(A \cap B) - n(B \cap C) - n(C \cap A) + n(A \cap B \cap C)$

(3) $n(A^C) = n(U) - n(A)$

(4) $n(A^C \cap B^C \cap C^C) = n((A \cup B \cup C)^C) = n(U) - n(A \cup B \cup C)$

(5) $n(A \cap B^C) = n(A) - n(A \cap B) = n(A \cup B) - n(B)$

(6) $n(A \times B) = n(A) \times n(B)$

체크 $A \cap B = \varnothing \Rightarrow n(A \cap B) = 0,\ n(A \cap B \cap C) = 0$

① $n(A \cup B) = n(A) + n(B)$

② $n(A \cup B \cup C) = n(A) + n(B) + n(C) - n(B \cap C) - n(C \cap A)$

체크 $n(A \cap B^C) = n(A - B) \neq n(A) - n(B)$

강의 **집합의 원소의 개수 문제(Ⅰ)은 공식을 이용하는 것이다.**

① $n(A \cup B) = n(A) + n(B) - n(A \cap B)$

→ $n(A \cap B) = n(A) + n(B) - n(A \cup B)$

② $n(A \cup B \cup C)$

$\quad = n(A) + n(B) + n(C) - n(A \cap B) - n(B \cap C) - n(C \cap A) + n(A \cap B \cap C)$

③ $n(A^C) = n(U) - n(A)$

→ $n\left[(A \cup B)^C\right] = n(U) - n(A \cup B)$

④ $n(A \times B) = n(A) \times n(B)$

⑤ $n(2^A) = (A$의 부분집합의 개수$) = 2^k$

⑥ $n(A \cap B^C) = n(A \cup B) - n(B)$

$\qquad = n(A) - n(A \cap B)$

주의 $n(A \cap B^C) = n(A - B) \neq n(A) - n(B)$

전체집합 U의 두 부분집합 A, B에 대하여 $n(U)=60$, $n(A)=35$, $n(B)=32$, $n(A \cup B)=43$일 때, $n(A-B)$의 값을 구하시오.

탐구 $n(A-B)$는 반드시 두 가지 공식 중에서 하나를 택하여 해결한다.
$$n(A-B)=n(A \cup B)-n(B)=n(A)-n(A \cap B)$$

풀이 $n(A-B)=n(A \cup B)-n(B)=43-32=11$

정답 11

유제 21-1 전체집합 U의 두 부분집합 A, B에 대하여 $n(U)=25$, $n(B-A)=10$, $n(A^C \cap B^C)=5$일 때, $n(A)$의 값을 구하시오.

유제 21-2 전체집합 U의 두 부분집합 A, B에 대하여 $n(U)=s$, $n(A)=a$, $n(B)=b$, $n(A \cap B)=c$일 때, $n(A^C \cap B^C)$를 s, a, b, c로 나타내시오.

강의 A와 B가 서로소이면 $A \cap B = \varnothing$, $A \cap B \cap C = \varnothing$ 이다!

→ $A \cap B = \varnothing$, $A \cap B \cap C = \varnothing$

→ $n(A \cap B)=0$, $n(A \cap B \cap C)=0$

① $n(A \cup B)=n(A)+n(B)$

② $n(A \cup B \cup C)=n(A)+n(B)+n(C)-n(B \cap C)-n(C \cap A)$

전체집합 U의 세 부분집합 A, B, C에 대하여 $n(A)=5$, $n(B)=4$, $n(C)=3$, $n(A \cup B)=7$, $n(B \cup C)=5$이고 A와 C는 서로소일 때, $n(A \cup B \cup C)$의 값을 구하시오.

탐구 A와 C가 서로소 → $A \cap C = \varnothing$, $A \cap B \cap C = \varnothing$ → $n(A \cap C)=0$, $n(A \cap B \cap C)=0$

풀이 $n(A \cap B)=n(A)+n(B)-n(A \cup B)$
$\qquad \therefore n(A \cap B)=5+4-7=2$
$n(B \cap C)=n(B)+n(C)-n(B \cup C)$
$\qquad \therefore n(B \cap C)=4+3-7=2$
$n(A \cup B \cup C)=n(A)+n(B)+n(C)-n(A \cap B)-n(B \cap C)-n(C \cap A)+n(A \cap B \cap C)$
$\qquad\qquad =5+4+3-2-2-0+0=8$

정답 8

 전체집합 U의 세 부분집합 A, B, C에 대하여 $n(A)=10$, $n(B)=12$, $n(C)=10$, $n(A\cup B)=22$, $n(A\cap C)=3$, $n(B\cup C)=20$일 때, $n(A\cup B\cup C)$의 값을 구하시오.

 전체집합 $U=\{x|x는\ 50\ 이하의\ 자연수\}$의 세 부분집합 A, B, C가 다음과 같을 때, $n(A\cup B\cup C)$의 값을 구하시오.
$A=\{x|x는\ 5의\ 배수\}$
$B=\{x|x는\ 9의\ 배수\}$
$C=\{x|x는\ 10의\ 배수\}$

강의 **집합의 원소의 개수 문제(Ⅱ)는 벤 다이어그램을 이용하는 것이다!**

첫째 ; 벤 다이어그램을 그린다.

둘째 ; 미지수를 설정한다.

셋째 ; 연립방정식을 세운다.

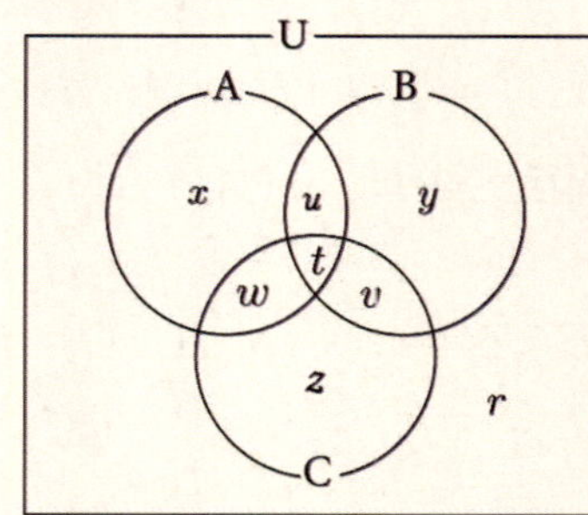

$$\left[\begin{array}{l} r\ 有 - U(\bigcirc) \\ r\ 無 - U(\times) \end{array}\right.$$

주의 집합의 원소의 개수 문제는 벤 다이어그램을 그리고 각 구간의 미지수를 정하고 연립방 정식을 이용하여 구하면 매우 빠르고 쉽게 구할 수 있다.

有(있을 유)   無(없을 무)

50명의 학생에게 A, B 두 문제를 풀게 했을 때, A는 20명, B는 20명이 풀었고 A 또는 B를 푼 학생이 35명이었다면 A, B를 모두 풀거나 모두 풀지 못한 학생의 수를 구하시오.

탐구 　집합의 원소의 개수 문제는 벤 다이어그램을 그리고 각 구간의 미지수를 정하고 연립방정식을 이용하여 구하면 매우 빠르고 쉽게 구할 수 있다.

풀이

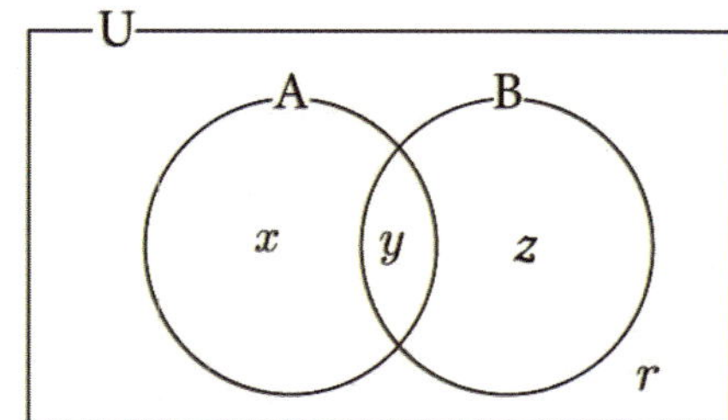

$$U \qquad 50명 \rightarrow x+y+z+r=50 \ \cdots \ ①$$
$$A \qquad 20명 \rightarrow x+y=20 \ \cdots \ ②$$
$$B \qquad 20명 \rightarrow y+z=20 \ \cdots \ ③$$
$$A \text{ 또는 } B \quad 35명 \rightarrow x+y+z=35 \ \cdots \ ④$$

A and $B=y \ \rightarrow \ ②+③-④ : y=5$

A^C and $B^C=r \ \rightarrow \ ①-④ : r=15$

$\quad y+r=5+15=20$

정답 　20

유제 23-1 　학생 80명이 학원에 영어, 불어 두 과목 중 적어도 한 과목을 신청하였다. 영어를 신청한 학생이 52명, 불어를 신청한 학생이 45명일 때, 한 과목만을 신청한 학생의 수를 구하시오.

유제 23-2 　100명에게 두 안건 A, B에 대해 찬성, 반대의 의견을 각각 조사했더니, A 안건에 찬성한 사람은 60명이고 B 안건에 찬성한 사람은 66명이었다. 또 A, B 안건 모두 반대하는 사람의 수는 양쪽 안건을 모두 찬성하는 사람 수의 $\dfrac{1}{3}$보다 2명이 많았다고 할 때, 양쪽 안건에 모두 찬성한 사람의 수를 구하시오.

학생들이 좋아하는 운동을 조사하였더니 농구는 13명, 축구는 20명, 야구는 32명이 좋아하고, 농구와 축구를 좋아하는 학생은 5명, 모두 다 좋아하는 학생은 3명이었다. 이때 야구만 좋아하는 학생 수의 최솟값을 구하시오.

탐구 벤 다이어그램을 그려서 구하면 편리하다.

풀이 농구를 좋아하는 학생의 집합을 A, 축구를 좋아하는 학생의 집합을 B, 야구를 좋아하는 학생의 집합을 C라 하면

$$n(A)=13,\ n(B)=20,\ n(C)=32,$$
$$n(A\cap B)=5,\ n(A\cap B\cap C)=3$$

벤 다이어그램을 그려 나타내면 오른쪽 그림과 같다.

이때 야구만 좋아하는 학생이 최소가 되려면 ①과 ②가 최대가 되어야 하므로 ①은 $A-B$, ②는 $B-A$가 되어야 한다.

$$① = n(A-B)=n(A)-n(A\cap B)=13-5=8$$
$$② = n(B-A)=n(B)-n(A\cap B)=20-5=15$$

따라서 야구만 좋아하는 학생의 최솟값을 구하면

$$32-(①+②+3)=32-(8+15+3)$$
$$=6$$

정답 6

유제 24-1 전체집합 U의 두 부분집합 A, B에 대하여 $n(U)=50$, $n(A)=39$, $n(B)=17$일 때, $n(A\cap B)$의 최댓값 M과 최솟값 m의 차를 구하시오.

유제 24-2 세 권의 책 A, B, C가 있다. A를 읽은 학생은 5명, B를 읽은 학생은 4명, C를 읽은 학생은 7명, A와 B를 모두 읽은 학생은 3명, 세 권을 모두 읽은 학생은 2명일 때, C만 읽은 학생의 수가 가장 적은 경우는 몇 명인지 구하시오.

반복학습 기록란.

가장 좋은 학습방법은 학교에서나 학원에서나 선생님의 강의를 열심히 듣고 여러 번 반복학습하는 것입니다.
지금부터 당장 선생님의 강의를 열심히 듣고 반복! 반복하십시오. 그러면 곧 모든 과목에 자신이 생길 것입니다.

회수	시작이 반!			끝을 봐야!			확인
제1회	년	월	일 부터	년	월	일 까지	
제2회	년	월	일 부터	년	월	일 까지	
제3회	년	월	일 부터	년	월	일 까지	
제4회	년	월	일 부터	년	월	일 까지	
제5회	년	월	일 부터	년	월	일 까지	
제6회	년	월	일 부터	년	월	일 까지	
제7회	년	월	일 부터	년	월	일 까지	
제8회	년	월	일 부터	년	월	일 까지	
제9회	년	월	일 부터	년	월	일 까지	
제10회	년	월	일 부터	년	월	일 까지	

▶ 연습문제 A는 앞에서 배운 기초 단계의 문제이므로 선생님의 도움 없이 스스로 풀어 자신의 실력을 점검해 보도록 하자.

01 다음 모임들 중에서 집합인 것과 집합이 아닌 것을 구별하고, 집합인 것은 그 판단의 기준을 말하시오.
(1) 미국인의 모임과 지식인의 모임
(2) 100보다 큰 수의 모임과 대단히 큰 수의 모임

02 5이상 30 미만의 자연수 중에서 5의 배수인 집합 A를 조건제시법과 원소나열법으로 나타내시오.

03 두 집합 $A = \{1, 2, 3\}$, $B = \{4, 5\}$에 대하여 다음 집합을 원소나열법으로 나타내시오.
(1) $A \oplus B = \{x \mid x = a + b, \ a \in A, \ b \in B\}$
(2) $A \otimes B = \{x \mid x = ab, \ a \in A, \ b \in B\}$

04 다음 집합 중 무한집합을 모두 고르시오.
① $A = \{x \mid x$는 100 이하의 자연수$\}$
② $B = \{x \mid x$는 $1 \leq x \leq 100$인 실수$\}$
③ $C = \{x \mid x$는 1보다 작은 양의 정수$\}$
④ $D = \{x \mid x$는 한 자리의 자연수$\}$
⑤ $E = \{x \mid x$는 100 이상의 자연수$\}$

05 집합 $A = \{\varnothing, 2, \{2\}\}$의 원소와 부분집합을 각각 구하시오.

06 다음 중 서로 같은 집합끼리 짝지으시오.

$A=\{x|x$는 $1 \leq x \leq 10$인 정수$\}$ 　　$B=\{x|x$는 $1 \leq x \leq 10$인 홀수$\}$

$C=\{x|x$는 $1 \leq x \leq 10$인 자연수$\}$ 　$D=\{2, 3, 5, 7\}$

$E=\{1, 3, 5, 7, 9\}$ 　　　　　　　　$F=\{x|x$는 $1 \leq x \leq 10$인 소수$\}$

07 집합 $A=\{x|x$는 30 이하의 2와 3의 공배수$\}$라 할 때, 집합 A의 부분집합의 개수를 구하시오.

08 집합 $A=\{a_1, a_2, a_3, a_4, a_5, a_6\}$의 부분집합 중에서 다음을 구하시오.

(1) a_1, a_2, a_3를 반드시 원소로 갖는 부분집합의 개수

(2) a_1, a_2는 반드시 원소로 갖고 a_3는 원소로 갖지 않는 부분집합의 개수

09 두 집합

$\quad A=\{x|x$는 20 이하의 2의 배수$\}$, $B=\{x|x$는 20 이하의 4의 배수$\}$

에 대하여 $B \subset X \subset A$를 만족하는 집합 X의 개수를 구하시오.

10 두 집합 A, B에 대하여 $A=\{1, 2\}$, $B=\{1, 2, 3\}$일 때, $A \times B$의 진부분집합의 가수를 구하시오.

11 집합 $A=\{1, 2\}$일 때, $2^A=\{X\,|\,X\subset A\}$라 정의하면 2^A의 부분집합의 개수를 구하시오.

12 두 집합 $A=\{x\,|\,x$는 24의 약수$\}$, $B=\{x\,|\,x$는 20 이하의 3의 배수$\}$에 대하여 다음 집합을 구하시오.

(1) $A\cup B$ (2) $A\cap B$

13 두 집합 $A=\{2, 3, a^2+1\}$, $B=\{a+1, 4, a+3\}$일 때, $A\cap B=\{3, 5\}$를 만족하는 상수 a의 값을 구하시오.

14 k는 1부터 6까지의 자연수이고 집합 $A_k=\{x\,|\,2k-1 \leq x \leq 2k+1, x$는 실수$\}$일 때, 모든 A_k와 서로소가 아니면서 원소의 개수가 최소인 집합 B를 구하시오.

15 세 집합
$$A=\{x\,|\,10 < x \leq 15, x$는 정수$\}, \quad B=\{x\,|\,5 \leq x \leq 13, x$는 정수$\},$$
$$C=\{x\,|\,3 \leq x < 8, x$는 정수$\}$$
에 대하여 집합 $(B-A)\cap C^C$을 구하시오.

16 집합 $A \cup B = \{1, 2, 3, 4, 5, 7\}$, $A \cup C = \{1, 2, 3, 4, 6, 8\}$일 때, 집합 $A \cup (B \cap C)$를 구하시오.

17 다음 중 옳지 않은 것을 고르시오.

① $(A \cap B) \cap C = A \cap (B \cap C)$ ② $A \cap (A \cup B) = A$

③ $A^C \cap B^C = (A \cap B)^C$ ④ $A \cap (B \cup C) = (A \cap B) \cup (A \cap C)$

⑤ $(A - B) - C = A \cap B^C \cap C^C$

18 전체집합 U의 두 부분집합 A, B에 대하여 $A \subset B$일 때, 항상 성립한다고 할 수 없는 것을 고르시오.

① $A \cup B = B$ ② $A \cap B = A$

③ $(A \cap B)^C = B^C$ ④ $B^C \subset A^C$

⑤ $A - B = \varnothing$

19 다음 중 $A - (B - C)$와 같은 집합을 고르시오.

① $(A \cup B) - (A \cup C)$

② $(A - B) - (A - C)$

③ $(A \cap B) \cup (A - C)$

④ $(A - B) \cup (A \cap C)$

⑤ $(A \cup B) - (A \cap C)$

20 전체집합 $U = \{1, 2, 3, 4, 5, 6, 7\}$이고 U의 두 부분집합 A, B에 대하여
$A = \{1, 2, 3\}$, $(A \cup B) \cap (A^C \cup B^C) = \{1, 2, 4, 6\}$일 때, 집합 $A^C \cap B^C$의 원소의
합을 구하시오.

21 전체집합 U의 두 부분집합 A, B에 대하여 $n(U) = 60$, $n(A) = 35$, $n(B) = 32$,
$n(A \cup B) = 43$일 때, $n(A - B)$의 값을 구하시오.

22 전체집합 U의 세 부분집합 A, B, C에 대하여 $n(A) = 5$, $n(B) = 4$, $n(C) = 3$,
$n(A \cup B) = 7$, $n(B \cup C) = 5$이고 A와 C는 서로소일 때, $n(A \cup B \cup C)$의 값을 구
하시오.

23 50명의 학생에게 A, B 두 문제를 풀게 했을 때, A는 20명, B는 20명이 풀었고 A
또는 B를 푼 학생이 35명이었다면 A, B를 모두 풀거나 모두 풀지 못한 학생의 수를
구하시오.

24 학생들이 좋아하는 운동을 조사하였더니 농구는 13명, 축구는 20명, 야구는 32명이 좋아
하고, 농구와 축구를 좋아하는 학생은 5명, 모두 다 좋아하는 학생은 3명이었다. 이때
야구만 좋아하는 학생 수의 최솟값을 구하시오.

▶ 연습문제 B는 앞에서 배운 중급 단계의 문제이므로 선생님의 도움 없이 스스로
풀어 자신의 실력을 점검해 보도록 하자.

01 다음 중 집합인 것을 고르고 그 원소를 쓰시오.
㉠ 100에 가까운 수의 모임
㉡ 90보다 큰 두 자리 자연수의 모임
㉢ 달리기를 잘 하는 학생의 모임
㉣ 키가 큰 나무의 모임

02 다음 집합을 원소나열법으로 나타낸 것은 조건제시법으로 바꾸어 나타내고, 조건제시법으로 나타낸 것은 원소나열법으로 바꾸어 나타내시오.
(1) $A = \{x \,|\, x$는 $1 < x < 10$인 짝수$\}$
(2) $B = \{x \,|\, x$는 18의 약수$\}$
(3) $C = \{2, 3, 5, 7, 11, 13, 17, 19\}$
(4) $D = \{5, 10, 15, 20, \cdots, 100\}$

03 두 집합 $A = \{0, 1\}$, $B = \{1, 2, 3\}$에 대하여 $A \otimes B$를 다음과 같이 정의할 때, $(A \otimes A) \otimes B$를 원소나열법으로 나타내시오.

$$A \otimes B = \{x \,|\, x = ab, \ a \in A, \ b \in B\}$$

04 다음 중 옳은 것을 모두 고르시오.
① $A = \{x \,|\, x$는 한 자리의 소수$\}$이면 $n(A) = 9$
② $B = \{x \,|\, x$는 두 자리의 자연수$\}$이면 $n(B) = 99$
③ $n(\{\varnothing\}) + n(\varnothing) = 1$
④ $n(\{2, 4, 6, 8, 10\}) - n(\{2, 4, 6, 8\}) = 10$
⑤ $n(\{11, 12, 13, \cdots, 20\}) = n(\{1, 2, 3, \cdots, 10\})$

05 집합 $A = \{0, 1, 2, \{1, 2\}\}$일 때, 다음 중 옳은 것은?

① $\begin{cases} \varnothing \in A \\ \varnothing \subset A \end{cases}$
② $\begin{cases} 0 \in A \\ 0 \subset A \end{cases}$
③ $\begin{cases} \{1\} \in A \\ \{1\} \subset A \end{cases}$

④ $\begin{cases} \{1, 2\} \in A \\ \{1, 2\} \subset A \end{cases}$
⑤ $\begin{cases} \{\{1, 2\}\} \in A \\ \{\{1, 2\}\} \subset A \end{cases}$

06 두 집합 $A = \{1, a+1, a^2-2\}$, $B = \{4, 7, a^2-2a-2\}$에 대하여 $A = B$일 때, 상수 a의 값을 구하시오.

07 집합 A의 진부분집합의 개수가 127개일 때, $n(A)$의 값을 구하시오.

08 집합 $A = \{1, 2, 3, 4, 5, 6\}$에 대하여 적어도 한 개의 홀수를 포함하는 집합 A의 부분집합의 개수를 구하시오.

09 두 집합 $A = \{1, 2, 3, 4, 5\}$, $B = \{1, 2\}$에 대하여 $B \subset X \subset A$를 만족하고 모든 원소의 합이 3의 배수인 집합 X의 개수를 구하시오.

10 두 집합 A, B에 대하여 $n(A) + n(B) = 6$일 때, $n(A \times B)$가 될 수 있는 모든 값의 합을 구하시오.

11 집합 $A=\{1, 2, 3\}$일 때, $2^A=\{X \mid X \subset A\}$라 정의하면 2^{2^A}의 원소의 개수를 구하시오.

12 두 집합 A, B에 대하여 $A=\{x \mid x<-1, x>1\}$, $B=\{x \mid \alpha \leq x \leq \beta\}$일 때, $A \cup B=\{x \mid x$는 모든 실수$\}$, $A \cap B=\{x \mid 1<x \leq 3\}$이 되게 하는 α, β의 값을 구하시오.

13 두 집합 $A=\{3, a^2-4a-8\}$, $B=\{a+1, 4, a^2-1\}$에 대하여 $A \cap B=\{3, 4\}$일 때, $A \cup B$를 구하시오.

14 n은 1부터 9까지의 자연수이고 집합 $A_n=\{x \mid 2(n-1) \leq x \leq 2(n+1), x$는 실수$\}$일 때, 모든 A_n과 서로소가 아니면서 원소의 개수가 최소인 집합 B를 구하시오.

15 전체집합 $U=\{1, 2, 3, 4, 5, 6\}$의 두 부분집합 A, B에 대하여 $A \cap B^C=\{1, 5\}$, $A^C=\{2, 4, 6\}$, $(A \cup B)^C=\{4\}$일 때, 집합 B를 구하시오.

16 집합 $B-A=\{2,4\}$, $C-A=\{1,3,5\}$일 때, 집합 $A^C\cap(B\cup C)$를 구하시오.

17 다음 중 옳지 않은 것을 모두 고르시오.
① $(A\cap B)\cup(A\cap C)=A\cap(B\cup C)$
② $(B-A)^C=A\cap B^C$
③ $(A-B)^C-B^C=B$
④ $(A-B)\cap(A-C)=A-(B\cup C)$
⑤ $(A\cup B)\cap(A\cup C)=A\cup(B\cap C)$

18 전체집합 U의 두 부분집합 A, B에 대하여 $[(A\cap B)\cup(A-B)]\cap B=A$가 성립할 때, 집합 A와 집합 B 사이의 관계를 구하시오.

19 전체집합 U의 세 부분집합 P, Q, R에 대하여 집합 $(P\cap Q)\cup\{R\cap(P^C\cup Q^C)\}$을 간단히 한 것을 고르시오.
① $R\cup(P\cup Q)$ ② $R\cap(P\cup Q)$ ③ $R\cup(P\cup Q)^C$
④ $R\cup(P\cap Q)$ ⑤ $R\cap(P\cap Q)$

20 전체집합 U의 두 부분집합 A, B에 대하여 $A\odot B=(A\cap B)\cup(A\cup B)^C$라 정의할 때, 항상 성립한다고 할 수 없는 것을 고르시오. (단, $U\neq\varnothing$)
① $A\odot U=U$ ② $A\odot B=B\odot A$ ③ $A\odot\varnothing=A^C$
④ $A\odot B=A^C\odot B^C$ ⑤ $A\odot A^C=\varnothing$

21 전체집합 U의 두 부분집합 A, B에 대하여 $n(U)=25$, $n(B-A)=10$,
$n(A^C \cap B^C)=5$일 때, $n(A)$의 값을 구하시오.

22 전체집합 $U=\{x\,|\,x$는 50 이하의 자연수$\}$의 세 부분집합 A, B, C가 다음과 같을 때,
$n(A\cup B\cup C)$의 값을 구하시오.
$A=\{x\,|\,x$는 5의 배수$\}$
$B=\{x\,|\,x$는 9의 배수$\}$
$C=\{x\,|\,x$는 10의 배수$\}$

23 100명에게 두 안건 A, B에 대해 찬성, 반대의 의견을 각각 조사했더니, A 안건에 찬성한 사람은 60명이고 B 안건에 찬성한 사람은 66명이었다. 또 A, B 안건 모두 반대하는 사람의 수는 양쪽 안건을 모두 찬성하는 사람 수의 $\dfrac{1}{3}$보다 2명이 많았다고 할 때, 양쪽 안건에 모두 찬성한 사람의 수를 구하시오.

24 세 권의 책 A, B, C가 있다. A를 읽은 학생은 5명, B를 읽은 학생은 4명, C를 읽은 학생은 7명, A와 B를 모두 읽은 학생은 3명, 세 권을 모두 읽은 학생은 2명일 때, C만 읽은 학생의 수가 가장 적은 경우는 몇 명인지 구하시오.

MEMO

왜! 수학 때문에 고민하십니까?

고차원 수학에서 펴내는 교재와
고차원 수학에서 가르치는 선생님과 함께하면
수학에 대한 고민은 깨끗이 사라질 것입니다.

고차원선생의 수학 강의 노트

서울 한샘 학원 일타강사 고차원 선생의
현장 강의로 암기과목처럼 읽으면서
느끼는 초스피드 수학 교재

중·고교 연결수학 시리즈

중학교 수학의 기초가 없어도 어려운
고등학교 수학을 쉽게 공부할 수 있는
유일한 수학 교재

초·중등 연결수학 시리즈

무학년 단계별 교재로 기초부터
응용·심화까지 빠른 시간 안에 완성
할 수 있는 초·중등 연결수학 교재

값 : 12,000원

중·고교 연결수학

중학교 수학의 기초가 없어도 어려운 고등학교 수학을
쉽게 공부할 수 있는 유일한 수학 교재

중·고교
연결 과정
선수학습

공통수학 2 하

기말고사 대비

강진웅 문수나
유해균 함우식
편저

중·고교 연결수학

각 단원마다 중·고교 연결과정을 선수학습하고
고등학교 과정을 쉽고 재미있게 공부합니다.

이 책의 구성과 특징

01

최초로
중학교 연결과정
선수학습

02

최초로
수학 일타강사의
현장 강의 수록

03

탐구학습을 통해
문제를 보는 방법과
푸는 방법 제시

04

최초로
각 단원마다 복습
확인문제로 점검

05

최초로 각 단원
끝에 반복학습
기록란 배치

중·고교 연결수학

중학교 수학의 기초가 없어도 어려운 고등학교 수학을
쉽게 공부할 수 있는 유일한 수학 교재

공통수학 2 하

기말고사 대비

중고교 연결수학을 펴내면서

▌왜 수학 때문에 고민하십니까?

학생1 : 중학교 때 열심히 공부하지 않은 것을 많이 후회했는데 중고교 연결수학으로 공부하면서 중학교 수학의 기초부터 다져가며 공부할 수 있어 정말 너무 좋아요. 고등학교에 입학하기 전에 열심히 공부하여 원하는 대학에 꼭 합격할 거예요!

학생2 : 중학교 수학과는 달리 고등학교 수학은 어렵고 분량도 많아 미리 공부했지만 머릿속에 남아있는 것이 아무것도 없어 고민했는데 중고교 연결수학을 만나면서 수학이 재미있어졌어요! 이 책에는 여러 가지 특별한 장점이 많아요. 특히 일타강사의 명쾌하고 요약된 강의는 머릿속에 온전히 남아있어 문제를 풀 때 큰 도움이 되고 있어요. 이제부터 정말 열심히 공부하여 소위 말하는 SKY 대학에 진학할 거예요!

위와 같은 사례는 직접 학생들을 상담하면서 수학 때문에 고민하는 많은 학생들에게 들었던 내용입니다.

▌수학에 대한 고민 완전 해결

고등학교 수학은 학생들이 많이 어려워하고 나름대로 열심히 공부해 보지만 실제로 학교 내신성적이 잘 오르지 않아 고민하는 학생이 의외로 많습니다. 따라서 고차원수학에서는 이런 학생들의 고민을 해결하고자 최초로 중고교 과정을 연결하는 수학 교재를 개발하였습니다.

본 교재는 어느 출판사에서도 시도해 본 적이 없는 여러 가지 좋은 교육 노하우가 담겨있고 이미 현장 강의에서 큰 호응을 얻고 있으니 고등학교 수학을 공부하면서 어려움을 겪고 있는 학생들에게 큰 도움이 될 수 있다고 확신합니다. 이 책으로 공부한 학생들이 수학의 어려움을 딛고 일어나 수학에 자신감을 갖고 열심히 공부할 수 있기를 바랍니다.

고차원능률학습연구소

중고교 연결수학의 구성과 특징

고차원수학에서는 어려운 수학을 학생들이 쉽고 재미있게 공부할 수 있도록 연구 개발하여 다음과 같이 다른 교재와 차별화된 내용으로 편찬하였습니다.

1 최초로 중고교 연결과정 선수학습

이 책에서는 각 단원마다 중고교 연결과정을 선수학습 함으로써 중학교 수학의 기초가 없어도 고등학교 수학을 쉽게 공부할 수 있도록 하였습니다.

2 최초로 수학 일타강사의 현장 강의 수록

이 책에서는 수학 일타강사의 현장 강의 내용을 그대로 수록하여 복잡한 수학의 개념과 원리를 한눈에 알아보고 머릿속에 오래 기억될 수 있도록 하였습니다.

3 최초로 탐구학습을 통해 문제를 보는 방법과 푸는 방법 제시

이 책에서는 일타강사의 강의가 문제에 어떻게 적용되는가를 보여주고 탐구학습을 통해 문제를 보는 방법과 푸는 방법을 연마할 수 있도록 하였습니다.

4 최초로 각 단원마다 복습 확인 문제로 점검

이 책에서는 각 단원마다 복습 확인 문제 A, B 단계를 두어 앞에서 배운 내용을 복습하고 점검할 수 있도록 하였습니다.

5 최초로 각 단원 끝에 반복학습기록란 배치

이 책에서는 각 단원 끝에 반복학습기록란을 배치하여 학생 스스로 반복 학습한 횟수를 기록하그 선생님이 체크하므로써 반복 학습할 때마다 수학 실력이 향상되는 것을 직접 느낄 수 있도록 하였습니다.

고차원능률학습연구소

이 책의 학습방법

1 개념학습 방법

개념 은 대부분 복잡하고 긴 문장으로 이루어져 있기 때문에 잘 이해하려면 중요한 것에 밑줄을 그어 가면서 정독해야 한다.

2 강의학습 방법

강의 는 복잡한 개념을 간단하게 요약해 놓은 것으로 언제든지 머리 속에서 꺼내 활용할 수 있도록 이해하고 암기해 두어야 한다.

3 예시학습 방법

예시 는 요약된 강의 내용이 문제에 어떻게 적용되는지를 보여주는 것으로 반드시 강의를 활용하여 문제를 풀도록 해야 한다.

4 탐구학습 방법

탐구 는 어려운 문제를 한눈에 알아보고 쉽게 푸는 방법을 제시해 주는 것으로 탐구를 통해 문제를 볼 줄 아는 안목을 길러야 한다.

5 풀이학습 방법

풀이 는 가장 쉽고 간결하게 풀어놓았으니 풀이를 읽으면서 이해하거나 연습장에 쓰면서 따라 풀어보도록 한다.

6 유제학습 방법

1, 2단계로 구성하여 유제 1단계 문제는 예제와 비슷한 난이도로 출제하였고 유제 2단계는 난이도를 높여 한번 더 생각하며 풀 수 있도록 하였으니 학생 스스로 풀어보고 안 풀리는 문제는 선생님께 질문하여 해결하도록 한다.

어려운 수학 문제를 잘 풀 수 있는 방법은 잘 모르는 문제와 씨름하지 말고 자신이 잘 알고 있는 개념과 문제를 여러 번 반복 학습하는 것이다. 그렇게 하면 수학 실력이 향상되어 어려운 문제도 쉽게 풀 수 있는 능력이 생긴다는 것을 명심해야 한다.

이 책의 내용을 한 눈에

II 집합과 명제

PART
02

명제

◆ 중·고교 연결과정 선수학습
1 명제와 조건
2 명제의 역과 대우
3 명제의 증명
◆ 반복학습 기록란
◆ 연습문제 (A) (B)

명언

사랑받는 것이 행복이 아니라 사랑하는 것이 행복이다.

- 헤르만 헤세 -

〈 명제와 집합의 비교표 〉

명제 논리언어	집합 진리집합
or $(\vee)$ and $(\wedge)$ not $(\sim)$	$P \cup Q$ $P \cap Q$ P^C
All x $(\forall x)$ Exist x $(\exists x)$	$P = U$ $P \neq \varnothing$
충분조건 $(\Rightarrow)$ 필요조건 $(\Leftarrow)$ 필요충분조건 $(\Leftrightarrow)$	$P \subset Q$ $P \supset Q$ $P = Q$

(집합과 명제와 조건)

(1) 집합

➜ 판단 기준이 명확하여 확정 구별할 수 있는 것들의 모임을 집합이라 한다.

(2) 명제

➜ 참, 거짓이 명확한 문장 또는 수식을 명제라 한다.

(3) 조건

➜ 변수의 값에 따라 참, 거짓이 달라지는 문장 또는 수식을 조건이라 한다.

01 명제와 조건

[1] 명제
→ 참, 거짓을 명확하게 판단할 수 있는 문장이나 수식을 **명제**라 한다.

[2] 조건
→ 변수를 포함하는 문장이나 식의 참, 거짓이 변수의 값에 따라 결정될 때, 그러한 문장이나 식을 **조건**이라 한다.

체크 항등식은 참인 명제이고, 방정식은 조건이다.

항등식 $(x+1)^2 = x^2 + 2x + 1$은 참인 명제이고, 방정식 $x^2 + 2x + 1 = 0$은 조건이다.

강의 명제와 조건의 차이점을 알아야 한다!

(1) 명제

→ 문장 or 수식 → 참, 거짓 $\left[\begin{array}{l} \text{명확} \to \text{명제 } (\bigcirc) \\ \text{모호} \to \text{명제 } (\times) \end{array}\right.$

→ 명령문, 의문문, 감탄문, 기원문 → 명제 ($\times$)

(2) 조건

→ p : 원소 대입 $\left[\begin{array}{l} \text{참}(\bigcirc) \\ \text{거짓}(\bigcirc) \end{array}\right.$ > 지조 無 → 조건($\bigcirc$)

주의 명제는 참, 거짓이 명확한 것이고, 조건은 x, y의 값에 따라 참도 되고 거짓도 되는 것이다.

無(없을 무)

보기 ① $(x-2)^2 \geq 0$ → 참인 명제

② $(x-2)^2 < 0$ → 거짓인 명제

보기 $p(x) : (x-2)^2 > 0$일 때,

① $p(2)$; 거짓

② $p(3)$; 참 > 지조 無 → 조건

다음 중 명제인 것을 모두 고르시오.

① 무궁화 꽃은 아름답다.

② 대한민국의 수도는 서울이다.

③ 2는 소수가 아니다.

④ 대학에 가고 싶다.

⑤ 0.01은 매우 작은 유리수이다.

탐구 문장 또는 수식 중에서 참, 거짓을 명확하게 판단할 수 있는 것을 명제라 한다.

풀이 ① 추상적이므로 명제가 아니다.

② 참이므로 명제이다.

③ 거짓이므로 명제이다.

④ 기원문이므로 명제가 아니다.

⑤ 기준이 모호하므로 명제가 아니다.

따라서 명제인 것은 ②, ③이다.

정답 ②, ③

유제 01-1 다음 중 명제가 아닌 것을 모두 고르시오.

① $1+2=5$ ② $x<5$ ③ $x^2<0$

④ $x \neq 0$이면 $x^2 \neq 0$ ⑤ $x^2-9=(x-3)(x+3)$

유제 01-2 다음 중 참인 명제를 모두 고르시오.

① $x^2-4x+4=(x-2)^2$

② $x^2-4x+5=(x+1)(x-5)$

③ 모든 실수 x에 대하여 $x^2 \geq 0$이다.

④ 소수는 모두 홀수이다.

⑤ $x+y$가 정수이면 x, y도 정수이다.

다음 중 조건인 것을 모두 고르시오. (단, x, y는 실수)

① $|x| > y$ 　　② $|x| \geq 0$ 　　③ $x^2 + y^2 > 0$

④ $x^2 \geq 0$ 　　⑤ $x + 2 = 7$

탐구 　변수 x, y의 값에 따라 참, 거짓이 결정될 때, 그 문장이나 수식을 조건이라 한다.

풀이 　① $y < 0$이면 참, $y \geq 0$이면 거짓이다.

$\therefore$ 조건

② x가 실수이므로 항상 참이다.

$\therefore$ 조건이 아니다.

③ $x = 0$, $y = 0$이면 거짓, 그 외의 경우는 참이다.

$\therefore$ 조건

④ x가 실수이므로 항상 참이다.

$\therefore$ 조건이 아니다.

⑤ $x = 5$이면 참, 그 외의 경우는 거짓이다.

$\therefore$ 조건

따라서 조건인 것은 ①, ③, ⑤이다.

정답 　①, ③, ⑤

유제 02-1 　다음을 명제와 조건으로 구분하시오.

(1) 0은 음이 아닌 정수이다. 　　(2) x는 음이 아닌 정수이다.

(3) $2 > 3$ 　　(4) $x > y$

유제 02-2 　다음 중 조건인 것을 모두 고르시오. (단, x는 실수)

① x는 양의 실수이다. 　　② $x^2 \geq 0$ 　　③ $|x| > 0$

④ $x + 1 < 0$ 　　⑤ $\sqrt{4}$는 실수가 아니다.

→ 명제 또는 조건 p에 대하여 'p가 아니다.'를 p의 **부정**이라고 하며, 기호로는 $\sim p$로 나타낸다.

(1) $\sim(p$ 또는 $q)=\sim p$ 그리고 $\sim q$

(2) $\sim(p$ 그리고 $q)=\sim p$ 또는 $\sim q$

강의 부정은 반대가 아니고 여집합이다!

→ 반대 $(\times)$ → 여집합 $(\bigcirc)$; $\sim p \rightarrow P^C = U - P$

① $= \leftrightarrow \neq$ ② $> \leftrightarrow \leq$ ③ or $\leftrightarrow$ and   ④ all $\leftrightarrow$ some

주의 대 전제는 부정에 영향을 받지 않는다.

기|본|예|제 03

다음 명제 또는 조건의 부정을 말하시오.

(1) 2는 짝수이거나 소수이다.

(2) $|-2|=2$ 그리고 $\sqrt{4} \neq 4$

탐구 ① 'A or B'의 부정 → '$\sim$A and $\sim$B'

② 'A and B'의 부정 → '$\sim$A or $\sim$B'

풀이 (1) 'A or B'의 부정은 '$\sim$A and $\sim$B'이므로 주어진 조건의 부정은
'2는 짝수도 아니고 소수도 아니다.'이다.

(2) 'A and B'의 부정은 '$\sim$A or $\sim$B'이므로 주어진 명제의 부정은
'$|-2| \neq 2$ 또는 $\sqrt{4} = 4$'이다.

정답 (1) 2는 짝수도 아니고 소수도 아니다.

(2) $|-2| \neq 2$ 또는 $\sqrt{4} = 4$

유제 03-1 다음 명제 또는 조건의 부정을 말하시오.

(1) 4는 12의 약수이고 16의 약수이다.

(2) $-2 < 0$ 또는 $(-2)^2 = 4$

유제 03-2 조건 $-2 \leq x < 5$의 부정을 말하시오.

有(있을 유)

기|본|예|제 **04**

a, b, c가 실수일 때, $a^2 + b^2 + c^2 = 0$의 부정을 말하시오.

탐구 'A이고 B이고 C이다.'의 부정 → A가 아니거나 B가 아니거나 C가 아니다.

풀이 $a^2 + b^2 + c^2 = 0$의 의미는 $a=0$이고 $b=0$이고 $c=0$이다.
주어진 조건의 부정을 구하면
  $a \neq 0$ 또는 $b \neq 0$ 또는 $c \neq 0$

정답 $a \neq 0$ 또는 $b \neq 0$ 또는 $c \neq 0$

유제 **04-1** 조건 '$x=y=z$'의 부정이 옳지 않은 것은?

① $x \neq y \neq z$

② $(x \neq y)$ 또는 $(y \neq z)$ 또는 $(z \neq x)$

③ x, y, z 중에 어떤 두 수는 서로 다르다.

④ x, y, z 중에 서로 다른 두 수가 존재한다.

⑤ x, y, z 중에 적어도 두 수는 다르다.

유제 **04-2** a, b, c가 실수일 때, $|a|+|b|+|c|=0$의 부정을 말하시오.

→ 전체집합 U에서 조건 p가 참인 원소들의 집합 P를 조건 p의 **진리집합**이라 한다.

→ 두 조건 $p,\ q$의 진리집합을 각각 $P,\ Q$라 하면

[1] 조건 ‘$\sim p$’의 진리집합 $\rightarrow P^C$

[2] 조건 ‘p 또는 q’의 진리집합 $\rightarrow P \cup Q$

[3] 조건 ‘p 그리고 q’의 진리집합 $\rightarrow P \cap Q$

[4] 조건 ‘$\sim p$ 또는 $\sim q$’의 진리집합 $\rightarrow P^C \cup Q^C$

[5] 조건 ‘$\sim p$ 그리고 $\sim q$’의 진리집합 $\rightarrow P^C \cap Q^C$

강의　조건의 진리집합은 참인 것만의 집합이다!

① or ($\vee$) $\rightarrow$ $\cup$ (합집합)

② and ($\wedge$) $\rightarrow$ $\cap$ (교집합)

③ not ($\sim$) $\rightarrow$ ^{C} (여집합)

기 | 본 | 예 | 제 05

$A=\{x \mid x < -1\}$, $B=\{x \mid x \le 0\}$일 때, $x(x+1) \le 0$의 진리집합을 A, B를 이용하여 나타내시오.

탐구
① ‘and’나 ‘그리고’ $\rightarrow$ $\cap$ (교집합)
② ‘or’나 ‘또는’ $\rightarrow$ $\cup$ (합집합)

풀이　$x(x+1) \le 0$　$-1 \le x \le 0$　　$\therefore -1 \le x$ 그리고 $x \le 0$이다.
$\{x \mid x \ge -1\} = A^C$이므로 진리집합은 $A^C \cap B$이다.

정답　$A^C \cap B$

유제 05-1　전체집합 $U=\{x \mid x$는 10이하의 자연수$\}$에 대하여 두 조건 $p,\ q$가

$$p : x \text{는 2의 배수이다.}, \quad q : x \text{는 10의 약수이다.}$$

일 때, 조건 ‘p 그리고 $\sim q$’의 진리집합을 구하시오.

유제 05-2　실수 전체의 집합 R에서의 조건 $p(x) : x^2 - 3x \le 0$, $q(x) : x^2 + x - 2 > 0$에 대하여 조건 $\sim \{p(x)$이거나 $\sim q(x)\}$의 진리집합을 구하시오.

4 명제 'p이면 q이다.'

→ 명제는 어떤 두 조건 p, q에 대하여 'p이면 q이다.'와 같이 나타낼 수 있는 것이 많다.
이때 p를 **가정**, q를 **결론**이라 한다.

(1) 명제 'p이면 q이다.'　　　→ $p \rightarrow q$

(2) 명제 '$p \rightarrow q$가 참이다.'　　→ $p \Rightarrow q$

체크 $p \Rightarrow q$이고 $q \Rightarrow p$일 때, 조건 p와 q는 동치라고 하며, 기호 $p \Leftrightarrow q$로 나타낸다.

강의 '$p \rightarrow q$' 꼴의 명제는 참, 거짓이 명확하다!

$p \rightarrow q$ → 명제

$\vdots$　　$\vdots$

가정　결론

(조건)　(조건)

주의 명제 '$p \rightarrow q$'가 참 $\Leftrightarrow$ $p \Rightarrow q$

기|본|예|제 06

다음 문장을 'p이면 q이다'의 꼴로 나타내시오.

(1) 여름은 날씨가 덥다.

(2) 겨울에는 눈이 많이 온다.

탐구 'p이면 q이다.' → p: 가정, q: 결론
명제의 가정과 결론을 명확히 구분하도록 한다.

풀이 (1) 여름은 날씨가 덥다. → 여름이면 날씨가 덥다.

(2) 겨울에는 눈이 많이 온다. → 겨울이면 눈이 많이 온다.

정답 (1) 여름이면 날씨가 덥다.　　(2) 겨울이면 눈이 많이 온다.

유제 06-1 명제 '정사각형은 네 각이 직각이다.'의 가정과 결론을 말하시오.

유제 06-2 명제 'a와 b가 같다는 것은 a^2과 b^2이 같다는 것이다.'를 수식을 이용하여
'p이면 q이다.'의 꼴로 나타내시오.

 명제 ‘p이면 q이다.’와 진리집합의 관계

→ 전체집합을 U라 하고 U의 부분집합 P, Q를 각각
　조건 p와 q를 만족시키는 집합이라 할 때
　(1) 명제 ‘p이면 q이다.’가 참이면 $P \subset Q$이다.
　(2) $P \subset Q$이면 명제 ‘p이면 q이다.’가 참이다.

　　→ $p \Rightarrow q \iff P \subset Q$

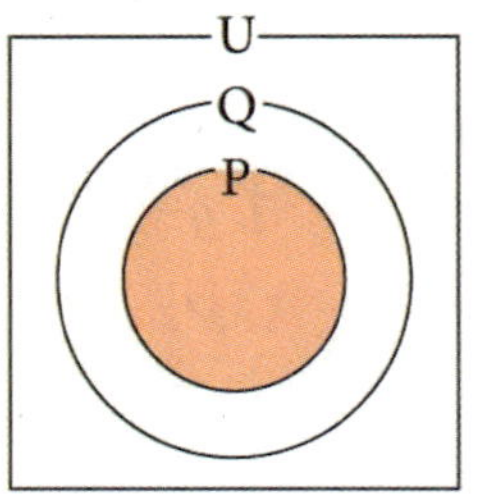

강의　**명제 $p \to q$의 참과 거짓은 포함관계로 판정한다!**

$$→ \begin{cases} P \subset Q \iff p \to q : 참 \\ P \not\subset Q \iff p \to q : 거짓 \end{cases}$$

기 | 본 | 예 | 제 07

전체집합 U에서 조건 p와 q의 진리집합을 P, Q라 하자. 명제 $p \to q$가 참일 때, 다음 중 옳지 않은 것을 고르시오.

① $P \subset Q$　　　　　　② $P^C \cup Q = U$　　　　　③ $P \cap Q^C = \varnothing$

④ $P \cup Q^C = U$　　　　⑤ $P \cup Q = Q$

탐구　$p \to q$가 참일 때, $P \subset Q$이므로 벤 다이어그램을 그려서 판단한다.

풀이　$p \to q$가 참이면 $P \subset Q$이다.

P, Q를 벤 다이어그램에 나타내면
오른쪽 그림과 같다.

$$P \subset Q \to P^C \cup Q = U$$
$$\to P \cap Q^C = \varnothing$$
$$\to P \cup Q = Q$$
$$\to P \cap Q = P$$

따라서 옳지 않은 것은 ④이다.

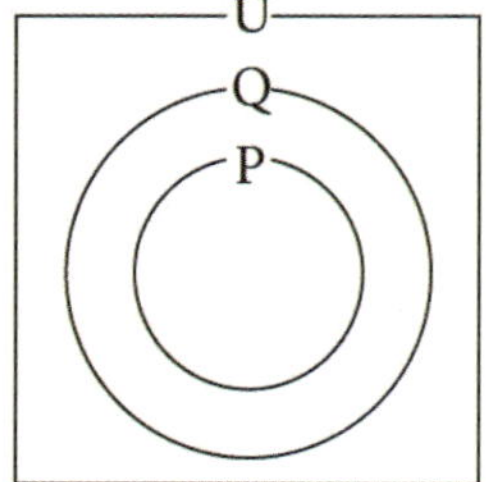

정답　④

유제 07-1 전체집합 U에서의 조건 $p(x)$, $q(x)$의 진리집합을 각각 P, Q라 한다. 명제 '$p(x) \rightarrow q(x)$'가 참일 때, 다음 중 옳은 것을 모두 고르시오.

① $P \supset Q$ ② $P^C \cup Q = U$ ③ $P^C \supset Q^C$

④ $P \cap Q = Q$ ⑤ $P \cup Q^C = U$

유제 07-2 전체집합 U에서의 조건 p, q를 만족하는 집합을 각각 P, Q라 하고, 명제 'q이면 p이다.'가 참이라 할 때, 다음 중 옳은 것을 고르시오.

〈 보기 〉

(가) $P - Q = \varnothing$ (나) $P \subset Q$

(다) $P^C \cup Q = U$ (라) $P \cup Q^C = U$

기 | 본 | 예 | 제 **08**

다음 명제의 참, 거짓을 판별하시오.

(1) $xy > 0$이면 $x + y > 0$이다.

(2) $x = 1$이면 $x^2 + x - 2 = 0$이다.

탐구 두 조건 p, q의 진리집합 P, Q에 대하여

① $P \subset Q$이면 참, ② $P \not\subset Q$이면 거짓이다.

풀이 (1) 【반례】 $x < 0$, $y < 0$이면 $xy > 0$이지만 $x + y < 0$이다.

따라서 주어진 명제는 거짓이다.

(2) $p : x = 1$, $q : x^2 + x - 2 = 0$이라 하고 진리집합 P, Q를 구하면

$P = \{1\}$, $Q = \{1, -2\}$

$P \subset Q$이므로 주어진 명제는 참이다.

정답 (1) 거짓 (2) 참

유제 08-1 다음 명제의 참, 거짓을 판별하시오.

(1) $x=2$이면 $x^2-5x+6=0$이다.

(2) $x^2=4$이면 $x=2$이다.

유제 08-2 명제 '$x^2-5x+6<0$이면 $x>1$이다.'의 참, 거짓을 판별하시오.

기 | 본 | 예 | 제 09

두 조건 p, q가

$$p:0<x<3, \qquad q:x<a$$

일 때, 명제 $p \to q$가 참이 되도록 하는 상수 a의 범위를 구하시오.

탐구 명제 $p \to q$가 참 ; 진리집합 $P \subset Q$

풀이 각 조건의 진리집합을 구하면

$$P=\{x \mid 0<x<3\}, \ Q=\{x \mid x<a\}$$

$P \subset Q$가 되도록 집합 P, Q를 수직선에 나타내면

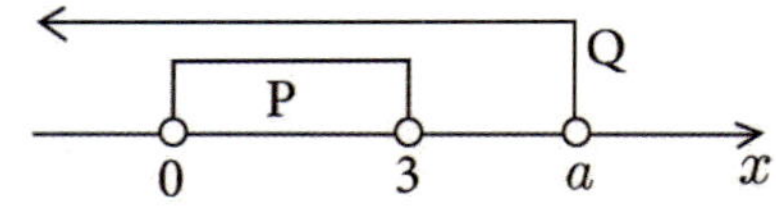

따라서 구하는 a의 값의 범위는

$$a \geq 3$$

정답 $a \geq 3$

유제 09-1 명제 '$x=2$이면 $x^2+5x+a=0$이다.'가 참이 되도록 하는 상수 a의 값을 구하시오.

유제 09-2 두 조건 p, q가

$$p:|x-1| \leq k, \ q:|x-2|<4$$

일 때, 명제 $p \to q$가 참이 되도록 하는 양의 정수 k의 최댓값을 구하시오.

전체집합 U에 대하여 두 조건 p, q의 진리집합을
각각 P, Q라 할 때, 두 집합 P, Q 사이의 포함관계가
오른쪽 그림과 같다고 한다. 이때 참인 명제를 고르시오.

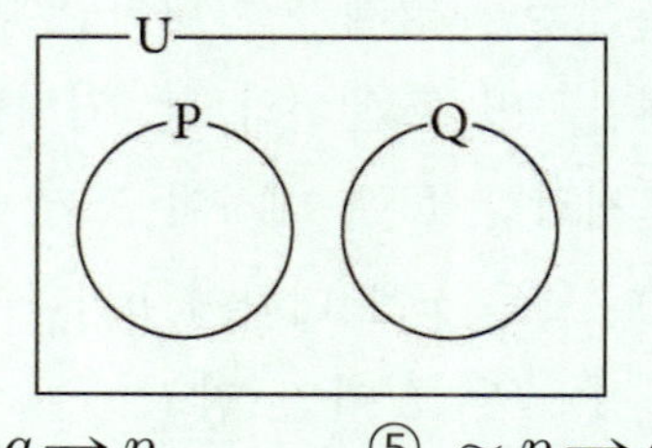

① $p \rightarrow q$　　② $q \rightarrow p$　　③ $p \rightarrow \sim q$　　④ $\sim q \rightarrow p$　　⑤ $\sim p \rightarrow q$

탐구　진리집합의 포함관계를 보고 참, 거짓을 판별한다.

풀이
① $P \not\subset Q$　　∴ $p \rightarrow q$: 거짓
② $Q \not\subset P$　　∴ $q \rightarrow p$: 거짓
③ $P \subset Q^C$　　∴ $p \rightarrow \sim q$: 참
④ $Q^C \not\subset P$　　∴ $\sim q \rightarrow p$: 거짓
⑤ $P^C \not\subset Q$　　∴ $\sim p \rightarrow q$: 거짓
따라서 참인 명제는 ③이다.

정답　③

유제 10-1　전체집합 U에 대하여 세 조건 p, q, r의
진리집합을 각각 P, Q, R라 할 때, 세 집합
P, Q, R 사이의 포함관계가 오른쪽 그림과
같다고 한다. 이때 거짓인 명제를 고르시오.

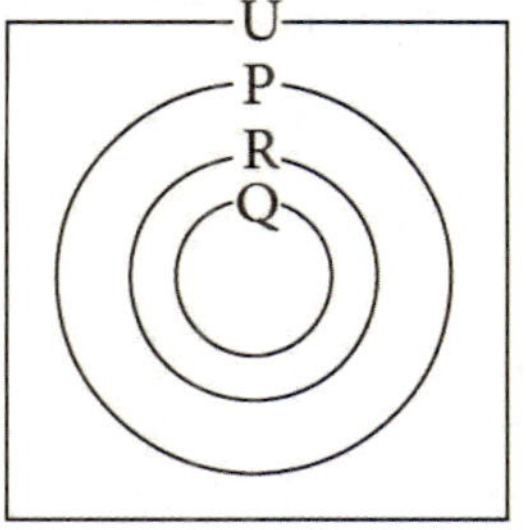

① $q \rightarrow r$　　② $q \rightarrow p$　　③ $r \rightarrow p$
④ $\sim p \rightarrow \sim q$　　⑤ $\sim r \rightarrow \sim p$

유제 10-2　전체집합 U에 대하여 세 조건 p, q, r의
진리집합을 각각 P, Q, R라 할 때, 세 집합
P, Q, R 사이의 포함관계가 오른쪽 그림과
같다고 한다. 이때 참인 명제를 모두 고르시오.

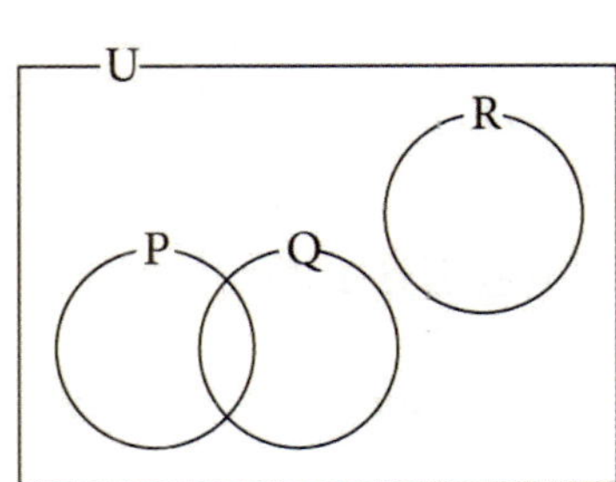

① $r \rightarrow \sim p$　　② $q \rightarrow r$　　③ $q \rightarrow \sim r$
④ $p \rightarrow r$　　⑤ $q \rightarrow \sim p$

➜ 조건 p는 명제가 아니지만 변수 x의 앞에 '모든'이나 '어떤'을 추가하여 x의 값의 범위를 제한하면 조건 p의 참, 거짓을 판별할 수 있으므로 명제가 된다.

➜ 전체집합 U에 대하여 조건 p의 진리집합을 P라 하면

(1) '모든 x에 대하여 p이다.'에서

   ① $P = U$이면 참

   ② $P \neq U$이면 거짓

(2) '어떤 x에 대하여 p이다.'에서

   ① $P \neq \varnothing$이면 참

   ② $P = \varnothing$이면 거짓

(3) '모든'과 '어떤'의 부정

   ① $\sim$(모든 x에 대하여 p이다.) $=$ 어떤 x에 대하여 $\sim p$이다.

   ② $\sim$(어떤 x에 대하여 p이다.) $=$ 모든 x에 대하여 $\sim p$이다.

강의 전칭명제는 $P = U$이면 참이다!

$\forall x, p$의 참과 거짓 ← 전칭명제

① $P = U$; 참

② $P \neq U$; 거짓

주의 all → 모든, 임의의, 관계없이, 어떤 x에 대하여도 ; $\forall x$

강의 존재명제는 $P \neq \varnothing$ 이면 참이다!

$\exists x, p$의 참과 거짓 ← 존재명제

① $P \neq \varnothing\,(有)$; 참

② $P = \varnothing\,(無)$; 거짓

주의 some → 어떤, 적어도, 존재한다 ; $\exists x$

有(있을 유)　無(없을 무)

다음 명제의 참, 거짓을 판별하시오.

(1) 모든 실수 x에 대하여 $|x-1| \geq 0$이다.

(2) 어떤 실수 x에 대하여 $x^2+1 \leq 0$이다.

탐구 $\forall x$, $P=U$이면 p는 참, $P \neq U$이면 p는 거짓이다.

$\exists x$, $P \neq \varnothing$이면 p는 참, $P=\varnothing$이면 p는 거짓이다.

풀이 (1) $p:|x-1| \geq 0$이라 하고 조건 p의 진리집합 P를 구하면

$$P=\{x \,|\, x는 모든 실수\}$$

$P=U$이므로 주어진 명제는 참이다.

(2) $p:x^2+1 \leq 0$이라 하고 조건 p의 진리집합 P를 구하면

$$P=\varnothing$$

따라서 주어진 명제는 거짓이다.

정답 (1) 참　　(2) 거짓

유제 11-1 다음 명제의 참, 거짓을 판별하시오.

(1) 모든 실수 x에 대하여 $|x+1| > 0$이다.

(2) 어떤 실수 x에 대하여 $x^2-1 \leq 0$이다.

유제 11-2 명제 '모든 실수 x에 대하여 $x^2+2ax+2a+3 \geq 0$이다.'가 참이 되게 하는 정수 a의 개수를 구하시오.

유제 11-3 명제 '어떤 실수 x에 대하여 $x^2+kx+k+3=0$이다.'가 참이 되게 하는 양수 k의 최솟값을 구하시오.

기|본|예|제 **12**

다음 명제의 부정을 말하시오.

(1) A회사의 모든 직원은 남자이다.

(2) 어떤 실수 x에 대하여 $|x| < 0$이다.

탐구 ① '모든 x에 대하여 p'꼴의 부정은 '어떤 x에 대하여 $\sim p$'

② '어떤 x에 대하여 p'꼴의 부정은 '모든 x에 대하여 $\sim p$'

풀이 (1) 'A회사의 모든 직원은 남자이다.'의 부정

  → A회사의 어떤 직원은 여자이다.

(2) '어떤 실수 x에 대하여 $|x| < 0$이다.'의 부정

  → 모든 실수 x에 대하여 $|x| \geq 0$이다.

정답 (1) A회사의 어떤 직원은 여자이다. (2) 모든 실수 x에 대하여 $|x| \geq 0$이다.

유제 12-1 다음 명제의 부정을 말하시오.

(1) A회사의 어떤 직원은 남자이다.

(2) 모든 실수 x에 대하여 $x^2 \geq 0$이다.

유제 12-2 다음 명제의 부정을 말하고 참, 거짓을 판별하시오.

(1) 모든 자연수 x에 대하여 $-x < 0$이다.

(2) 어떤 정수 $x,\, y$에 대하여 $x+y > 0$이다.

02 명제의 역과 대우

1 역과 대우

→ 명제 $p \to q$에 대하여

[1] 역과 대우의 관계

(1) 역 : $q \to p$

(2) 대우 : $\sim q \to \sim p$

$$p \to q \quad \overset{\text{역}}{\longleftrightarrow} \quad q \to p$$
$$\overset{\text{대}}{} \times \overset{\text{우}}{}$$
$$\sim p \to \sim q \quad \overset{\text{역}}{\longleftrightarrow} \quad \sim q \to \sim p$$

[2] 역과 대우의 참, 거짓

(1) 어떤 명제가 참(거짓)일지라도, 그 역은 반드시 참(거짓)인 것은 아니다.

(2) 어떤 명제가 참(거짓)이면, 그 대우는 반드시 참(거짓)이다.

$$(p \to q) \equiv (\sim q \to \sim p), \quad (q \to p) \equiv (\sim p \to \sim q)$$

강의 명제의 대우는 순서를 바꾸어 부정하는 것이다!

① 명제의 역 : 순서교환

② 명제의 대우 : 순서교환 and 부정

$$p \to q \quad \overset{\text{역 (순서교환)}}{\longleftrightarrow} \quad q \to p$$
$$\overset{\text{대}}{} \times \overset{\text{우}}{}$$
$$\sim p \to \sim q \quad \overset{\text{역}}{\longleftrightarrow} \quad \sim q \to \sim p$$

보기 '봄이 오면 꽃이 핀다'의 역과 대우

① 역 : 꽃이 피면 봄이 온다.

② 대우 : 꽃이 피지 않으면 봄이 오지 않는다.

다음 명제의 역과 대우를 말하시오.

(1) $a=0$이면 $ab=0$이다.

(2) $\sim p \to q$

(3) 정사각형은 모든 각이 직각이다.

탐구 　역은 순서를 바꾸고 대우는 순서를 바꾸어 부정한다.

풀이 　(1) 역 ; $ab=0$이면 $a=0$이다.

　　　　대우 ; $ab\neq 0$이면 $a\neq 0$이다.

　　　(2) 역 ; $q \to \sim p$

　　　　대우 ; $\sim q \to p$

　　　(3) 역 ; 모든 각이 직각이면 정사각형이다.

　　　　대우 ; 어떤 각이 직각이 아니면 정사각형이 아니다.

정답 　풀이참조

유제 13-1 ‘이번 일요일에 체육대회가 열리지 않으면 그날 날씨는 맑지 않다.’의 대우를 말하시오.

유제 13-2 a, b가 유리수일 때, 명제 ‘$a+b\sqrt{2}=0$이면 $a=0$이고 $b=0$이다.’의 대우로 알맞은 것을 고르시오.

① $a=0$이고 $b=0$이면 $a+b\sqrt{2}=0$이다.

② $a+b\sqrt{2}\neq 0$이면 $a\neq 0$ 또는 $b\neq 0$이다.

③ $a\neq 0$이고 $b\neq 0$이면 $a+b\sqrt{2}\neq 0$이다.

④ $a\neq 0$ 또는 $b\neq 0$이면 $a+b\sqrt{2}\neq 0$이다.

⑤ $a=0$ 또는 $b=0$이면 $a+b\sqrt{2}=0$이다.

강의 　명제의 역과 대우 중 대우만 명제와 참, 거짓이 일치한다!

　① 역 : 참, 거짓 불일치 또는 일치

　② 대우 : 참, 거짓 일치

삼각형 ABC에 대한 명제 '$\overline{AB} = \overline{AC}$이면 $\angle B = \angle C$이다.'의 역과 대우를 말하고, 참, 거짓을 판별하시오.

탐구 명제의 역과 대우를 구한 후 각각의 참, 거짓을 판별한다.

풀이 명제 ; $\overline{AB} = \overline{AC} \rightarrow \angle B = \angle C$

역 ; $\angle B = \angle C \rightarrow \overline{AB} = \overline{AC}$ (참)

대우 ; $\angle B \neq \angle C \rightarrow \overline{AB} \neq \overline{AC}$ (참)

정답 풀이참조

유제 14-1 명제 '자연수 x, y에 대하여 $x^2 + y^2$이 홀수이면 xy는 짝수이다.'의 역과 대우를 말하고, 참, 거짓을 판별하시오.

유제 14-2 다음 〈보기〉 중에서 명제의 역이 참인 것을 모두 고르시오.

— 〈 보기 〉 —
ㄱ. $x^3 = 1$이면 $x = 1$이다.
ㄴ. $x \geq 1$이고 $y \geq 1$이면 $x + y \geq 2$이다.
ㄷ. $x^2 > 0$이면 $x > 0$이다.

명제 '$x^2 + 2kx + 3 \neq 0$이면 $x \neq -3$이다.'가 참이 될 때, 상수 k의 값을 구하시오.

탐구 명제 $p \rightarrow q$가 참이면 그 대우인 $\sim q \rightarrow \sim p$도 참이다.

풀이 주어진 명제의 대우는 '$x = -3$이면 $x^2 + 2kx + 3 = 0$이다.'이다.

명제가 참이면 그 명제의 대우도 참이므로

$$(-3)^2 + 2k \times (-3) + 3 = 0 \quad -6k = -12 \qquad \therefore k = 2$$

정답 2

유제 15-1 명제 '$x + y \leq 0$이면 $x \leq -1$ 또는 $y \leq k$이다.'가 참이 되게 하는 상수 k의 최솟값을 구하시오.

유제 15-2 명제 '$x < a$이면 $x^2 - 4x - 5 \geq 0$이다.'가 참이 되게 하는 상수 a의 값의 범위를 구하시오.

[1] 유효한 추론의 뜻

→ 전제가 된 몇 개의 명제가 참이라는 가정 하에 하나의 명제가 참이라는 결론을 이끌어 내는 것을 **유효한 추론**이라 한다.

[2] 유효한 추론의 예 − 삼단 논법

→ 'p이면 q이다.'가 참이고, 'q이면 r이다.'가 참이면, 'p이면 r이다.'는 참이다.

→ '$p \Rightarrow q$'이고, '$q \Rightarrow r$'이면 '$p \Rightarrow r$'이다.

강의 **유효한 추론은 어떤 명제가 참임을 이끌어내는 것이다!**

→ A, B, C, ⋯ (참) → P(참)

① 3단 논법 : $p \to q$, $q \to r$(참) → $p \to r$(참)

② 대우 : $p \to q$(참) → $\sim q \to \sim p$(참)

주의 3단 논법을 이용할 때는 연결고리를 잘 찾아야 한다.

$$p \to \underline{\sim r}, \ \underline{\sim r} \to q \Rightarrow p \to q$$

기 | 본 | 예 | 제 **16**

다음 중 옳은 것을 고르시오.

① $p \Rightarrow r$, $q \Rightarrow r$이면 $p \Rightarrow q$

② $q \Rightarrow \sim p$, $\sim q \Rightarrow r$이면 $\sim p \Rightarrow r$

③ $p \Rightarrow \sim q$, $\sim r \Rightarrow \sim q$이면 $\sim p \Rightarrow r$

④ $p \Rightarrow q$, $\sim r \Rightarrow \sim q$이면 $p \Rightarrow \sim r$

⑤ $p \Rightarrow \sim q$, $r \Rightarrow q$이면 $p \Rightarrow \sim r$

탐구 삼단논법과 그 대우명제를 써서 연결하였을 때 성립하는 것을 찾는다.

풀이 ⑤ $r \Rightarrow q \to \sim q \Rightarrow \sim r$

∴ $p \Rightarrow \sim q$, $\sim q \Rightarrow \sim r$ 이면 $p \Rightarrow \sim r$

따라서 옳은 것은 ⑤이다.

정답 ⑤

다음 중 옳은 것을 고르시오.

① $p \Rightarrow \sim q$, $\sim r \Rightarrow q$이면 $p \Rightarrow \sim r$이다.

② $p \Rightarrow \sim q$, $r \Rightarrow q$이면 $p \Rightarrow \sim r$이다.

③ $q \Rightarrow \sim p$, $\sim q \Rightarrow r$이면 $\sim p \Rightarrow r$이다.

④ $p \Rightarrow q$, $\sim r \Rightarrow \sim q$이면 $\sim p \Rightarrow r$이다.

⑤ $\sim p \Rightarrow q$, $q \Rightarrow \sim r$이면 $p \Rightarrow r$이다.

세 명제 $p \rightarrow \sim q$, $\sim r \rightarrow q$, $\sim s \rightarrow \sim r$가 모두 참일 때, 다음 명제 중 참인 것은?

① $\sim p \rightarrow \sim s$ ② $\sim p \rightarrow s$ ③ $p \rightarrow s$

④ $s \rightarrow p$ ⑤ $\sim s \rightarrow p$

기|본|예|제 17

두 명제 '봄이 오면 따뜻하다.', '따뜻하면 꽃이 핀다.'가 모두 참이라고 할 때, 다음 명제 중 반드시 참이라고 할 수 없는 것을 모두 고르시오.

① 따뜻하지 않으면 봄이 오지 않는다.

② 봄이 오면 꽃이 핀다.

③ 꽃이 피면 봄이 온다.

④ 꽃이 피지 않으면 봄이 오지 않는다.

⑤ 봄이 오면 꽃이 피지 않는다.

탐구 $p \rightarrow q$: 참, $q \rightarrow r$: 참 $\Rightarrow$ $p \rightarrow r$: 참 (삼단논법)

풀이 p : 봄이 온다, q : 따뜻하다, r : 꽃이 핀다

주어진 조건에서 $p \Rightarrow q$이므로 $\sim q \Rightarrow \sim p$이다.

$p \Rightarrow q$, $q \Rightarrow r$이므로 $p \Rightarrow r$이다.

$p \Rightarrow r$이므로 $\sim r \Rightarrow \sim p$이다.

보기의 명제를 기호로 나타내면

① $\sim q \rightarrow \sim p$ ② $p \rightarrow r$ ③ $r \rightarrow p$ ④ $\sim r \rightarrow \sim p$ ⑤ $p \rightarrow \sim r$

따라서 보기 중 반드시 참이라고 할 수 없는 것은 ③, ⑤이다.

정답   ③, ⑤

유제 **17-1** 두 명제 '먹구름이 끼면 비가 온다.', '비가 오면 기온이 낮아진다.'가 모두 참이라고
할 때, 다음 명제 중 반드시 참이라고 할 수 없는 것은?

① 비가 오지 않으면 먹구름이 끼지 않는다.

② 먹구름이 끼지 않으면 비가 오지 않는다.

③ 먹구름이 끼면 기온이 낮아진다.

④ 기온이 낮아지지 않으면 먹구름이 끼지 않는다.

⑤ 기온이 낮아지지 않으면 비가 오지 않는다.

유제 **17-2** 두 명제 '농구를 못하면 키가 크지 않다.', '농구를 잘하면 달리기를 잘한다.'가 모두
참일 때, 다음 중 반드시 참인 명제를 고르시오.

① 달리기를 잘하면 키가 크다.

② 농구를 잘하면 키가 크다.

③ 농구를 못하면 달리기를 잘한다.

④ 키가 크면 달리기를 잘한다.

⑤ 농구를 못하면 달리기를 잘하지 못한다.

유제 **17-3** 다음 사실로부터 내릴 수 있는 결론 중 참인 것은?

> Ⅰ. 빛깔이 선명하지 않은 꽃은 잎이 많지 않다.
> Ⅱ. 꽃송이가 작은 것은 봄에 핀다.
> Ⅲ. 빛깔이 선명한 꽃은 줄기가 길다.
> Ⅳ. 빛깔이 선명하지 않은 꽃은 봄에 피지 않는다.

① 꽃송이가 작은 꽃은 줄기가 길지 않다.

② 줄기가 긴 꽃은 잎이 많다.

③ 잎이 많은 꽃은 봄에 핀다.

④ 봄에 피지 않는 꽃은 줄기가 길지 않다.

⑤ 빛깔이 선명하지 않은 꽃은 꽃송이가 작지 않다.

[1] 필요조건과 충분조건

➜ 조건 p, q를 만족하는 집합을 각각 P, Q라 하면

(1) $p \Rightarrow q$일 때

➜ p는 q이기 위한 충분조건이다.

➜ q는 p이기 위한 필요조건이다.

(2) $P \subset Q$일 때

➜ p는 q이기 위한 충분조건이다.

➜ q는 p이기 위한 필요조건이다.

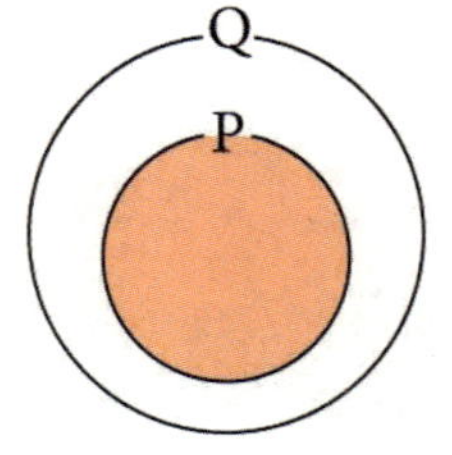

[2] 필요충분조건과 동치

➜ 조건 p, q를 만족하는 집합을 각각 P, Q라 하면

(1) $p \Leftrightarrow q$일 때

➜ p는 q이기 위한 필요충분조건이다.

➜ q는 p이기 위한 필요충분조건이다.

➜ p와 q는 서로 동치이다.

(2) $P = Q$일 때

➜ p는 q이기 위한 필요충분조건이다.

➜ q는 p이기 위한 필요충분조건이다.

➜ p와 q는 서로 동치이다.

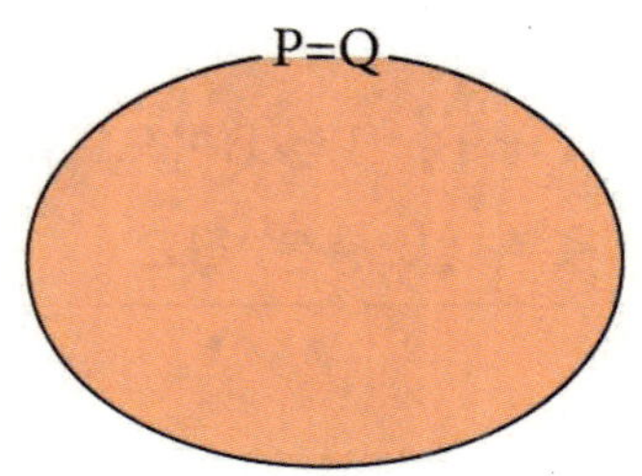

강의 **필요조건과 충분조건의 의미는 주어의 위치에 따라 달라진다!**

➜ $p(x) \rightarrow q(x)$ ➜ $P \subset Q$

출제① $p(x)$는 $q(x)$이기 위한 충분조건

출제② $q(x)$는 $p(x)$이기 위한 필요조건

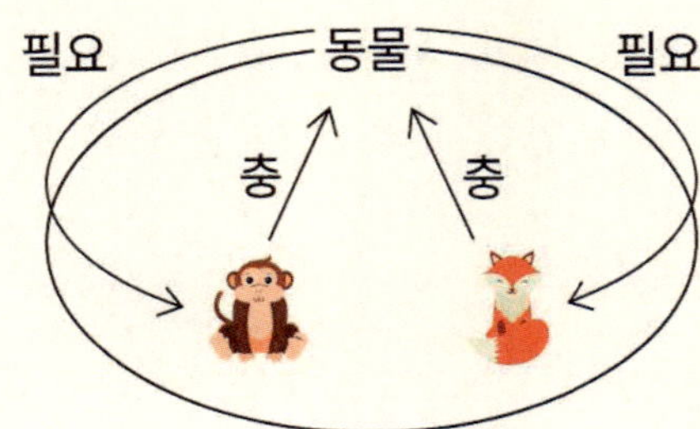

기|본|예|제 **18**

'A $\Rightarrow$ B, B $\Leftrightarrow$ C, D $\Rightarrow$ C, B $\Rightarrow$ D일 때, A는 C이기 위한 (　　)조건이고, B는 D이기 위한 (　　)조건이고, D는 A이기 위한 (　　　)조건이다.'의 (　　) 안에 들어갈 말을 순서대로 쓰시오.

탐구　양방향 성립여부를 반드시 확인해야 한다.

풀이　A $\Rightarrow$ B, B $\Leftrightarrow$ C이므로 A $\Rightarrow$ C　　　　　$\therefore$ A는 C이기 위한 (충분)조건

　　　　D $\Rightarrow$ C, C $\Leftrightarrow$ B, B $\Rightarrow$ D이므로 B $\Leftrightarrow$ D　　$\therefore$ B는 D이기 위한 (필요충분)조건

　　　　A $\Rightarrow$ B, B $\Leftrightarrow$ D이므로 A $\Rightarrow$ D　　　　$\therefore$ D는 A이기 위한 (필요)조건

정답　충분, 필요충분, 필요

유제 18-1　A는 D이기 위한 충분조건, B는 A이기 위한 충분조건, C는 A이기 위한 필요조건, D는 B이기 위한 충분조건일 때, B는 C이기 위한 (　　)조건이고, C는 D이기 위한 (　　)조건이고, D는 A이기 위한 (　　)조건이다. 이때 (　　) 안에 들어갈 말을 순서대로 쓰시오.

유제 18-2　네 조건 p, q, r, s에 대하여 $p \Rightarrow q$, $r \Rightarrow p$, $s \Rightarrow r$, $q \Rightarrow s$일 때, 'p가 s이기 위한 (　　　)조건이다.'에서 (　　　) 안에 알맞은 말을 쓰시오.

➡ 'p이면 q이다.'에서

[1] 집합의 포함 관계를 따지는 방법

(1) $P \subset Q$일 때   ➡ p는 q이기 위한 충분조건

(2) $P \supset Q$일 때   ➡ p는 q이기 위한 필요조건

(3) $P \subset Q,\ Q \subset P(P = Q)$일 때   ➡ p는 q이기 위한 필요충분조건

[2] 화살표 방향의 성립 여부를 따지는 방법

(1) $p \rightleftharpoons q$일 때   ➡ p는 q이기 위한 충분조건

(2) $p \rightleftharpoons q$일 때   ➡ p는 q이기 위한 필요조건

(3) $p \rightleftharpoons q$일 때   ➡ p는 q이기 위한 필요충분조건

강의 필요충분조건 문제의 해법은 주어를 앞에, 술어를 뒤에 써놓고 따진다!

➡ 주어 ($\sim$는, 가, 이) $\rightleftarrows$ 술어($\sim$이기 위한)

① 주어 $\rightleftharpoons$ 술어 → 충분조건

② 주어 $\rightleftharpoons$ 술어 → 필요조건

③ 주어 $\rightleftharpoons$ 술어 → 필충조건

강의 필요충분조건 문제의 사고는 그 방법이 매우 중요하다!

① 大 , 小   ② 반례   ③ 지식   ④ 그림 활용

주의 ① 반례 찾는 방법

$$\left. \begin{array}{l} \text{실수조건 無} \ ➡ \text{허수 대입} \\ \text{합과 곱 有} \ ➡ \text{켤레 대입} \end{array} \right\} \text{반례를 찾아라!}$$

② $|x+y| \leq |x|+|y|$의 의미분석

ⅰ) $|x+y| < |x|+|y| \rightarrow xy < 0$; 異부호 (0계외)

ⅱ) $|x+y| = |x|+|y| \rightarrow xy \geq 0$; 同부호 (0포함)

ⅲ) $|x+y| > |x|+|y| \rightarrow$ 해는 없다.

大(클 대)   小(작을 소)   無(없을 무)   有(있을 유)   異(다를 이)   同(같을 동)

A가 B이기 위한 필요조건인 것을 고르시오.

① A : $x > 0, y > 0$,　　B : $xy > 0$　　　　② A : $x > 3$,　　　　B : $x^2 > 3^2$

③ A : $x = y$,　　　　　B : $mx = my$　　　　④ A : $x^2 = 2x$,　　　B : $x = 2$

⑤ A : $x = 3$,　　　　　B : $x^2 - 2x - 3 = 0$

탐구　필요충분조건 문제는 반드시 반례를 찾아 양방향 성립여부를 판단한다.

풀이　① A : $x > 0, y > 0$ ⇏ B : $xy > 0$　　∴ 충분조건

반례 : $x = -1, y = -1 \rightarrow x < 0, y < 0$

② A : $x > 3$ ⇏ B : $x^2 > 3^2$　　∴ 충분조건

반례 : $x = -4 \rightarrow x < 3$

③ A : $x = y$ ⇏ B : $mx = my$　　∴ 충분조건

반례 : $m = 0 \rightarrow x \neq y$일 때도 성립

④ A : $x^2 = 2x$ ⇏ B : $x = 2$　　∴ 필요조건

반례 : $x = 0$

⑤ A : $x = 3$ ⇏ B : $x^2 - 2x - 3 = 0$　　∴ 충분조건

반례 : $x = -1$

따라서 A가 B이기 위한 필요조건인 것은 ④이다.

정답　④

유제 19-1　다음 중 B가 A이기 위한 필요조건인 것은?

① A : $x^2 = 1$,　　　B : $x = 1$

② A : $a < 0$,　　　B : $\sqrt{a^2} = a$

③ A : 사각형 ABCD의 대각선은 직교한다.

　　B : 사각형 ABCD는 마름모이다.

④ A : $\triangle ABC \equiv \triangle A'B'C'$

　　B : $\angle A = \angle A'$, $\angle B = \angle B'$, $\angle C = \angle C'$

⑤ A : $x + y = 0$,　　B : $x = 0$이고 $y = 0$

유제 19-2　다음 ☐ 안에 필요조건, 충분조건, 필요충분조건 중 알맞은 말을 써넣으시오.

(1) a, b가 실수일 때, $ab \neq 0$은 $a \neq 0$이고 $b \neq 0$이기 위한 ☐ 이다.

(2) a, b가 실수일 때, $a^2 + b^2 \neq 0$은 $a \neq 0$이고 $b \neq 0$이기 위한 ☐ 이다.

(3) a, b가 실수일 때, $a < b$는 $|a - b| > a - b$이기 위한 ☐ 이다.

두 조건

$$p : -3 < x - a \le 3, \quad q : -1 \le 2x - 5 < 19$$

에 대하여 p가 q이기 위한 충분조건이 되게 하는 모든 정수 a의 값의 합을 구하시오.

탐구 p가 q이기 위한 충분조건 ; $p \Rightarrow q$; $P \subset Q$

풀이 $p : -3 < x - a \le 3$이므로 조건 p의 진리집합 P는

$$P = \{x \mid -3 + a < x \le 3 + a\}$$

$q : -1 \le 2x - 5 < 19$이므로 조건 q의 진리집합 Q는

$$Q = \{x \mid 2 \le x < 12\}$$

p가 q이기 위한 충분조건이려면 $P \subset Q$이므로 수직선에 나타내면

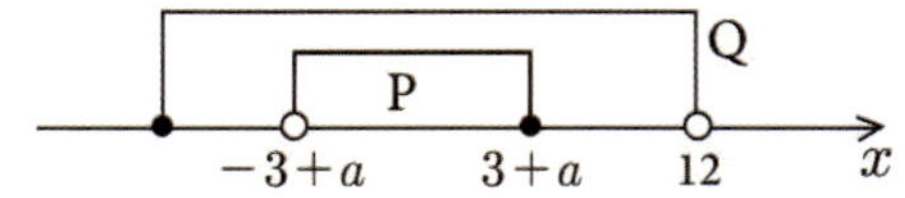

따라서 $2 \le -3 + a$이고 $3 + a < 12$이다.

$$\therefore 5 \le a < 9$$

조건에 맞는 모든 정수 a의 값의 합을 구하면

$$5 + 6 + 7 + 8 = 26$$

정답 26

유제 20-1 $|x| \le a$가 $2x - 5 < x - 3$이기 위한 충분조건이 되게 하는 양수 a의 값의 범위를 구하시오.

유제 20-2 세 조건 p, q, r가

$$p : 1 < x \le 3, \quad q : x < a, \quad r : x \ge b$$

일 때, $\sim p$는 $\sim r$이기 위한 필요조건이고, p는 q이기 위한 충분조건이다. 이때 이를 만족하는 정수 a, b에 대하여 $a - b$의 최솟값을 구하시오.

전체집합 U에 대하여 두 조건 p, q의 진리집합이 각각 P, Q라 하자. 이때 $\sim q$는 $\sim p$이기 위한 충분조건이라면 다음 〈보기〉 중 옳지 않은 것을 고르시오.

〈 보기 〉

ㄱ. $P \cap Q = P$　　　ㄴ. $P \subset Q$　　　ㄷ. $P \cup Q = Q$　　　ㄹ. $P \cap Q^C = U$

탐구　벤 다이어그램을 그려서 포함관계를 이용하면 편리하다.

풀이　$\sim q$는 $\sim p$이기 위한 충분조건이므로

$\quad \sim q \Rightarrow \sim p$에서 $p \Rightarrow q$　　$\therefore P \subset Q$

P, Q의 포함관계를 벤 다이어그램으로 나타내면 오른쪽 그림과 같다.

보기 중 $P \cap Q^C = P - Q = \varnothing \neq U$이므로 옳지 않은 것은 ㄹ이다.

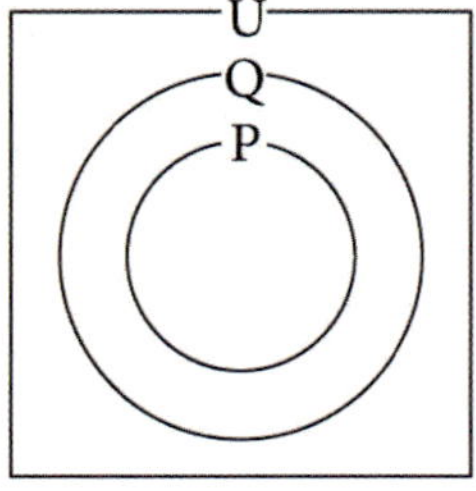

정답　ㄹ

유제 21-1　전체집합 U에 대하여 두 조건 p, q의 진리집합이 각각 P, Q라 하자. 이때 p가 $\sim q$이기 위한 충분조건이라면 다음 〈보기〉 중 옳은 것을 고르시오.

〈 보기 〉

ㄱ. $P \subset Q$　　　ㄴ. $P \cap Q = \varnothing$　　　ㄷ. $Q^C \subset P$　　　ㄹ. $P \cup Q = U$

유제 21-2　전체집합 U에 대하여 세 조건 p, q, r의 진리집합이 각각 P, Q, R이라 하자. 이때 p는 q이기 위한 충분조건이고, r은 q이기 위한 필요조건일 때, 다음 〈보기〉 중 옳지 않은 것을 고르시오.

〈 보기 〉

ㄱ. $P \subset R$　　　ㄴ. $P \cup Q \subset R^C$　　　ㄷ. $P^C \cap R^C \subset Q^C$

03 명제의 증명

1 대우를 이용한 증명

→ 명제 $p \rightarrow q$가 참이면 그 대우 $\sim q \rightarrow \sim p$도 참이므로 명제 $\sim q \rightarrow \sim p$가 참임을 증명하여 명제 $p \rightarrow q$가 참임을 증명하는 방법이다.

> **체크** 명제의 대우에서 전제 조건은 변하지 않는다.

강의 **대우법은 명제 대신 대우가 참임을 증명하는 것이다!**

→ **명제 '$p \rightarrow q$'의 증명**

→ **대우 이용 : $\sim q \rightarrow \sim p$ (증명)**

기│본│예│제 **22**

명제 'a, b, c가 양의 정수일 때, $a^2 + b^2 = c^2$이면 a, b, c 중 적어도 하나는 짝수이다.'가 참임을 대우를 이용하여 증명하시오.

탐구 직접 증명하는 것이 복잡하거나 어려우면 대우법을 이용하여 증명하면 편리하다.

→ 명제 $p \rightarrow q$ (참) $\Leftrightarrow$ 대우 $\sim q \rightarrow \sim p$ (참)

풀이 주어진 명제의 대우는 'a, b, c가 모두 홀수이면 $a^2 + b^2 \neq c^2$'이다.

$a = 2x+1, \ b = 2y+1, \ c = 2z+1$ (단, x, y, z는 양의 정수)이라 하면

$$a^2 + b^2 = (2x+1)^2 + (2y+1)^2 = 2(2x^2 + 2y^2 + 2x + 2y + 1) : 짝수$$

$$c^2 = (2z+1)^2 = 2(2z^2 + 2z) + 1 : 홀수 \qquad \therefore a^2 + b^2 \neq c^2$$

주어진 명제의 대우가 참이므로 명제도 참이다.

정답 풀이참조

유제 22-1 명제 '자연수 n에 대하여 n^2이 짝수이면 n이 짝수이다.'가 참임을 대우를 이용하여 증명하시오.

유제 22-2 명제 '자연수 a, b에 대하여 $a+b$가 짝수이면 a, b가 모두 짝수이거나 모두 홀수이다.'가 참임을 대우를 이용하여 증명하시오.

→ 어떤 명제가 참이라는 것을 증명하려 할 때, 그 명제를 부정하거나, 그 명제의 결론을 부정하여 공리, 정리, 가정 등에 모순이 됨을 이끌어 냄으로써 원래의 명제가 참이라는 것을 단정 짓는 증명법을 **귀류법** 또는 **배리법**, **반증법**이라 한다.

강의 **귀류법(배리법, 모순법)은 명제 또는 결론을 부정하여 모순을 이끌어내는 것이다!**
→ **명제 부정 or 결론 부정 → 모순 발생 → 명제 성립**

기|본|예|제 23

$\sqrt{2}$ 가 유리수가 아님을 귀류법을 이용하여 증명하시오.

탐구　명제 또는 결론을 부정하여 모순이 발생함을 보이는 것을 귀류법이라 한다.

풀이　결론을 부정하여 $\sqrt{2}$ 가 유리수라면,

$$\sqrt{2} = \frac{b}{a} \quad (\text{단, } a, b \text{는 서로소인 정수}, a \neq 0)$$

$$2 = \frac{b^2}{a^2} \qquad \therefore 2a^2 = b^2 \cdots ①$$

b^2 이 2의 배수이므로 b 도 2의 배수　　$\therefore b = 2k$ (단, k 는 정수) $\cdots ②$

　② → ① ; $2a^2 = (2k)^2$　　$\therefore a^2 = 2k^2$

a^2 이 2의 배수이므로 a 도 2의 배수 $\cdots ③$

②, ③에 의해 a, b 가 서로소라는 가정에 모순이므로 $\sqrt{2}$ 는 유리수가 아니다.

정답　풀이참조

유제 23-1　명제 '$1 + \sqrt{3}$ 은 무리수이다.'가 참임을 귀류법을 이용하여 증명하시오.

유제 23-2　명제 '자연수 n 에 대하여 n^2 이 홀수이면 n 이 홀수이다.'가 참임을 귀류법을 이용하여 증명하시오.

[1] 부등식의 증명에 이용되는 기본 성질

→ 임의의 실수 a, b에 대하여

(1) $a^2 \geq 0, \ a^2 + b^2 \geq 0$

(2) $|a|^2 = a^2$

(3) $a^2 = 0 \Leftrightarrow a = 0, \ a^2 + b^2 = 0 \Leftrightarrow a = 0$이고 $b = 0$

(4) $a > b \Leftrightarrow a - b > 0$

(5) $a > 0, b > 0$일 때, $a \geq b \Leftrightarrow a^2 \geq b^2$

[2] 부등식의 증명 방법

(1) 차에 의한 방법

→ 두 실수 P, Q에 대하여

① $P - Q > 0 \Leftrightarrow P > Q$ ② $P - Q = 0 \Leftrightarrow P = Q$ ③ $P - Q < 0 \Leftrightarrow P < Q$

(2) 비에 의한 방법

→ 두 양수 P, Q에 대하여

① $\dfrac{P}{Q} > 1 \Leftrightarrow P > Q$ ② $\dfrac{P}{Q} = 1 \Leftrightarrow P = Q$ ③ $\dfrac{P}{Q} < 1 \Leftrightarrow P < Q$

체크 양수이고, 약분 가능할 때에만 비에 의한 방법을 사용한다.

강의 **대소 비교는 빼거나 나누어 비교한다!**

① 뺄셈 이용 → $A - B > 0$ $\therefore A > B$

② 나눗셈 이용 → $A \div B < 1$ $\therefore A < B$

↳ 약분 가능 경우

주의 (1) $\sqrt{}, |\ |$ 有 → 제곱의 차 이용

(2) 양양조건이 있는 경우

① $a > b \Leftrightarrow a^2 > b^2$

② $a > b \Leftrightarrow \sqrt{a} > \sqrt{b}$

③ $a > b \Leftrightarrow |a| > |b|$

(3) 양양조건이 없는 경우

① $a > b \not\rightarrow \sqrt{a} > \sqrt{b}$

② $\sqrt{a} > \sqrt{b} \rightarrow a > b$

有(있을 유)

$a \geq 0$일 때, $\sqrt{1+2a}$와 $1+a$의 대소를 비교하시오.

탐구 $\sqrt{}$ 가 있는 경우에는 제곱하여 크기를 비교한다.

풀이 $\sqrt{1+2a} > 0$, $1+a > 0$이므로 제곱하여 크기를 비교하면

$$\left(\sqrt{1+2a}\right)^2 = 1+2a$$

$$(1+a)^2 = 1+2a+a^2$$

$a \geq 0$일 때, $a^2 \geq 0$이므로 $1+2a \leq 1+2a+a^2$이다.

$$\therefore \sqrt{1+2a} \leq 1+a$$

정답 $\sqrt{1+2a} \leq 1+a$

유제 24-1   두 수 15^{10}과 2^{41}의 대소를 비교하시오.

유제 24-2 $0 < a < 2$일 때, $2 - \sqrt{4-a^2}$ 과 $\dfrac{a^2}{5}$의 대소를 비교하시오.

유제 24-3 $a > b > 0$일 때, $\dfrac{a}{1+a}$ 와 $\dfrac{b}{1+b}$ 의 대소를 비교하시오.

→ 부등식의 문자에 어떤 실수를 대입하여도 항상 성립하는 부등식을 **절대부등식**이라 한다.

→ a, b, c가 실수일 때

(1) $a^2 + ab + b^2 \geq 0$ (단, 등호는 $a = b = 0$일 때 성립)

(2) $a^2 - ab + b^2 \geq 0$ (단, 등호는 $a = b = 0$일 때 성립)

(3) $a^2 + b^2 + c^2 - ab - bc - ca \geq 0$ (단, 등호는 $a = b = c$일 때 성립)

강의 **기본 절대부등식은 완전제곱으로 변형하여 증명한다!**

→ 항상 성립 → 증명 ; 완전제곱 이용 ; $(\text{실수})^2 \geq 0$

(1) $a^2 \pm ab + b^2 \geq 0$

증명 : $\left(a \pm \dfrac{b}{2}\right)^2 + \dfrac{3}{4}b^2 \geq 0$

(2) $a^2 + b^2 + c^2 \pm ab \pm bc \pm ca \geq 0$

증명 : $\dfrac{1}{2}\left\{(a \pm b)^2 + (b \pm c)^2 + (c \pm a)^2\right\} \geq 0$

기|본|예|제 25

a, b가 실수일 때, 부등식 $a^2 + b^2 \geq ab$가 성립함을 증명하시오.

탐구 $A \geq B$가 성립함을 보이려면 $A - B \geq 0$을 증명하면 된다.

풀이 $a^2 + b^2 - ab = \left(a^2 - ab + \dfrac{b^2}{4}\right) - \dfrac{b^2}{4} + b^2 = \left(a - \dfrac{b}{2}\right)^2 + \dfrac{3}{4}b^2 \geq 0$

$\therefore a^2 + b^2 \geq ab$

이때 등호는 $a - \dfrac{b}{2} = 0$, $b = 0$, 즉 $a = b = 0$일 때 성립한다.

정답 풀이참조

유제 25-1 음이 아닌 실수 a, b에 대하여 부등식 $\sqrt{a} + \sqrt{b} \leq \sqrt{2(a+b)}$가 성립함을 증명하시오.

유제 25-2 실수 a, b, c에 대하여 부등식 $a^2 + b^2 + c^2 \geq ab + bc + ca$가 성립함을 증명하시오.

➜ $a \geq 0,\ b \geq 0,\ c \geq 0$일 때

(1) $\dfrac{a+b}{2} \geq \sqrt{ab}$ (단, 등호는 $a=b$일 때 성립)

(2) $\dfrac{a+b+c}{3} \geq \sqrt[3]{abc}$ (단, 등호는 $a=b=c$일 때 성립)

강의 산술평균 $\geq$ 기하평균은 절대부등식이므로 공식으로 사용된다.

➜ 大·小, 범위를 구할 때 공식으로 이용된다.

(1) 공식 ① $\dfrac{a+b}{2} \geq \sqrt{ab} \to a+b \geq 2\sqrt{ab}$ ($a=b$일 때 등호 성립)

② $\dfrac{a+b+c}{3} \geq \sqrt[3]{abc} \to a+b+c \geq 3\sqrt[3]{abc}$ ($a=b=c$일 때 등호 성립)

(2) 출제 ① 양수조건 + 합과 곱 → 산술평균 $\geq$ 기하평균 이용

② 양수조건 + 역수 관계 → 산술평균 $\geq$ 기하평균 이용

大(클 대) 小(작을 소)

기|본|예|제 26

$x > 0,\ y > 0$일 때, 다음을 구하시오.

(1) $xy = 3$일 때, $x+3y$의 최솟값   (2) $x+4y = 4$일 때, xy의 최댓값

탐구   양수조건 + 합과 곱 → 산술평균 $\geq$ 기하평균 이용

➜ $a > 0,\ b > 0$이면 $a+b \geq 2\sqrt{ab}$임을 이용한다.

풀이   (1) $x+3y \geq 2\sqrt{x \times 3y} = 2\sqrt{3xy} = 6$

$\therefore x+3y \geq 6$ (단, 등호는 $x=3y$일 때 성립)

따라서 $x+3y$의 최솟값은 6이다.

(2) $x+4y \geq 2\sqrt{x \times 4y} = 2\sqrt{4xy} = 4\sqrt{xy}$

$4 \geq 4\sqrt{xy}$ $\therefore \sqrt{xy} \leq 1$ (단, 등호는 $x=4y$일 때만 성립)

$\therefore xy \leq 1$

따라서 xy의 최댓값은 1이다.

정답   (1) 6   (2) 1

유제 26-1 양수 x, y에 대하여 $5x^2+2y^2=10$일 때, xy의 최댓값을 구하시오.

유제 26-2 $a>0$, $b>0$일 때, $a+b=2$이다. 이때 $\dfrac{1}{a}+\dfrac{1}{b}$의 최솟값을 구하시오.

기|본|예|제 27

$a>0$, $b>0$일 때, $\left(a+\dfrac{1}{b}\right)\left(b+\dfrac{4}{a}\right)$의 최솟값을 구하시오.

탐구 양수조건 + 역수관계 → 산술평균 ≥ 기하평균 이용

$$\Rightarrow \dfrac{a+b}{2} \geq \sqrt{ab} \;\rightarrow\; a+b \geq 2\sqrt{ab}$$

풀이
$$\left(a+\dfrac{1}{b}\right)\left(b+\dfrac{4}{a}\right)=ab+4+1+\dfrac{4}{ab}=ab+\dfrac{4}{ab}+5$$

$ab>0$, $\dfrac{1}{ab}>0$이므로

$$ab+\dfrac{4}{ab} \geq 2\sqrt{ab\times\dfrac{4}{ab}}=4 \quad \text{(단, 등호는 } ab=\dfrac{4}{ab} \text{ 일 때 성립)}$$

$$\therefore \text{(준식)} \geq 4+5=9$$

따라서 준식의 최솟값은 9이다.

정답 9

유제 27-1 $x>0$, $y>0$일 때, $(x+y)\left(\dfrac{1}{x}+\dfrac{1}{y}\right)$의 최솟값을 구하시오.

유제 27-2 $x>\dfrac{1}{2}$일 때, $2x+\dfrac{4}{2x-1}$의 최솟값을 구하시오.

(1) $(a^2+b^2)(x^2+y^2) \geq (ax+by)^2$ (등호는 $\dfrac{x}{a}=\dfrac{y}{b}$ 일 때 성립)

(2) $(a^2+b^2+c^2)(x^2+y^2+z^2) \geq (ax+by+cz)^2$ (등호는 $\dfrac{x}{a}=\dfrac{y}{b}=\dfrac{z}{c}$ 일 때 성립)

강의   **코시-슈바르츠의 부등식은 절대부등식이므로 공식으로 사용된다.**

➜ 大 · 小, 범위를 구할 때 공식으로 이용된다.

(1) 공식   ① $(a^2+b^2)(x^2+y^2) \geq (ax+by)^2$

          ② $(a^2+b^2+c^2)(x^2+y^2+z^2) \geq (ax+by+cz)^2$

(2) 출제 : 제곱제곱 + 일차의 등차식

         → 코시-슈바르츠의 부등식 이용

大(클 대) 小(작을 소)

기｜본｜예｜제 **28**

실수 x, y에 대하여 $x^2+y^2=1$일 때, $2x+3y$의 최댓값과 최솟값을 구하시오.

탐구   ① 제곱제곱 + 일차의 동차식 → 코시-슈바르츠의 부등식 이용

     ➜ $(a^2+b^2)(x^2+y^2) \geq (ax+by)^2$

② $(ax+by)^2 \leq k\,(k>0)$

     ➜ $-\sqrt{k} \leq ax+by \leq \sqrt{k}$

풀이 x, y가 실수이므로 코시-슈바르츠의 부등식에서

     $(2^2+3^2)(x^2+y^2) \geq (2x+3y)^2$

$(2x+3y)^2 \leq 13$이므로

     $-\sqrt{13} \leq 2x+3y \leq \sqrt{13}$ (단, 등호는 $\dfrac{x}{2}=\dfrac{y}{3}$ 일 때 성립)

따라서 $2x+3y$의 최댓값은 $\sqrt{13}$, 최솟값은 $-\sqrt{13}$ 이다.

정답   최댓값 : $\sqrt{13}$, 최솟값 : $-\sqrt{13}$

유제 28-1 실수 x, y에 대하여 $x^2+y^2=4$일 때, $x+2y$의 최댓값을 M, 최솟값을 m이라 하자. 이때 Mm의 값을 구하시오.

유제 28-2 실수 x, y에 대하여 $4x^2+9y^2=45$일 때, $4x+3y$의 최댓값을 구하시오.

기 | 본 | 예 | 제 **29**

실수 x, y, z에 대하여 $x^2+y^2+z^2=1$일 때, $|3x+2y+z|$의 최댓값을 구하시오.

탐구 제곱제곱 + 일차의 동차식 → 코시-슈바르츠의 부등식 이용
→ $(a^2+b^2+c^2)(x^2+y^2+z^2) \ge (ax+by+cz)^2$ 이용!

풀이 x, y, z가 실수이므로 코시–슈바르츠의 부등식에서
$$(3^2+2^2+1^2)(x^2+y^2+z^2) \ge (3x+2y+z)^2$$
$$14 \ge (3x+2y+z)^2$$
$$-\sqrt{14} \le 3x+2y+z \le \sqrt{14}$$
$$\therefore 0 \le |3x+2y+z| \le \sqrt{14}$$
따라서 $|3x+2y+z|$ 의 최댓값은 $\sqrt{14}$ 이다.

정답 $\sqrt{14}$

유제 29-1 실수 x, y, z에 대하여 $(x+3y+4z)^2=52$일 때, $x^2+y^2+z^2$의 최솟값을 구하시오.

유제 29-2 실수 x, y, z에 대하여 $x^2+y^2+z^2=5$이고, $ax+by+cz$의 최댓값이 $5\sqrt{2}$일 때, $a^2+b^2+c^2$의 값을 구하시오.

반복학습 기록란.

가장 좋은 학습방법은 학교에서나 학원에서나 선생님의 강의를 열심히 듣고 여러 번 반복학습하는 것입니다.
지금부터 당장 선생님의 강의를 열심히 듣고 반복! 반복하십시오. 그러면 곧 모든 과목에 자신이 생길 것입니다.

회수	시작이 반!			끝을 봐야!			확인
제1회	년	월	일 부터	년	월	일 까지	
제2회	년	월	일 부터	년	월	일 까지	
제3회	년	월	일 부터	년	월	일 까지	
제4회	년	월	일 부터	년	월	일 까지	
제5회	년	월	일 부터	년	월	일 까지	
제6회	년	월	일 부터	년	월	일 까지	
제7회	년	월	일 부터	년	월	일 까지	
제8회	년	월	일 부터	년	월	일 까지	
제9회	년	월	일 부터	년	월	일 까지	
제10회	년	월	일 부터	년	월	일 까지	

▶ 연습문제 A는 앞에서 배운 기초 단계의 문제이므로 선생님의 도움 없이 스스로 풀어 자신의 실력을 점검해 보도록 하자.

01 다음 중 명제인 것을 모두 고르시오.
① 무궁화 꽃은 아름답다.
② 대한민국의 수도는 서울이다.
③ 2는 소수가 아니다.
④ 대학에 가고 싶다.
⑤ 0.01은 매우 작은 유리수이다.

02 다음 중 조건인 것을 모두 고르시오. (단, x, y는 실수)
① $|x| > y$ ② $|x| \geq 0$ ③ $x^2 + y^2 > 0$
④ $x^2 \geq 0$ ⑤ $x + 2 = 7$

03 다음 명제 또는 조건의 부정을 말하시오.
(1) 2는 짝수이거나 소수이다.
(2) $|-2| = 2$ 그리고 $\sqrt{4} \neq 4$

04 a, b, c가 실수일 때, $a^2 + b^2 + c^2 = 0$의 부정을 말하시오.

05 $A = \{x \mid x < -1\}$, $B = \{x \mid x \leq 0\}$일 때, $x(x+1) \leq 0$의 진리집합을 A, B를 이용하여 나타내시오.

06 다음 문장을 'p이면 q이다'의 꼴로 나타내시오.
(1) 여름은 날씨가 덥다.
(2) 겨울에는 눈이 많이 온다.

07 전체집합 U에서 조건 p와 q의 진리집합을 P, Q라 하자. 명제 $p \rightarrow q$가 참일 때, 다음 중 옳지 않은 것을 고르시오.

① $P \subset Q$ ② $P^C \cup Q = U$ ③ $P \cap Q^C = \varnothing$
④ $P \cup Q^C = U$ ⑤ $P \cup Q = Q$

08 다음 명제의 참, 거짓을 판별하시오.
(1) $x = 2$이면 $x^2 - 5x + 6 = 0$이다.
(2) $x^2 = 4$이면 $x = 2$이다.

09 두 조건 p, q가
$$p : 0 < x < 3, \qquad q : x < a$$
일 때, 명제 $p \rightarrow q$가 참이 되도록 하는 상수 a의 범위를 구하시오.

10 전체집합 U에 대하여 두 조건 p, q의 진리집합을 각각 P, Q라 할 때, 두 집합 P, Q 사이의 포함관계가 오른쪽 그림과 같다고 한다. 이때 참인 명제를 고르시오.

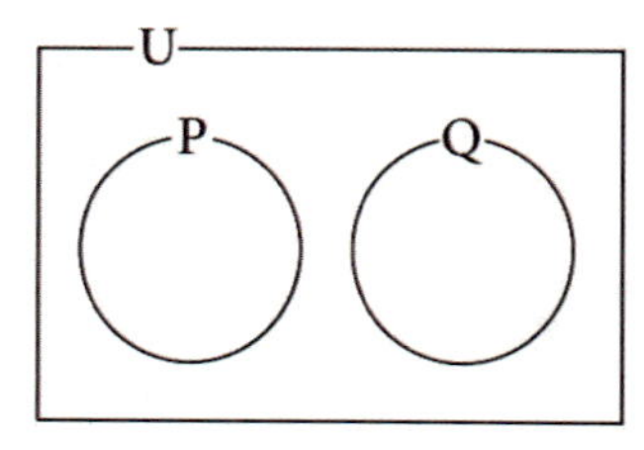

① $p \rightarrow q$ ② $q \rightarrow p$ ③ $p \rightarrow \sim q$ ④ $\sim q \rightarrow p$ ⑤ $\sim p \rightarrow q$

11 다음 명제의 참, 거짓을 판별하시오.

(1) 모든 실수 x에 대하여 $|x-1| \geq 0$이다.

(2) 어떤 실수 x에 대하여 $x^2+1 \leq 0$이다.

12 다음 명제의 부정을 말하시오.

(1) A회사의 모든 직원은 남자이다.

(2) 어떤 실수 x에 대하여 $|x| < 0$이다.

13 '이번 일요일에 체육대회가 열리지 않으면 그날 날씨는 맑지 않다.'의 대우를 말하시오.

14 명제 '자연수 x, y에 대하여 x^2+y^2이 홀수이면 xy는 짝수이다.'의 역과 대우를 말하고, 참, 거짓을 판별하시오.

15 명제 '$x^2+2kx+3 \neq 0$이면 $x \neq -3$이다.'가 참이 될 때, 상수 k의 값을 구하시오.

16 다음 중 옳은 것을 고르시오.

① $p \Rightarrow r$, $q \Rightarrow r$이면 $p \Rightarrow q$

② $q \Rightarrow \sim p$, $\sim q \Rightarrow r$이면 $\sim p \Rightarrow r$

③ $p \Rightarrow \sim q$, $\sim r \Rightarrow \sim q$이면 $\sim p \Rightarrow r$

④ $p \Rightarrow q$, $\sim r \Rightarrow \sim q$이면 $p \Rightarrow \sim r$

⑤ $p \Rightarrow \sim q$, $r \Rightarrow q$이면 $p \Rightarrow \sim r$

17 두 명제 '봄이 오면 따뜻하다.', '따뜻하면 꽃이 핀다.'가 모두 참이라고 할 때, 다음 명제 중 반드시 참이라고 할 수 없는 것을 모두 고르시오.

① 따뜻하지 않으면 봄이 오지 않는다.

② 봄이 오면 꽃이 핀다.

③ 꽃이 피면 봄이 온다.

④ 꽃이 피지 않으면 봄이 오지 않는다.

⑤ 봄이 오면 꽃이 피지 않는다.

18 'A $\Rightarrow$ B, B $\Leftrightarrow$ C, D $\Rightarrow$ C, B $\Rightarrow$ D일 때, A는 C이기 위한 (　　)조건이고, B는 D이기 위한 (　　)조건이고, D는 A이기 위한 (　　　)조건이다.'의 (　　) 안에 들어갈 말을 순서대로 쓰시오.

19 A가 B이기 위한 필요조건인 것을 고르시오.

① A : $x > 0, y > 0$,　B : $xy > 0$　　　② A : $x > 3$,　　　B : $x^2 > 3^2$

③ A : $x = y$,　　　　B : $mx = my$　　　④ A : $x^2 = 2x$,　　　B : $x = 2$

⑤ A : $x = 3$,　　　　B : $x^2 - 2x - 3 = 0$

20 두 조건

$$p: -3 < x-a \le 3, \quad q: -1 \le 2x-5 < 19$$

에 대하여 p가 q이기 위한 충분조건이 되게 하는 모든 정수 a의 값의 합을 구하시오.

21 전체집합 U에 대하여 두 조건 p, q의 진리집합이 각각 P, Q라 하자. 이때 $\sim q$는 $\sim p$이기 위한 충분조건이라면 다음 〈보기〉 중 옳지 않은 것을 고르시오.

> ── 〈 보기 〉 ──
> ㄱ. $P \cap Q = P$ ㄴ. $P \subset Q$ ㄷ. $P \cup Q = Q$ ㄹ. $P \cap Q^C = U$

22 명제 '자연수 n에 대하여 n^2이 짝수이면 n이 짝수이다.'가 참임을 대우를 이용하여 증명하시오.

23 명제 '$1 + \sqrt{3}$ 은 무리수이다.'가 참임을 귀류법을 이용하여 증명하시오.

24 $a \ge 0$일 때, $\sqrt{1+2a}$ 와 $1+a$의 대소를 비교하시오.

25 두 수 15^{10}과 2^{41}의 대소를 비교하시오.

26 a, b가 실수일 때, 부등식 $a^2+b^2 \geq ab$가 성립함을 증명하시오.

27 $x>0, y>0$일 때, 다음을 구하시오.
   (1) $xy=3$일 때, $x+3y$의 최솟값   (2) $x+4y=4$일 때, xy의 최댓값

28 $a>0, b>0$일 때, $\left(a+\dfrac{1}{b}\right)\left(b+\dfrac{4}{a}\right)$의 최솟값을 구하시오.

29 실수 x, y에 대하여 $x^2+y^2=1$일 때, $2x+3y$의 최댓값과 최솟값을 구하시오.

30 실수 x, y, z에 대하여 $x^2+y^2+z^2=1$일 때, $|3x+2y+z|$의 최댓값을 구하시오.

▶ 연습문제 B는 앞에서 배운 중급 단계의 문제이므로 선생님의 도움 없이 스스로 풀어 자신의 실력을 점검해 보도록 하자.

01 다음 중 참인 명제를 모두 고르시오.

① $x^2 - 4x + 4 = (x-2)^2$

② $x^2 - 4x + 5 = (x+1)(x-5)$

③ 모든 실수 x에 대하여 $x^2 \geq 0$이다.

④ 소수는 모두 홀수이다.

⑤ $x+y$가 정수이면 x, y도 정수이다.

02 다음을 명제와 조건으로 구분하시오.

(1) 0은 음이 아닌 정수이다.

(2) x는 음이 아닌 정수이다.

(3) $2 > 3$

(4) $x > y$

03 조건 $-2 \leq x < 5$의 부정을 말하시오.

04 조건 '$x = y = z$'의 부정이 옳지 않은 것은?

① $x \neq y \neq z$

② $(x \neq y)$ 또는 $(y \neq z)$ 또는 $(z \neq x)$

③ x, y, z 중에 어떤 두 수는 서로 다르다.

④ x, y, z 중에 서로 다른 두 수가 존재한다.

⑤ x, y, z 중에 적어도 두 수는 다르다.

05 실수 전체의 집합 R에서의 조건 $p(x) : x^2 - 3x \leq 0$, $q(x) : x^2 + x - 2 > 0$에 대하여 조건 $\sim \{p(x)$이거나 $\sim q(x)\}$의 진리집합을 구하시오.

06 명제 '정사각형은 네 각이 직각이다.'의 가정과 결론을 말하시오.

07 전체집합 U에서의 조건 $p(x)$, $q(x)$의 진리집합을 각각 P, Q라 한다.
명제 '$p(x) \to q(x)$'가 참일 때, 다음 중 옳은 것을 모두 고르시오.

① $P \supset Q$ 　　② $P^C \cup Q = U$ 　　③ $P^C \supset Q^C$

④ $P \cap Q = Q$ 　　⑤ $P \cup Q^C = U$

08 다음 명제의 참, 거짓을 판별하시오.
(1) $xy > 0$이면 $x + y > 0$이다.
(2) $x = 1$이면 $x^2 + x - 2 = 0$이다.

09 두 조건 p, q가
$$p : |x-1| \le k, \quad q : |x-2| < 4$$
일 때, 명제 $p \to q$가 참이 되도록 하는 양의 정수 k의 최댓값을 구하시오.

10 전체집합 U에 대하여 세 조건 p, q, r의
진리집합을 각각 P, Q, R라 할 때, 세 집합
P, Q, R 사이의 포함관계가 오른쪽 그림과
같다고 한다. 이때 참인 명제를 모두 고르시오.

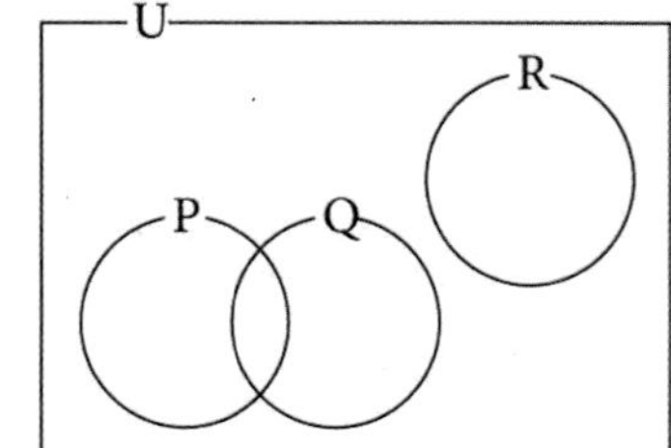

① $r \to \sim p$ 　② $q \to r$ 　③ $q \to \sim r$

④ $p \to r$ 　⑤ $q \to \sim p$

11 명제 '모든 실수 x에 대하여 $x^2+2ax+2a+3\geq0$이다.'가 참이 되게 하는 정수 a의 개수를 구하시오.

12 명제 '어떤 실수 x에 대하여 $x^2+kx+k+3=0$이다.'가 참이 되게 하는 양수 k의 최솟값을 구하시오.

13 다음 명제의 부정을 말하고 참, 거짓을 판별하시오.
(1) 모든 자연수 x에 대하여 $-x<0$이다.
(2) 어떤 정수 $x,\ y$에 대하여 $x+y>0$이다.

14 $a,\ b$가 유리수일 때, 명제 '$a+b\sqrt{2}=0$이면 $a=0$이고 $b=0$이다.'의 대우로 알맞은 것을 고르시오.
① $a=0$이고 $b=0$이면 $a+b\sqrt{2}=0$이다.
② $a+b\sqrt{2}\neq0$이면 $a\neq0$ 또는 $b\neq0$이다.
③ $a\neq0$이고 $b\neq0$이면 $a+b\sqrt{2}\neq0$이다.
④ $a\neq0$ 또는 $b\neq0$이면 $a+b\sqrt{2}\neq0$이다.
⑤ $a=0$ 또는 $b=0$이면 $a+b\sqrt{2}=0$이다.

15 다음 〈보기〉 중에서 명제의 역이 참인 것을 모두 고르시오.

〈 보기 〉
ㄱ. $x^3=1$이면 $x=1$이다.
ㄴ. $x\geq1$이고 $y\geq1$이면 $x+y\geq2$이다.
ㄷ. $x^2>0$이면 $x>0$이다.

16 명제 '$x+y \leq 0$이면 $x \leq -1$ 또는 $y \leq k$이다.'가 참이 되게 하는 상수 k의 최솟값을 구하시오.

17 세 명제 $p \to \sim q, \ \sim r \to q, \ \sim s \to \sim r$가 모두 참일 때, 다음 명제 중 참인 것은?

① $\sim p \to \sim s$ ② $\sim p \to s$ ③ $p \to s$

④ $s \to p$ ⑤ $\sim s \to p$

18 다음 사실로부터 내릴 수 있는 결론 중 참인 것은?

> Ⅰ. 빛깔이 선명하지 않은 꽃은 잎이 많지 않다.
> Ⅱ. 꽃송이가 작은 것은 봄에 핀다.
> Ⅲ. 빛깔이 선명한 꽃은 줄기가 길다.
> Ⅳ. 빛깔이 선명하지 않은 꽃은 봄에 피지 않는다.

① 꽃송이가 작은 꽃은 줄기가 길지 않다.

② 줄기가 긴 꽃은 잎이 많다.

③ 잎이 많은 꽃은 봄에 핀다.

④ 봄에 피지 않는 꽃은 줄기가 길지 않다.

⑤ 빛깔이 선명하지 않은 꽃은 꽃송이가 작지 않다.

19 네 조건 p, q, r, s에 대하여 $p \Rightarrow q, \ r \Rightarrow p, \ s \Rightarrow r, \ q \Rightarrow s$일 때, '$p$가 s이기 위한 ( )조건이다.'에서 ( ) 안에 알맞은 말을 쓰시오.

20 다음 $\square$ 안에 필요조건, 충분조건, 필요충분조건 중 알맞은 말을 써넣으시오.

   (1) a, b가 실수일 때, $ab \neq 0$은 $a \neq 0$이고 $b \neq 0$이기 위한 $\square$이다.

   (2) a, b가 실수일 때, $a^2 + b^2 \neq 0$은 $a \neq 0$이고 $b \neq 0$이기 위한 $\square$이다.

   (3) a, b가 실수일 때, $a < b$는 $|a-b| > a-b$이기 위한 $\square$이다.

21 세 조건 p, q, r가

   $p : 1 < x \leq 3, \quad q : x < a, \quad r : x \geq b$

일 때, $\sim p$는 $\sim r$이기 위한 필요조건이고, p는 q이기 위한 충분조건이다. 이때 이를 만족하는 정수 a, b에 대하여 $a-b$의 최솟값을 구하시오.

22 전체집합 U에 대하여 세 조건 p, q, r의 진리집합이 각각 P, Q, R이라 하자. 이때 p는 q이기 위한 충분조건이고, r은 q이기 위한 필요조건일 때, 다음 〈보기〉 중 옳지 않은 것을 고르시오.

> ──── 〈 보기 〉 ────
>
> ㄱ. $P \subset R$ ㄴ. $P \cup Q \subset R^C$ ㄷ. $P^C \cap R^C \subset Q^C$

23 명제 'a, b, c가 양의 정수일 때, $a^2 + b^2 = c^2$이면 a, b, c 중 적어도 하나는 짝수이다.'가 참임을 대우를 이용하여 증명하시오.

24 $\sqrt{2}$가 유리수가 아님을 귀류법을 이용하여 증명하시오.

25 $0 < a < 2$일 때, $2 - \sqrt{4-a^2}$ 과 $\dfrac{a^2}{5}$ 의 대소를 비교하시오.

26   실수 a, b, c에 대하여 부등식 $a^2 + b^2 + c^2 \geq ab + bc + ca$가 성립함을 증명하시오.

27   양수 x, y에 대하여 $5x^2 + 2y^2 = 10$일 때, xy의 최댓값을 구하시오.

28 $x > \dfrac{1}{2}$ 일 때, $2x + \dfrac{4}{2x-1}$ 의 최솟값을 구하시오.

29   실수 x, y에 대하여 $4x^2 + 9y^2 = 45$일 때, $4x + 3y$의 최댓값을 구하시오.

30   실수 x, y, z에 대하여 $x^2 + y^2 + z^2 = 5$이고, $ax + by + cz$의 최댓값이 $5\sqrt{2}$ 일 때, $a^2 + b^2 + c^2$의 값을 구하시오.

III 함수

P A R T

01

함수

명언

어리석은 자는 멀리서 행복을 찾고,
현명한 자는 자신의 발치에서 행복을 키워간다.
- 제임스 오펜하임 -

1 함수

→ 두 변수 x, y에 대하여 모든 x에 오직 한 개의 y가 정해질 때, y는 x의 **함수**라 하고 기호로 $y = f(x)$라 한다.

강의 y가 x의 함수이려면 모든 x에 오직 한 개의 y가 정해져야 한다!

조건 ① x · 빠 · 無 → x : 전부 사용

→ 대응에서 x는 빠지는 것이 없어야 한다.

조건 ② y · 꼭 · 일 → 1:1, 多:1 (○) → 1:多 (×)

→ 대응에서 y는 오직 한 개만 정해져야 한다.

無(없을 무) 多(많을 다)

기｜본｜예｜제 01

500원짜리 공책 x권을 샀을 때 지불해야 하는 금액을 y원이라 한다. 다음 표를 완성하고, y가 x의 함수인지 아닌지 말하시오.

x (권)	1	2	3	4
y (원)				

탐구 y가 x의 함수일 조건 → 모든 x에 오직 한 개의 y가 정해져야 한다.

풀이 표를 완성하면

x (권)	1	2	3	4
y (원)	500	1000	1500	2000

따라서 모든 x에 오직 한 개의 y가 정해지므로 y가 x의 함수이다.

정답 풀이 참조

유제 01-1 y는 x의 약수일 때, 다음 표를 완성하고 y가 x의 함수인지 아닌지 말하시오.

x	1	2	3	4
y				

유제 01-2 다음 중 y가 x의 함수인 것을 고르시오.

ㄱ 자연수 x의 배수 y

ㄴ 자연수 x와 서로소인 자연수 y

ㄷ 10보다 작은 자연수 x보다 큰 한 자리 자연수의 개수 y

2 함숫값

→ 함수 $y=f(x)$에서 x의 값에 따라 정해지는 y의 값을 x에 대한 **함숫값**이라 한다.

강의 $x=a$일 때의 함숫값은 $f(a)$로 나타낸다!

→ $y=f(x)$에서 $x=a$일 때의 함숫값 → $f(a)$

기|본|예|제 02

함수 $f(x)=2x+3$에 대하여 다음을 구하시오.

(1) $f(0)$　　　　(2) $f(1)$　　　　(3) $f\left(-\dfrac{1}{2}\right)$　　　　(4) $f(-2)$

탐구 $x=a$일 때의 함숫값 → $f(a)$

풀이 (1) $f(0)=2\times0+3=3$

(2) $f(1)=2\times1+3=5$

(3) $f\left(-\dfrac{1}{2}\right)=2\times\left(-\dfrac{1}{2}\right)+3=2$

(4) $f(-2)=2\times(-2)+3=-1$

정답 (1) 3　　　　(2) 5　　　　(3) 2　　　　(4) -1

유제 02-1 함수 $f(x)=\dfrac{10}{x}$에 대하여 다음을 구하시오.

(1) $f(1)$　　　　(2) $f(-2)$　　　　(3) $f(5)$　　　　(4) $f\left(\dfrac{1}{3}\right)$

유제 02-2 함수 $f(x)=4x-1$에 대하여 $f(a)=7$일 때, $f(b)=a$를 만족하는 상수 b의 값을 구하시오.

01 함수의 정의와 그래프

1 X에서 Y로의 함수

[1] X에서 Y로의 대응
  → 집합 X의 각 원소에 대하여 집합 Y의 원소가 정해지는 것을 X에서 Y로의 **대응**이라 한다.
  → 이때 집합 X의 원소 x에 집합 Y의 원소 y가 짝지어지면 x에 y가 대응한다고 하고 기호 $x \rightarrow y$와 같이 나타낸다.

[2] X에서 Y로의 함수
  → 집합 X의 각 원소에 대하여 집합 Y의 원소가 오직 한 개씩만 대응하는 것을 X에서 Y로의 **함수**라 한다.

강의 X에서 Y로의 대응은 X의 모든 원소에 Y의 원소가 정해지는 것이다!

조건 ① $X \cdot$ 빠 $\cdot$ 무　　　→ X : 전부 사용
  → 대응에서 X의 원소가 빠지는 것이 없어야 한다.

대응 $1 : 1$, 多 $: 1$, $1 :$ 多, 多 $:$ 多 $(\bigcirc)$

無(없을 무)　多(많을 다)

강의 X에서 Y로의 함수는 X의 모든 원소에 Y의 원소가 오직 한 개만 정해지는 것이다!

조건 ① $X \cdot$ 빠 $\cdot$ 무　　　→ X : 전부 사용
  → 대응에서 X의 원소가 빠지는 것이 없어야 한다.

조건 ② $Y \cdot$ 꼭 $\cdot$ 일
  → 대응에서 Y의 원소가 오직 한 개만 정해져야 한다.
  → 함수 $1 : 1$, 多 $: 1$ $(\bigcirc)$ → $1 :$ 多, 多 $:$ 多 $(\times)$

  주의 함수는 대응의 부분집합이다.
  → 함수 $\subset$ 대응

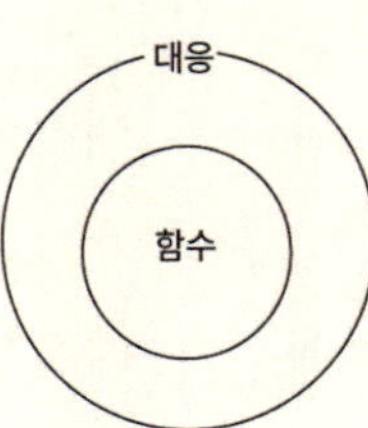

두 집합 $X = \{-2, -1, 0, 1, 2\}$, $Y = \{1, 2, 3, 4, 5\}$에 대하여 X에서 Y로의 함수가 아닌 것을 고르시오.

① $y = |x| + 1$ ② $y = 2x - 1$ ③ $y = x^2 + 1$

④ $y = x + 3$ ⑤ $y = -x + 3$

탐구 X에서 Y로의 함수일 조건 → 조건 1. X의 모든 원소에 대응

조건 2. Y의 원소 하나에만 대응

풀이   ② $y = 2x - 1$에 대하여 $x = -2, -1, 0$일 때, y의 값은 각각 $-5, -3, 1$이므로 공역 Y의 원소가 아니다. 따라서 X의 원소 중 세 원소 $-2, -1, 0$에 대하여 대응하는 원소가 존재하지 않으므로 함수가 아니다.

정답   ②

유제 01-1   다음 중 집합 X에서 집합 Y로의 함수가 아닌 것을 모두 고르시오.

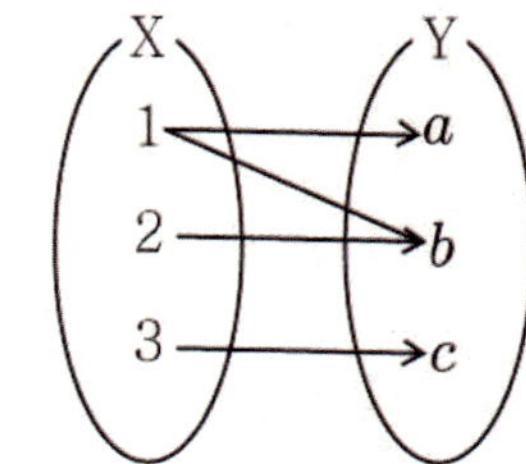

유제 01-2   두 집합 $X = \{2, 3, 4, 5\}$, $Y = \{1, 2, 3, 4, 5, 6\}$에 대하여 다음 중 $f : X \to Y$가 함수인 것은? (단, $x \in X$)

① x에 x의 양의 약수가 대응한다.

② x에 x의 양의 약수의 개수가 대응한다.

③ x에 x의 양의 배수가 대응한다.

④ x에 x의 15 이하의 양의 배수의 개수가 대응한다.

⑤ x에 x의 양의 약수의 총합이 대응한다.

→ 집합 X에서 집합 Y로의 함수 f를
$f:X{\rightarrow}Y$ 또는 $X\xrightarrow{f}Y$ 로 나타낸다.

이때 X를 함수 f의 **정의역**,
Y를 **공역**이라 한다.

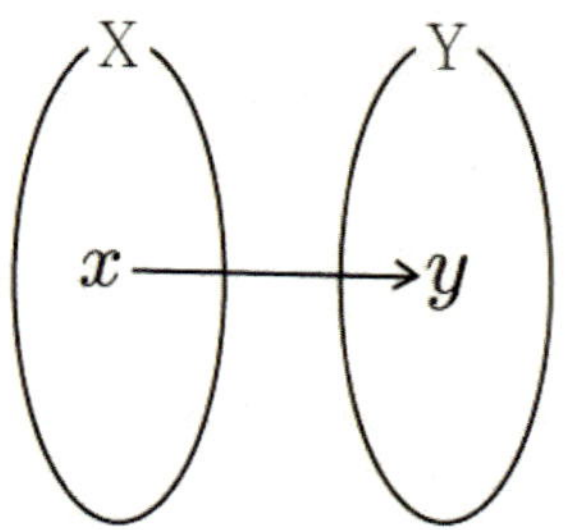

체크 **정의역과 공역**

→ 함수의 정의역이나 공역이 따로 주어지지 않을 때, 정의역은 함수가 정의되는 모든 실수의 집합
으로 보고, 공역은 실수 전체 집합으로 본다.

강의 **함수는 여러 가지 방법으로 표시된다!**

① 집합 이용 $f:X \rightarrow Y,\ X\xrightarrow{f}Y$

② 원소 이용 $f:x \rightarrow y,\ x\xrightarrow{f}y,\ y=f(x)$

주의 함수의 방향성

① $X\xrightarrow{f}Y \Rightarrow y=f(x) \rightarrow y$가 x의 함수

② $Y\xrightarrow{g}X \Rightarrow x=g(y) \rightarrow x$가 y의 함수

강의 **정의역은 함수의 그래프의 존재 범위를 의미한다!**

→ 그래프 연상

① 다항함수 $\rightarrow X : x$는 모든 실수

② 무리함수 $\rightarrow X : (\sqrt{\ }$ 속$)\geq0$인 모든 실수

③ 분수함수 $\rightarrow X : ($분모$) \neq 0$인 모든 실수

다음 함수의 정의역을 구하시오.

(1) $y = 2x - 3$ (2) $y = \dfrac{5}{x-3}$ (3) $y = \sqrt{x-3}$

탐구 그래프 연상 $\rightarrow$ 연속, 불연속 조사 $\rightarrow$ 판단

① 다항함수 $\rightarrow$ X : x는 모든 실수

② 무리함수 $\rightarrow$ X : $(\sqrt{\ }$ 속$) \geq 0$인 모든 실수

③ 분수함수 $\rightarrow$ X : (분모)$\neq 0$인 모든 실수

풀이 (1) $y = 2x - 3$: 다항함수 $\rightarrow$ 연속

$$\rightarrow X = \{x \,|\, x\text{는 모든 실수}\}$$

(2) $y = \dfrac{5}{x-3}$: 분수함수 $\rightarrow$ 불연속

$$\rightarrow X = \{x \,|\, x \neq 3 \text{인 모든 실수}\}$$

(3) $y = \sqrt{x-3}$: 무리함수 $\rightarrow$ $x - 3 \geq 0$인 범위에서 연속

$$\rightarrow X = \{x \,|\, x \geq 3 \text{인 모든 실수}\}$$

정답 (1) $\{x \,|\, x\text{는 모든 실수}\}$ (2) $\{x \,|\, x \neq 3 \text{인 모든 실수}\}$ (3) $\{x \,|\, x \geq 3 \text{인 모든 실수}\}$

유제 02-1 오른쪽 그림을 보고 집합 X에서 집합 Y로의 함수의 정의역과 공역을 구하시오.

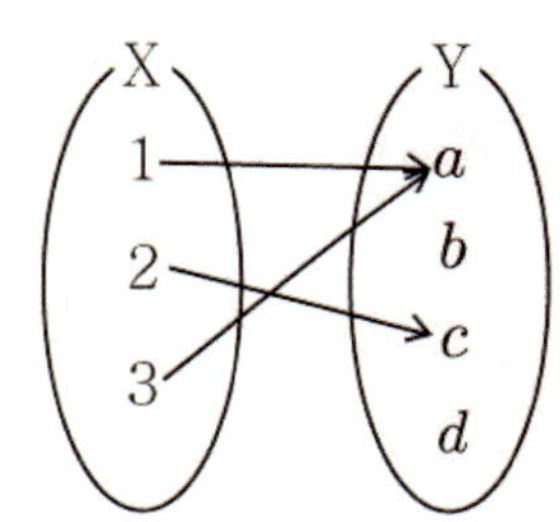

유제 02-2 다음 함수의 정의역을 구하시오.

(1) $y = x^2 - 2x$

(2) $y = \sqrt{4 - x^2}$

(3) $y = \dfrac{5}{(x+1)(x-2)}$

(1) 함숫값 전체의 집합을 함수 f의 **치역**이라 한다.

→ $f(X) = \{f(x) \mid x \in X\}$

(2) 함수 $f : X \to Y$의 치역은 공역 Y의 부분집합이다.

→ $f(X) \subset Y$

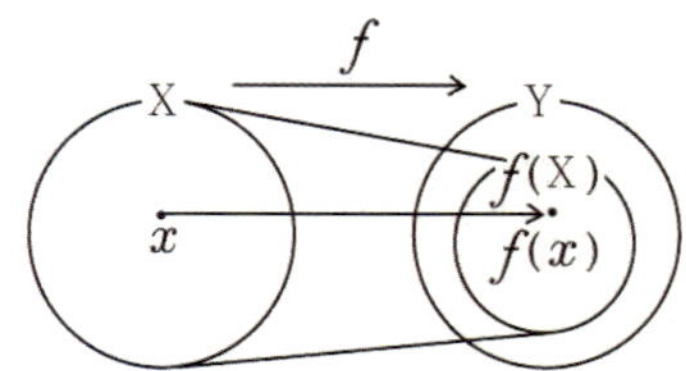
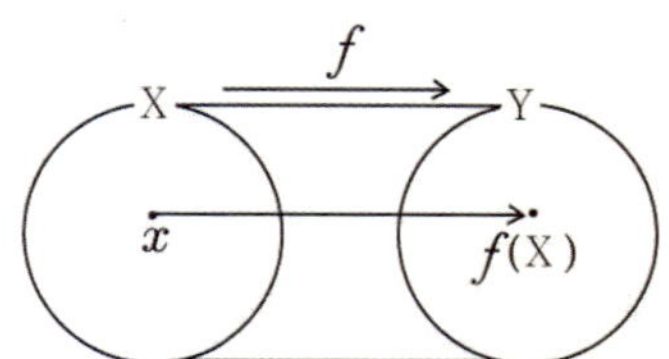

강의 공역 Y 중 사용된 것만을 치역 $f(X)$라 한다!

→ 함수 $f : X \to Y$, $y = f(x)$일 때

① 치역 : 함숫값 $f(x)$의 전체 집합

→ $f(X) = \{f(x) \mid x \in X\}$

② 치역 : Y 중 사용된 것만의 집합

→ $f(X) \subset Y$

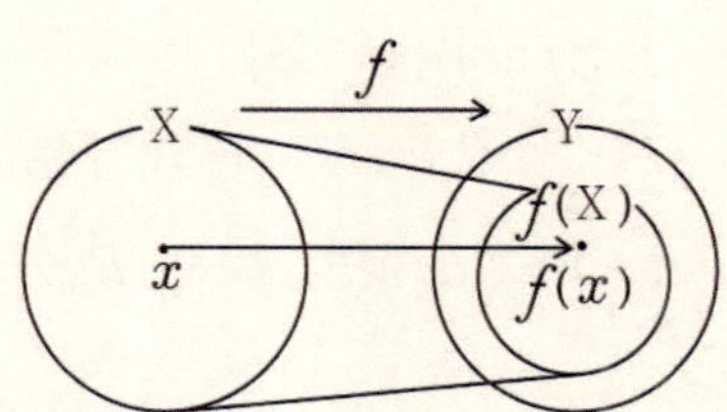

기 | 본 | 예 | 제 03

$N = \{n \mid 1 \le n \le 20,\ n\text{은 자연수}\}$이고 $f(n)$은 n의 양의 약수들의 총합이라 정의할 때, $f(n) = n+1$을 만족하는 함수의 정의역 X와 치역 $f(X)$을 구하시오.

탐구 소수는 1과 자신 외에는 약수를 갖지 않는 수

풀이 n이 소수이면 1과 자신 n만을 약수로 가지므로 $f(n) = n+1$을 만족한다. 따라서 정의역 $X = \{2, 3, 5, 7, 11, 13, 17, 19\}$이고 치역 $f(X) = \{3, 4, 6, 8, 12, 14, 18, 20\}$이다.

정답 $X = \{2, 3, 5, 7, 11, 13, 17, 19\}$, $f(X) = \{3, 4, 6, 8, 12, 14, 18, 20\}$

유제 03-1 집합 $X = \{0, 1, 2\}$를 정의역으로 하는 함수 $f : X \to Y$를 $f(x) = 2x^2 - 3$이라 정의할 때, 함수 f의 치역을 구하시오.

유제 03-2 임의의 자연수 n에 대하여 n의 양의 약수들의 총합을 $f(n)$이라 하자. 예를 들면, $f(3) = 1+3 = 4$, $f(4) = 1+2+4 = 7$이다. 다음 <보기> 중 옳지 않은 것을 고르시오.

> ── 〈 보기 〉 ──
> ㄱ. $f(10) = 18$
> ㄴ. $f(n) = n+1$이면 n은 소수이다.
> ㄷ. 임의의 자연수 $m,\ n$에 대하여 $f(mn) = f(m)f(n)$이다.

[1] 순서쌍 : (x, y)

→ X의 한 원소 x와 Y의 한 원소 y를 취하여 순서를 생각해서 만든 x와 y의 쌍 (x, y)를 **순서쌍**이라 한다.

[2] 곱집합 $X \times Y$

→ 곱집합 $X \times Y$는 $x \in X$, $y \in Y$인 모든 순서쌍 (x, y)의 집합을 X, Y의 **곱집합**이라 한다.

→ $X \times Y = \{(x, y) \mid x \in X, y \in Y\}$

[3] 그래프 : G

(1) 함수 $f : X \rightarrow Y$, $y = f(x)$에서 변수 x와 함숫값 $f(x)$의 순서쌍 $(x, f(x))$의 전체의 집합을 함수 $y = f(x)$의 **그래프**라 한다.

　→ $G = \{(x, f(x)) \mid x \in X\}$

(2) 그래프 G는 곱집합 $X \times Y$의 **부분집합**이다.

　→ $X \subset R$, $Y \subset R$이면, G는 $R \times R$, 즉 R^2의 부분집합이다.

체크 그래프 G의 기하학적 표시

　➜ $G = \{(x, f(x)) \mid x \in X\}$의 원소들을 좌표평면 위에 점으로 나타낸 것을 그래프 G의 기하학적 표시라 한다.

　➜ 우리가 보통 사용하는 '그래프'란 말은 그래프의 기하학적 표시에 의해 나타난 '도형'을 말한다.

강의 곱집합은 모든 순서쌍의 집합이고, 그래프는 순서쌍 $(x, f(x))$의 집합이다!

(1) 곱집합

　→ 곱집합 = {모든 순서쌍}

　→ $X \times Y = \{(x, y) \mid x \in X, y \in Y\}$

(2) 그래프 G

　→ 그래프 = {x와 $f(x)$의 순서쌍}

　→ $G = \{(x, f(x)) \mid x \in X\}$

　→ $G \subset X \times Y \rightarrow G \subset R \times R \rightarrow G \subset R^2$ (R : 실수의 집합)

주의 우리가 일반적으로 말하는 함수의 그래프라는 것은 그래프 G를 좌표평면 위에 도시한 것이다.

다음은 함수 $f : X \to Y$를 그림으로 나타낸 것이다.

(1) 곱집합 $X \times Y$를 구하시오.

(2) 그래프 G를 구하시오.

(3) 그래프 G를 좌표평면 위에 나타내시오.

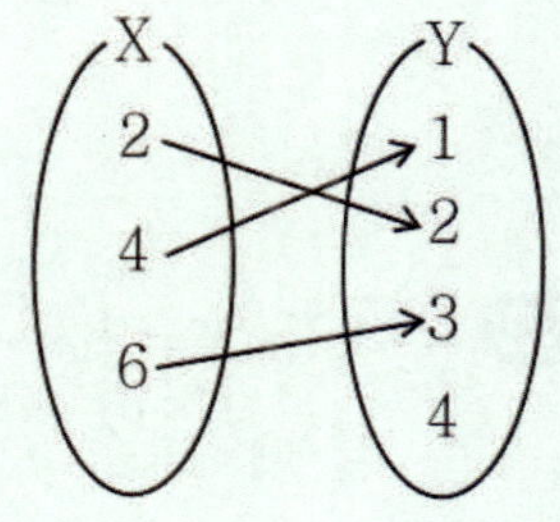

탐구

① 곱집합 $X \times Y = \{(x, y) \mid x \in X, y \in Y\}$

② 그래프 $G = \{(x, f(x)) \mid x \in X\}$

풀이

(1) 곱집합 $X \times Y = \{(x, y) \mid x \in X, y \in Y\}$이므로

$$X \times Y = \{(2,1), (2,2), (2,3), (2,4), (4,1), (4,2), (4,3), (4,4), (6,1),$$
$$(6,2), (6,3), (6,4)\}$$

(2) 그래프 $G = \{(x, f(x)) \mid x \in X\}$이므로

$$G = \{(2, 2), (4, 1), (6, 3)\}$$

(3) 그래프 G를 좌표평면 위에 나타내면 다음과 같다.

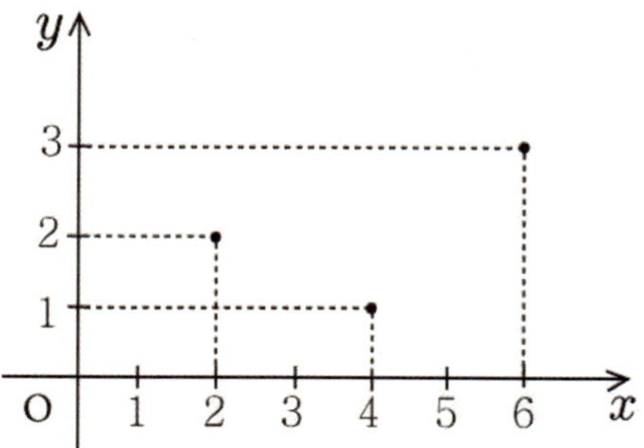

정답

(1) $X \times Y = \{(2,1), (2,2), (2,3), (2,4), (4,1), (4,2), (4,3), (4,4), (6,1),$
$(6,2), (6,3), (6,4)\}$

(2) $G = \{(2, 2), (4, 1), (6, 3)\}$

(3)

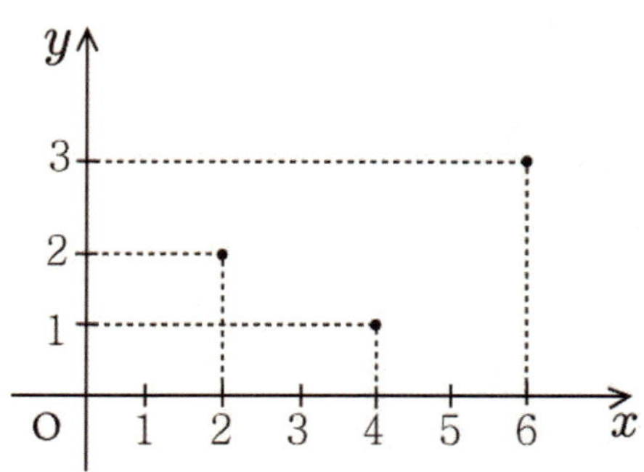

유제 04-1 두 집합 $X=\{x\,|\,1\leq x\leq 5,\ x$는 정수$\}$, $Y=\{y\,|\,1\leq y\leq 10,\ y$는 정수$\}$에 대하여 함수 $f:X\to Y$가 $f(x)=2x-1$일 때, 함수 $f(x)$의 그래프 G를 구하시오.

유제 04-2 집합 $X=\{x\,|\,-2\leq x\leq 2,\ x$는 정수$\}$에 대하여 함수 $f:X\to X$가 $f(x)=x^2-2$일 때, 함수 $f(x)$의 그래프 G를 좌표평면 위에 나타내시오.

강의 **함수의 그래프는 y축 평행선을 그으면 한 점에서 만난다!**

→ 함수 $f:X\to Y$일 때

→ y축 평행선
$$\begin{cases} 1점 \ 교차 \to 함수\ (\bigcirc) \\ 多점 \ 교차 \to 함수\ (\times) \end{cases}$$

多(많을 다)

기|본|예|제 05

다음 중 함수의 그래프가 아닌 것을 고르시오.

① 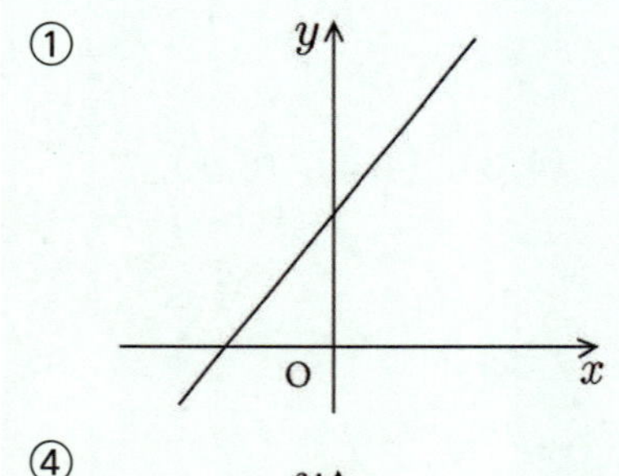
② 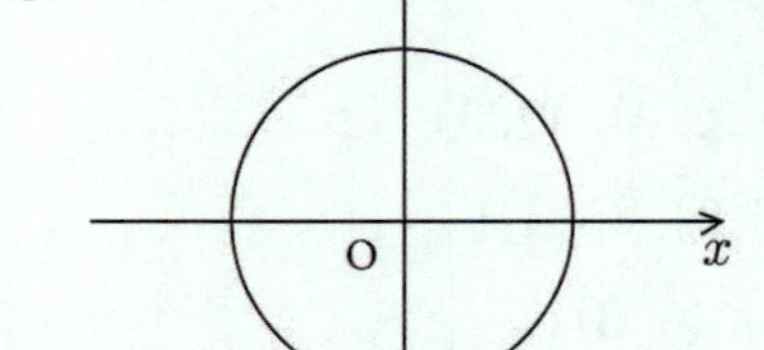
③ 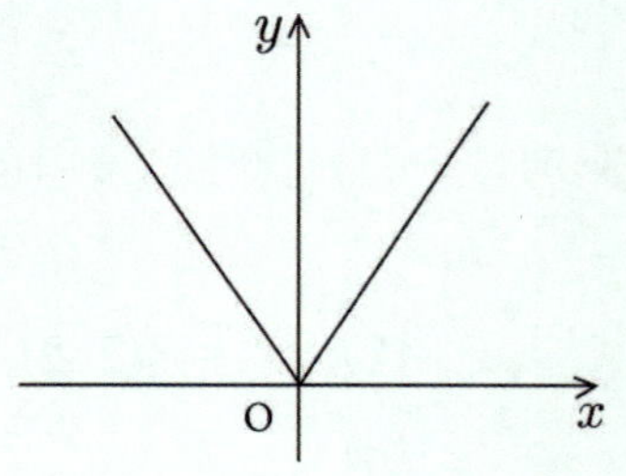

④ 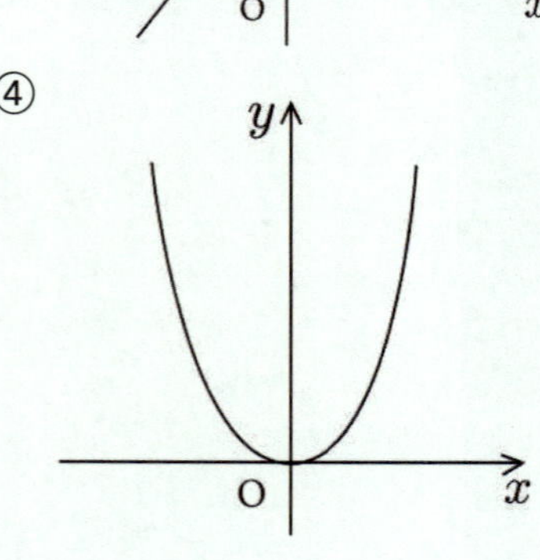
⑤ 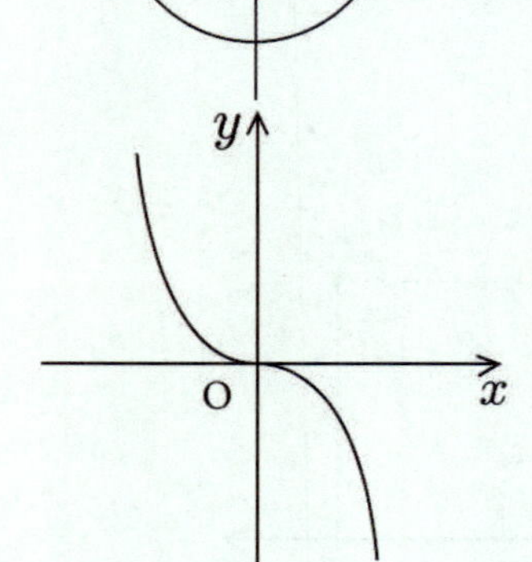

탐구 함수 $y=f(x)$의 그래프 → y축 평행선과의 교점이 한 개인 것을 찾는다.

풀이 ② y축에 평행한 직선과 두 점에서 만나므로 함수가 아니다.

정답 ②

 다음 중 함수의 그래프인 것을 모두 고르시오.

① 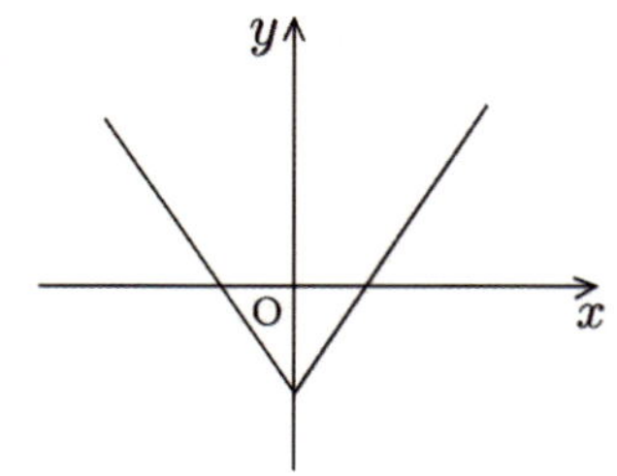　② 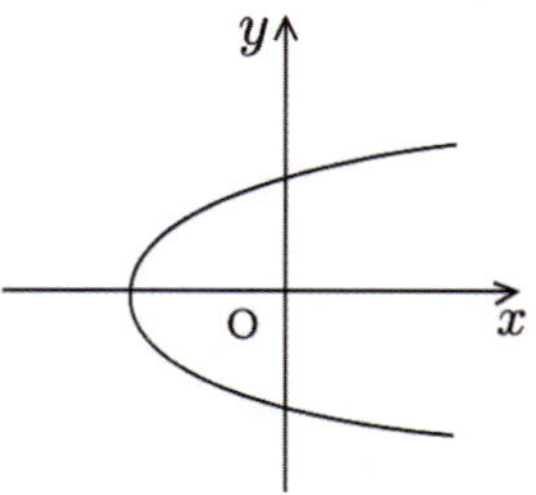　③ 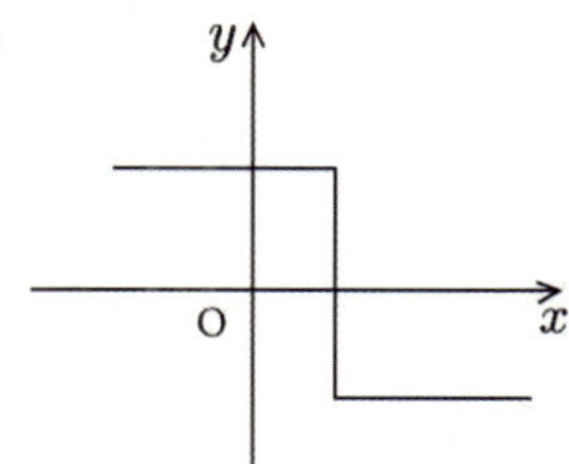

④ 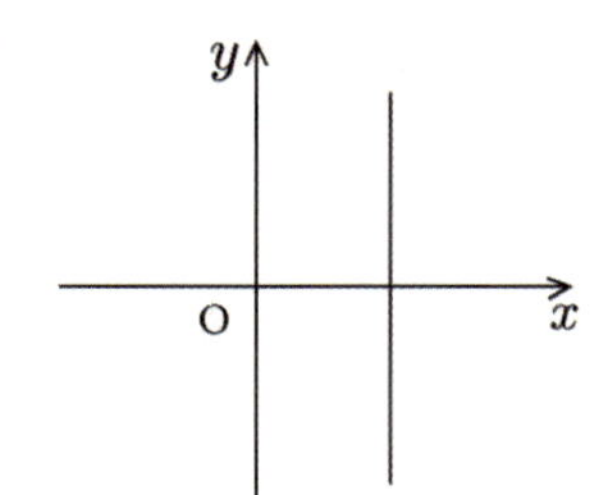　⑤ 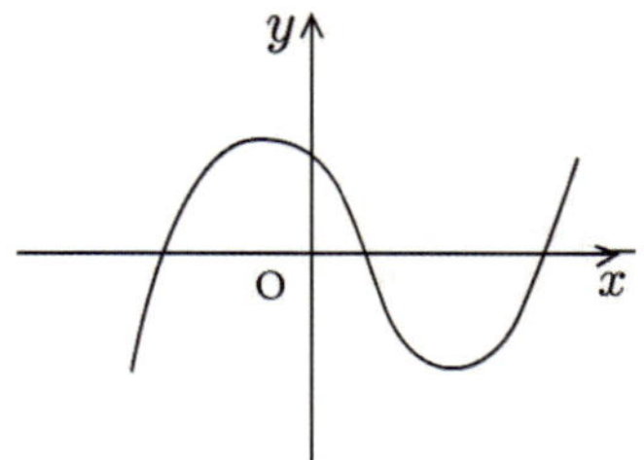

 다음 중 함수의 그래프인 것을 모두 고르시오.

① 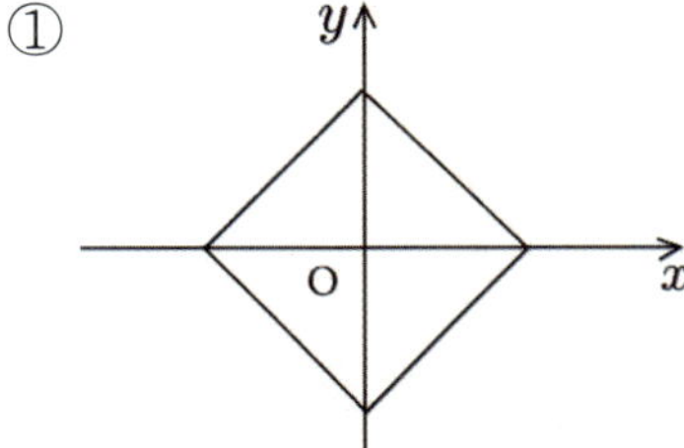　② 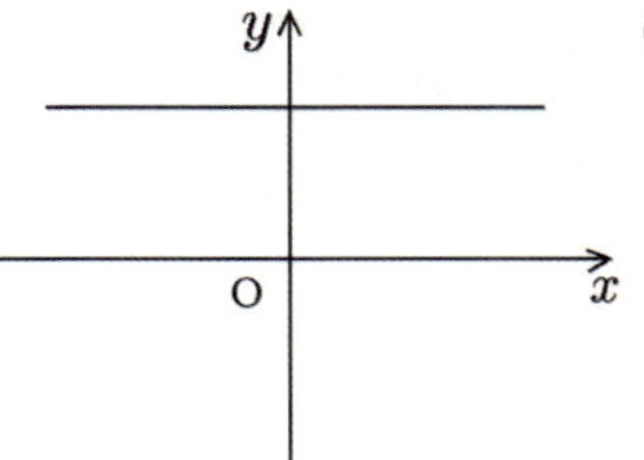　③ 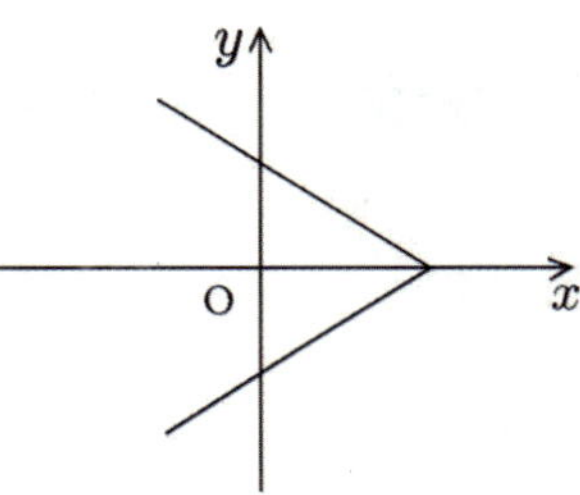

④ 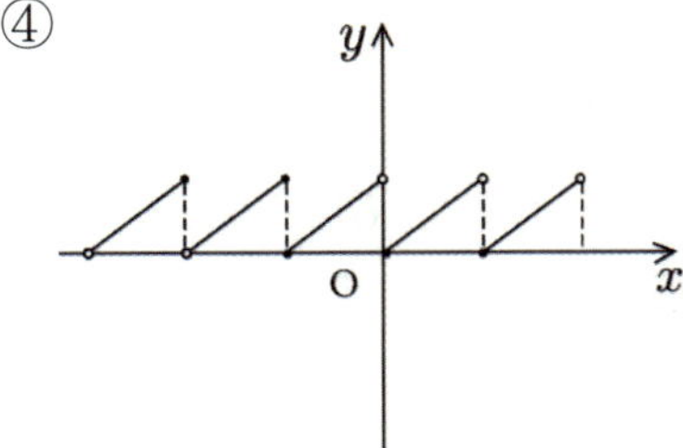　⑤ 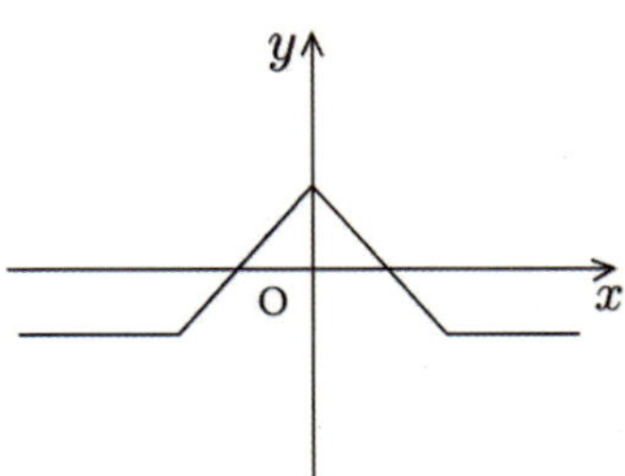

→ 두 함수 $f : X \to Y$, $g : U \to V$가 서로 같은 함수일 조건

(1) $X = U$ (정의역이 서로 같다.)

(2) $x \in X$이면 $f(x) = g(x)$ (함숫값이 서로 같다.)

강의 서로 같은 함수는 정의역도 같고 함숫값도 같아야 한다.

$$\left.\begin{array}{l} f : X \to Y \\ g : U \to V \end{array}\right] \to 상등 \ f = g$$

조건 ① 정의역 同 $(X = U)$

조건 ② 함숫값 同 $(f(x) = g(x))$ ⇄ 치역 同

同(같을 동)

기 | 본 | 예 | 제 06

집합 X를 정의역으로 하는 두 함수를 $f(x) = x^3 - 2x^2 - 1$, $g(x) = x^2 - 2x - 1$라 할 때, $f(x)$와 $g(x)$가 서로 같은 함수가 되도록 하는 집합 X를 모두 구하시오.

탐구 ① 함숫값 同 $f(x) = g(x)$ ② 정의역 同 X

풀이 $f(x)$와 $g(x)$가 서로 같은 함수가 되려면 함숫값이 같아야 하므로

$$x^3 - 2x^2 - 1 = x^2 - 2x - 1 \qquad x^3 - 3x^2 + 2x = 0$$

$$x(x-1)(x-2) = 0 \qquad\qquad \therefore x = 0, 1, 2$$

따라서 집합 X는 $\{0, 1, 2\}$의 공집합이 아닌 부분집합이므로

$$\{0\}, \ \{1\}, \ \{2\}, \ \{0, 1\}, \ \{0, 2\}, \ \{1, 2\}, \ \{0, 1, 2\}$$

정답 $\{0\}$, $\{1\}$, $\{2\}$, $\{0, 1\}$, $\{0, 2\}$, $\{1, 2\}$, $\{0, 1, 2\}$

유제 06-1 집합 X를 정의역으로 하는 두 함수 f, g가

$$f : x \to x^3 - 3x^2 + 3x - 4 \ , \ g : x \to -x^2 + 4x - 6$$

이라 할 때, $f = g$를 만족하는 집합 X의 개수를 구하시오.

유제 06-2 집합 $X = \{-1, 0, 1\}$을 정의역으로 하는 두 함수 $f(x) = ax + 1$, $g(x) = x^3 + b$에 대하여 $f(x)$와 $g(x)$가 서로 같은 함수일 때, 상수 a, b의 값을 구하시오.

02 여러 가지 함수

 일대일함수와 일대일대응인 함수

[1] 일대일함수

→ 함수 $f : X \rightarrow Y$에서 정의역 X의 임의의 원소 x_1, x_2에 대하여 $x_1 \neq x_2$이면 $f(x_1) \neq f(x_2)$가 성립할 때, 이 함수 f를 **일대일함수**라 한다.

[2] 일대일대응인 함수

→ 함수 $f : X \rightarrow Y$가 일대일함수이고, 치역과 공역이 같을 때, 이 함수 f를 **일대일대응**이라 한다.

> **체크** 공역을 밝히지 않은 함수가 일대일함수일 때, 치역을 공역으로 보면 정의역과 치역 사이의 일대일대응이 된다.

강의 **일대일함수는 1:1 만으로 구성된 함수이다!**

① 일대일함수의 정의

→ 1:1 구성인 함수 → 단사함수

② 일대일함수일 조건

→ $x_1 \neq x_2$이면 $f(x_1) \neq f(x_2)$인 함수

→ 대우 $f(x_1) = f(x_2)$이면 $x_1 = x_2$인 함수

기|본|예|제 07

다음 중 일대일함수를 고르시오.

① 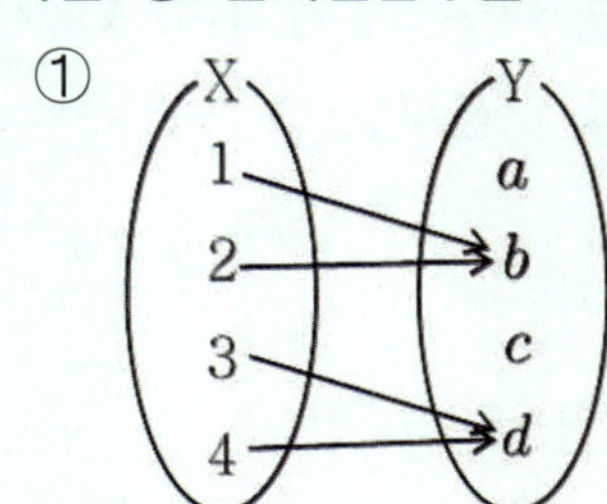 ② 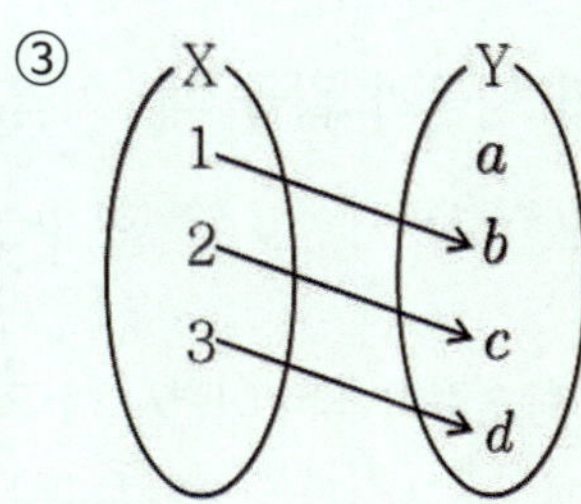 ③ 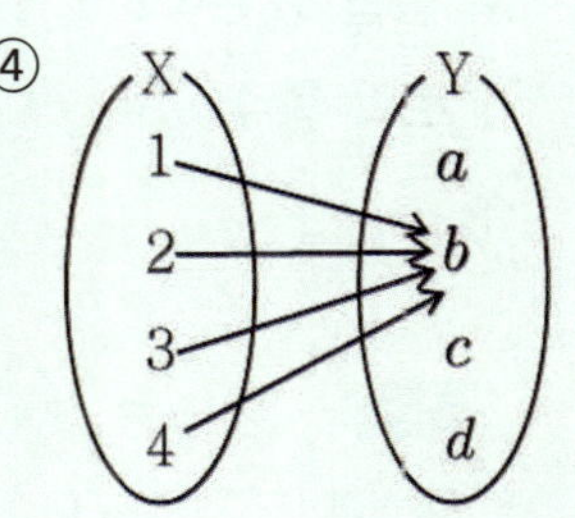 ④

탐구 일대일함수일 조건 (1) 함수 → 1:1, 多:1 (2) 일대일함수 $x_1 \neq x_2$이면 $f(x_1) \neq (x_2)$ → 1:1

풀이 함수는 X에 빠진 것이 없어야 하므로

　i) 함수인 것 : ①, ③, ④

　ii) 일대일함수 $x_1 \neq x_2$이면 $f(x_1) \neq (x_2)$: ③

따라서 일대일함수인 것은 ③이다.

정답 ③

 다음 함수가 일대일함수인지 조사하시오.

(1) $y = 2x + 5$　　　　　　　(2) $y = x^2 - 1$

 집합 $X = \{1, 2, 3, 4\}$에 대하여 함수 $f : X \to Y$가 다음과 같이 정의될 때, 일대일함수인 것을 고르시오.

① $Y = \{1\}$, $f(x) = 1$
② $Y = \{1, 2, 3, 4\}$, $f(x) = (x$의 양의 약수의 개수$)$
③ $Y = \{1, 3, 4, 5\}$, $f(x) = (x$의 약수의 총합$)$
④ $Y = \{y \mid y$는 자연수$\}$, $f(x) = (x$의 배수$)$
⑤ $Y = \{y \mid y$는 실수$\}$, $f(x) = x + 1$

강의 **치역과 공역이 같은 함수는 Y가 전부 사용된 함수이다!**

→ 공역 Y가 전부 사용된 함수 → 전사함수
→ $f : X \to Y$　　→ 조건 $f(X) = Y$

기 | 본 | 예 | 제 08

두 집합 $X = \{x \mid 1 \leq x \leq 100, \ x$는 자연수$\}$, $Y = \{y \mid 1 \leq y \leq 200, \ y$는 짝수$\}$에 대하여 X에서 Y로의 함수 $y = f(x)$가 다음과 같을 때, 치역과 공역이 같은 함수를 모두 고르시오.

① $y = x$　　　② $y = 2x$　　　③ $y = 3x$　　　④ $y = 2|x|$　　　⑤ $y = x^2$

탐구　$y = f(x)$의 함숫값이 짝수이면서 Y의 원소가 모두 사용된 함수를 찾는다.

풀이　② $f(x) = 2x$의 함숫값을 조사하면
$$f(1) = 2, \ f(2) = 4, \ f(3) = 6, \ \cdots, \ f(100) = 200$$
④ $f(x) = 2|x|$의 함숫값을 조사하면
$$f(1) = 2, \ f(2) = 4, \ f(3) = 6, \ \cdots, \ f(100) = 200$$
그러므로 치역과 공역이 같은 함수는 ②, ④이다.

정답　②, ④

유제 **08-1** 두 집합 $X=\{x \,|\, 1 \leq x \leq 10, x$는 자연수$\}$, $Y=\{y \,|\, 1 \leq y \leq 30, y$는 3의 배수$\}$
에 대하여 X에서 Y로의 함수 $y=f(x)$가 다음과 같을 때, 치역과 공역이 같은 함수를 고르시오.

① $y=3x$ 　② $y=6x$ 　③ $y=9x$ 　④ $y=3|x|$ 　⑤ $y=3x^2$

유제 **08-2** 두 집합 $X=\{1, 2, 3, 4, 5, 6\}$, $Y=\{1, 2, 3\}$에 대하여 X에서 Y로의 함수
$$f : (a, b) \rightarrow a \quad (단, \ a+b=7, \ a<b)$$
일 때, 함수 f의 공역 Y가 전부 사용되었음을 그림으로 나타내시오.

강의 일대일대응인 함수는 일대일함수이면서 치역과 공역이 같은 함수이다!

(1) 일대일대응인 함수의 정의

→ 일대일함수이면서 치역과 공역이 같은 함수

→ 단사함수이면서 전사함수인 함수 → 전단사함수

(2) 일대일대응인 함수일 조건

조건 ① $x_1 \neq x_2$이면 $f(x_1) \neq (x_2)$ → 단사함수

조건 ② $f(X) = Y$ (공역 Y가 전부 사용) → 전사함수

⎤ → 전단사함수

기 | 본 | 예 | 제 09

두 집합 $X=\{x \,|\, -2 \leq x \leq 1\}$, $Y=\{y \,|\, 1 \leq y \leq 7\}$에 대하여 X에서 Y로의 함수
$f(x)=ax+b$가 일대일대응일 때, $b-a$의 값을 구하시오. (단, $a>0$)

탐구 $a>0$일 때 $f(x)$가 일대일대응 → $f(-2)=1$, $f(1)=7$

풀이 $a>0$이고 $f(x)$가 일대일대응이므로
$$f(-2)=-2a+b=1 \ \cdots \ ①$$
$$f(1)=a+b=7 \quad \cdots \ ②$$
①, ②를 연립하여 a, b를 구하면
$$a=2, \ b=5$$
따라서 $b-a$의 값을 구하면
$$b-a=5-2=3$$

✔ **정답** 3

두 집합 $X=\{x\,|-1 \leq x \leq a\}$, $Y=\{y\,|-5 \leq y \leq 7\}$에 대하여 X에서 Y로의 함수 $f(x)=2x+b$가 일대일대응일 때, 상수 a, b의 값을 구하시오. (단, $a > -1$)

함수 $f : R \to R$가 $f(x) = \begin{cases} \dfrac{1}{2}x+2 \ (x \geq 2) \\ x+a \ (x < 2) \end{cases}$ 로 정의될 때, 함수 $f(x)$가

일대일대응이 되게 하는 상수 a의 값을 구하시오.

강의 **일대일함수의 그래프 판정은 함수의 조건과 일대일함수의 조건을 조사해야 한다!**

조건 ① y축 평행선 $\begin{cases} \text{1점교차} \to \text{함수 (○)} \\ \text{多점교차} \to \text{함수 (×)} \end{cases}$

조건 ② x축 평행선 $\begin{cases} \text{1점교차} \to \text{일대일함수 (○)} \\ \text{多점교차} \to \text{일대일함수 (×)} \end{cases}$

多(많을 다)

기│본│예│제 10

다음 함수의 그래프 중에서 일대일대응인 것을 고르시오.

① 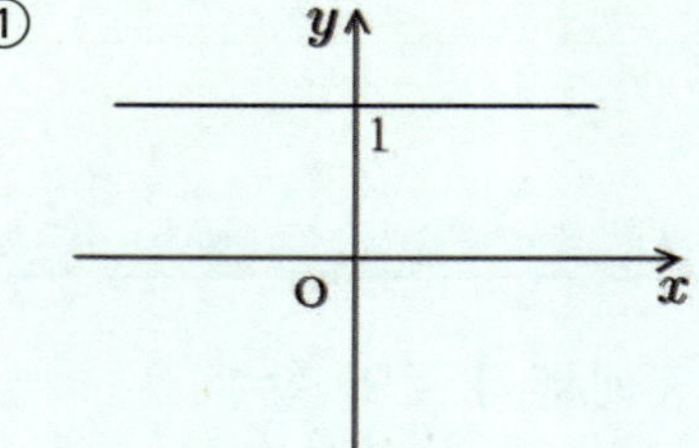   ② 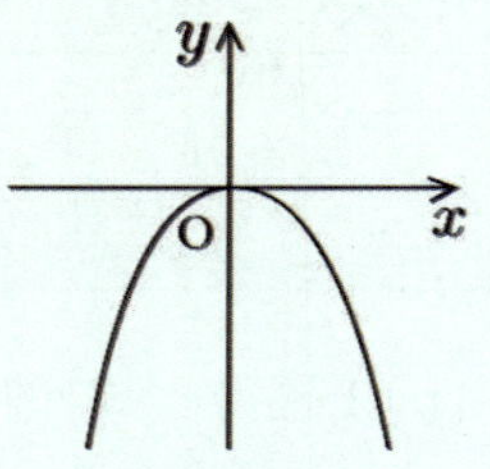   ③ 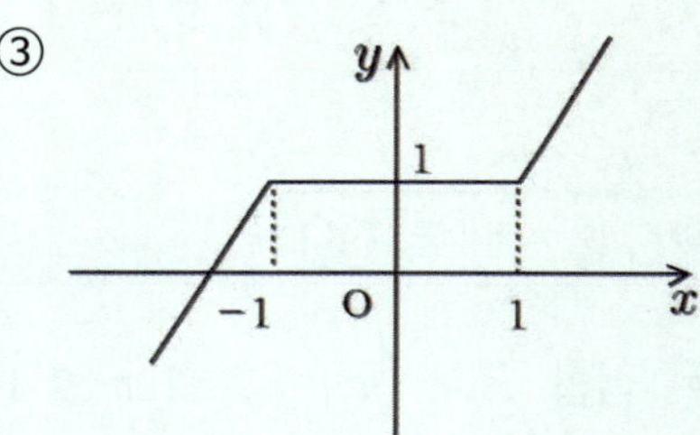

④ 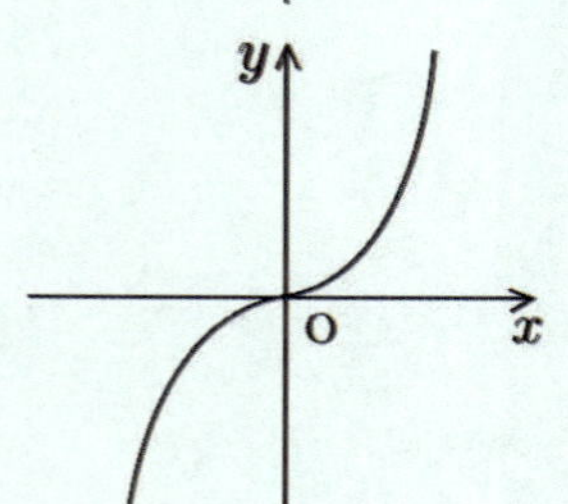   ⑤ 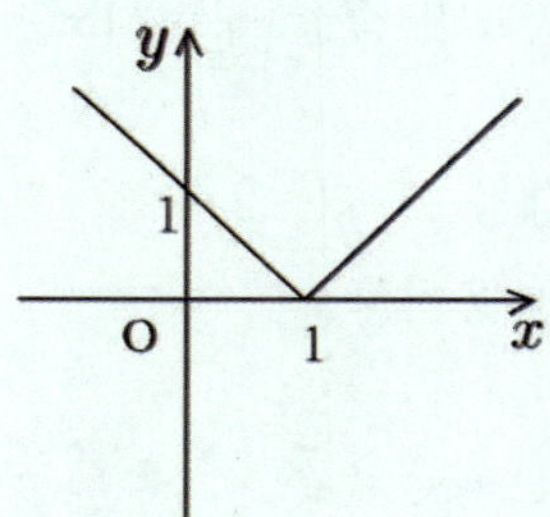

탐구 일대일대응의 그래프 → x축 평행선과 1점 교차, 치역 = 공역

풀이 주어진 그래프는 y축에 평행한 직선과의 교점의 개수가 항상 1개이므로 모두 함수이고 그 중 ④는 x축에 평행한 직선과의 교점의 개수가 항상 1개이므로 일대일대응이다.

정답 ④

 다음 그림으로 나타낸 대응 중에서 일대일대응인 것을 고르시오.

① 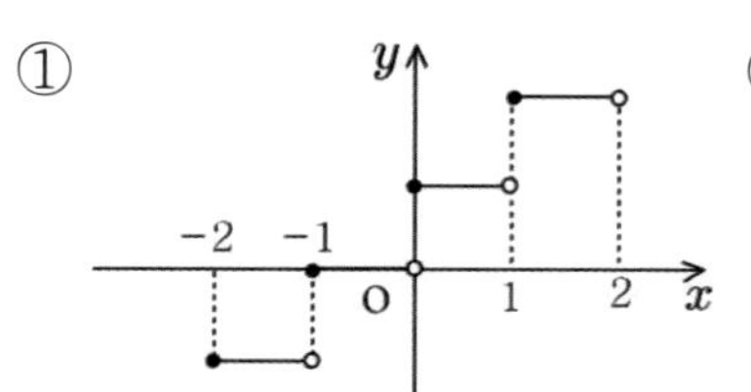
② 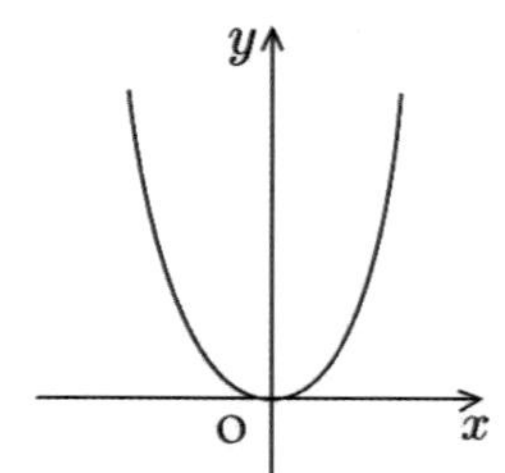
③ 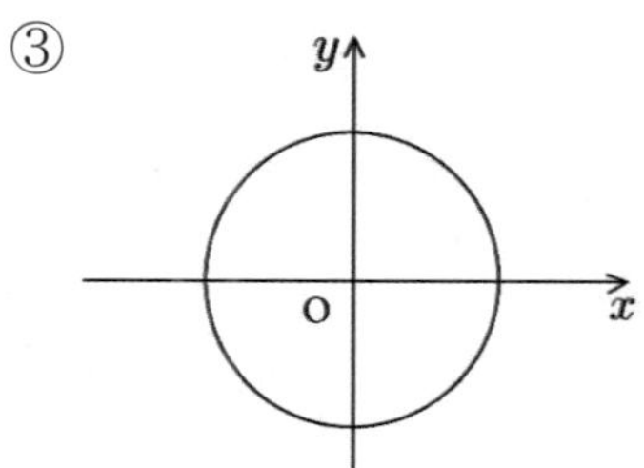

④ 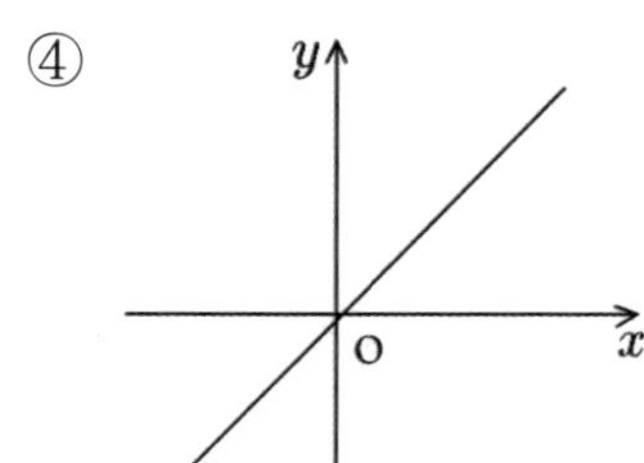
⑤ 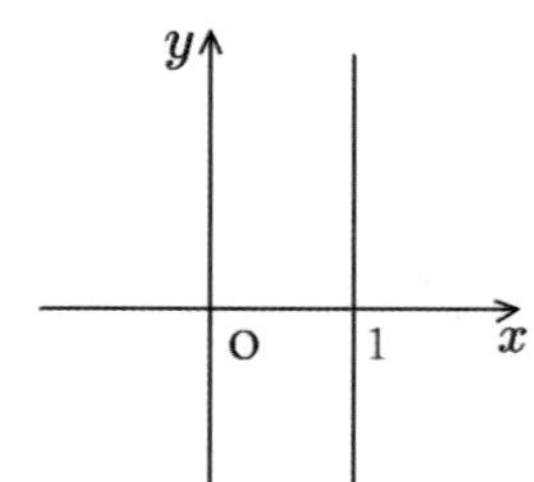

 다음 그래프 중 일대일함수이지만 일대일대응은 아닌 것을 고르시오.

① 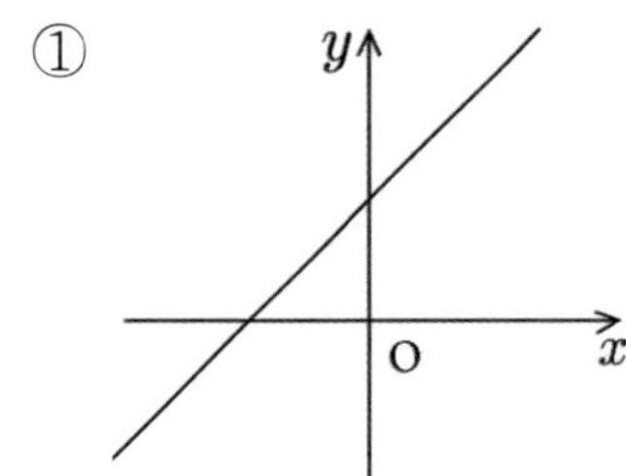
② 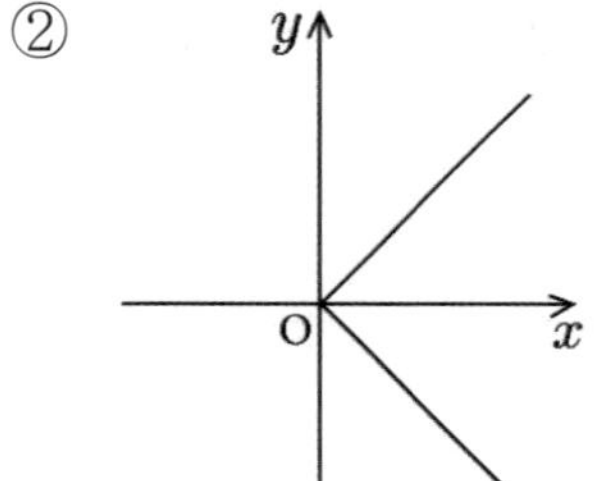
③ 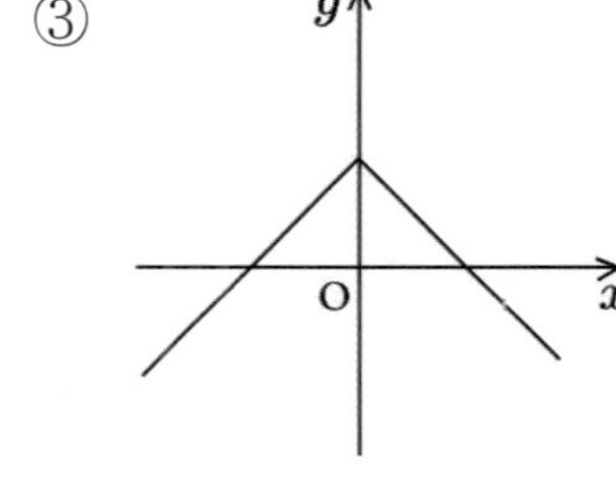

④ 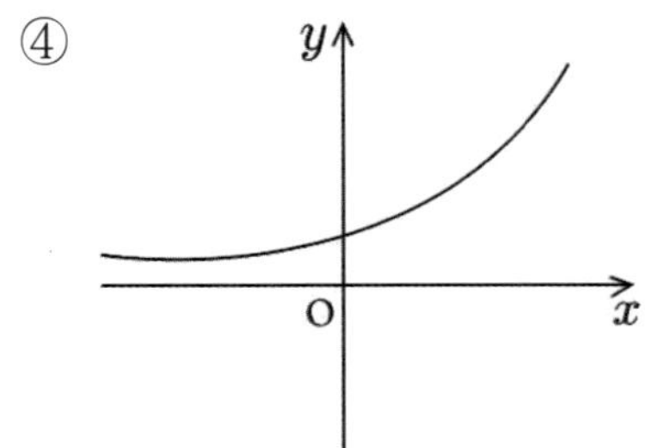
⑤ 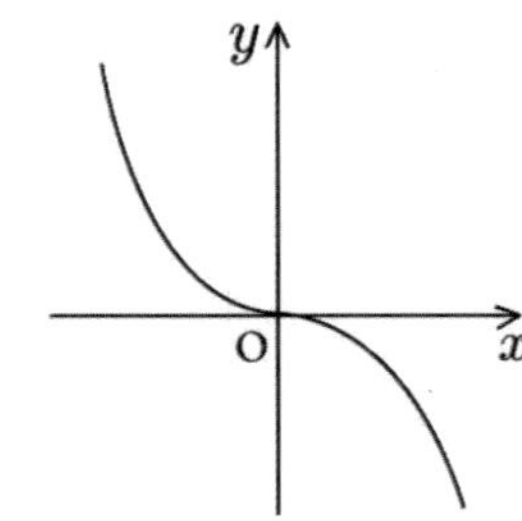

→ 함수 $f: X \to X$에서 정의역 X의 모든 원소 x에 대하여 $f(x) = x$일 때, 이 함수 f를 **항등함수**라 한다.

→ $f: X \to X,\ f(x) = x$

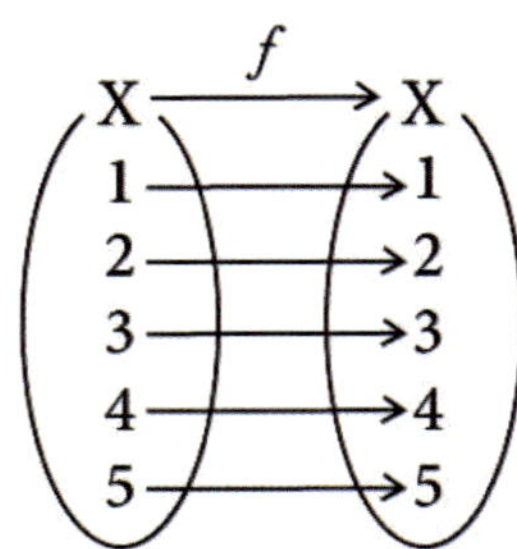

> **체크** 집합 X위의 항등함수는 X와 X 사이의 일대일대응이다.

강의 항등함수가 되려면 정의역과 공역이 같아야 하고, $f(x) = x$인 기능을 가져야 한다!

→ $f: X \to Y$

조건 ① 정의역 = 공역 → $X = Y$

조건 ② 기능 $f(x) = x$

$$\uparrow \qquad \downarrow$$
$$\star \qquad \star$$
$$\infty \qquad \infty$$
$$2 \qquad 2$$
$$a \qquad a$$
$$\vdots \qquad \vdots$$

→ 항등함수 $I: X \to X,\ I(x) = x$

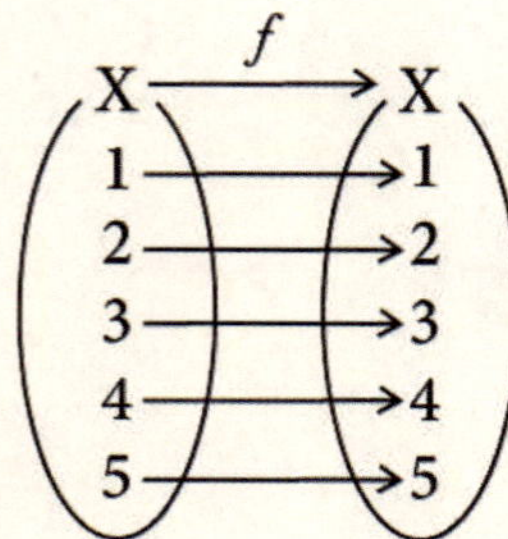

실수 전체의 집합에서 정의된 다음 함수 중 항등함수를 고르시오.

① $y = 2x - 1$ ② $y = x$ ③ $y = 1 - x$ ④ $y = 2$

탐구　항등함수의 기능 → $f(x) = x$

풀이　② 실수 전체의 집합을 정의역으로 하는 다항함수 중 항등함수는 $y = x$이다.

정답　②

유제 11-1　다음에서 항등함수인 것을 고르시오.

(1) 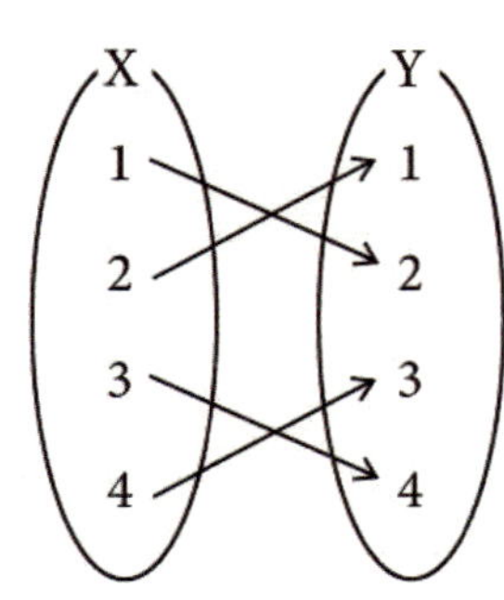　(2) 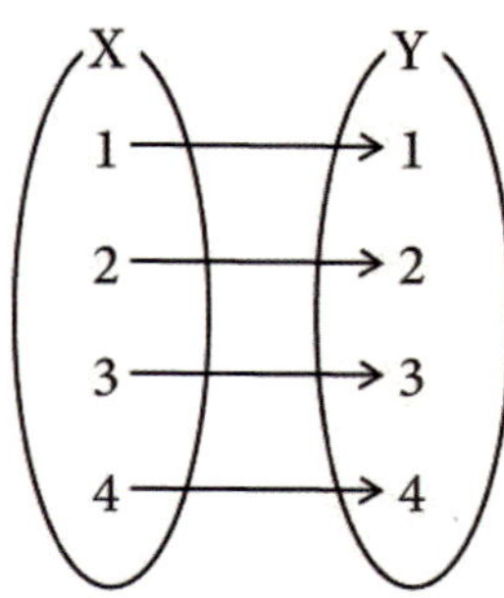

유제 11-2　집합 $X = \{x \mid 1 \leq x \leq 10, \ x$는 자연수$\}$에 대하여 함수 $f : X \to X$가 항등함수일 때, 이 함수의 치역의 모든 원소의 합을 구하시오.

유제 11-3　함수 $f : X \to X$가 항등함수일 때, 다음의 값을 구하시오.

(1) $f(-2) + f(10)$

(2) $f(5) - f(-5)$

(3) $f(2025) \times f(0)$

→ 함수 $f: X \to Y$에 대하여 정의역 X의 모든 원소가 공역 Y의 한 원소에 대응할 때, 즉 f의 치역이 한 원소만으로 이루어진 집합일 때, 이 함수 f를 **상수함수**라 한다.

→ $f: X \to Y$, $f(x) = c$ (단, c는 상수)

강의　**상수함수의 기능은 $f(x) = c$ 이다!**

→ 기능 $f(x) = c \to$ 치역의 원소 1개

$$
\begin{array}{cc}
\uparrow & \downarrow \\
\star & c \\
\infty & c \\
2 & c \\
a & c \\
\vdots & \vdots
\end{array}
$$

기 | 본 | 예 | 제 **12**

집합 $X = \{0, 1\}$이라 할 때, $f: X \to Y$에 대하여 $f(x) = x^2 - ax - 3$이 상수함수가 되게 하는 a의 값을 구하시오.

탐구　상수함수의 기능 $\to f(x) = c$

풀이　$f(0) = -3$이므로 $f(x)$가 상수함수가 되려면 $f(1)$도 -3이어야 한다.

따라서 $1 - a - 3 = -3$에서 $a = 1$이다.

정답　1

유제 12-1　다음에서 상수함수인 것을 고르시오.

(1)

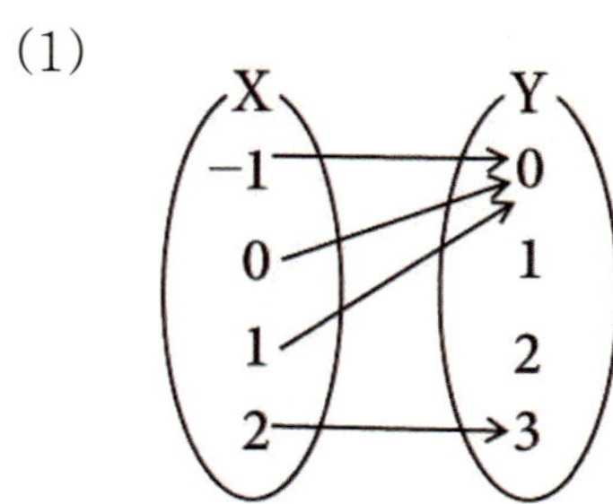

(2)

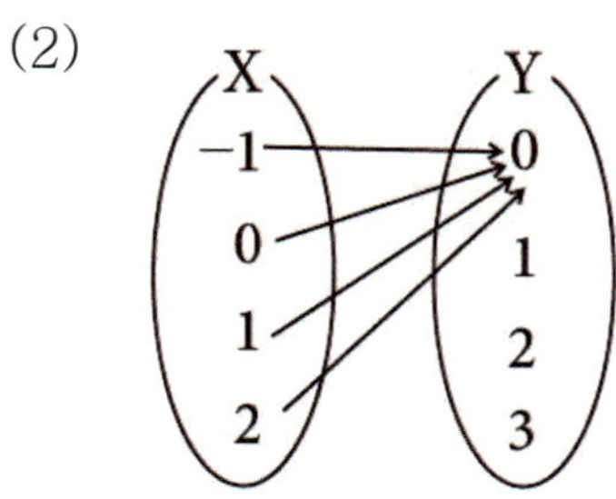

유제 12-2　두 집합 $X = \{-1, 0, 1\}$, $Y = \{-2, -1, 0, 1, 2\}$라 할 때, X의 모든 원소 x에 대하여 $xf(x)$가 상수가 될 함수 $f: X \to Y$의 개수를 구하시오.

➜ 함수 $f: X \to Y$에서 $n(X) = x$, $n(Y) = y$일 때,

[1] 함수의 개수

➜ $yyy \cdots y \ (x개) = y^x$

[2] 일대일함수의 개수

➜ $y(y-1)(y-2) \cdots (y-x+1)(x개) = {_y}\mathrm{P}_x$ (단, $x \leq y$)

[3] 일대일대응의 개수

➜ $y(y-1)(y-2) \cdots 2 \times 1 = y!$ (단, $x = y$)

[4] 상수함수의 개수

➜ $n(Y) = y$

[5] 함숫값의 대소가 정해진 함수의 개수 $\to {_y}\mathrm{C}_x$

➜ $f(x_1) < f(x_2)$, $f(x_1) > f(x_2)$: ${_y}\mathrm{C}_x$

강의 **함수의 개수(Ⅰ)은 중복 가능 여부에 주목하여 구한다!**

➜ 함수 $f: X \to Y$, $n(X) = x$, $n(Y) = y$

(1) 함수의 개수

➜ 다 : 일 (○) → 중복허락 → ${_뒤}\Pi_{앞}$ = (뒤)^{앞}

➜ ${_y}\Pi_x = yyy \cdots y \ (x개) = y^x$

(2) 일대일함수의 개수

➜ 다 : 일 (×) → 중복불허 → ${_뒤}\mathrm{P}_{앞}$

➜ ${_y}\mathrm{P}_x = y(y-1)(y-2) \cdots (y-x+1) \ (x개)$

(3) 일대일대응인 함수의 개수

➜ 다 : 일 (×) and $y = x$ → 뒤!

➜ $y! = y(y-1)(y-2) \cdots \times 2 \times 1$

주의 항등함수와 상수함수의 개수

① 항등함수의 개수

➜ 기능 $f(x) = x$ → 한 개

② 상수함수의 개수

➜ 기능 $f(x) = c$ → y개

두 집합 $A=\{a, b, c\}$, $B=\{1, 2, 3, 4\}$에 대하여 다음을 구하시오.

(1) A에서 B로의 함수의 개수

(2) A에서 B로의 일대일함수의 개수

탐구　$n(A)=x$, $n(B)=y$일 때

① 함수의 개수 → 중복허락

$\quad yyy\cdots y \ (x개)=y^x$

② 일대일함수의 개수 → 중복불허

$\quad y(y-1)(y-2)\cdots(y-x+1) \ (x개)={}_y\mathrm{P}_x$

③ 일대일대응인 함수의 개수 → 중복불허, $x=y$

$\quad y(y-1)(y-2)\cdots 3\times 2\times 1 \ (y개) \ = \ y!$

풀이　$n(A)=3$, $n(B)=4$일 때

(1) B의 원소 4개 중에서 중복을 허락하여 A의 원소 3개를 배열하는 방법이므로

$\qquad 4\times 4\times 4=4^3=64$

(2) B의 원소 4개 중에서 중복을 불허하여 A의 원소 3개를 배열하는 방법이므로

$\qquad {}_4\mathrm{P}_3=4\times 3\times 2=24$

정답　(1) 64　　(2) 24

유제 13-1　두 집합 $X=\{a, b, c\}$, $Y=\{1, 2, 3\}$에 대하여 X에서 Y로의 일대일대응인 함수의 개수를 구하시오.

유제 13-2　두 집합 $A=\{a, b, c, d\}$, $B=\{1, 2, 3, 4\}$에 대하여 다음을 구하시오.

(1) A에서 B로의 함수의 개수

(2) A에서 B로의 일대일대응의 개수

(3) A에서 B로의 상수함수의 개수

(1) 강한 의미의 단조함수의 개수

$\rightarrow$ $x_1 < x_2$일 때, $f(x_1) < f(x_2) \rightarrow$ 중복불허 $\rightarrow {}_{뒤}\mathrm{C}_{앞}$

(2) 일반 의미의 단조함수의 개수

$\rightarrow$ $x_1 < x_2$일 때, $f(x_1) \leq f(x_2) \rightarrow$ 중복허락 $\rightarrow {}_{뒤}\mathrm{H}_{앞}$

주의 ${}_n\mathrm{H}_r = {}_{n+r-1}\mathrm{C}_r$를 이용하여 계산하면 된다.

기|본|예|제 14

두 집합 $X = \{1, 3, 5\}$, $Y = \{1, 2, 3, 4, 5\}$일 때, $f : X \rightarrow Y$에 대하여

$$x_1 < x_2\text{이면 } f(x_1) < f(x_2)$$

를 만족하는 함수 f의 개수를 구하시오.

탐구 함숫값의 대소가 정해진 함수의 개수 $\rightarrow {}_y\mathrm{C}_x$ (단, $n(X) = x$, $n(Y) = y$)

풀이 함숫값의 대소가 정해져 있으므로 Y의 원소 5개 중 3개의 원소를 선택하면 크기 순으로 X의 원소와 대응하게 된다.

$n(X) = 3$, $n(Y) = 5$이므로 구하는 함수의 개수는

$${}_5\mathrm{C}_3 = {}_5\mathrm{C}_2 = \frac{5 \times 4}{2 \times 1} = 10$$

정답 10

유제 14-1 두 집합 $X = \{1, 2, 3\}$, $Y = \{3, 4, 5, 6\}$에 대하여 X에서 Y로의 함수 f가 $x_1 < x_2$이면 $f(x_1) > f(x_2)$를 만족할 때, 함수 f의 개수를 구하시오.

유제 14-2 두 집합 $X = \{1, 2, 3, 4, 5\}$, $Y = \{2, 4, 6\}$에 대하여 X에서 Y로의 함수 f가 $x_1 < x_2$이면 $f(x_1) \leq f(x_2)$를 만족할 때, 함수 f의 개수를 구하시오.

1 합성함수의 정의

→ 두 함수 $f: X \to Y$, $g: Y \to Z$가 주어졌을 때, X의 임의의 원소 x에 대하여 f에 의해 Y의 원소 y가 대응하고, 이 y에 대하여 g에 의해 Z의 원소 z가 대응하면 X의 임의의 원소 x에 대하여 $g \circ f$에 의해 Z의 원소 z가 대응하는 함수 $g \circ f: X \to Z$를 얻을 수 있다. 이때 $g \circ f$를 f와 g의 **합성함수**라 한다.

[1] 합성함수의 도식

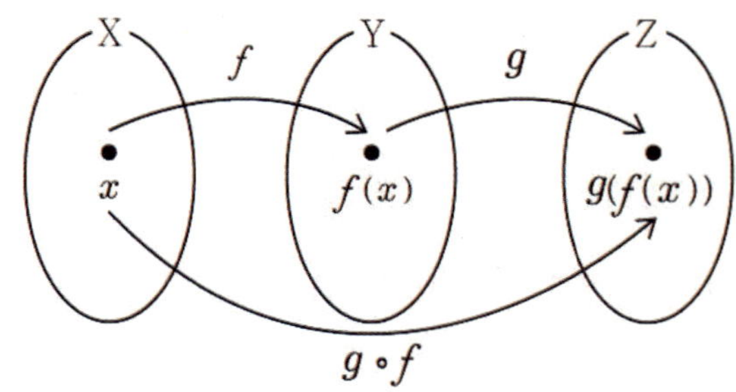
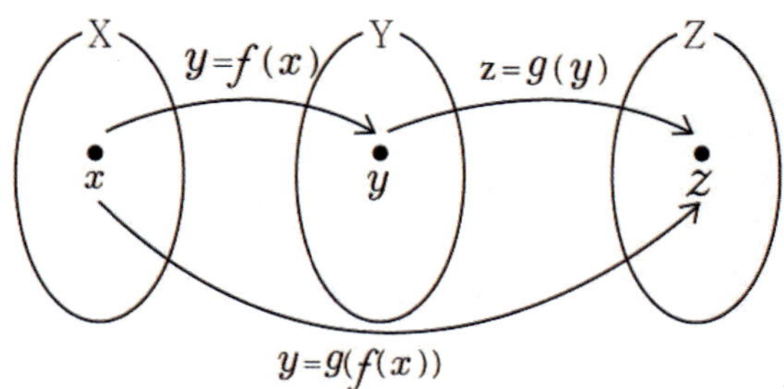

[2] 합성함수의 표시

(1) $f: X \to Y$, $g: Y \to Z$

→ $g \circ f: X \to Z$

(2) $f: x \to f(x)$, $g: f(x) \to g(f(x))$

→ $g \circ f: x \to g(f(x))$

(3) $y = f(x)$, $z = g(y)$

→ $z = g(f(x))$

강의 합성함수에서 $g \circ f$는 f가 먼저임을 명심해야 한다!

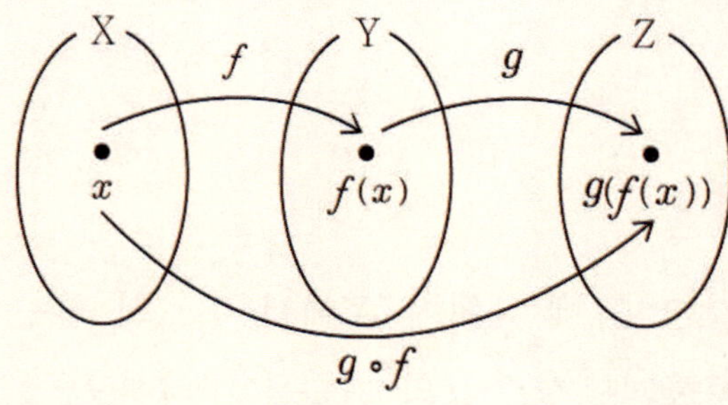

→ $g \circ f: X \to Z$

주의 합성함수 문제는 대입 또는 치환하여 푼다.

두 함수 $f: X \to Y$, $g: Y \to X$가 오른쪽 그림과
같을 때, 다음을 구하시오.

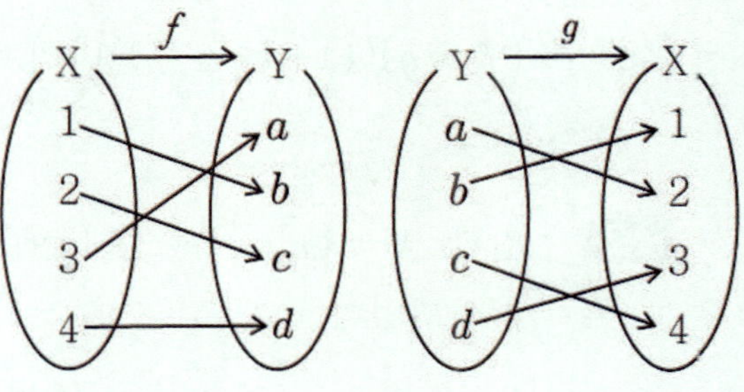

(1) $(g \circ f)(2)$　　　　(2) $(g \circ f)(4)$

(3) $(f \circ g)(a)$　　　　(4) $(f \circ g)(c)$

탐구　　$(g \circ f)(a) = g(f(a))$, $(f \circ g)(a) = f(g(a))$로 계산한다.

풀이　　(1) $(g \circ f)(2) = g(f(2)) = g(c) = 4$

　　　　(2) $(g \circ f)(4) = g(f(4)) = g(d) = 3$

　　　　(3) $(f \circ g)(a) = f(g(a)) = f(2) = c$

　　　　(4) $(f \circ g)(c) = f(g(c)) = f(4) = d$

정답　　(1)　4　　　　(2)　3　　　　(3)　c　　　　(4)　d

유제 15-1　두 함수 $f(x) = x + 2$, $g(x) = x^2 - 3$에 대하여 $(f \circ g)(1) + (g \circ f)(0)$의 값을
구하시오.

유제 15-2　세 함수 $f(x) = -2x + 1$, $g(x) = 3x + 3$, $h(x) = x + 5$에 대하여
$(h \circ g \circ f)(0)$의 값을 구하시오.

두 함수 $f(x) = \begin{cases} 3 & (x \geq 1) \\ 2x+1 & (x < 1) \end{cases}$, $g(x) = x^2 - 2$ 에 대하여 $(f \circ g)(2) + (g \circ f)(0)$의 값을 구

하시오.

탐구　　$(f \circ g)(a) = f(g(a))$로 계산한다.

풀이　　$(f \circ g)(2) = f(g(2)) = f(2) = 3$

　　　　$(g \circ f)(0) = g(f(0)) = g(1) = -1$

　　　　따라서 구하는 값은 $3 + (-1) = 2$이다.

정답　　2

유제 16-1 두 함수 $f(x)=\begin{cases} x+1 & (x \geq 0) \\ -x^2+2x+1 & (x < 0) \end{cases}$, $g(x)=2x-3$에 대하여

$(f \circ g)(1)+(g \circ f)(1)$의 값을 구하시오.

유제 16-2 집합 $X=\{x \,|\, 0 \leq x \leq 1\}$에 대하여 함수 $f: X \to R$이 다음과 같이 정의되었다.

$$f(x)=\begin{cases} x & (x\text{가 유리수일 때}) \\ 1-x & (x\text{가 무리수일 때}) \end{cases}$$

이때 $f(f(x))$를 구하시오.

기 | 본 | 예 | 제 **17**

함수 $f(x)=x+1$에 대하여 $f^1=f$, $f^{n+1}=f \circ f^n$ (n은 자연수)일 때, $f^{100}(2)$의 값을 구하시오.

탐구 $f^1, f^2, f^3, \cdots$ 을 구하여 규칙을 찾는다.

풀이 $f^1(x), f^2(x), f^3(x), \cdots$ 을 차례로 구하면

$$f^1(x)=x+1$$
$$f^2(x)=(f \circ f)(x)=f(f(x))=(x+1)+1=x+2$$
$$f^3(x)=(f \circ f^2)(x)=f(f^2(x))=(x+2)+1=x+3$$
$$\vdots$$
$$f^n(x)=x+n$$

따라서 $f^{100}(x)=x+100$이고 $f^{100}(2)=2+100=102$이다.

정답 102

유제 17-1 함수 $f(x)=3x$에 대하여 $f^1=f$, $f^{n+1}=f \circ f^n$ (n은 자연수)일 때, $f^5\left(\dfrac{1}{3}\right)$의 값을 구하시오.

유제 17-2 함수 $f: X \to X$가 오른쪽 그림과 같고 $f^1=f$, $f^{n+1}=f \circ f^n$ (n은 자연수)이라 할 때, $f^{54}(1)+f^{70}(2)$의 값을 구하시오.

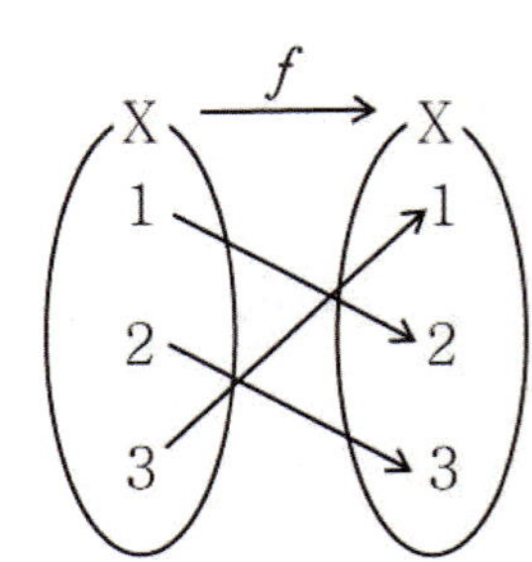

기 | 본 | 예 | 제 **18**

함수 $g(x) = 3x - 1$일 때, $(f \circ g)(x) = 5x + 1$을 만족하는 함수 $f(x)$를 구하시오.

탐구 $f(g(x))$꼴에서 $g(x) = t$로 치환한 후 정리한다.

풀이 $(f \circ g)(x) = f(g(x)) = 5x + 1$에 $g(x) = 3x - 1$을 대입하면

$$f(3x - 1) = 5x + 1$$

$3x - 1 = t$로 치환하면

$$x = \frac{t + 1}{3}$$

$$\therefore f(t) = 5 \times \frac{t + 1}{3} + 1 = \frac{5}{3}t + \frac{8}{3}$$

$$\therefore f(x) = \frac{5}{3}x + \frac{8}{3}$$

정답 $f(x) = \frac{5}{3}x + \frac{8}{3}$

유제 18-1 두 함수 $f : x \to x - 3$, $g : x \to 2x + 1$일 때, $h \circ g = f$를 만족하는 함수 $h(x)$를 구하시오.

유제 18-2 함수 $g(x) = x + 1$에 대하여 $(f \circ g)(x) = 2x + 1$, $(h \circ f)(x) = 6x - 1$을 만족하는 함수 $h(x)$를 구하시오.

유제 18-3 함수 $g(x) = 3x - 5$, $h(x) = x - 1$에 대하여 $(f \circ h)(x) = g(x + 1)$일 때, 함수 $f(x)$를 구하시오.

두 함수 $f(x)=-x+3$, $g(x)=2x+a$에 대하여 $g\circ f=f\circ g$를 만족하는 상수 a의 값을 구하시오.

탐구 대입 이용 $f\circ g=g\circ f \leftrightarrows f(g(x))=g(f(x))$

풀이
$$(g\circ f)(x)=g(f(x))$$
$$=2(-x+3)+a=-2x+6+a$$
$$(f\circ g)(x)=f(g(x))$$
$$=-(2x+a)+3=-2x-a+3$$

$g\circ f=f\circ g$이므로
$$6+a=-a+3$$
$$\therefore a=-\frac{3}{2}$$

정답 $-\dfrac{3}{2}$

유제 19-1 두 함수 $f(x)=2x-3$, $g(x)=ax+1$에 대하여 $g\circ f=f\circ g$를 만족하는 상수 a의 값을 구하시오.

유제 19-2 실수 전체 집합에서 정의된 함수 $f(x)=ax+2b$가 $f\circ f=f$가 되게 하는 상수 a,b의 값을 구하시오. (단, $a\neq 0$)

유제 19-3 실수 전체 집합에서 정의된 함수 $f(x)=\dfrac{1}{3}x-2$가 $(f\circ f\circ f)(a)>0$을 만족하는 정수 a의 최솟값을 구하시오.

→ $f: A \to B$, $g: B \to C$, $h: C \to D$일 때

(1) 교환법칙은 성립하지 않는다.

→ $f \circ g \neq g \circ f$

(2) 결합법칙은 성립한다.

→ $(h \circ g) \circ f = h \circ (g \circ f)$

(3) 어떤 함수와 항등함수의 합성함수는 그 함수 자신이 된다.

→ $g \circ I = I \circ g = g$ (단, I는 항등함수)

강의 **합성함수는 교환법칙은 성립하지 않고 결합법칙은 성립한다!**

① 교환법칙$(\times) \to f \circ g \neq g \circ f$

② 결합법칙$(\bigcirc) \to (h \circ g) \circ f = h \circ (g \circ f)$

③ 항등함수 합성 $\to f \circ I = I \circ f = f$

기 | 본 | 예 | 제 20

두 함수 $f(x) = x^2$, $g(x) = -2x + 1$에 대하여 $(f \circ g)(x)$와 $(g \circ f)(x)$를 구하고 합성함수의 교환법칙이 성립하는지 확인하시오.

탐구 $(f \circ g)(x) = f(g(x)) \to f(x)$의 x 대신 $g(x)$를 대입

$(g \circ f)(x) = g(f(x)) \to g(x)$의 x 대신 $f(x)$를 대입

풀이 $(f \circ g)(x) = f(g(x)) = (-2x + 1)^2 = 4x^2 - 4x + 1$

$(g \circ f)(x) = g(f(x)) = -2(x^2) + 1 = -2x^2 + 1$

$(f \circ g)(x) \neq (g \circ f)(x)$이므로 교환법칙이 성립하지 않는다.

정답 합성함수의 교환법칙은 성립하지 않는다.

유제 20-1 함수 $f(x) = 3x + 4$, $(f \circ g)(x) = 3x^2 + 9x + 4$에 대하여

$(f \circ f \circ g)(x) = -2$가 되는 x의 값을 모두 구하시오.

유제 20-2 세 함수 f, g, h에 대하여 $f(x) = x + 1$, $(g \circ h)(x) = 2x^2$일 때,

$((f \circ g) \circ h)(3)$의 값을 구하시오.

04 역함수

1 역함수의 정의

→ 함수 $f: X \to Y$가 일대일대응일 때, Y의 임의의 원소 y가 X의 원소 x에 대응하는 함수 $f^{-1}: Y \to X$를 함수 f의 **역함수**라 한다. 이때 f의 정의역은 f^{-1}의 치역이 되고, f의 치역은 f^{-1}의 정의역이 된다.

[1] 역함수의 도식

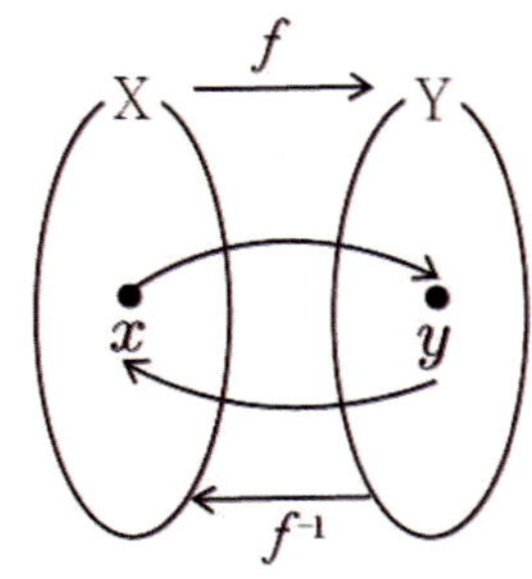

[2] 역함수의 표시

(1) 원함수 $f: X \to Y$ ➡ 역함수 $f^{-1}: Y \to X$

(2) 원함수 $f: x \to y$ ➡ 역함수 $f^{-1}: y \to x$

(3) 원함수 $y = f(x)$ ➡ 역함수 $x = f^{-1}(y)$

> **체크** $y = f(x)$의 역함수는 $x = f^{-1}(y)$로 표시하는 것이 원칙이지만 습관에 의하여 보통 $y = f^{-1}(x)$로 표시한다.

강의 역함수에서는 정의역과 치역이 서로 바뀐다!

① 원함수와 역함수

원함수 ➡ $f: X \to Y$ ⎤
역함수 ➡ $f^{-1}: Y \to X$ ⎦ 일대일대응

② 역함수의 존재 조건

일대일대응 → [1:1]이고 [치역 = 공역]

주의 ① $(f$의 정의역$) = (f^{-1}$의 치역$)$

② $(f$의 치역$) = (f^{-1}$의 정의역$)$

다음 함수 $f: X \to Y$ 중 역함수가 존재하는 것을 고르시오.

① 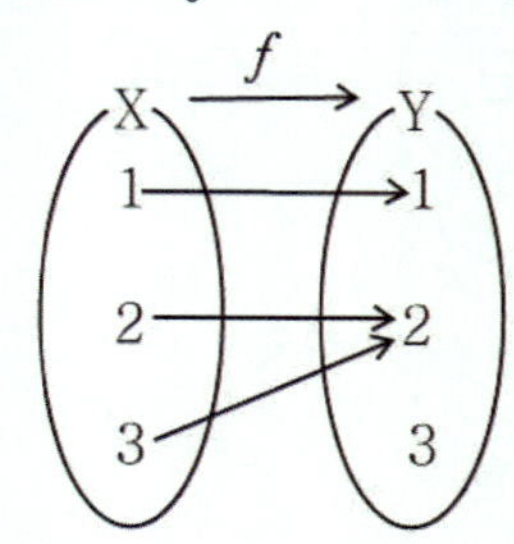

② 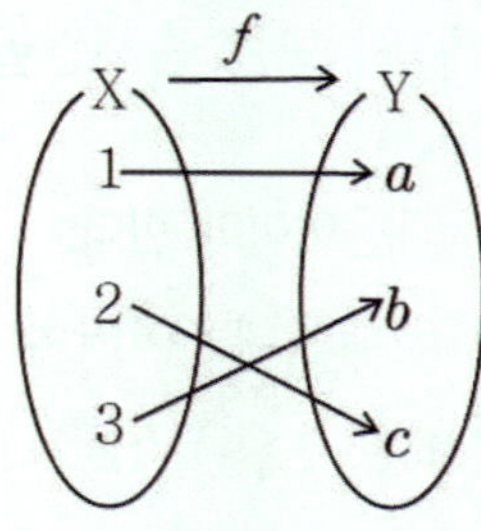

③ 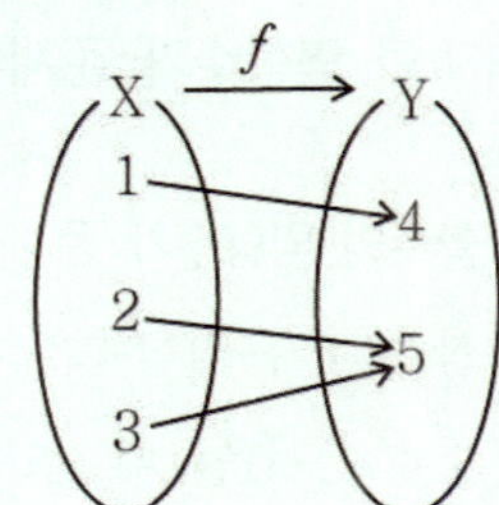

④ 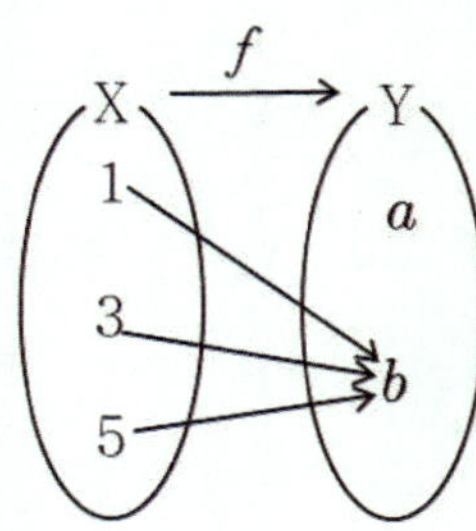

⑤ 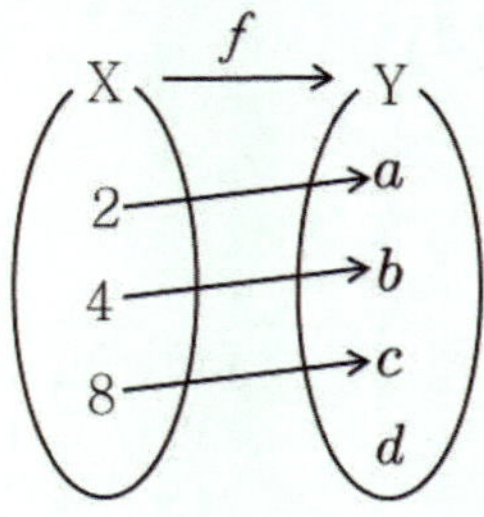

탐구 $f(x)$에 역함수가 존재하려면 $f(x)$는 일대일대응이어야 한다.

풀이   함수 $f(x)$의 역함수가 존재하는 경우는 $f(x)$가 일대일대응이어야 하므로
보기 중 일대일대응을 찾으면 ②이다.

정답   ②

유제 21-1   다음 중 역함수가 존재하는 함수를 모두 고르시오.

① $y = 2x - 3$ ② $y = -x^2 + 2x + 1$ ③ $y = |x|$

④ $y = \dfrac{1}{x}$ (단, $x > 0$)   ⑤ $y = 3x^2 + x$

유제 21-2   함수 $f : X \to Y$의 그래프가 다음과 같을 때, 역함수가 존재하는 것은?

①

②

③

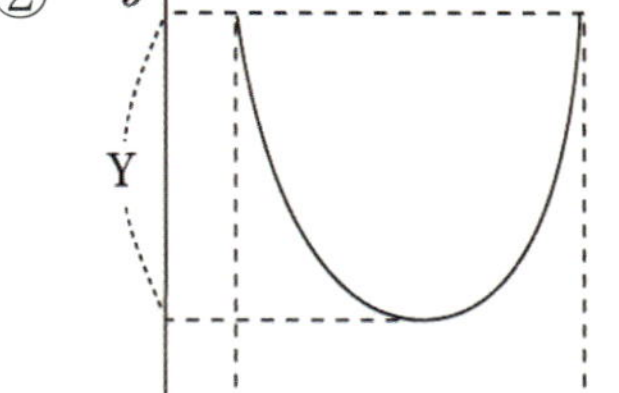

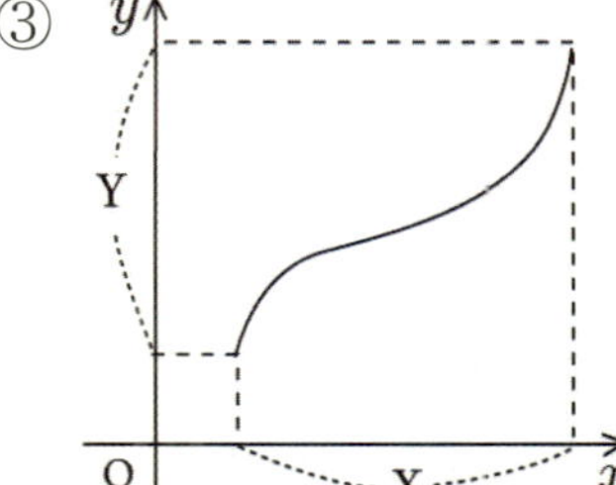

④

⑤

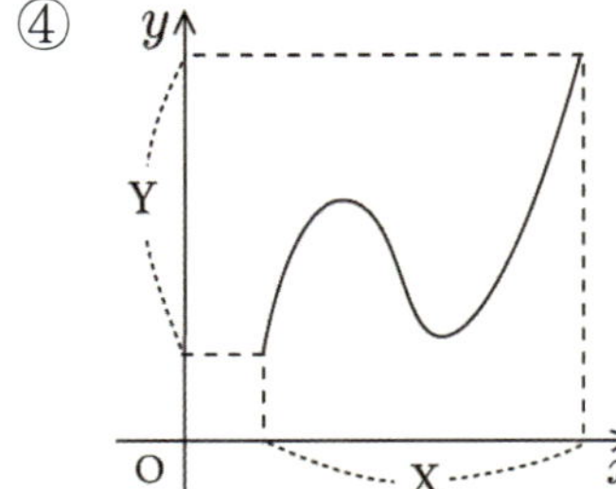

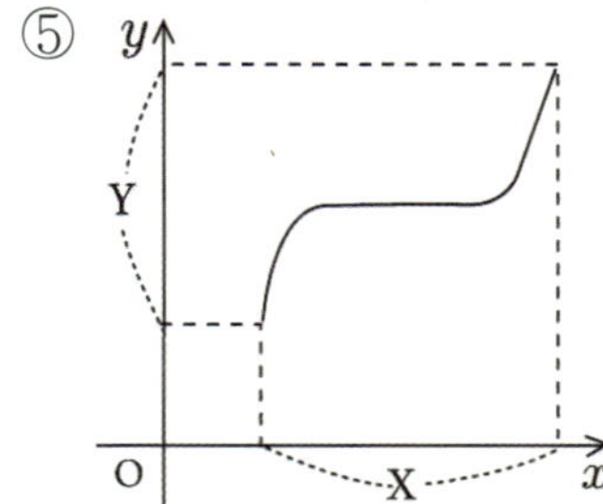

두 집합 $X = \{x \mid -2 \leq x \leq 2\}$, $Y = \{y \mid 3 \leq y \leq 11\}$에 대하여 X에서 Y로의 함수 $f(x) = ax + b$의 역함수가 존재할 때, (a, b)의 모든 순서쌍을 구하시오. (단, a, b는 상수)

탐구 함수의 역함수가 존재하려면 일대일대응이어야 한다.

풀이 함수 f가 역함수가 존재하려면 일대일대응이어야 하므로

ⅰ) $a > 0$일 때, 함수 f가 두 점 $(-2, 3)$, $(2, 11)$을 지나야 한다.

$$-2a + b = 3, \quad 2a + b = 11$$

두 식을 연립하여 a, b를 구하면

$$a = 2, \ b = 7$$

ⅱ) $a < 0$일 때, 함수 f가 두 점 $(-2, 11)$, $(2, 3)$을 지나야 한다.

$$-2a + b = 11, \quad 2a + b = 3$$

두 식을 연립하여 a, b를 구하면

$$a = -2, \ b = 7$$

ⅰ), ⅱ)에 의해 (a, b)를 구하면

$$(2, 7), \ (-2, 7)$$

정답 $(2, 7), \ (-2, 7)$

유제 22-1 실수 전체 집합에서 정의된 함수 $f(x) = \begin{cases} 3x + 1 & (x \geq -1) \\ (1-a)x - a - 1 & (x < -1) \end{cases}$ 의 역함수가 존재할 때, 실수 a의 값의 범위를 구하시오.

유제 22-2 실수 전체 집합에서 정의된 함수 $f(x) = |2x - 1| - ax$의 역함수가 존재할 때, 양의 정수 a의 최솟값을 구하시오.

첫째, $y=f(x)$의 정의역과 치역을 구한다.

둘째, $y=f(x)$를 x에 관해 풀어서 $x=g(y)$꼴로 바꾼다.

셋째, x와 y를 호환하여 $x=g(y)$를 $y=g(x)$꼴로 바꾼다.

강의 **역함수 구하는 법은 아래 3단계를 꼭 기억해두어라!**

첫째 : 치역을 구하라 → y의 범위

둘째 : x를 구하라 → $x=(y$의 식$)$

셋째 : x와 y를 호환하라 → $y=(x$의 식$)$

주의 $y=x$대칭 → 역함수 관계

기│본│예│제 23

다음 함수의 역함수를 구하시오.

(1) $y=x-2 \ (x \geq 0)$ 　　　　(2) $y=-2x+3 \ (x < 0)$

탐구　역함수 구하는 법

① 치역　　② $x=(y$의 식$)$　　③ x와 y를 호환 → $y=(x$의 식$)$

풀이　(1) ① $x \geq 0 \rightarrow x-2 \geq -2 \rightarrow y \geq -2$

　　　② $y=x-2 \rightarrow x=y+2$

　　　③ $y=x+2 \, (x \geq -2)$

　　(2) ① $x < 0 \rightarrow -2x+3 > 3 \rightarrow y > 3$

　　　② $y=-2x+3 \rightarrow x=-\dfrac{1}{2}y+\dfrac{3}{2}$

　　　③ $y=-\dfrac{1}{2}x+\dfrac{3}{2} \ (x > 3)$

정답　(1) $y=x+2 \, (x \geq -2)$　　(2) $y=-\dfrac{1}{2}x+\dfrac{3}{2} \ (x > 3)$

유제 23-1　$x < 3$이고, $f(x)=2x-3$일 때, $f^{-1}(x)$를 구하시오.

유제 23-2　함수 $y=3x-2$의 역함수가 $y=ax+b$라 할 때, 상수 a, b에 대하여 $a+b$의 값을 구하시오.

기 | 본 | 예 | 제 24

$x \geq 0$이고, $f(x) = x - 2$, $g(x) = 2x + 1$일 때, $g \circ f$의 역함수를 구하시오.

탐구 합성함수 문제는 대입 또는 치환을 이용한다.

풀이 $(g \circ f)(x) = g(f(x))$이므로

$$(g \circ f)(x) = g(f(x)) = 2(x - 2) + 1 = 2x - 3$$

$g \circ f$의 치역을 구하면

$x \geq 0$일 때, $y \geq -3$

$y = 2x - 3$에서 $x = \dfrac{1}{2}y + \dfrac{3}{2}$

x와 y를 호환하여 $g \circ f$의 역함수를 구하면

$$(g \circ f)^{-1}(x) = \frac{1}{2}x + \frac{3}{2} \quad (x \geq -3)$$

정답 $(g \circ f)^{-1}(x) = \dfrac{1}{2}x + \dfrac{3}{2} \quad (x \geq -3)$

유제 24-1 $x \leq 0$이고, $f(x) = x + 2$, $g(x) = 2x - 1$일 때, $f \circ g$의 역함수를 구하시오.

유제 24-2 실수 전체 집합에서 정의된 함수 f에 대하여 $f(2x + 1) = 4x - 3$이 성립될 때, 함수 $f(x)$의 역함수를 구하시오.

 이차함수의 역함수는 꼭짓점의 좌우에서만 역함수를 구할 수 있다!

→ $y = a(x-m)^2 + n$ → 꼭짓점 $(m,\ n)$의 좌·우 범위에서만 역함수를 구할 수 있다.

① $x \leq m$일 때, 역함수 존재

② $x \geq m$일 때, 역함수 존재

기 | 본 | 예 | 제 25

집합 $X = \{x \,|\, x \geq a\}$에 대하여 X에서 X로의 함수 $f(x) = x^2 - 4x - 6$의 역함수가 존재할 때, 상수 a의 값을 구하시오.

탐구 이차함수는 꼭짓점의 좌·우 범위에서만 역함수를 구할 수 있다.

풀이 $f(x) = x^2 - 4x - 6 = (x-2)^2 - 10$

$x \geq a$에서 일대일대응이므로 $a \geq 2$

치역과 공역이 일치해야 하므로 $f(a) = a$이다.

$\quad a^2 - 4a - 6 = a \quad a^2 - 5a - 6 = 0 \quad (a-6)(a+1) = 0$

$\quad \therefore\ a = 6$ 또는 $a = -1$

$a \geq 2$이므로 $a = 6$

정답 6

유제 25-1 집합 $X = \{x \,|\, x \leq a\}$에 대하여 X에서 X로의 함수 $f(x) = 2x^2 + 4x - 2$의 역함수가 존재할 때, 상수 a의 값을 구하시오.

유제 25-2 집합 $X = \{x \,|\, x \geq 1\}$에 대하여 X에서 X로의 함수 $f(x) = x^2 - 2k^2x + 1$의 역함수가 존재할 때, 상수 k의 값을 모두 구하시오.

→ 원함수 $f : X \rightarrow Y$의 역함수를 $f^{-1} : Y \rightarrow X$라 하면

(1) 역함수와 원함수를 합성하면 항등함수가 된다.

   → $f^{-1} \circ f = I,\ f \circ f^{-1} = I$ (I는 항등함수)

(2) 역함수의 역함수는 원함수가 된다.

   → $(f^{-1})^{-1} = f$

(3) 합성함수에서의 역함수는 역함수의 역합성함수가 된다.

   → $(g \circ f)^{-1} = f^{-1} \circ g^{-1}$

(4) 합성함수가 항등함수이면 두 함수는 서로 역함수이다.

   → $g \circ f = I,\ f \circ g = I$이면 $g = f^{-1},\ f = g^{-1}$ (I는 항등함수)

강의 **역함수의 성질은 그 기능을 이해하고 꼭 기억해두어야 한다!**

① $(f^{-1})^{-1} = f$

② $f^{-1} \circ f = I,\ f \circ f^{-1} = I$

③ $f^{-1} \circ g = h \Leftrightarrow g = f \circ h$

④ $(g \circ f)^{-1} = f^{-1} \circ g^{-1}$

⑤ $f(a) = b \Leftrightarrow f^{-1}(b) = a$

주의 $f^{-1} \circ f = I,\ f \circ f^{-1} = I$ 의 의미

   → $f(f^{-1}(x)) = x \rightarrow f^{-1}(f(2)) = 2$

기|본|예|제 26

두 함수 $f(x) = 1 - x,\ g(x) = 1 + x$일 때, $(f \circ g)^{-1} \circ f(2)$의 값을 구하시오.

탐구   ① $(f \circ g)^{-1} = g^{-1} \circ f^{-1}$ ② $f^{-1} \circ f = I$

풀이 $(f \circ g)^{-1} \circ f(2) = g^{-1} \circ f^{-1} \circ f(2) = g^{-1}(2)$

       $g^{-1}(2) = k$라 하면

        $g(k) = 2$

       이것을 $g(x) = 1 + x$에 대입하면

        $g(k) = 1 + k = 2 \qquad \therefore\ k = 1$

정답   1

유제 26-1 두 함수 f, g에 대하여 $(g \circ f)(x) = 2x - 3$일 때, $(f^{-1} \circ g^{-1})(5)$의 값을 구하시오.

유제 26-2 두 함수 $f(x) = 2x - a$, $g(x) = \dfrac{1}{2}x + 1$에 대하여 $(g \circ f)^{-1} = g^{-1} \circ f^{-1}$가 성립할 때, 상수 a의 값을 구하시오.

기 | 본 | 예 | 제 27

다음 물음에 답하시오.

(1) 함수 $f(x) = 2x - 3$일 때, $f^{-1}(5)$의 값을 구하시오.

(2) 함수 $f(x) = x + a$에 대하여 $f(-2) = 0$, $f^{-1}(3) = b$일 때, 상수 a, b의 값을 구하시오.

탐구 $f^{-1}(a) = b$일 때, $f(b) = a$로 바꾸어 구한다.

풀이 (1) $f^{-1}(5) = k$라 하면 $f(k) = 5$가 된다.

이 값을 주어진 식에 대입하여 k의 값을 구하면

$$f(k) = 2k - 3 = 5 \qquad \therefore k = 4$$

따라서 $f^{-1}(5) = 4$이다.

(2) $f(-2) = 0$이므로 주어진 식에 대입하여 a의 값을 구하면

$$f(-2) = -2 + a = 0 \qquad \therefore a = 2$$

$f^{-1}(3) = b$를 $f(b) = 3$으로 바꾸어 주어진 식에 대입하면

$$f(b) = b + 2 = 3 \qquad \therefore b = 1$$

정답 (1) 4　　　(2) $a = 2$, $b = 1$

유제 27-1 함수 $f : X \to Y$가 오른쪽 그림과 같을 때, 다음을 구하시오.

(1) $f^{-1}(2)$　　　　　(2) $f(2)$

(3) $f(1) + f^{-1}(1)$　　　(4) $f^{-1}(3) + f^{-1}(4)$

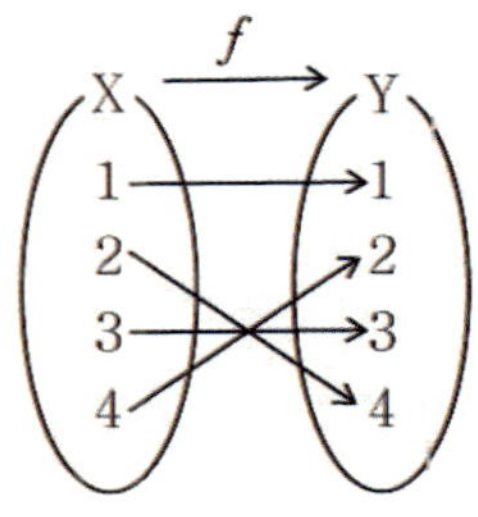

유제 27-2 두 함수 $f(x) = -x + a$, $g(x) = bx - 1$에 대하여 $g^{-1}(2) = 1$이고 $f^{-1}(3) + g(1) = 1$이라 할 때, 상수 a, b에 대하여 $a + b$의 값을 구하시오.

→ 함수 $y=f(x)$의 그래프와 그 역함수 $y=f^{-1}(x)$의 그래프는 직선 $y=x$에 대하여 대칭이다.

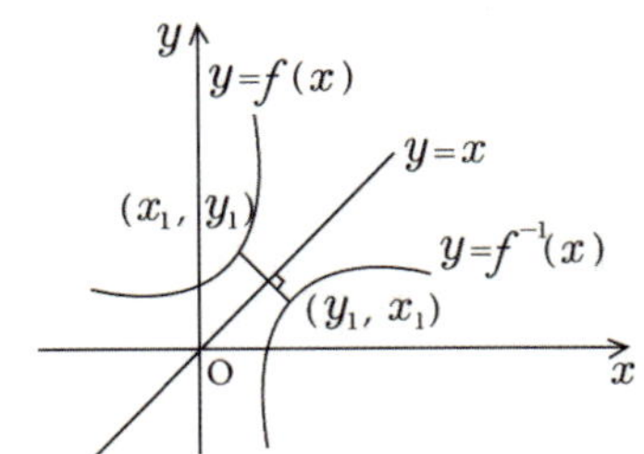

강의 역함수의 그래프는 $y=x$에 대하여 대칭임을 이용한다!

→ $y=x$에 대칭

→ $y=x^3 \underset{\text{역함수}}{\rightleftharpoons} x=y^3$

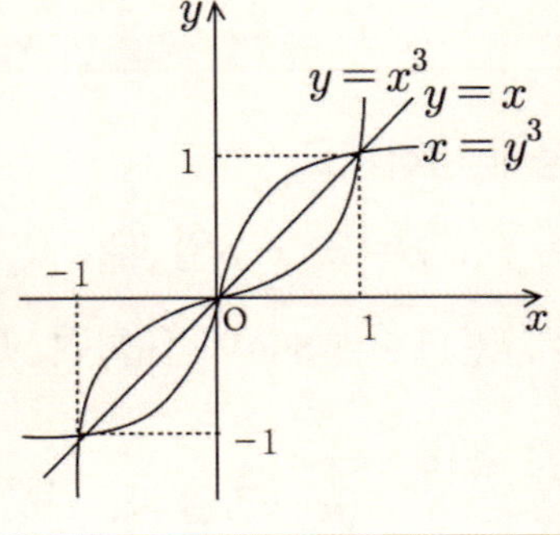

기 | 본 | 예 | 제 28

$y=x^3$과 $x=y^3$의 그래프의 교점의 좌표를 구하시오.

탐구 $y=x^3$과 $x=y^3$의 연립 → $y=x^3$과 $y=x$ 연립

풀이 두 함수 $y=x^3$과 $x=y^3$는 서로 역함수이고 증가함수이므로 두 함수의 그래프의 교점은 $y=x$ 위에 존재한다.

$x^3=x$의 근을 구하면

$$x^3-x=x(x+1)(x-1)=0 \quad \therefore\ x=-1,\ 0,\ 1$$

따라서 교점의 좌표는 $(-1,\ -1),\ (0,\ 0),\ (1,\ 1)$이다.

정답 $(-1,\ -1),\ (0,\ 0),\ (1,\ 1)$

유제 28-1 함수 $f(x)=-2x+1$과 그 역함수 $g(x)$의 그래프의 교점의 좌표를 구하시오.

유제 28-2 함수 $f(x)=2x^2-4x-3\ (x \geq 2)$과 그 역함수 $g(x)$의 그래프의 교점의 좌표를 구하시오.

함수 $y=f(x)$의 그래프와 직선 $y=x$가 오른쪽
그림과 같을 때 $(f \circ f)^{-1}(d)$의 값을 구하시오.

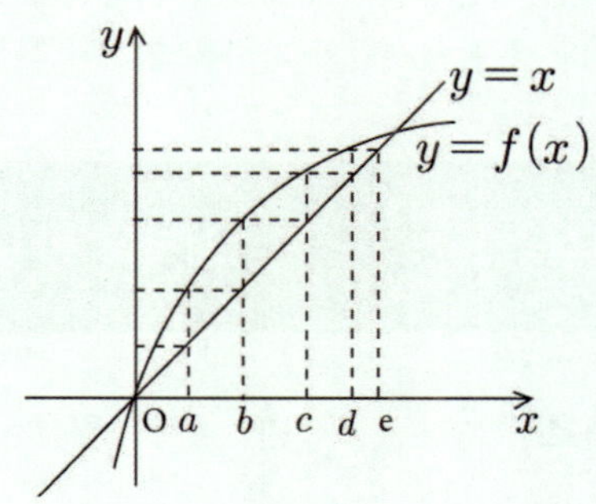

탐구 $f^{-1}(a)=b$이면 $f(b)=a$임을 이용한다.

풀이 $(f \circ f)^{-1}(d)=(f^{-1} \circ f^{-1})(d)=f^{-1}(f^{-1}(d))$ $\cdots$ ①

$f^{-1}(d)=k$라 하면 $f(k)=d$이므로
오른쪽 그림에서 $k=c$이다.

①에서 $f^{-1}(f^{-1}(d))=f^{-1}(c)$이므로

$f^{-1}(c)=t$라 하면 $f(t)=c$이다.

오른쪽 그림에서 t의 값을 구하면

$t=b$이다.

$$\therefore \ (f \circ f)^{-1}(d)=b$$

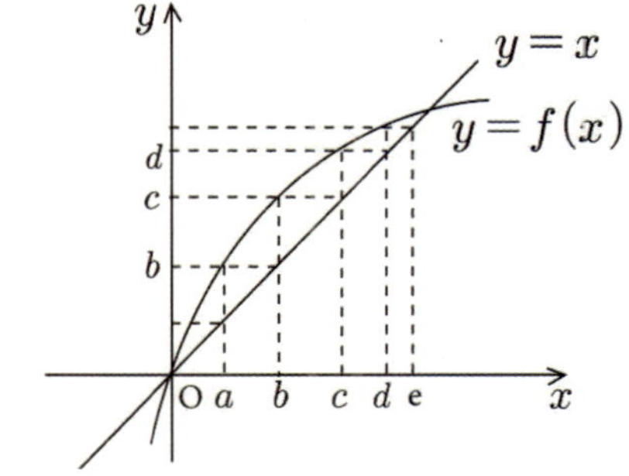

정답 b

유제 29-1   함수 $y=f(x)$의 그래프와 직선 $y=x$가
오른쪽 그림과 같을 때, $(f \circ f)^{-1}(b)$의
값을 구하시오.

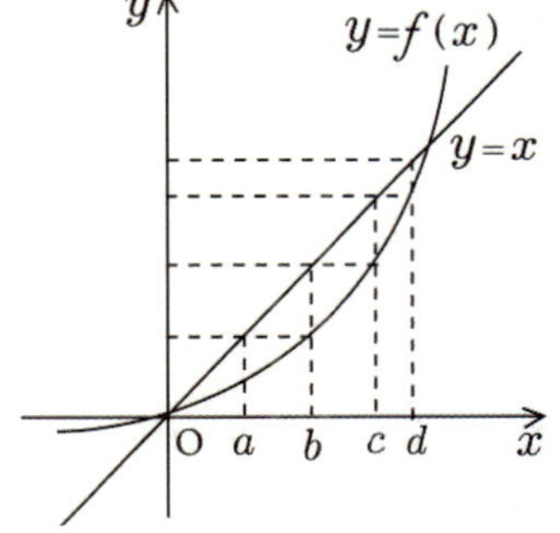

유제 29-2   함수 $y=f(x)$의 그래프와 직선 $y=x$가
오른쪽 그림과 같을 때, $(f \circ f \circ f)^{-1}(a)$의
값을 구하시오.

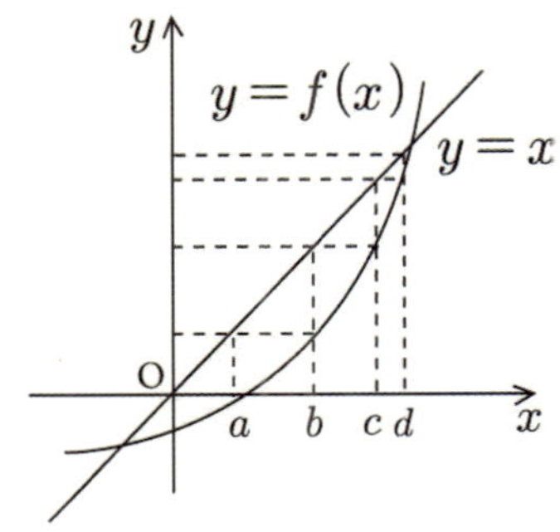

반복학습 기록란.

가장 좋은 학습방법은 학교에서나 학원에서나 선생님의 강의를 열심히 듣고 여러 번 반복학습하는 것입니다.
지금부터 당장 선생님의 강의를 열심히 듣고 반복! 반복하십시오. 그러면 곧 모든 과목에 자신이 생길 것입니다.

회수	시작이 반!			끝을 봐야!			확인
제1회	년	월	일 부터	년	월	일 까지	
제2회	년	월	일 부터	년	월	일 까지	
제3회	년	월	일 부터	년	월	일 까지	
제4회	년	월	일 부터	년	월	일 까지	
제5회	년	월	일 부터	년	월	일 까지	
제6회	년	월	일 부터	년	월	일 까지	
제7회	년	월	일 부터	년	월	일 까지	
제8회	년	월	일 부터	년	월	일 까지	
제9회	년	월	일 부터	년	월	일 까지	
제10회	년	월	일 부터	년	월	일 까지	

▶ 연습문제 A는 앞에서 배운 기초 단계의 문제이므로 선생님의 도움 없이 스스로 풀어 자신의 실력을 점검해 보도록 하자.

01 500원짜리 공책 x권을 샀을 때 지불해야 하는 금액을 y원이라 한다. 다음 표를 완성하고, y가 x의 함수인지 아닌지 말하시오.

x (권)	1	2	3	4
y (원)				

02 함수 $f(x) = 2x + 3$에 대하여 다음을 구하시오.

(1) $f(0)$ (2) $f(1)$ (3) $f\left(-\dfrac{1}{2}\right)$ (4) $f(-2)$

03 두 집합 $X = \{-2, -1, 0, 1, 2\}$, $Y = \{1, 2, 3, 4, 5\}$에 대하여 X에서 Y로의 함수가 아닌 것을 고르시오.

① $y = |x| + 1$ ② $y = 2x - 1$ ③ $y = x^2 + 1$
④ $y = x + 3$ ⑤ $y = -x + 3$

04 다음 함수의 정의역을 구하시오.

(1) $y = 2x - 3$ (2) $y = \dfrac{5}{x - 3}$ (3) $y = \sqrt{x - 3}$

05 집합 $X = \{0, 1, 2\}$를 정의역으로 하는 함수 $f : X \to Y$를 $f(x) = 2x^2 - 3$이라 정의할 때, 함수 f의 치역을 구하시오.

06 두 집합 $X=\{x|1 \le x \le 5, x는 정수\}$, $Y=\{y|1 \le y \le 10, y는 정수\}$에 대하여 함수 $f : X \to Y$가 $f(x)=2x-1$일 때, 함수 f의 그래프 G를 구하시오.

07 다음 중 함수의 그래프가 아닌 것을 고르시오.

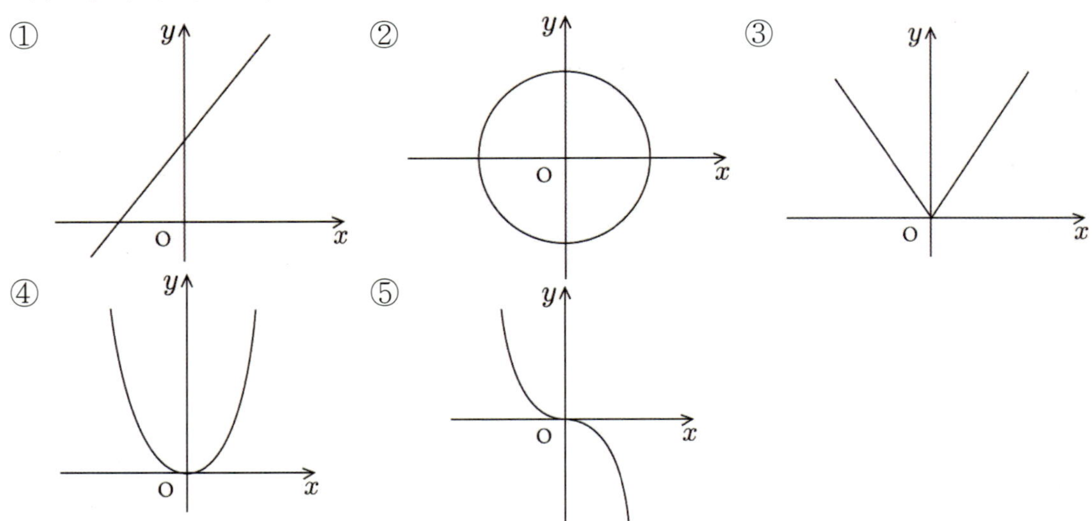

08 집합 X를 정의역으로 하는 두 함수를 $f(x)=x^3-2x^2-1$, $g(x)=x^2-2x-1$이라 할 때, $f(x)$와 $g(x)$가 서로 같은 함수가 되도록 하는 집합 X를 모두 구하시오.

09 다음 중 일대일함수를 고르시오.

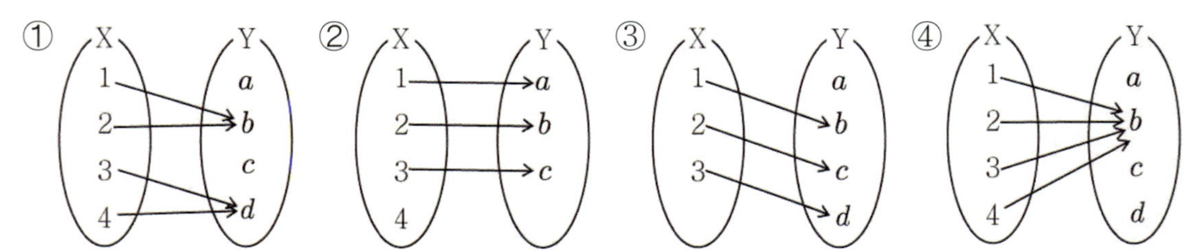

10 두 집합 $X=\{x|1 \le x \le 100, x는 자연수\}$, $Y=\{y|1 \le y \le 200, y는 짝수\}$에 대하여 X에서 Y로의 함수 $y=f(x)$가 다음과 같을 때, 치역과 공역이 같은 함수를 모두 고르시오.

① $y=x$ ② $y=2x$ ③ $y=3x$ ④ $y=2|x|$ ⑤ $y=x^2$

11 두 집합 $X=\{x|-2\leq x\leq 1\}$, $Y=\{y|1\leq y\leq 7\}$에 대하여 X에서 Y로의 함수 $f(x)=ax+b$가 일대일대응일 때, $b-a$의 값을 구하시오. (단, $a>0$)

12 다음 함수의 그래프 중에서 일대일대응인 것을 고르시오.

① 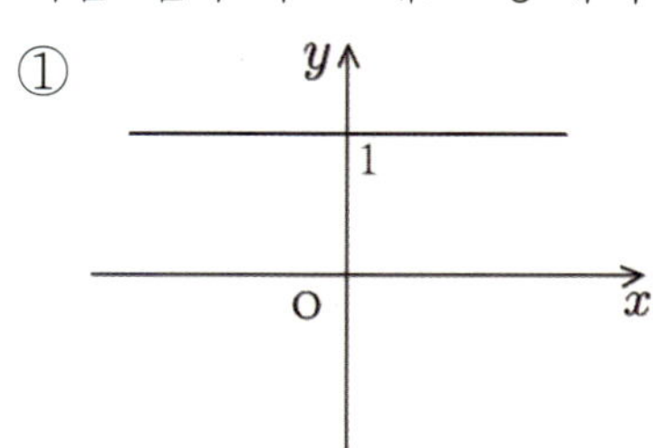 ② 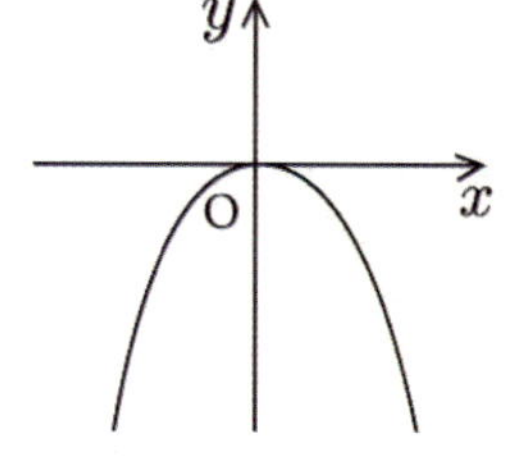 ③ 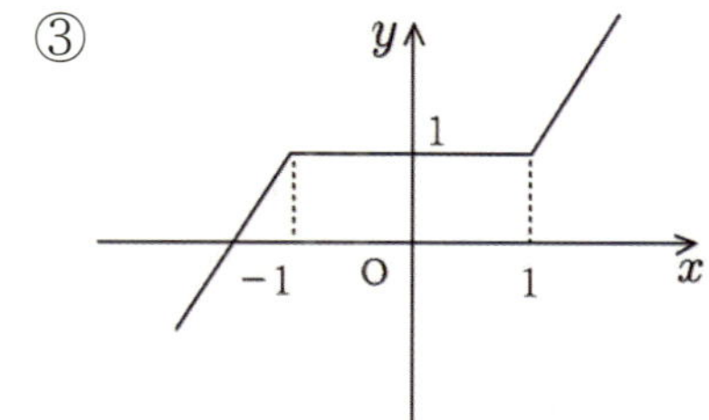

④ 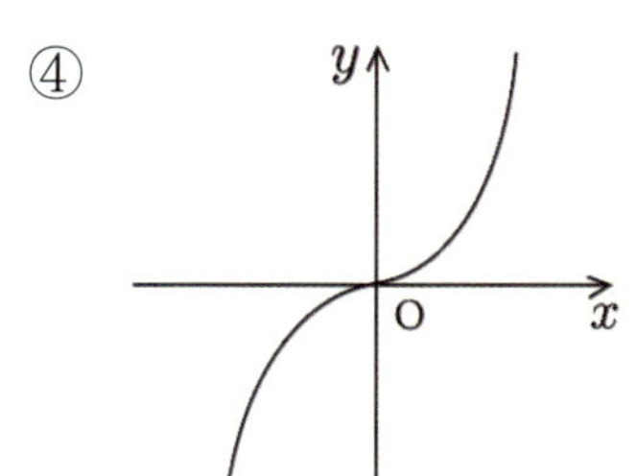 ⑤ 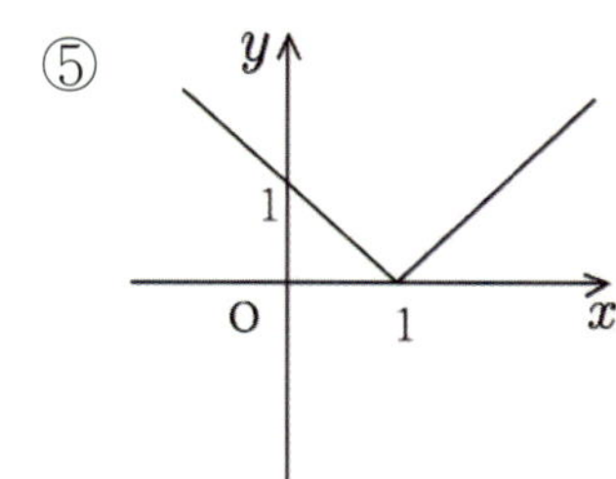

13 함수 $f:X\to X$가 항등함수일 때, 다음의 값을 구하시오.
(1) $f(-2)+f(10)$
(2) $f(5)-f(-5)$
(3) $f(2025)\times f(0)$

14 집합 $X=\{0,1\}$이라 할 때, $f:X\to Y$에 대하여 $f(x)=x^2-ax-3$이 상수함수가 되게 하는 a의 값을 구하시오.

15 두 집합 $A=\{a,\ b,\ c\}$, $B=\{1,\ 2,\ 3,\ 4\}$에 대하여 다음을 구하시오.
(1) A에서 B로의 함수의 개수
(2) A에서 B로의 일대일함수의 개수

16 두 집합 $X=\{1, 3, 5\}$, $Y=\{1, 2, 3, 4, 5\}$일 때, $f: X \to Y$에 대하여
$$x_1 < x_2 \text{이면 } f(x_1) < f(x_2)$$
를 만족하는 함수 f의 개수를 구하시오.

17 두 함수 $f: X \to Y$, $g: Y \to X$가 오른쪽 그림과 같을 때, 다음을 구하시오.

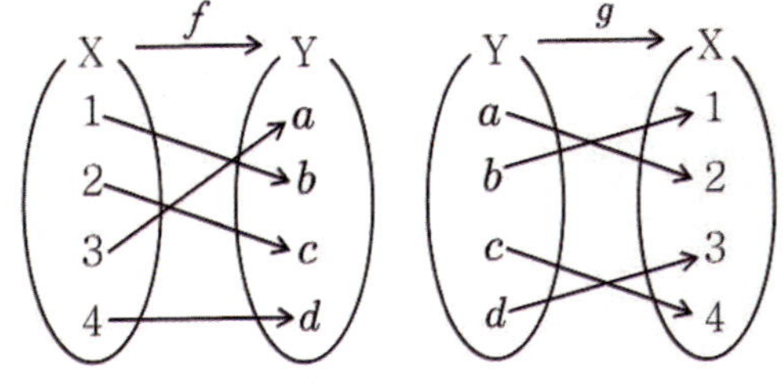

(1) $(g \circ f)(2)$ 　　(2) $(g \circ f)(4)$
(3) $(f \circ g)(a)$ 　　(4) $(f \circ g)(c)$

18 두 함수 $f(x) = \begin{cases} 3 & (x \geq 1) \\ 2x+1 & (x < 1) \end{cases}$, $g(x) = x^2 - 2$에 대하여 $(f \circ g)(2) + (g \circ f)(0)$
의 값을 구하시오.

19 함수 $f(x) = x+1$에 대하여 $f^1 = f$, $f^{n+1} = f \circ f^n$ (n은 자연수)일 때, $f^{100}(2)$의
값을 구하시오.

20 함수 $g(x) = 3x - 1$일 때, $(f \circ g)(x) = 5x + 1$을 만족하는 함수 $f(x)$를 구하시오.

21 두 함수 $f(x) = -x + 3$, $g(x) = 2x + a$에 대하여 $g \circ f = f \circ g$를 만족하는 상수 a의
값을 구하시오.

22 두 함수 $f(x) = x^2$, $g(x) = -2x + 1$에 대하여 $(f \circ g)(x)$와 $(g \circ f)(x)$를 구하고 합성함수의 교환법칙이 성립하는지 확인하시오.

23 다음 함수 $f : X \to Y$ 중 역함수가 존재하는 것을 고르시오.

① 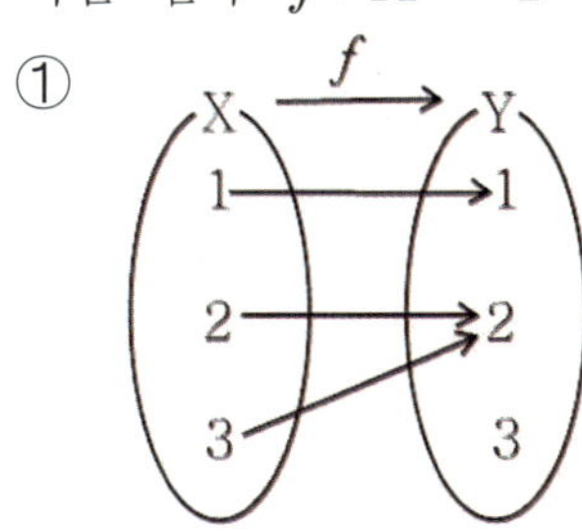 ② 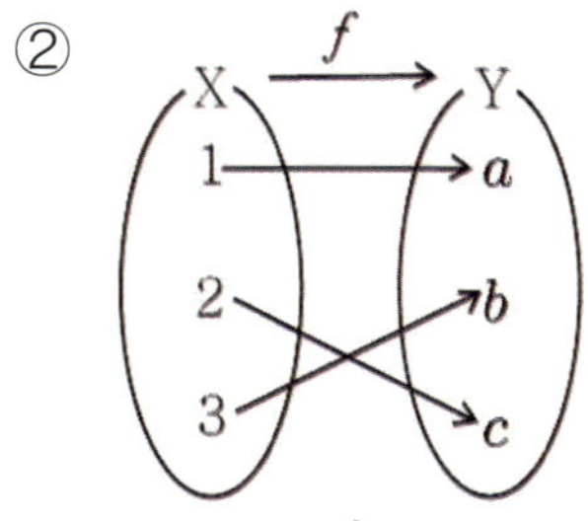 ③ 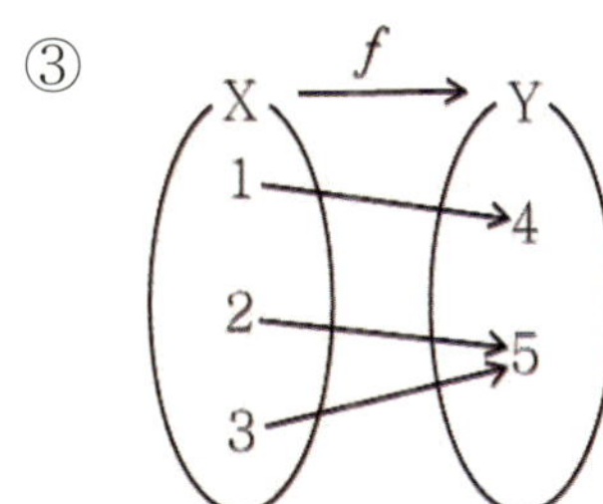

④ 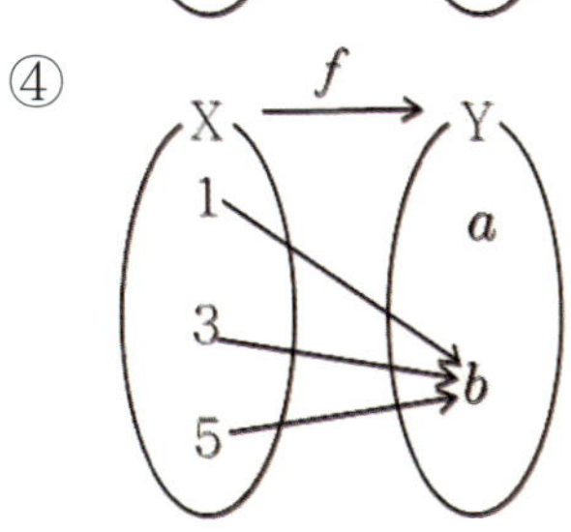 ⑤ 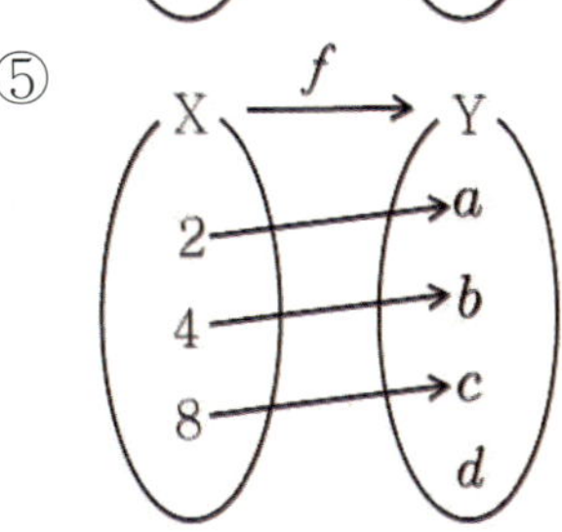

24 두 집합 $X = \{x \mid -2 \leq x \leq 2\}$, $Y = \{y \mid 3 \leq y \leq 11\}$에 대하여 X에서 Y로의 함수 $f(x) = ax + b$의 역함수가 존재할 때, (a, b)의 모든 순서쌍을 구하시오.(단, a, b는 상수)

25 다음 함수의 역함수를 구하시오.

(1) $y = x - 2 \ (x \geq 0)$ (2) $y = -2x + 3 \ (x < 0)$

26 $x \geq 0$이고, $f(x) = x - 2$, $g(x) = 2x + 1$일 때, $g \circ f$의 역함수를 구하시오

27 집합 $X=\{x \mid x \geq a\}$에 대하여 X에서 X로의 함수 $f(x)=x^2-4x-6$의 역함수가 존재할 때, 상수 a의 값을 구하시오.

28 두 함수 $f(x)=1-x$, $g(x)=1+x$일 때, $(f \circ g)^{-1} \circ f(2)$의 값을 구하시오.

29 다음 물음에 답하시오.

(1) 함수 $f(x)=2x-3$일 때, $f^{-1}(5)$의 값을 구하시오.

(2) 함수 $f(x)=x+a$에 대하여 $f(-2)=0$, $f^{-1}(3)=b$일 때, 상수 a, b의 값을 구하시오.

30 $y=x^3$과 $x=y^3$의 그래프의 교점의 좌표를 구하시오.

31 함수 $y=f(x)$의 그래프와 직선 $y=x$가 오른쪽 그림과 같을 때 $(f \circ f)^{-1}(d)$의 값을 구하시오.

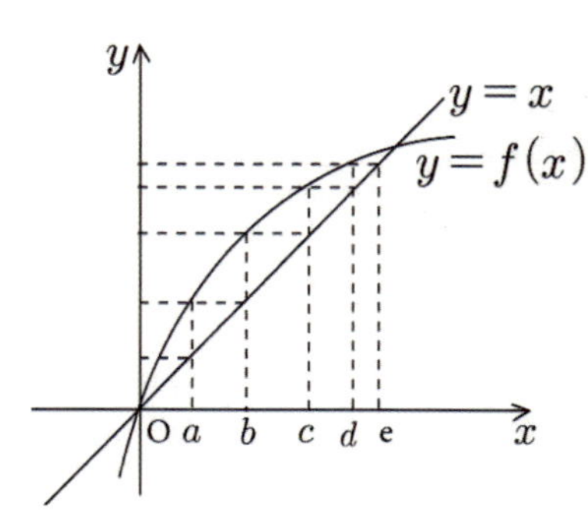

▶ 연습문제 B는 앞에서 배운 중급 단계의 문제이므로 선생님의 도움 없이 스스로 풀어 자신의 실력을 점검해 보도록 하자.

01 다음 중 y가 x의 함수인 것을 고르시오.

    ㉠ 자연수 x의 배수 y

    ㉡ 자연수 x와 서로소인 자연수 y

    ㉢ 10보다 작은 자연수 x보다 큰 한 자리 자연수의 개수 y

02 함수 $f(x) = 4x - 1$에 대하여 $f(a) = 7$일 때, $f(b) = a$를 만족하는 상수 b의 값을 구하시오.

03 두 집합 $X = \{2, 3, 4, 5\}$, $Y = \{1, 2, 3, 4, 5, 6\}$에 대하여 다음 중 $f : X \to Y$가 함수인 것은? (단, $x \in X$)

① x에 x의 양의 약수가 대응한다.

② x에 x의 양의 약수의 개수가 대응한다.

③ x에 x의 양의 배수가 대응한다.

④ x에 x의 15 이하의 양의 배수의 개수가 대응한다.

⑤ x에 x의 양의 약수의 총합이 대응한다.

04 다음 함수의 정의역을 구하시오.

(1) $y = x^2 - 2x$

(2) $y = \sqrt{4 - x^2}$

(3) $y = \dfrac{5}{(x+1)(x-2)}$

05 임의의 자연수 n에 대하여 n의 양의 약수들의 총합을 $f(n)$이라 하자. 예를 들면, $f(3)=1+3=4$, $f(4)=1+2+4=7$이다. 다음 〈보기〉 중 옳지 않은 것을 고르시오.

—〈 보기 〉—————————————————
ㄱ. $f(10)=18$
ㄴ. $f(n)=n+1$이면 n은 소수이다.
ㄷ. 임의의 자연수 m, n에 대하여 $f(mn)=f(m)f(n)$이다.

06 다음 중 함수의 그래프인 것을 모두 고르시오.

① 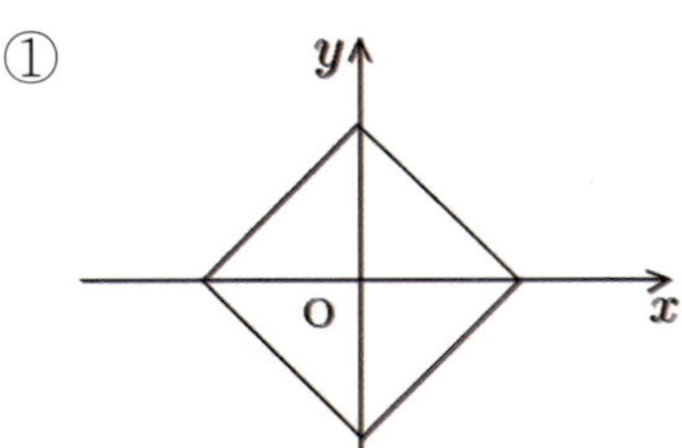　② 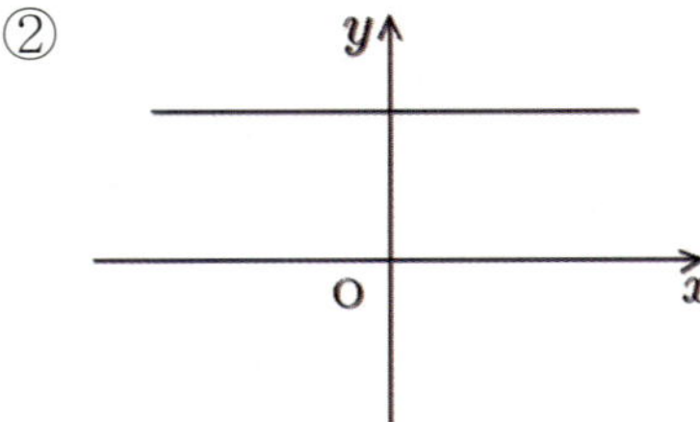　③ 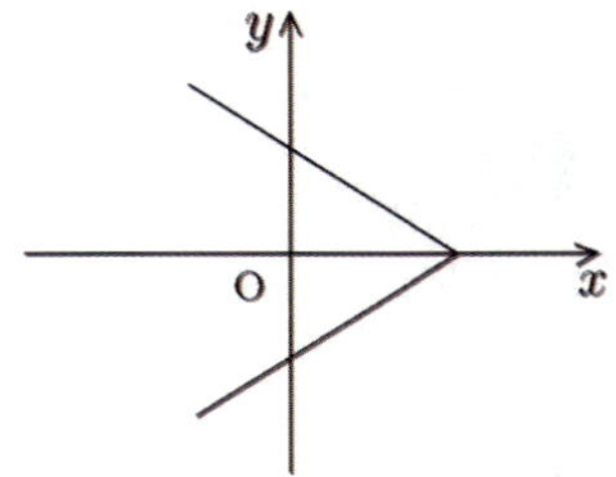

④ 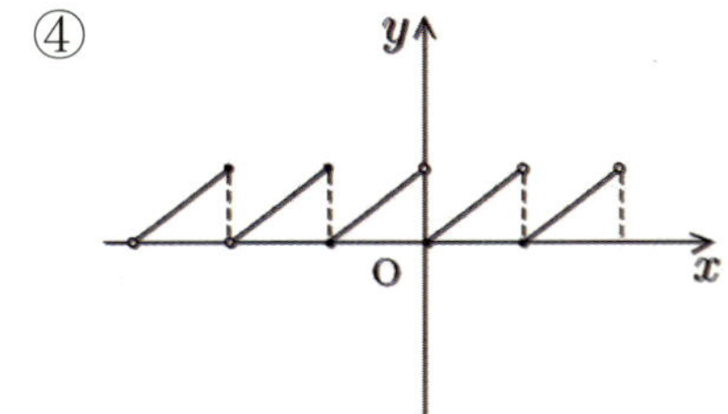　⑤ 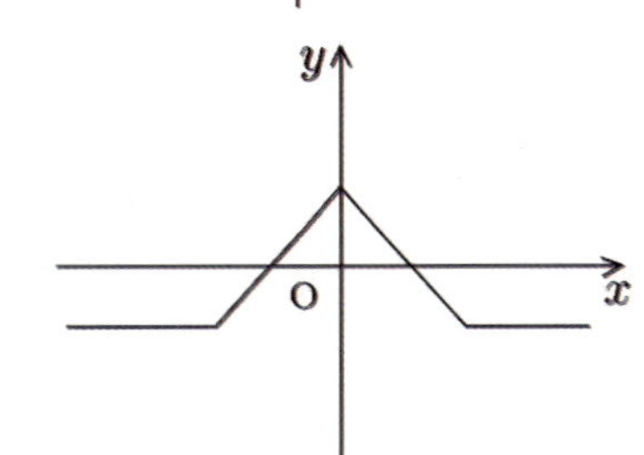

07 집합 $X=\{-1, 0, 1\}$을 정의역으로 하는 두 함수 $f(x)=ax+1$, $g(x)=x^3+b$에 대하여 $f(x)$와 $g(x)$가 서로 같은 함수일 때, 상수 a, b의 값을 구하시오.

08 집합 $X=\{1, 2, 3, 4\}$에 대하여 함수 $f:X \to Y$가 다음과 같이 정의될 때, 일대일함수인 것을 고르시오.
① $Y=\{1\}$, $f(x)=1$
② $Y=\{1, 2, 3, 4\}$, $f(x)=(x$의 양의 약수의 개수$)$
③ $Y=\{1, 3, 4, 5\}$, $f(x)=(x$의 약수의 총합$)$
④ $Y=\{y \mid y$는 자연수$\}$, $f(x)=(x$의 배수$)$
⑤ $Y=\{y \mid y$는 실수$\}$, $f(x)=x+1$

09 함수 $f: R \rightarrow R$ 가 $f(x) = \begin{cases} \dfrac{1}{2}x + 2 \ (x \geq 2) \\ x + a \ (x < 2) \end{cases}$ 로 정의될 때, 함수 $f(x)$ 가 일대일대응이

되게 하는 상수 a 의 값을 구하시오.

10 다음 그림으로 나타낸 대응 중에서 일대일대응인 것을 고르시오.

① 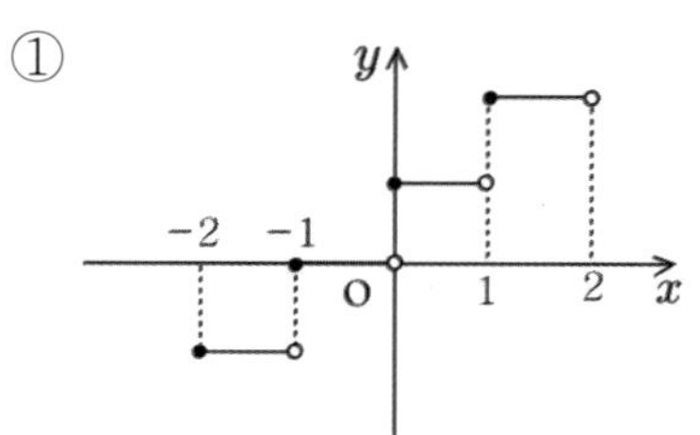 ② 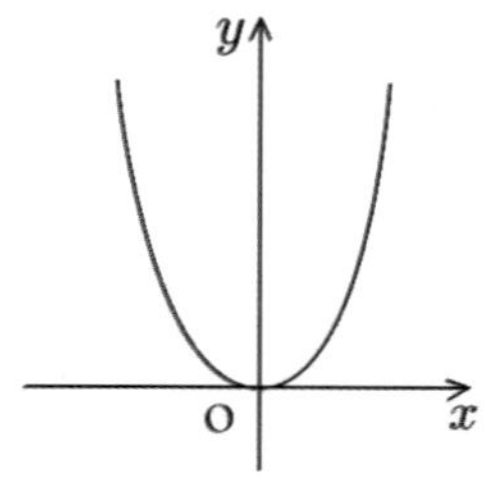 ③ 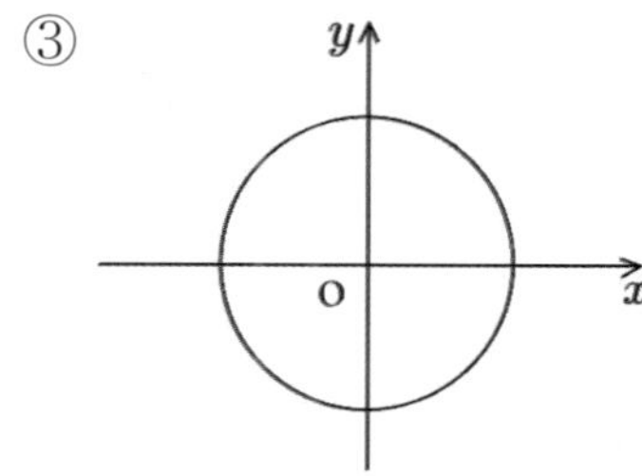

④ 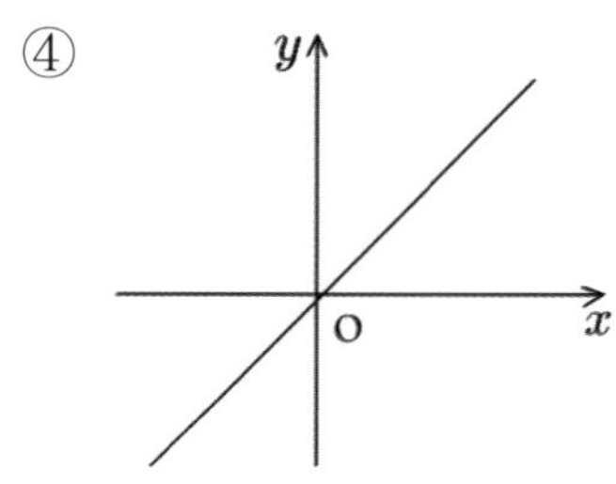 ⑤ 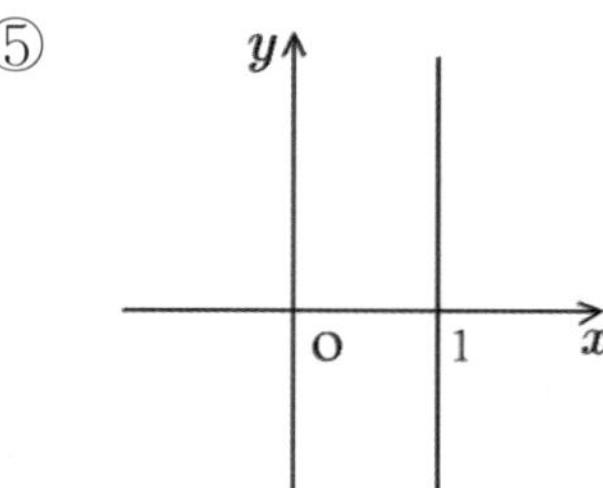

11 두 집합 $X = \{-1, 0, 1\}$, $Y = \{-2, -1, 0, 1, 2\}$ 라 할 때, X 의 모든 원소 x 에 대하여 $xf(x)$ 가 상수가 될 함수 $f: X \rightarrow Y$ 의 개수를 구하시오.

12 두 집합 $A = \{a, b, c, d\}$, $B = \{1, 2, 3, 4\}$ 에 대하여 다음을 구하시오.
(1) A 에서 B 로의 함수의 개수
(2) A 에서 B 로의 일대일대응의 개수
(3) A 에서 B 로의 상수함수의 개수

13 두 집합 $X = \{1, 2, 3, 4, 5\}$, $Y = \{2, 4, 6\}$ 에 대하여 X 에서 Y 로의 함수 f 가 $x_1 < x_2$ 이면 $f(x_1) \leq f(x_2)$ 를 만족할 때, 함수 f 의 개수를 구하시오.

14 세 함수 $f(x)=-2x+1$, $g(x)=3x+3$, $h(x)=x+5$에 대하여
$(h \circ g \circ f)(0)$의 값을 구하시오.

15 두 함수 $f(x)=\begin{cases} x+1 & (x \geq 0) \\ -x^2+2x+1 & (x < 0) \end{cases}$, $g(x)=2x-3$에 대하여
$(f \circ g)(1)+(g \circ f)(1)$의 값을 구하시오.

16 함수 $f: X \to X$ 가 오른쪽 그림과 같고
$f^1=f$, $f^{n+1}=f \circ f^n$ (n은 자연수)이라
할 때, $f^{54}(1)+f^{70}(2)$의 값을 구하시오.

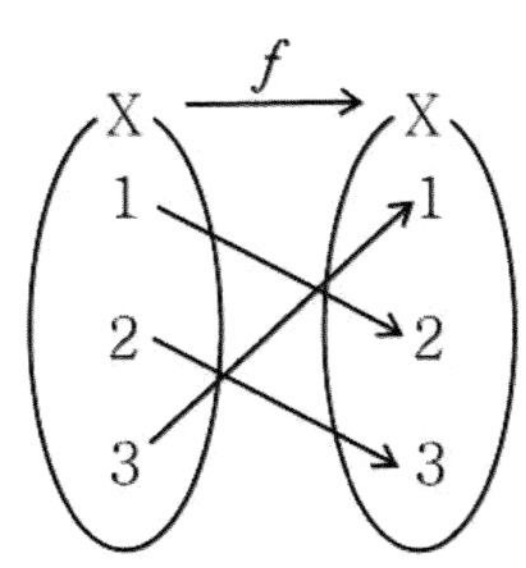

17 함수 $g(x)=x+1$에 대하여 $(f \circ g)(x)=2x+1$, $(h \circ f)(x)=6x-1$을 만족하는
함수 $h(x)$를 구하시오.

18 실수 전체 집합에서 정의된 함수 $f(x)=\dfrac{1}{3}x-2$가 $(f \circ f \circ f)(a) > 0$을 만족하는
정수 a의 최솟값을 구하시오.

19 세 함수 f, g, h에 대하여 $f(x) = x+1$, $(g \circ h)(x) = 2x^2$일 때, $((f \circ g) \circ h)(3)$의 값을 구하시오.

20 다음 중 역함수가 존재하는 함수를 모두 고르시오.

① $y = 2x - 3$ ② $y = -x^2 + 2x + 1$ ③ $y = |x|$

④ $y = \dfrac{1}{x}$ (단, $x > 0$)   ⑤ $y = 3x^2 + x$

21 실수 전체 집합에서 정의된 함수 $f(x) = |2x - 1| - ax$의 역함수가 존재할 때, 양의 정수 a의 최솟값을 구하시오.

22 함수 $y = 3x - 2$의 역함수가 $y = ax + b$라 할 때, 상수 a, b에 대하여 $a + b$의 값을 구하시오.

23 실수 전체 집합에서 정의된 함수 f에 대하여 $f(2x + 1) = 4x - 3$이 성립될 때, 함수 $f(x)$의 역함수를 구하시오.

24 집합 $X = \{x \mid x \geq 1\}$에 대하여 X에서 X로의 함수 $f(x) = x^2 - 2k^2x + 1$의 역함수가 존재할 때, 상수 k의 값을 모두 구하시오.

25 두 함수 $f(x) = 2x - a$, $g(x) = \dfrac{1}{2}x + 1$에 대하여 $(g \circ f)^{-1} = g^{-1} \circ f^{-1}$가 성립할 때, 상수 a의 값을 구하시오.

26 두 함수 $f(x) = -x + a$, $g(x) = bx - 1$에 대하여 $g^{-1}(2) = 1$이고 $f^{-1}(3) + g(1) = 1$이라 할 때, 상수 a, b에 대하여 $a + b$의 값을 구하시오.

27 함수 $f(x) = 2x^2 - 4x - 3 \ (x \geq 2)$과 그 역함수 $g(x)$의 그래프의 교점의 좌표를 구하시오.

28 함수 $y = f(x)$의 그래프와 직선 $y = x$가 오른쪽 그림과 같을 때, $(f \circ f \circ f)^{-1}(a)$의 값을 구하시오.

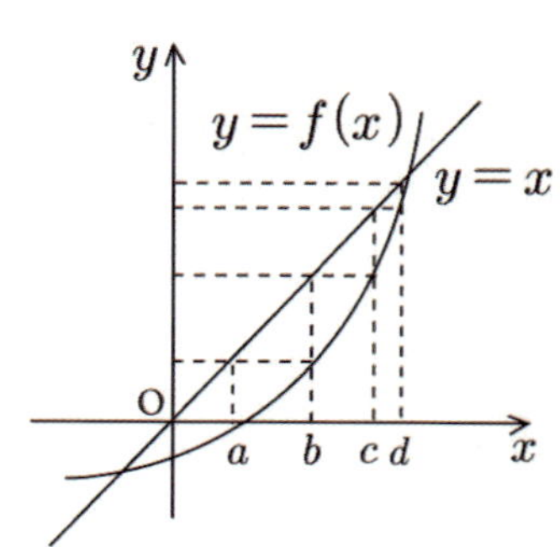

P A R T

02

유리함수

◈ 중·고교 연결과정 선수학습
1 유리식과 그 연산
2 비례식과 그 연산
3 유리함수
◈ 반복학습 기록란
◈ 연습문제 (A) (B)

명언

화가 났을 때는 아무 일도 하지 말라. 하는 일마다 잘못될 것이다.

- 발타사르 그라시안 -

1 분수의 통분

(1) 공약수가 없는 경우
→ 분모를 서로 곱한다.
(2) 공약수가 있는 경우
→ 분모를 공약수로 쪼갠다.
(3) 공약수가 잘 안 보이는 경우
→ 최소공배수를 구하여 통분한다.

강의 공약수가 없는 분모의 통분은 분모를 서로 곱하여 통분한다!
→ 분모를 서로 곱하여 통분

기|본|예|제 01

$\dfrac{7}{8} - \dfrac{5}{9}$ 를 계산하시오.

탐구 분모의 공약수가 없을 경우에는 분모를 서로 곱하여 통분한다.

풀이 분모의 공약수가 없으므로 분모의 곱인 $8 \times 9 = 72$로 통분한다.

$$(준식) = \dfrac{7 \times 9}{72} - \dfrac{5 \times 8}{72} = \dfrac{63 - 40}{72} = \dfrac{23}{72}$$

정답 $\dfrac{23}{72}$

유제 01-1 다음을 계산하시오.

(1) $\dfrac{3}{4} - \dfrac{3}{7}$ (2) $\dfrac{7}{2} + \dfrac{8}{9}$

유제 01-2 $\dfrac{3}{2} + \dfrac{7}{3} - \dfrac{4}{5}$ 를 계산하시오.

강의 공약수가 있는 분모의 통분은 공약수가 잘 보이면 쪼개어 통분한다!

→ 분모를 공약수로 쪼개어 통분

기 | 본 | 예 | 제 02

$\dfrac{13}{54} - \dfrac{17}{42}$ 을 계산하시오.

탐구　　분모를 $6 \times 9,\ 6 \times 7$로 쪼개어 통분한다.

풀이　　(준식) $= \dfrac{13}{6 \times 9} - \dfrac{17}{6 \times 7} = \dfrac{13 \times 7 - 17 \times 9}{6 \times 9 \times 7} = \dfrac{-62}{6 \times 9 \times 7}$

$\qquad\qquad\quad = -\dfrac{31}{189}$

정답　　$-\dfrac{31}{189}$

유제 02-1　다음을 계산하시오.

(1) $\dfrac{5}{12} + \dfrac{11}{18}$ 　　　　　　　　(2) $\dfrac{9}{10} - \dfrac{4}{15}$

유제 02-2　다음을 계산하시오.

(1) $\dfrac{9}{20} - \dfrac{22}{45}$ 　　　　　　　　(2) $\dfrac{13}{16} + \dfrac{13}{24}$

 강의 공약수가 잘 안 보이는 분모의 통분은 최소공배수를 따로 구하여 통분한다!

→ 최소공배수를 구하여 통분

기|본|예|제 03

$\dfrac{49}{270} - \dfrac{25}{126}$ 를 계산하시오.

탐구 공약수가 잘 안 보이는 경우 최소공배수를 구하여 통분한다.

풀이 분모는 공약수로 쪼개기 어려우므로 분모의 최소공배수를 구하여 통분하면

$$(준식) = \dfrac{49}{2\times 3^3 \times 5} - \dfrac{25}{2\times 3^2 \times 7} = \dfrac{49\times 7 - 25\times 3\times 5}{2\times 3^3 \times 5\times 7}$$

$$= \dfrac{-32}{2\times 3^3 \times 5\times 7} = -\dfrac{16}{945}$$

정답 $-\dfrac{16}{945}$

유제 03-1 다음을 계산하시오.

(1) $\dfrac{1}{18} + \dfrac{7}{60}$ (2) $\dfrac{7}{44} - \dfrac{5}{66}$

유제 03-2 다음을 계산하시오.

(1) $\dfrac{7}{30} - \dfrac{2}{45}$ (2) $\dfrac{3}{28} + \dfrac{11}{42}$

2 비례관계

➜ x, y는 변수이고 k는 0이 아닌 상수일 때,

[1] 정비례

➜ $\dfrac{y}{x}=k \leftrightarrow y=kx \leftrightarrow y$는 x에 정비례한다.

[2] 반비례

➜ $xy=k \leftrightarrow y=\dfrac{k}{x} \leftrightarrow y$는 x에 반비례한다.

체크 비례관계와 그래프

① 정비례관계의 그래프 $(x>0)$ ② 반비례관계의 그래프 $(x>0)$

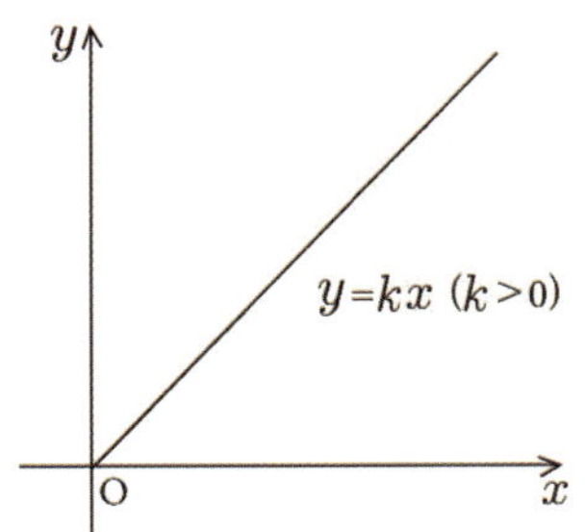

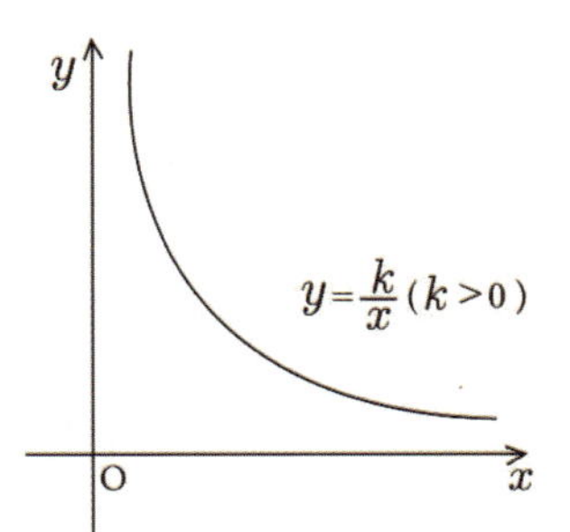

강의 몫이 일정할 때 정비례한다!

➜ $\dfrac{y}{x}=k$ (일정) $\rightarrow y=kx$

기|본|예|제 04

6L의 휘발유를 넣으면 54km를 달릴 수 있는 자동차로 360km를 달리는데 필요한 휘발유의 양을 구하시오.

탐구 $\dfrac{y}{x}=k$ (일정) $\rightarrow y=kx$; 정비례

풀이 $\dfrac{54}{6}=9$로 일정하므로

$y=9x$ $(x$: 휘발유, y : 달린 거리$)$

$y=360 \rightarrow y=9x$; $360=9x$ $\therefore x=40(\mathrm{L})$

정답 40L

유제 04-1 5시간에 30개의 장난감을 만드는 기계가 있다. 이 기계로 45개의 장난감을 만드는 데 걸리는 시간을 구하시오.

유제 04-2 오른쪽 그림은 두 변수 x, y 사이의 관계를 나타낸 것이다. x가 4일 때, y의 값을 구하시오.

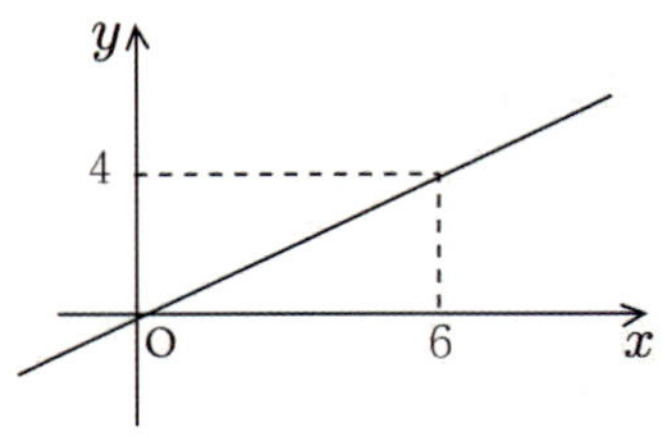

강의 곱이 일정할 때 반비례한다!

→ $xy = k$ (일정) $\rightarrow y = \dfrac{k}{x}$

기 | 본 | 예 | 제 05

온도가 일정할 때, 기체의 부피는 압력에 반비례한다. 일정한 온도에서 압력이 6기압일 때, 부피가 25cm^3인 기체가 같은 온도에서 압력이 15기압일 때의 부피를 구하시오.

탐구 $xy = k$ (일정) → $y = \dfrac{k}{x}$; 반비례

풀이 $6 \times 25 = 150$으로 일정하므로 $y = \dfrac{150}{x}$ $(x :$ 압력, $y :$ 부피$)$

$x = 15 \rightarrow y = \dfrac{150}{x}$; $y = \dfrac{150}{15}$ $\quad \therefore x = 10\,(\text{cm}^3)$

정답 10cm^3

유제 05-1 우유 2000ml를 같은 용량의 병에 나누어 담으려고 한다. 병의 개수를 x개, 병의 용량을 $y$ml라 할 때, y를 x에 대한 식으로 나타내시오.

유제 05-2 오른쪽 그림은 두 변수 x, y 사이의 관계를 나타낸 것이다. y가 8일 때, x의 값을 구하시오.

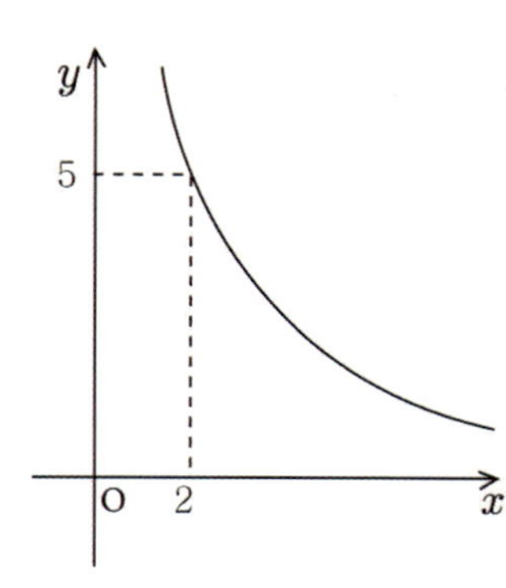

유리식과 그 연산

1 유리식

[1] 유리식의 정의

→ A, B가 다항식일 때, $\dfrac{B}{A}(A \neq 0)$꼴의 식을 **유리식**이라 한다.

(1) A가 미지수를 포함할 때 → 분수식

(2) A가 미지수를 포함하지 않을 때 → 다항식

[2] 유리식의 성질

→ 유리식은 덧셈, 곱셈에 대하여 교환법칙, 결합법칙, 분배법칙이 성립한다.

체크 식의 체계

→ 식 $-\begin{cases} \text{유리식} - \begin{cases} \text{다항식} - \begin{cases} \text{단항식} \\ \text{다항식} \end{cases} \\ \text{분수식} \end{cases} \\ \text{무리식} \end{cases}$

강의 유리수와 유리식은 서로 비교하여 이해한다!

① $\dfrac{n}{m}$꼴의 수 $(m, n : \text{정수}, \ m \neq 0)$ → 유리수

② $\dfrac{B}{A}$꼴의 식 $(A, B : \text{정식}, \ A \neq 0)$ → 유리식

주의 ① 유리수는 정리된 결과를 보고 판정한다.

→ $5 = \dfrac{5}{1}, \ \dfrac{1}{\sqrt{4}} = \dfrac{1}{2}, \ 0.25 = \dfrac{25}{100} = \dfrac{1}{4}, \ 0.\dot{3} = \dfrac{3}{9} = \dfrac{1}{3}$ → 유리수

② 유리식은 정리된 결과를 보고 판정한다.

→ $\dfrac{1}{|x|} = \begin{cases} x > 0 \text{일 때}, \ \dfrac{1}{x} \ (\text{분수식}) \\ x < 0 \text{일 때}, \ -\dfrac{1}{x} \ (\text{분수식}) \end{cases}, \ \dfrac{1}{\sqrt{x^2}} = \dfrac{1}{|x|} \ (\text{분수식}), \left(\sqrt{x}\right)^2 = x \ (\text{다항식})$

→ 유리식

③ 식의 판정은 숫자는 무시하고 문자를 기준으로 하여 판정한다.

→ $\dfrac{x}{\sqrt{3}} \ (\text{다항식}), \ \dfrac{\sqrt{3}}{x} \ (\text{분수식}), \ \dfrac{3}{\sqrt{x}} \ (\text{무리식}), \ \sqrt{3x} \ (\text{무리식})$

다음 중 유리식이 아닌 것을 고르시오.

① $\dfrac{x+1}{x}$　　② $\dfrac{x^2+1}{\sqrt{2}}$　　③ $\dfrac{2x-1}{\sqrt{x^2}}$　　④ $\sqrt{x-4}$　　⑤ $\dfrac{1}{x^2-2x+1}$

탐구　유리식 = 다항식 + 분수식

풀이

① 분수식　　∴ 유리식

② 다항식　　∴ 유리식

③ $\sqrt{x^2}=|x|$ → 분수식　∴ 유리식

④ 무리식　　∴ 유리식이 아니다.

⑤ 분수식　　∴ 유리식

따라서 유리식이 아닌 것은 ④이다.

정답　④

유제 01-1　다음 중 분수식인 것을 모두 고르시오.

① x^2+2x-1　　　　② $\dfrac{x+1}{3}$　　　　③ $\dfrac{2x^2+4}{x}$

④ $|x|-1$　　　　⑤ $\dfrac{1}{2x}+3$

유제 01-2　다음 중 옳은 것을 모두 고르시오.

① $\dfrac{x^2-5}{3}$ 는 분수식이다.

② $\dfrac{x^2-\sqrt{5}}{\sqrt{3}}$ 는 유리식이다.

③ 유리식은 덧셈에 대한 교환법칙, 결합법칙이 성립하지 않는다.

④ $\dfrac{B}{A}$ 꼴의 식에서 A가 0이 아닌 실수일 때, 분수식이라 한다.

⑤ 유리식은 분배법칙이 성립한다.

[1] 분수식의 기본 성질

→ 분모, 분자에 0이 아닌 같은 다항식을 곱하거나 나누어도 그 값은 항상 같다.

(1) $\dfrac{B}{A} = \dfrac{B \times C}{A \times C}$ (단, $C \neq 0$)

(2) $\dfrac{B}{A} = \dfrac{B \div C}{A \div C}$ (단, $C \neq 0$)

[2] 분수식의 약분 (기약분수화)

→ 분수식에서 분모, 분자에 공약수가 있을 때, 분모, 분자를 최대공약수로 나누어 간단히 하는 것을 **약분**한다고 한다.

첫째, 인수분해한다.

둘째, 분모, 분자의 최대공약수로 약분한다.

[3] 분수식의 통분 (공통분모화)

→ 두 개 이상의 유리식을 분모가 같은 유리식으로 고치는 것을 **통분**한다고 하며, 통분할 때는 각 유리식의 분모의 최소공배수를 공통분모로 한다.

첫째, 인수분해한다.

둘째, 각 분모의 최소공배수로 통분한다.

강의 분수식의 약분은 최대공약수를 이용하고, 통분은 최소공배수를 이용한다!

$$\rightarrow \begin{bmatrix} \text{약분} \rightarrow \text{최대공약수} \\ \text{통분} \rightarrow \text{최소공배수} \end{bmatrix} \text{이용}$$

기 | 본 | 예 | 제 02

$\dfrac{x^3 - 3x^2y + 2xy^2}{2y^2 + xy - x^2}$ 을 약분하시오.

탐구 분모, 분자를 인수분해 → 최대공약수로 약분

풀이 준식의 분모, 분자를 인수분해하고 최대공약수로 약분하면

$$\frac{x(x-y)(x-2y)}{(y+x)(2y-x)} = \frac{x(y-x)}{y+x}$$

정답 $\dfrac{x(y-x)}{y+x}$

유제 02-1 $\dfrac{2a^2b^3x^2}{4ab^2x^3}$ 을 약분하시오.

유제 02-2 $\dfrac{12(x^2-7x+10)}{x^3-6x^2+3x+10}$ 을 약분하시오.

기|본|예|제 03

두 유리식 $\dfrac{x-1}{(x+1)(x-2)}$, $\dfrac{x-2}{(x+1)(x-1)}$ 를 통분하시오.

탐구 분모의 최소공배수로 통분한다.

풀이 분모의 최소공배수를 구하면 $(x+1)(x-2)(x-1)$이므로 두 식을 통분하면

$$\frac{(x-1)^2}{(x+1)(x-2)(x-1)},\ \frac{(x-2)^2}{(x+1)(x-2)(x-1)}$$

정답 $\dfrac{(x-1)^2}{(x+1)(x-2)(x-1)},\ \dfrac{(x-2)^2}{(x+1)(x-2)(x-1)}$

유제 03-1 두 유리식 $\dfrac{a}{3b^3x^2y}$, $\dfrac{1}{2a^2bxy^2}$ 을 통분하시오.

유제 03-2 두 유리식 $\dfrac{x+2}{x^3-4x^2+x+6}$, $\dfrac{x+3}{x^3-7x+6}$ 을 통분하시오.

[1] 덧셈, 뺄셈

첫째, 약분하여 기약분수식으로 고친다.

둘째, 분모가 다를 때는 통분하여 계산한다.

셋째, 계산 결과를 약분하여 기약분수식으로 고친다.

(1) $\dfrac{B}{A}+\dfrac{C}{A}=\dfrac{B+C}{A}$ (2) $\dfrac{B}{A}-\dfrac{C}{A}=\dfrac{B-C}{A}$

[2] 곱셈, 나눗셈

첫째, 분모, 분자를 인수분해한다.

둘째, 나눗셈일 때는 역수를 취하여 곱셈으로 고쳐 계산한다.

셋째, 계산 결과를 약분하여 기약분수식으로 고친다.

(1) $\dfrac{B}{A}\times\dfrac{D}{C}=\dfrac{BD}{AC}$ (2) $\dfrac{B}{A}\div\dfrac{D}{C}=\dfrac{B}{A}\times\dfrac{C}{D}=\dfrac{BC}{AD}$

강의 분수식의 덧셈과 뺄셈은 통분하여 분모를 같게 만든다!

→ 통분하여 계산한 후 약분한다!

→ $\dfrac{B}{A}\pm\dfrac{C}{A}=\dfrac{B\pm C}{A}$

기|본|예|제 04

$\dfrac{x-y}{x+y}+\dfrac{2xy}{x^2-y^2}$ 를 계산하시오.

탐구 $\dfrac{B}{A}+\dfrac{C}{A}=\dfrac{B+C}{A}$

풀이 (준식) $=\dfrac{(x-y)^2}{(x+y)(x-y)}+\dfrac{2xy}{x^2-y^2}$

$=\dfrac{x^2-2xy+y^2+2xy}{x^2-y^2}$

$=\dfrac{x^2+y^2}{x^2-y^2}$

정답 $\dfrac{x^2+y^2}{x^2-y^2}$

  $\dfrac{x}{x^2+y^2}-\dfrac{y(x-y)^2}{x^4-y^4}$ 을 계산하시오.

  $\dfrac{x^2+x-1}{x+1}-\dfrac{x^2-x+2}{x-1}$ 를 계산하시오.

기 | 본 | 예 | 제 05

등식 $\dfrac{3x}{x^3+1}=\dfrac{a}{x+1}+\dfrac{bx+c}{x^2-x+1}$ 가 $x\neq-1$인 모든 실수에 대하여 성립할 때, 상수 a, b, c의 값을 구하시오.

탐구 우변을 통분하여 분모를 같게 한 후 분자를 비교한다.

풀이 $(우변)=\dfrac{a(x^2-x+1)+(x+1)(bx+c)}{(x+1)(x^2-x+1)}$

$\qquad\qquad =\dfrac{ax^2-ax+a+bx^2+cx+bx+c}{x^3+1}$

$\qquad\qquad =\dfrac{(a+b)x^2+(-a+b+c)x+a+c}{x^3+1}$

좌변과 우변의 분자가 같으므로 계수를 비교하면

$\qquad a+b=0 \qquad \cdots ①$

$\qquad -a+b+c=3 \qquad \cdots ②$

$\qquad a+c=0 \qquad \cdots ③$

①, ②, ③을 연립하여 a, b, c의 값을 구하면

$\qquad a=-1,\ b=1,\ c=1$

정답 $a=-1,\ b=1,\ c=1$

  등식 $\dfrac{a}{x+2}+\dfrac{b}{x-3}=\dfrac{x-8}{x^2-x-6}$ 이 $x\neq-2,\ x\neq3$인 모든 실수에 대하여 성립할 때, 상수 a, b의 값을 구하시오.

  분모를 0이 되지 않게 하는 모든 실수 x에 대하여

$$\dfrac{a}{x-2}+\dfrac{b}{x+2}+\dfrac{c}{x}=\dfrac{2(x^2-x+2)}{x^3-4x}$$

가 성립할 때, 상수 a, b, c의 값을 구하시오.

기 | 본 | 예 | 제 06

다음을 간단히 하시오.

(1) $\dfrac{1}{(a-b)(a-c)}+\dfrac{1}{(b-a)(b-c)}+\dfrac{1}{(c-a)(c-b)}$

(2) $\dfrac{1}{x-a}-\dfrac{1}{x+a}-\dfrac{2a}{x^2+a^2}-\dfrac{4a^3}{x^4+a^4}$

탐구 ① 순환하는 경우 → 전체통분   ② +, − 의 경우 → 켤레통분

풀이 (1) 전체를 통분하면

$$(준식)=-\frac{1}{(a-b)(c-a)}-\frac{1}{(a-b)(b-c)}-\frac{1}{(c-a)(b-c)}$$

$$=\frac{-(b-c)-(c-a)-(a-b)}{(a-b)(b-c)(c-a)}=0$$

(2) 차례로 짝을 지어 통분하면

$$(준식)=\frac{2a}{x^2-a^2}-\frac{2a}{x^2+a^2}-\frac{4a^3}{x^4+a^4}$$

$$=\frac{4a^3}{x^4-a^4}-\frac{4a^3}{x^4+a^4}=\frac{8a^7}{x^8-a^8}$$

정답 (1) 0 (2) $\dfrac{8a^7}{x^8-a^8}$

유제 06-1 $\dfrac{1}{x-2}-\dfrac{1}{x+2}-\dfrac{4}{x^2+4}$ 를 간단히 하시오.

유제 06-2 $\dfrac{a}{(a+b)(c+a)}+\dfrac{b}{(a+b)(b+c)}+\dfrac{c}{(c+a)(b+c)}$ 를 간단히 하시오.

$$\rightarrow \quad \frac{B}{A} \div \frac{D}{C} = \frac{B}{A} \times \frac{C}{D} = \frac{BC}{AD}$$

기|본|예|제 07

$\dfrac{x^2+5x+6}{x^2-4} \times \dfrac{6x^2-11x-2}{x^2+2x-3}$ 를 계산하시오.

탐구
$$\frac{B}{A} \times \frac{D}{C} = \frac{BD}{AC}$$

풀이 (준식) $= \dfrac{(x+2)(x+3)}{(x-2)(x+2)} \times \dfrac{(x-2)(6x+1)}{(x+3)(x-1)}$

$$= \frac{6x+1}{x-1}$$

정답 $\dfrac{6x+1}{x-1}$

유제 07-1 $\dfrac{x^2-2x-3}{x^2-4} \div \dfrac{x^2-4x+3}{x^2+4x+4}$ 을 계산하시오.

유제 07-2 $\dfrac{x^3-3x^2}{2x^2+3x} \times \dfrac{x^2-4}{x^2-5x+6} \div \dfrac{2x^2+5x+2}{2x+1}$ 를 계산하시오.

[1] 나눗셈을 이용하는 방법

(1) $\dfrac{\dfrac{D}{C}}{\dfrac{B}{A}} = \dfrac{D}{C} \div \dfrac{B}{A} = \dfrac{D}{C} \times \dfrac{A}{B} = \dfrac{AD}{BC}$

(2) $\dfrac{C}{\dfrac{B}{A}} = C \div \dfrac{B}{A} = C \times \dfrac{A}{B} = \dfrac{AC}{B}$

(3) $\dfrac{\dfrac{C}{B}}{A} = \dfrac{C}{B} \div A = \dfrac{C}{B} \times \dfrac{1}{A} = \dfrac{C}{AB}$

[2] 중중분모, 상하분자의 법칙을 이용하는 방법

(1) $\dfrac{\dfrac{D}{C}}{\dfrac{B}{A}} = \dfrac{AD}{BC}$

(2) $\dfrac{C}{\dfrac{B}{A}} = \dfrac{\dfrac{C}{1}}{\dfrac{B}{A}} = \dfrac{AC}{B}$

(3) $\dfrac{\dfrac{C}{B}}{A} = \dfrac{\dfrac{C}{B}}{\dfrac{A}{1}} = \dfrac{C}{AB}$

[3] 분모, 분자에 0이 아닌 같은 다항식을 곱하는 방법

(1) $\dfrac{\dfrac{D}{C}}{\dfrac{B}{A}} = \dfrac{\dfrac{D}{C} \times AC}{\dfrac{B}{A} \times AC} = \dfrac{AD}{BC}$

(2) $\dfrac{C}{\dfrac{B}{A}} = \dfrac{C \times A}{\dfrac{B}{A} \times A} = \dfrac{AC}{B}$

(3) $\dfrac{\dfrac{C}{B}}{A} = \dfrac{\dfrac{C}{B} \times B}{A \times B} = \dfrac{C}{AB}$

강의 번분수식의 계산문제는 중중분모, 상하분자의 법칙을 이용하면 편리하다!

T1) $\dfrac{\dfrac{D}{C}}{\dfrac{B}{A}}$ 꼴 → 분모들의 최소공배수를 곱한다.

T2) $\dfrac{C}{\dfrac{B}{A}}$ 꼴 → 분모의 분모를 곱한다.

주의 중중분모, 상하분자의 법칙을 이용하면 편리하다. $\dfrac{\dfrac{상}{중}}{\dfrac{중}{하}} = \dfrac{상하}{중중}$

다음을 간단히 하시오.

$$\frac{\dfrac{1}{x}+\dfrac{1}{y}}{\dfrac{1}{x}-\dfrac{1}{y}}$$

탐구　분모들의 최소공배수 xy를 곱한다.

풀이　분자와 분모에 분모들의 최소공배수인 xy를 곱하고 정리하면

$$(준식) = \frac{\dfrac{1}{x}\times xy+\dfrac{1}{y}\times xy}{\dfrac{1}{x}\times xy-\dfrac{1}{y}\times xy}=\frac{y+x}{y-x}$$

정답　$\dfrac{y+x}{y-x}$

유제 08-1　다음을 간단히 하시오.

$$\frac{\dfrac{a}{b}-\dfrac{b^2}{a^2}}{\dfrac{1}{b}-\dfrac{1}{a}}$$

유제 08-2　다음을 간단히 하시오.

$$\frac{1}{1-\dfrac{1}{1-\dfrac{1}{a}}}\times\frac{1}{1-\dfrac{1}{1+\dfrac{1}{a}}}$$

유제 08-3　다음을 간단히 하시오.

$$1+\cfrac{1}{1+\cfrac{1}{1+\cfrac{1}{1+\dfrac{1}{x}}}}$$

→ 분모가 두 개 이상의 인수의 곱으로 되어 있을 때는 이항분리한다.

(1) $\dfrac{k}{AB} = \dfrac{k}{B-A}\left(\dfrac{1}{A} - \dfrac{1}{B}\right)$

(2) $\dfrac{k}{ABC} = \dfrac{k}{C-A}\left(\dfrac{1}{AB} - \dfrac{1}{BC}\right)$

강의 분수식의 분모가 곱의 꼴일 때는 다음 공식을 이용하여 이항분리한다!

→ 분모 : ( )( )의 꼴

① $\dfrac{k}{AB} = \dfrac{k}{B-A}\left(\dfrac{1}{A} - \dfrac{1}{B}\right)$ ② $\dfrac{k}{ABC} = \dfrac{k}{C-A}\left(\dfrac{1}{AB} - \dfrac{1}{BC}\right)$

기|본|예|제 **09**

이항분리를 이용하여 $\dfrac{1}{1\times3} + \dfrac{1}{2\times4} + \dfrac{1}{3\times5} + \dfrac{1}{4\times6} + \dfrac{1}{5\times7}$ 을 계산하시오.

탐구 $\dfrac{k}{ab} = \dfrac{k}{b-a}\left(\dfrac{1}{a} - \dfrac{1}{b}\right)$ 을 이용하여 식을 정리한다.

풀이   (준식) $= \dfrac{1}{2}\left(\dfrac{1}{1} - \dfrac{1}{3} + \dfrac{1}{2} - \dfrac{1}{4} + \dfrac{1}{3} - \dfrac{1}{5} + \dfrac{1}{4} - \dfrac{1}{6} + \dfrac{1}{5} - \dfrac{1}{7}\right)$

$= \dfrac{1}{2}\left(1 + \dfrac{1}{2} - \dfrac{1}{6} - \dfrac{1}{7}\right) = \dfrac{1}{2}\left(\dfrac{3}{2} - \dfrac{1}{6} - \dfrac{1}{7}\right)$

$= \dfrac{1}{2}\left(\dfrac{4}{3} - \dfrac{1}{7}\right) = \dfrac{1}{2} \times \dfrac{25}{21} = \dfrac{25}{42}$

정답 $\dfrac{25}{42}$

유제 09-1   이항분리를 이용하여 $\dfrac{1}{3\times4} + \dfrac{1}{4\times5} + \dfrac{1}{5\times6} + \dfrac{1}{6\times7}$ 을 계산하시오.

유제 09-2   이항분리를 이용하여 $\dfrac{1}{15} + \dfrac{1}{35} + \dfrac{1}{63} + \dfrac{1}{99} + \dfrac{1}{143}$ 을 계산하시오.

다음 식을 간단히 하시오.

$$\frac{1}{x(x+1)}+\frac{1}{(x+1)(x+2)}+\frac{1}{(x+2)(x+3)}+\frac{1}{(x+3)(x+4)}$$

탐구　$\dfrac{k}{AB}=\dfrac{k}{B-A}\left(\dfrac{1}{A}-\dfrac{1}{B}\right)$을 이용하여 식을 정리한다.

풀이　$(준식)=\dfrac{1}{x}-\dfrac{1}{x+1}+\dfrac{1}{x+1}-\dfrac{1}{x+2}+\dfrac{1}{x+2}-\dfrac{1}{x+3}+\dfrac{1}{x+3}-\dfrac{1}{x+4}$

$$=\frac{1}{x}-\frac{1}{x+4}$$

$$=\frac{x+4-x}{x(x+4)}$$

$$=\frac{4}{x(x+4)}$$

정답　$\dfrac{4}{x(x+4)}$

유제 10-1　$\dfrac{1}{x(x+2)}+\dfrac{1}{(x+2)(x+4)}+\dfrac{1}{(x+4)(x+6)}+\dfrac{1}{(x+6)(x+8)}$을 간단히 하시오.

유제 10-2　$\dfrac{1}{x^2-x}+\dfrac{3}{x^2-5x+4}+\dfrac{5}{x^2-13x+36}+\dfrac{7}{x^2-25x+144}$을 간단히 하시오.

유제 10-3　$\dfrac{1}{x(x+2)}+\dfrac{1}{(x+1)(x+3)}+\dfrac{1}{(x+2)(x+4)}+\dfrac{1}{(x+3)(x+5)}$을 간단히 하시오.

→ (분자의 차수) $\geq$ (분모의 차수)일 때는 분자의 차수를 낮춘다.

→ 다항식 $A=BQ+R$일 때, 양변을 다항식 B로 나누면

$$\frac{A}{B}=Q+\frac{R}{B}$$

강의 분자의 차수가 분모의 차수보다 높거나 같을 때 아래 방법으로 저차화한다!

→ (분자의 차수) $\geq$ (분모의 차수) → 분자의 저차화

→ $\dfrac{A}{B}=Q+\dfrac{R}{B}$ (몫: Q, 나머지: R)

보기 분자의 저차화

$$\frac{2x+5}{x-3}=\frac{2(x-3)+11}{x-3}=2+\frac{11}{x-3}$$

→ 분모와 똑같이 써놓고 두드려 맞춘다. 망치로!

기|본|예|제 **11**

$\dfrac{x^2+x+3}{x+1}-\dfrac{x^2+2x+3}{x+2}$ 을 간단히 하시오.

탐구 (분자의 차수) $\geq$ (분모의 차수) → 분자의 저차화

풀이 (준식) $=\dfrac{x(x+1)+3}{x+1}-\dfrac{x(x+2)+3}{x+2}=x+\dfrac{3}{x+1}-\left(x+\dfrac{3}{x+2}\right)$

$=\dfrac{3}{x+1}-\dfrac{3}{x+2}=\dfrac{3x+6-3x-3}{(x+1)(x+2)}=\dfrac{3}{(x+1)(x+2)}$

정답 $\dfrac{3}{(x+1)(x+2)}$

유제 11-1 $\dfrac{x+1}{x}-\dfrac{x+7}{x+6}$ 을 간단히 하시오.

유제 11-2 $\dfrac{x^3-x^2-4x+1}{x^2-3x+2}-\dfrac{x^2+1}{x-1}-\dfrac{x-2}{x}$ 를 간단히 하시오.

[1] 문자의 개수가 두 개 이상인 경우
→ 조건식을 이용하여 문자의 개수를 줄인다.

[2] 역수 관계식인 경우
→ 조건식을 포함한 식으로 변형시킨다.

[3] 무한히 반복되는 식인 경우
→ 결과를 x로 놓아 계산한다.

강의 식의 값은 조건식을 이용하거나 동차식인 경우로 나누어 해결한다!

① 조건식 이용 → 문자의 개수를 줄인다.

② 同차식인 경우 → 비값을 대입한다.

주의 마지막 카드 → 수값을 대입한다.

同(같을 동)

기|본|예|제 **12**

$xyz = 1$일 때, 다음 식의 값을 구하시오.

$$\frac{x}{xy+x+1} + \frac{y}{yz+y+1} + \frac{z}{zx+z+1}$$

탐구 문자가 두 개 이상 → 조건식 이용 → 문자 개수 줄이기

풀이 $xyz = 1 \ \rightarrow \ x = \dfrac{1}{yz} \ \cdots \ ①$

①을 준식에 대입하여 문자의 개수를 줄이면

$$(준식) = \frac{\dfrac{1}{yz}}{\dfrac{1}{yz} \times y + \dfrac{1}{yz} + 1} + \frac{y}{yz+y+1} + \frac{z}{z \times \dfrac{1}{yz} + z + 1}$$

$$= \frac{\dfrac{1}{yz}}{\dfrac{1}{z} + \dfrac{1}{yz} + 1} + \frac{y}{yz+y+1} + \frac{z}{\dfrac{1}{y} + z + 1}$$

$$= \frac{1}{y+1+yz} + \frac{y}{yz+y+1} + \frac{yz}{1+yz+y}$$

$$= \frac{1+y+yz}{yz+y+1} = 1$$

정답 1

$x + \dfrac{1}{y} = 1$, $y + \dfrac{1}{z} = 1$일 때, $xy + \dfrac{1}{z}$ 의 값을 구하시오.

유제 12-2

$x + \dfrac{1}{y} = y + \dfrac{1}{2z} = 1$일 때, $\dfrac{1}{xyz}$ 의 값을 구하시오.

강의 고차식 문제(Ⅰ)은 $x^3 = 1$, $x^3 = -1$을 이용하여 저차화한다!

① $(x-1)(x^2+x+1) = 0$ $x^3 - 1 = 0$ $\therefore x^3 = 1$

② $(x+1)(x^2-x+1) = 0$ $x^3 + 1 = 0$ $\therefore x^3 = -1$

기 | 본 | 예 | 제 13

$x^2 - x + 1 = 0$일 때, $x^{125} + \dfrac{1}{x^{125}}$의 값을 구하시오.

탐구 $x^2 - x + 1 = 0 \;\rightarrow\; (x+1)(x^2-x+1) = 0 \;\rightarrow\; x^3 + 1 = 0$ **이용**

풀이 $x^2 - x + 1 = 0$의 양변에 $x+1$을 곱하여 정리하면

$$(x+1)(x^2-x+1) = 0 \quad x^3 + 1 = 0 \qquad \therefore x^3 = -1$$

$x^3 = -1$을 이용하여 저차화를 하면

$$x^{125} + \dfrac{1}{x^{125}} = \left(x^3\right)^{41} \times x^2 + \dfrac{1}{\left(x^3\right)^{41} \times x^2} = -x^2 - \dfrac{1}{x^2} \;\cdots①$$

$x^2 - x + 1 = 0$의 양변을 x로 나누면

$$x - 1 + \dfrac{1}{x} = 0 \;\rightarrow\; x + \dfrac{1}{x} = 1 \;\cdots②$$

②를 이용하여 ①의 값을 계산하면

$$① = -\left(x^2 + \dfrac{1}{x^2}\right) = -\left\{\left(x + \dfrac{1}{x}\right)^2 - 2\right\} = -(1-2) = 1$$

정답 1

유제 13-1

$x - \dfrac{1}{x} = \sqrt{3}$ 일 때, $x^3 + \dfrac{1}{x^3}$ 의 값을 구하시오.

유제 13-2

$x^2 + x + 1 = 0$일 때, 다음 분수식의 값을 구하시오.

(1) $x^2 + \dfrac{1}{x^2}$ (2) $x^5 + \dfrac{1}{x^5}$ (3) $x^{100} + \dfrac{1}{x^{100}}$

기|본|예|제 14

다음 식의 값을 구하시오.

$$2 - \cfrac{1}{2 - \cfrac{1}{2 - \cdots}}$$

탐구 (무한히 반복되는 유리식) $= x$로 놓아라.

풀이

$$2 - \cfrac{1}{\boxed{2 - \cfrac{1}{2 - \cdots}}} = x$$

주어진 식의 값을 x라 하면 □안의 식의 값도 x이므로

$$x = 2 - \frac{1}{x} \qquad x^2 = 2x - 1 \qquad x^2 - 2x + 1 = 0$$

$$(x-1)^2 = 0 \qquad \therefore \ x = 1$$

따라서 주어진 식의 값은 1이다.

정답 1

유제 14-1 다음 식의 값을 구하시오.

$$-2 - \cfrac{1}{-2 - \cfrac{1}{-2 - \cdots}}$$

유제 14-2 다음 식의 값을 구하시오.

$$2 + \cfrac{3}{2 + \cfrac{3}{2 + \cdots}}$$

02 비례식과 그 연산

1 비례식의 정의

→ 비의 값이 같은 2개의 비 $a:b$ 와 $c:d$ 를 등호로 연결한 식을 **비례식**이라 한다.

→ $a:b=c:d$

→ $\dfrac{a}{b}=\dfrac{c}{d}$, $\dfrac{a}{c}=\dfrac{b}{d}$

→ $ad=bc$

체크 $a:b:c=x:y:z$

→ $a:x=b:y=c:z$

→ $\dfrac{a}{x}=\dfrac{b}{y}=\dfrac{c}{z}$

체크 방정식과 비례식

$$3元 \to 3式 \to 근 \to 방정식$$
$$3元 \to 2式 \to 비 \to 비례식$$
$$\left.\right\} 해법\ 同$$

기|본|예|제 15

다음 두 식을 이용하여 $x:y:z$의 값을 구하시오.

$$x-3y+z=0 \ \cdots① \qquad 2x+y-z=0 \ \cdots②$$

탐구 3원 $>$ 2식(동차식) $\to$ 비례식

풀이
①+② ; $3x-2y=0$ $\qquad 3x=2y \qquad \therefore x:y=2:3$

$2×①-②$; $-7y+3z=0$ $\qquad 7y=3z \qquad \therefore y:z=3:7$

$$\begin{aligned} x:y \quad &= 2:3 \\ y:z &= \quad 3:7 \\ \hline x:y:z &= 2:3:7 \end{aligned}$$

정답 $2:3:7$

유제 15-1 다음 두 식을 이용하여 $x:y:z$의 값을 구하시오.

$$x+y-z=0 \qquad 5x-5y+z=0$$

유제 15-2 삼각형의 세 변 a, b, c 사이에 다음 등식이 성립할 때, 이 삼각형의 모양을 말하시오.

$$a+b-3c=0 \qquad (a+c)^2-3b(a+c)+2b^2=0$$

[1] 비례식의 성질

➡ $a : b = c : d$, 즉 $\dfrac{a}{b} = \dfrac{c}{d}$ 일 때, $ad = bc$

[2] 가비의 리 (加比의 理)

➡ $\dfrac{a}{b} = \dfrac{c}{d} = \dfrac{e}{f} = \dfrac{a+c+e}{b+d+f}$ (단, $b+d+f \neq 0$)

강의 **加比의 리는 분모끼리, 분자끼리 더한다는 의미이다!**

① 분모(+) $\neq$ 0
② 분모(+) $=$ 0 ⎤ 경우 분리

加(더할 가)

기 | 본 | 예 | 제 **16**

$\dfrac{b+2c}{3a} = \dfrac{2c+3a}{b} = \dfrac{3a+b}{2c} = k$ 를 만족하는 모든 k 의 값을 구하시오.

탐구 $\dfrac{a}{b} = \dfrac{c}{d} = \dfrac{e}{f} = k$, 분모의 합이 0일 때와 0이 아닐 때로 분리하여 푼다.

풀이 $\dfrac{b+2c}{3a} = \dfrac{2c+3a}{b} = \dfrac{3a+b}{2c} = k$ 에서 $\dfrac{6a+2b+4c}{3a+b+2c} = k$ ⋯①

ⅰ) $3a+b+2c=0$ 일 때, $b+2c=-3a$ 이므로

$$(준식) = \dfrac{-3a}{3a} = -1 = k$$

ⅱ) $3a+b+2c \neq 0$ 일 때, 가비의 리에 의해

$$① = \dfrac{2(3a+b+2c)}{3a+b+2c} = 2 = k$$

따라서 모든 k 의 값의 합은 $-1+2=1$ 이다.

정답 1

유제 16-1 $\dfrac{2b+5c}{5a+3b} = \dfrac{2c+5a}{5b+3c} = \dfrac{2a+5b}{5c+3a} = k$ 를 만족하는 모든 k 의 값의 곱을 구하시오.

유제 16-2 $\dfrac{x-2y}{2} = \dfrac{5x-z}{3} = \dfrac{2z}{3} = \dfrac{13x-6y-8z}{c}$ 가 성립할 때, 상수 c 를 구하시오.

[1] 동차분수식인 경우

➡ 조건식에서 비를 구하여 주어진 식에 대입한다.

[2] 등호가 두 개 이상 연결된 경우

➡ 비례식을 상수 k로 놓아 계산한다.

강의 **同차식 문제는 조건식에서 비를 구하여 식에 대입한다!**

➡ (조건) 同차식 → 비를 구하여 대입 → (구하는) 同차식 → 답

주의 비례식의 만능약

➡ =가 2개 이상 연결된 同차식 = k (만능약)

同(같을 동)

기|본|예|제 17

$3x = 2y \neq 0$일 때, $\dfrac{3x^2 + 2xy}{x^2 + xy}$의 값을 구하시오.

탐구 동차식 문제 → 비 대입 → 식의 값

풀이 $3x = 2y$를 비례식으로 나타내면 $x : y = 2 : 3$

준식에 $x = 2$, $y = 3$을 대입하여 계산하면

$$(준식) = \frac{3 \times 2^2 + 2 \times 2 \times 3}{2^2 + 2 \times 3} = \frac{12 + 12}{4 + 6} = \frac{24}{10} = \frac{12}{5}$$

정답 $\dfrac{12}{5}$

유제 17-1 x, y사이에 등식 $\dfrac{x^2 + 5xy - 4y^2}{x^2 + xy - y^2} = 2$가 성립할 때, $\dfrac{x^2 + y^2}{xy + 2y^2}$의 값을 구하시오.

유제 17-2 $(x+y) : (y+z) : (z+x) = 6 : 4 : 3$ (단, $xyz \neq 0$)일 때, $\dfrac{4x + 5z}{2y + 3z}$의 값을 구하시오.

➜ $a:b=b:c$, 즉 $b^2=ac$에서 b를 a와 c의 **비례중항**이라 한다.

강의 **비례식에서 내항이 같을 때, 내항을 비례중항이라 한다!**

➜ $a:b=b:c \ \rightarrow \ b^2=ac$

기 | 본 | 예 | 제 **18**

a가 2와 8의 비례중항일 때, 다음 중 옳은 것을 모두 고르시오.

① $\dfrac{2}{a}=\dfrac{a}{8}$ 　　② $a=2+8$ 　　③ $a^2=2\times8$

④ $\dfrac{a}{2}=8$ 　　⑤ $\dfrac{2}{a}=8$

탐구　$a:b=b:c \ \rightarrow \ b^2=ac \ \rightarrow \ b:$ 비례중항

풀이　a가 2와 8의 비례중항이면

　　③ $a^2=2\times8$

$2:a=a:8$ 이므로 등식으로 나타내면

　　① $\dfrac{2}{a}=\dfrac{a}{8}$

따라서 옳은 것은 ①, ③이다.

정답　①, ③

유제 18-1　x가 3과 9의 비례중항일 때, 양수 x의 값을 구하시오.

유제 18-2　b가 a와 c의 비례중항일 때, $a^2+b^2+c^2=(a-b+c)(a+b+c)$임을 증명하시오.

03 유리함수

1 유리함수

[1] 유리함수

→ 함수 $y=f(x)$에서 $f(x)$가 x에 관한 유리식일 때,
이 함수를 **유리함수**라 한다. 특히 $f(x)$가 x에 대한
다항식일 때, 이 함수를 **다항함수**라 한다. 유리함수
중에서 다항함수가 아닌 유리함수를 **분수함수**라 한다.

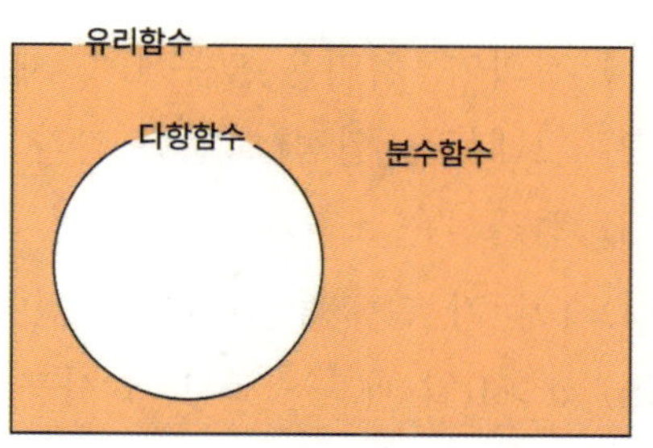

[2] 유리함수의 정의역

→ 분모가 0이 되지 않도록 하는 실수 전체의 집합을 정의역으로 생각한다.

강의 유리함수는 다항함수와 분수함수를 통틀어 이르는 말이다!

→ $\begin{cases} x\text{에 대한 다항식}(\bigcirc) \ \rightarrow \ \text{다항함수} \\ x\text{에 대한 다항식}(\times) \ \rightarrow \ \text{분수함수} \end{cases}$

기 | 본 | 예 | 제 19

다음 함수가 유리함수임을 설명하시오.

(1) $y=x^2-2|x|+3$

(2) $y=\dfrac{3x-1}{\sqrt{x^2+2}}$

탐구 $\sqrt{x^2}=|x|$이므로 $|x|$, $\sqrt{x^2}$이 있어도 유리함수의 판정에 영향을 주지 않는다.

풀이

(1) $y=x^2-2|x|+3 \ \rightarrow \ y=|x|^2-2|x|+3$ → 다항함수 $\therefore$ 유리함수

(2) $y=\dfrac{3x-1}{\sqrt{x^2+2}} \ \rightarrow \ y=\dfrac{3x-1}{|x|+2}$ → 분수함수 $\therefore$ 유리함수

정답 풀이참조

유제 19-1 다음 중 유리함수가 아닌 것을 고르시오.

① $y=2x-1$ ② $y=\dfrac{1}{x}+2$ ③ $y=\sqrt{x}+3$ ④ $y=\dfrac{2}{x^2}-3$ ⑤ $y=\dfrac{1}{3}|x|$

유제 19-2 다음 중 유리함수가 아닌 것을 모두 고르시오.

① $y=\sqrt{x^2}$ ② $y=\sqrt{x^3}$ ③ $y=\sqrt{x^4}$ ④ $y=\dfrac{1}{|x|}$ ⑤ $|y|=\dfrac{1}{x}$

[1] $y = \dfrac{a}{x}\,(a \neq 0)$의 그래프

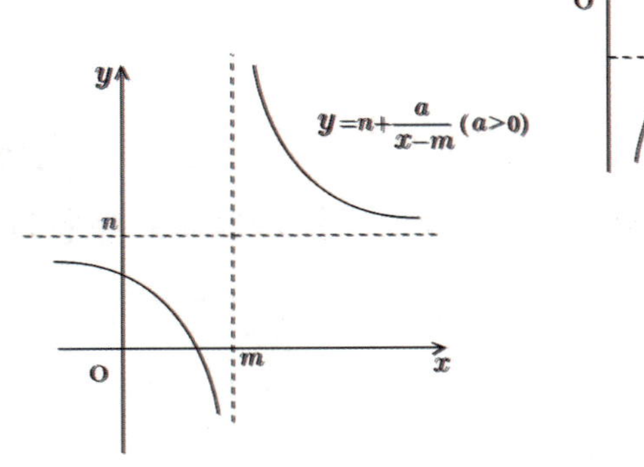

(1) 정의역, 치역은 모두 0을 제외한 실수의 집합이다.

(2) 그래프는 원점 대칭인 직각 쌍곡선이다. → 기함수

(3) 점근선은 x축과 y축이다.

(4) $|a|$ 가 클수록 원점에서 멀어진다.

(5) $a > 0$일 때 → 제 1, 3 사분면의 그래프이다.

　　$a < 0$일 때 → 제 2, 4 사분면의 그래프이다.

[2] $y = n + \dfrac{a}{x - m}\,(a \neq 0)$의 그래프

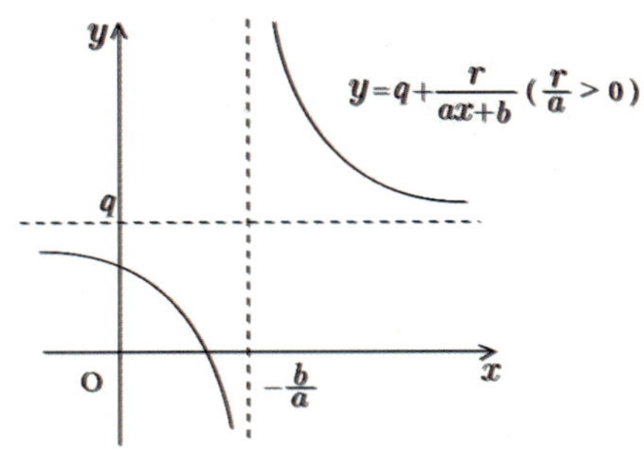

➡ $y = \dfrac{a}{x}$를 x축으로 m만큼,

　y축으로 n만큼 평행이동한 것이다.

(1) 점 (m, n)에 대칭인 직각쌍곡선

(2) 점근선 : $x = m,\ y = n$

[3] $y = \dfrac{cx + d}{ax + b}\,(c \neq 0,\ ad - bc \neq 0)$의 그래프

➡ $y = q + \dfrac{r}{ax + b}$ 꼴로 변형한다.

(1) 점 $\left(-\dfrac{b}{a},\ q\right)$에 대칭인 직각쌍곡선

(2) 점근선 : $x = -\dfrac{b}{a},\ y = q$

체크 $y = \dfrac{a}{x^2}\,(a \neq 0)$의 그래프

① y축 대칭 → 우함수

② 점근선 : x축, y축

③ $|a|$가 클수록 원점에서 멀어진다.

④ ⅰ) $a > 0$일 때　　　　　　　　　ⅱ) $a < 0$일 때

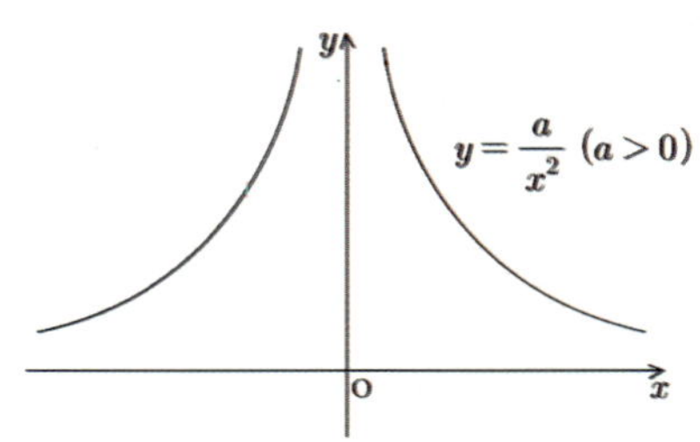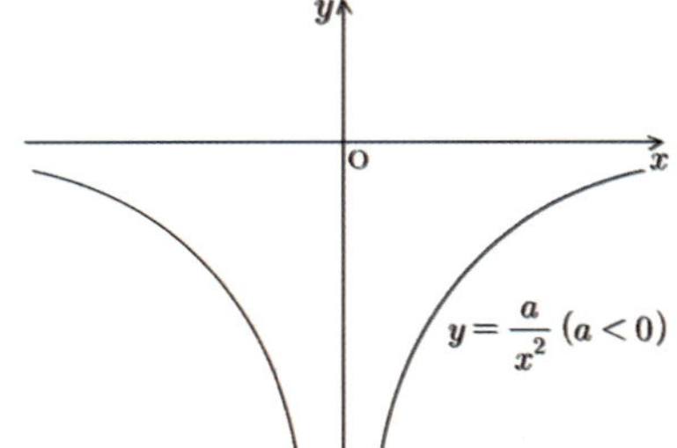

(1) 기본형 $y = \dfrac{a}{x}$ 의 그래프

→ 점근선 $x = 0$, $y = 0$ → 정의역 $x \neq 0$, 치역 $y \neq 0$

(2) 이동형 $y = \dfrac{a}{x-m} + n$ 의 그래프

→ 점근선 $x = m$, $y = n$ → 정의역 $x \neq m$, 치역 $y \neq n$

(3) 일반형 $y = \dfrac{cx+d}{ax+b}$ 의 그래프

→ 점근선 $x = -\dfrac{b}{a}$, $y = \dfrac{c}{a}$ → 정의역 $x \neq -\dfrac{b}{a}$, 치역 $y \neq \dfrac{c}{a}$

주의 분수함수의 그래프 그리는 법에서 분수함수의 생명은 점근선이다!

① 점근선   ② 사분면   ③ 절편   → 그래프

주의 분수함수의 정의역과 치역

① 범위 없을 때 → 점근선 이용

② 범위 있을 때 → graph 이용

기 | 본 | 예 | 제 20

유리함수 $y = \dfrac{1}{x+1} - 1$ 의 정의역, 치역, 점근선의 방정식을 구하고 그래프를 그리시오.

탐구 ① 분수함수의 그래프 그리는 법 → ⅰ) 점근선   ⅱ) 사분면   ⅲ) 절편

② 분수함수의 정의역과 치역 → 점근선 이용

풀이 $y = \dfrac{1}{x+1} - 1$ 에서

ⅰ) 정의역 : $\{x \mid x \neq -1$인 모든 실수$\}$

ⅱ) 치역 : $\{y \mid y \neq -1$인 모든 실수$\}$

ⅲ) 점근선 : $x = -1$, $y = -1$

x절편 : $y = 0 \rightarrow x = 0$

y절편 : $x = 0 \rightarrow y = 0$

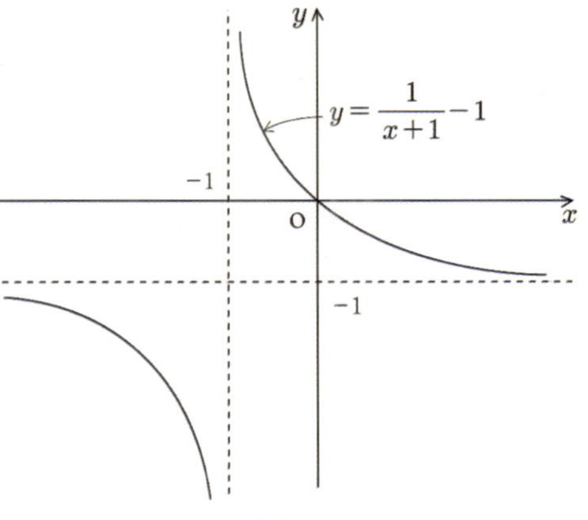

x절편, y절편, 점근선을 이용하여 그래프를

그리면 오른쪽 그림과 같다.

정답 정의역 : $\{x \mid x \neq -1$인 모든 실수$\}$, 치역 : $\{y \mid y \neq -1$인 모든 실수$\}$

점근선 : $x = -1$, $y = -1$, 그래프 : 풀이참조

유제 **20-1** 함수 $y = \dfrac{x+2}{2x-2}$ 의 정의역, 치역, 점근선의 방정식을 구하고 그래프를 그리시오.

유제 **20-2** 두 함수 $y = \dfrac{-x+3}{x+2}$, $y = \dfrac{2x-2}{x-2}$ 의 그래프의 점근선으로 둘러싸인 부분의 넓이를 구하시오.

강의 $y = \dfrac{cx+d}{ax+b}$ 의 분자의 저차화는 식을 변형하여 분자를 상수로 만드는 것이다!

→ $y = \dfrac{cx+d}{ax+b} \rightarrow y = \dfrac{c}{a} + \dfrac{k}{ax+b}$ 꼴로 변형한다.

→ 점근선 $x = -\dfrac{b}{a}$, $y = \dfrac{c}{a}$

주의 식 변형 방법은 분모, 분자를 똑같이 만들고 망치로 두드려 분자를 맞춘 후 나눈다.

기|본|예|제 21

$y = -\dfrac{1}{x}$ 의 그래프를 x축의 방향으로 a만큼, y축의 방향으로 b만큼 평행이동시키면 $y = \dfrac{3x-7}{x-2}$ 의 그래프와 겹친다고 할 때, 상수 a, b의 값을 구하시오.

탐구 $y = \dfrac{ax+b}{cx+d}$ 의 그래프 $\rightarrow$ $y = n + \dfrac{k}{x-m}$ 의 꼴로 고친다.

풀이 $y = \dfrac{3x-7}{x-2} = \dfrac{3(x-2)-1}{x-2}$

$\qquad = 3 + \dfrac{-1}{x-2}$

따라서 $y = \dfrac{3x-7}{x-2}$ 의 그래프는 $y = -\dfrac{1}{x}$ 의 그래프를 x축의 방향으로 2만큼, y축의 방향으로 3만큼 평행이동한 것이다.

$\qquad \therefore a = 2, b = 3$

정답 $a = 2, b = 3$

유제 21-1

$y = -\dfrac{1}{x}$의 그래프를 x축의 방향으로 a만큼, y축의 방향으로 b만큼 평행이동 시키면 $y = \dfrac{-2x-5}{x+2}$의 그래프와 겹친다고 할 때, 상수 a, b의 값을 구하시오.

유제 21-2

다음 함수의 그래프 중 평행이동에 의하여 $y = \dfrac{1}{x}$과 겹치는 것을 고르시오.

① $y = \dfrac{x+1}{x-1}$ ② $y = \dfrac{x}{x-1}$ ③ $y = \dfrac{x-2}{x-1}$ ④ $y = \dfrac{-x}{x-1}$ ⑤ $y = \dfrac{x-1}{x+1}$

강의 **유리함수의 생명은 점근선이다!**

➡ $y = \dfrac{cx+d}{ax+b} \rightarrow$ 점근선 $x = -\dfrac{b}{a}$, $y = \dfrac{c}{a}$

① 정의역 $x \neq -\dfrac{b}{a}$, 치역 $y \neq \dfrac{c}{a}$　　② 쌍곡선의 대칭점 $\left(-\dfrac{b}{a}, \dfrac{c}{a}\right)$

주의 쌍곡선의 대칭선은 $y = x$를 x축으로 $-\dfrac{b}{a}$, y축으로 $\dfrac{c}{a}$만큼 평행이동한 것이다!

➡ $y = \pm\left(x + \dfrac{b}{a}\right) + \dfrac{c}{a}$

기│본│예│제 22

유리함수 $y = \dfrac{3x+10}{x+3}$의 그래프가 점 (a, b)에 대하여 대칭일 때, 상수 a, b에 대하여 $a+b$의 값을 구하시오.

탐구　$y = \dfrac{cx+d}{ax+b}$의 그래프　① 점근선 $x = -\dfrac{b}{a}$, $y = \dfrac{c}{a}$　② 대칭점 $\left(-\dfrac{b}{a}, \dfrac{c}{a}\right)$

풀이　$y = \dfrac{3x+10}{x+3} = \dfrac{3(x+3)+1}{x+3} = \dfrac{1}{x+3} + 3$

따라서 주어진 유리함수의 그래프는 점 $(-3, 3)$에 대하여 대칭이다.

$a = -3$, $b = 3$이므로 $a+b$의 값을 구하면

$a+b = -3+3 = 0$

정답　0

유리함수 $y=\dfrac{2x-1}{2x-3}$의 그래프가 점 (a, b)에 대하여 대칭일 때, 상수 a, b에 대하여 ab의 값을 구하시오.

유리함수 $y=\dfrac{4x-1}{2x+1}$의 그래프가 $y=x+a$, $y=-x+b$에 대하여 대칭일 때, 상수 a, b의 값을 구하시오.

강의 **유리함수에서의 미정계수법은 점근선과 한 점을 이용하여 미정계수를 구한다!**

(1) 점근선을 이용하여 미정계수를 구한다. → 미정계수법

① $y=\dfrac{a}{x}$

→ 분모$=0$

→ 점근선 $x=0$, $y=0$

② $y=n+\dfrac{a}{x-m}$

→ 분모$=0$

→ 점근선 $x=m$, $y=n$

③ $y=\dfrac{cx+d}{ax+b}=\dfrac{c}{a}+\dfrac{r}{ax+b}$

→ 분모$=0$

→ 점근선 $x=-\dfrac{b}{a}$, $y=\dfrac{c}{a}$

(2) 한 점을 대입하여 미정계수를 구한다. → 수치대입법

➡ 한 점 (a, b)

→ $y=f(x)$ → $b=f(a)$

주의 $y=q+\dfrac{r}{ax+b}$ (단, q: 몫, r: 나머지)

유리함수 $f(x) = \dfrac{b}{x+a} + c$의 그래프가 오른쪽

그림과 같을 때, $a+b+c$의 값을 구하시오.

(단, a, b, c는 상수)

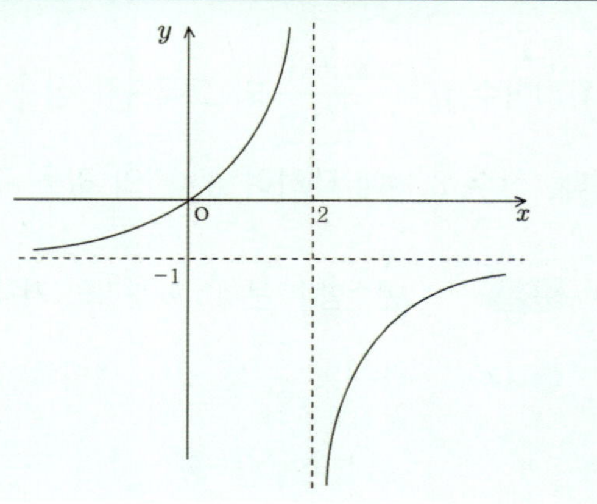

탐구

① $y = \dfrac{b}{x+a} + c$에서 점근선의 방정식 $\rightarrow$ $x = -a$, $y = c$

② $y = f(x)$가 원점을 지나면 $f(0) = 0$

풀이

그림에서 점근선의 방정식이 $x = 2$, $y = -1$이므로

$$a = -2, \ c = -1 \quad \therefore f(x) = \dfrac{b}{x-2} - 1$$

주어진 그래프가 원점을 지나므로

$$f(0) = \dfrac{b}{-2} - 1 = 0 \ \therefore b = -2$$

따라서 $a+b+c = (-2)+(-2)+(-1) = -5$이다.

정답 -5

유제 23-1

유리함수 $f(x) = \dfrac{b}{x+a} + c$의 그래프가 $(0, -1)$을 지나고 점근선의 방정식이

$x = -1$, $y = -3$일 때, 상수 a, b, c의 값을 구하시오.

유제 23-2

유리함수 $f(x) = \dfrac{b}{2x-a} - c$의 그래프가 오른쪽

그림과 같을 때, $a+b+c$의 값을 구하시오.

(단, a, b, c는 상수)

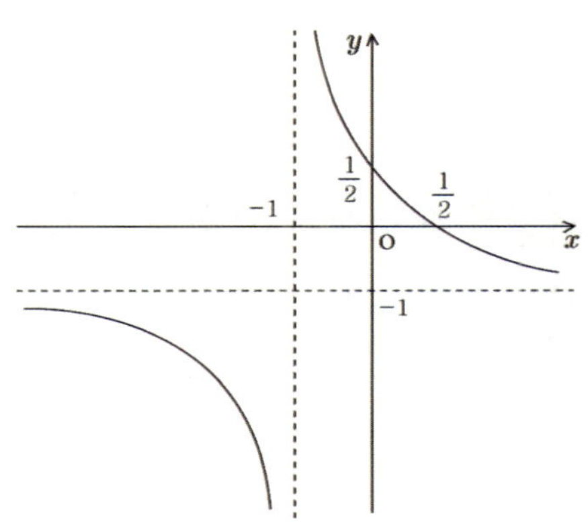

유리함수 $y = \dfrac{x+3}{ax+b}$ 의 그래프가 점 $\left(2, \dfrac{5}{2}\right)$ 를 지나고, x축에 평행한 점근선의 방정식이 $y = \dfrac{1}{2}$ 일 때, 상수 a, b에 대하여 $a+b$의 값을 구하시오.

탐구 분수함수 문제 → 분자의 저차화 → 점근선

풀이 점 $\left(2, \dfrac{5}{2}\right)$ 를 식에 대입하면 $\dfrac{5}{2} = \dfrac{2+3}{2a+b}$

$\therefore 2a+b = 2 \ \cdots ①$

x축 평행 점근선 $y = \dfrac{1}{a} = \dfrac{1}{2}$

$\therefore a = 2$

$a = 2 \rightarrow ① \ ; \ b = -2$

따라서 $a+b$의 값을 구하면

$a+b = 2 + (-2) = 0$

정답 0

유제 24-1 유리함수 $y = \dfrac{-2x+b}{x+a}$ 가 점 $(0, 1)$을 지나고 y축에 평행한 점근선의 방정식이 $x = 2$일 때, 상수 a, b의 값을 구하시오.

유제 24-2 유리함수 $y = \dfrac{ax+b}{2x+c}$ 가 점 $(1, 2)$를 지나고 직선 $x = 2$, $y = 1$이 점근선의 방정식일 때, 상수 a, b, c의 값을 구하시오.

강의 유리함수의 최대 최소는 그래프가 감소하는 경우와 증가하는 경우로 나눈다!

→ 주어진 범위에서 그래프를 활용하여 최댓값과 최솟값을 구한다.

① 꼴잡이가 0보다 크다 → 단조감소 → 최댓값 먼저, 최솟값 나중에 구한다.

② 꼴잡이가 0보다 작다 → 단조증가 → 최솟값 먼저, 최댓값 나중에 구한다.

유리함수 $y = \dfrac{3x+4}{x+2}$ 의 $0 \le x \le 2$에서의 최댓값과 최솟값을 구하시오.

탐구  주어진 범위에서 그래프를 그리고 최댓값과 최솟값을 구한다.

풀이 $y = \dfrac{3(x+2)-2}{x+2} = \dfrac{-2}{x+2} + 3$에서

점근선 : $x = -2$, $y = 3$ …①

x절편 : $-\dfrac{4}{3}$, y절편 : 2 …②

①, ②를 이용하여 주어진 범위에서
그래프를 그리면 오른쪽 그림과 같다.
따라서 주어진 함수는 $x = 0$에서 최솟값 2를 갖고

$x = 2$에서 최댓값 $\dfrac{5}{2}$를 갖는다.

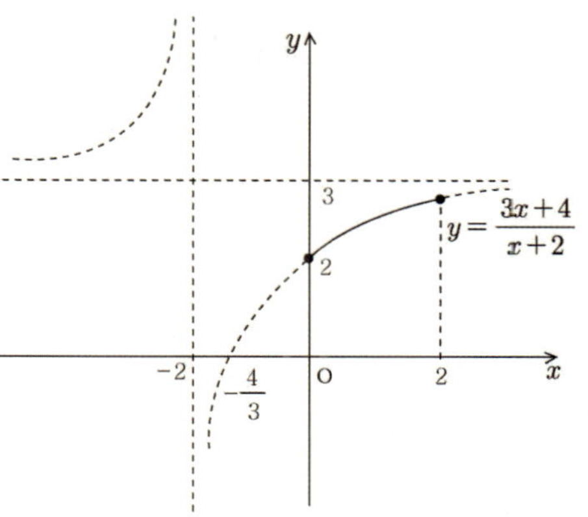

정답 최솟값 : 2, 최댓값 : $\dfrac{5}{2}$

유제 25-1 유리함수 $y = \dfrac{-3x-1}{x-1}$ 의 $2 \le x \le 4$에서의 최댓값과 최솟값을 구하시오.

유제 25-2 유리함수 $y = \dfrac{2x-3}{x-2}$ 의 $a \le x \le 1$에서 최댓값 $\dfrac{5}{3}$, 최솟값 b를 가진다고 할 때, 상수 a, b의 값을 구하시오.

강의 **유리함수와 직선의 위치 관계는 고정그래프와 이동그래프의 교점을 조사한다!**

첫째, 고정그래프를 그린다.
둘째, 이동그래프를 움직인다.
셋째, 두 그래프의 교점을 조사한다.

주의 ① 문자계수 無 → 고정그래프
② 문자계수 有 → 이동그래프

無(없을 무) 有(있을 유)

유리함수 $y = \dfrac{4x-3}{x-1}$의 그래프와 직선 $y = kx+3$이 한 점에서 만날 때, 상수 k의 값을 구하시오.

(단, $k \neq 0$)

탐구 k의 값에 관계없이 직선이 항상 지나는 점을 구한 후 두 그래프의 위치를 판단한다.

풀이   직선이 항상 지나는 점을 구하면

$kx + (y-3) = 0$에서 $x=0$, $y=3$

$\therefore$ $(0,\ 3)$ $\cdots$①

$$y = \frac{4(x-1)+1}{x-1} = \frac{1}{x-1} + 4 \qquad \cdots②$$

①, ②를 이용하여 두 그래프를 그리면
오른쪽 그림과 같다.

$k \neq 0$이므로 ㉠은 불가능하고,
㉡의 경우는 유리함수의 그래프와 직선이
접하는 경우이므로

$$\frac{4x-3}{x-1} = kx+3 \qquad 4x-3 = (x-1)(kx+3)$$

$\therefore kx^2 - (k+1)x = 0$

이차방정식의 판별식을 구하면

$$D = (k+1)^2 = 0$$

$\therefore k = -1$

정답 -1

유제 26-1   유리함수 $y = \dfrac{1}{x} + 2$의 그래프가 직선 $y = mx+2$와 만난다고 할 때, 상수 m의 값의 범위를 구하시오.

유제 26-2   유리함수 $y = \dfrac{2x+4}{x+1}$의 그래프와 직선 $y = mx$가 만나지 않게 되는 상수 m의 값의 범위를 구하시오.

기 | 본 | 예 | 제 27

유리함수 $f(x)=\dfrac{x-1}{x}$에 대하여 $f^1=f$, $f^{n+1}=f \circ f^n$(n은 자연수)일 때, $f^{100}\!\left(\dfrac{1}{2}\right)$의 값을 구하시오.

탐구 f^1, f^2, f^3,$\cdots$을 구하여 규칙을 찾는다.

풀이 $f^1(x)$, $f^2(x)$, $f^3(x)$,$\cdots$을 차례로 구하면

$$f^1(x)=\frac{x-1}{x}$$

$$f^2(x)=(f \circ f)(x)=f(f(x))=f\!\left(\frac{x-1}{x}\right)$$

$$=\frac{\dfrac{x-1}{x}-1}{\dfrac{x-1}{x}}=\frac{x-1-x}{x-1}=\frac{-1}{x-1}$$

$$f^3(x)=(f \circ f^2)(x)=f(f^2(x))=f\!\left(\frac{-1}{x-1}\right)$$

$$=\frac{\dfrac{-1}{x-1}-1}{\dfrac{-1}{x-1}}=\frac{-1-x+1}{-1}=x$$

$$\vdots$$

$f^{3n}(x)$는 항등함수이므로

$$f^{100}\!\left(\frac{1}{2}\right)=f^{3\times 33+1}\!\left(\frac{1}{2}\right)=f\!\left(\frac{1}{2}\right)=\frac{\dfrac{1}{2}-1}{\dfrac{1}{2}}=-1$$

✔ 정답 -1

유리함수 $f(x) = \dfrac{x+1}{x-1}$ 에 대하여 $(f \circ f)(x) = \dfrac{3}{x+2}$ 을 만족하는 x의 값을 구하시오.

유리함수 $f(x) = \dfrac{x}{1-x}$ 에 대하여 $f^1 = f$, $f^{n+1} = f \circ f^n$ (n은 자연수)일 때, $f^{100}\left(\dfrac{1}{10}\right)$의 값을 구하시오.

강의 **유리함수의 역함수는 아래 3단계를 이용하여 구한다.**

첫째, 점근선을 이용하여 정의역, 치역을 구한다.

둘째, x를 구하여 $x = (y$의 식$)$으로 나타낸다.

셋째, x와 y를 바꾸어 역함수의 식과 변역을 구한다.

(1) $y = \dfrac{a}{x}$ 의 역함수

→ 정의역 $x \neq 0$, 치역 $y \neq 0$ → $x = \dfrac{a}{y}$

→ 역함수 $y = \dfrac{a}{x}$; 정의역 $x \neq 0$, 치역 $y \neq 0$

(2) $y = \dfrac{a}{x-m} + n$의 역함수

→ 정의역 $x \neq m$, 치역 $y \neq n$ → $x = \dfrac{a}{y-n} + m$

→ 역함수 $y = \dfrac{a}{x-n} + m$; 정의역 $x \neq n$, 치역 $y \neq m$

(3) $y = \dfrac{cx+d}{ax+b}$ 의 역함수

→ 정의역 $x \neq -\dfrac{b}{a}$, 치역 $y \neq \dfrac{c}{a}$ → $x = \dfrac{-by+d}{ay-c}$

→ 역함수 $y = \dfrac{-bx+d}{ax-c}$; 정의역 $x \neq \dfrac{c}{a}$, 치역 $y \neq -\dfrac{b}{a}$

유리함수 $f(x) = \dfrac{2x+1}{x+1}$ 에 대하여 $(g \circ f)(x) = x$ 인 함수 $g(x)$ 를 구하시오.

탐구

① $(g \circ f)(x) = x \;\to\; g(x) = f^{-1}(x)$

② $y = \dfrac{cx+d}{ax+b}$ 의 역함수 $\;\to\; y = \dfrac{-bx+d}{ax-c}$

풀이

$(g \circ f)(x) = x$ 를 만족하는 함수 $g(x)$ 는 $f(x)$ 의 역함수이다.

따라서 $y = \dfrac{2x+1}{x+1}$ 에서 x 를 y 에 대한 식으로 나타내면

$(x+1)y = 2x+1 \qquad xy + y = 2x + 1$

$x(y-2) = -y+1 \qquad x = \dfrac{-y+1}{y-2}$

x 와 y 를 호환하면

$y = \dfrac{-x+1}{x-2}$

$\therefore\; g(x) = \dfrac{-x+1}{x-2}$

정답

$g(x) = \dfrac{-x+1}{x-2}$

유제 28-1

유리함수 $f(x) = \dfrac{1}{x+2} + 2$ 의 역함수 $g(x) = \dfrac{1}{x+a} + b$ 일 때, 상수 $a,\, b$ 의 값을 구하시오.

유제 28-2

유리함수 $f(x) = \dfrac{3x+b}{x+a}$ 에 대하여 $f = f^{-1}$ 이고 점 $(2, -6)$ 을 지날 때, 상수 $a,\, b$ 에 대하여 $a+b$ 의 값을 구하시오.

반복학습 기록란.

가장 좋은 학습방법은 학교에서나 학원에서나 선생님의 강의를 열심히 듣고 여러 번 반복학습하는 것입니다.
지금부터 당장 선생님의 강의를 열심히 듣고 반복! 반복하십시오. 그러면 곧 모든 과목에 자신이 생길 것입니다.

회수	시작이 반!			끝을 봐야!			확인
제1회	년	월	일 부터	년	월	일 까지	
제2회	년	월	일 부터	년	월	일 까지	
제3회	년	월	일 부터	년	월	일 까지	
제4회	년	월	일 부터	년	월	일 까지	
제5회	년	월	일 부터	년	월	일 까지	
제6회	년	월	일 부터	년	월	일 까지	
제7회	년	월	일 부터	년	월	일 까지	
제8회	년	월	일 부터	년	월	일 까지	
제9회	년	월	일 부터	년	월	일 까지	
제10회	년	월	일 부터	년	월	일 까지	

▶ 연습문제 A는 앞에서 배운 기초 단계의 문제이므로 선생님의 도움 없이 스스로
풀어 자신의 실력을 점검해 보도록 하자.

01 다음 중 유리식이 아닌 것을 고르시오.

① $\dfrac{x+1}{x}$ ② $\dfrac{x^2+1}{\sqrt{2}}$ ③ $\dfrac{2x-1}{\sqrt{x^2}}$ ④ $\sqrt{x-4}$ ⑤ $\dfrac{1}{x^2-2x+1}$

02 $\dfrac{2a^2b^3x^2}{4ab^2x^3}$ 을 약분하시오.

03 두 유리식 $\dfrac{a}{3b^3x^2y}$, $\dfrac{1}{2a^2bxy^2}$ 을 통분하시오.

04 $\dfrac{x-y}{x+y}+\dfrac{2xy}{x^2-y^2}$ 를 계산하시오.

05 등식 $\dfrac{3x}{x^3+1}=\dfrac{a}{x+1}+\dfrac{bx+c}{x^2-x+1}$ 가 $x\neq-1$인 모든 실수에 대하여 성립할 때, 상수 $a,\,b,\,c$의 값을 구하시오.

06 다음을 간단히 하시오.

(1) $\dfrac{1}{(a-b)(a-c)}+\dfrac{1}{(b-a)(b-c)}+\dfrac{1}{(c-a)(c-b)}$

(2) $\dfrac{1}{x-a}-\dfrac{1}{x+a}-\dfrac{2a}{x^2+a^2}-\dfrac{4a^3}{x^4+a^4}$

07 $\dfrac{x^2+5x+6}{x^2-4}\times\dfrac{6x^2-11x-2}{x^2+2x-3}$ 를 계산하시오.

08 다음을 간단히 하시오.

$$\dfrac{\dfrac{1}{x}+\dfrac{1}{y}}{\dfrac{1}{x}-\dfrac{1}{y}}$$

09 다음을 간단히 하시오.

$$\dfrac{1}{1-\dfrac{1}{1-\dfrac{1}{a}}}\times\dfrac{1}{1-\dfrac{1}{1+\dfrac{1}{a}}}$$

10 이항분리를 이용하여 $\dfrac{1}{1\times3}+\dfrac{1}{2\times4}+\dfrac{1}{3\times5}+\dfrac{1}{4\times6}+\dfrac{1}{5\times7}$ 을 계산하시오.

11 다음 식을 간단히 하시오.

$$\dfrac{1}{x(x+1)}+\dfrac{1}{(x+1)(x+2)}+\dfrac{1}{(x+2)(x+3)}+\dfrac{1}{(x+3)(x+4)}$$

12 $\dfrac{x+1}{x}-\dfrac{x+7}{x+6}$ 을 간단히 하시오.

13 $xyz=1$ 일 때, 다음 식의 값을 구하시오.
$$\frac{x}{xy+x+1}+\frac{y}{yz+y+1}+\frac{z}{zx+z+1}$$

14 $x-\dfrac{1}{x}=\sqrt{3}$ 일 때, $x^3+\dfrac{1}{x^3}$ 의 값을 구하시오.

15 다음 식의 값을 구하시오.
$$2-\cfrac{1}{2-\cfrac{1}{2-\cdots}}$$

16 다음 두 식을 이용하여 $x:y:z$ 의 값을 구하시오.
$$x-3y+z=0 \ \cdots① \qquad\qquad 2x+y-z=0 \ \cdots②$$

17 $\dfrac{b+2c}{3a}=\dfrac{2c+3a}{b}=\dfrac{3a+b}{2c}=k$ 를 만족하는 모든 k의 값을 구하시오.

18 $3x = 2y \neq 0$일 때, $\dfrac{3x^2 + 2xy}{x^2 + xy}$의 값을 구하시오.

19 a가 2와 8의 비례중항일 때, 다음 중 옳은 것을 모두 고르시오.

① $\dfrac{2}{a} = \dfrac{a}{8}$ 　　　　② $a = 2 + 8$ 　　　　③ $a^2 = 2 \times 8$

④ $\dfrac{a}{2} = 8$ 　　　　⑤ $\dfrac{2}{a} = 8$

20   다음 중 유리함수가 아닌 것을 고르시오.

① $y = 2x - 1$ 　② $y = \dfrac{1}{x} + 2$ 　③ $y = \sqrt{x} + 3$ 　④ $y = \dfrac{2}{x^2} - 3$ 　⑤ $y = \dfrac{1}{3}|x|$

21   유리함수 $y = \dfrac{1}{x+1} - 1$의 정의역, 치역, 점근선의 방정식을 구하고 그래프를 그리시오.

22 $y = -\dfrac{1}{x}$의 그래프를 x축의 방향으로 a만큼, y축의 방향으로 b만큼 평행이동시키면

$y = \dfrac{3x - 7}{x - 2}$의 그래프와 겹친다고 할 때, 상수 a, b의 값을 구하시오.

23   유리함수 $y = \dfrac{3x + 10}{x + 3}$의 그래프가 점 (a, b)에 대하여 대칭일 때, 상수 a, b에 대하여

$a + b$의 값을 구하시오.

24 유리함수 $f(x) = \dfrac{b}{x+a} + c$의 그래프가 오른쪽

그림과 같을 때, $a+b+c$의 값을 구하시오.
(단, a, b, c는 상수)

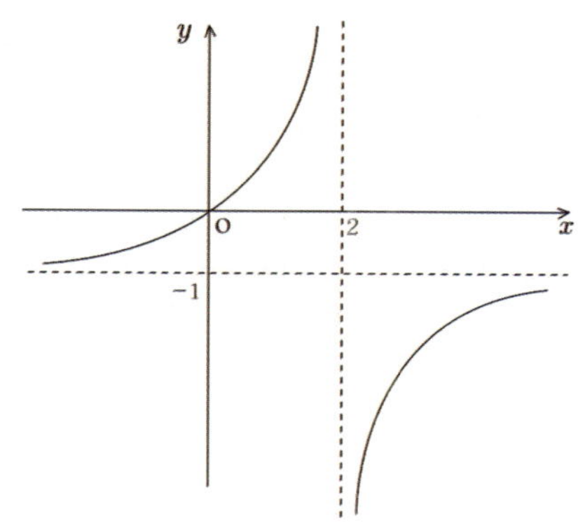

25 유리함수 $y = \dfrac{x+3}{ax+b}$의 그래프가 점 $\left(2, \dfrac{5}{2}\right)$를 지나고, x축에 평행한 점근선의 방정식이

$y = \dfrac{1}{2}$일 때, 상수 a, b에 대하여 $a+b$의 값을 구하시오.

26 유리함수 $y = \dfrac{3x+4}{x+2}$의 $0 \le x \le 2$에서의 최댓값과 최솟값을 구하시오.

27 유리함수 $y = \dfrac{4x-3}{x-1}$의 그래프와 직선 $y = kx+3$이 한 점에서 만날 때, 상수 k의 값을 구하시오. (단, $k \ne 0$)

28 유리함수 $f(x) = \dfrac{x+1}{x-1}$에 대하여 $(f \circ f)(x) = \dfrac{3}{x+2}$을 만족하는 x의 값을 구하시오.

29 유리함수 $f(x) = \dfrac{2x+1}{x+1}$에 대하여 $(g \circ f)(x) = x$인 함수 $g(x)$를 구하시오.

B Step 연습 문제

▶ 연습문제 B는 앞에서 배운 중급 단계의 문제이므로 선생님의 도움 없이 스스로
풀어 자신의 실력을 점검해 보도록 하자.

01 다음 중 옳은 것을 모두 고르시오.

① $\dfrac{x^2-5}{3}$ 는 분수식이다.

② $\dfrac{x^2-\sqrt{5}}{\sqrt{3}}$ 는 유리식이다.

③ 유리식은 덧셈에 대한 교환법칙, 결합법칙이 성립하지 않는다.

④ $\dfrac{B}{A}$ 꼴의 식에서 A가 0이 아닌 실수일 때, 분수식이라 한다.

⑤ 유리식은 분배법칙이 성립한다.

02 $\dfrac{x^3-3x^2y+2xy^2}{2y^2+xy-x^2}$ 을 약분하시오.

03 두 유리식 $\dfrac{x+2}{x^3-4x^2+x+6}$, $\dfrac{x+3}{x^3-7x+6}$ 을 통분하시오.

04 $\dfrac{x}{x^2+y^2}-\dfrac{y(x-y)^2}{x^4-y^4}$ 을 계산하시오.

05 분모를 0이 되지 않게 하는 모든 실수 x에 대하여

$$\dfrac{a}{x-2}+\dfrac{b}{x+2}+\dfrac{c}{x}=\dfrac{2(x^2-x+2)}{x^3-4x}$$

가 성립할 때, 상수 a, b, c의 값을 구하시오.

06 $\dfrac{a}{(a+b)(c+a)}+\dfrac{b}{(a+b)(b+c)}+\dfrac{c}{(c+a)(b+c)}$ 를 간단히 하시오.

07 $\dfrac{x^3-3x^2}{2x^2+3x}\times\dfrac{x^2-4}{x^2-5x+6}\div\dfrac{2x^2+5x+2}{2x+1}$ 를 계산하시오.

08 다음을 간단히 하시오.

$$\dfrac{\dfrac{a}{b}-\dfrac{b^2}{a^2}}{\dfrac{1}{b}-\dfrac{1}{a}}$$

09 다음을 간단히 하시오.

$$1+\cfrac{1}{1+\cfrac{1}{1+\cfrac{1}{1+\cfrac{1}{x}}}}$$

10 이항분리를 이용하여 $\dfrac{1}{15}+\dfrac{1}{35}+\dfrac{1}{63}+\dfrac{1}{99}+\dfrac{1}{143}$ 을 계산하시오.

11 $\dfrac{1}{x(x+2)}+\dfrac{1}{(x+1)(x+3)}+\dfrac{1}{(x+2)(x+4)}+\dfrac{1}{(x+3)(x+5)}$ 을 간단히 하시오.

12 $\dfrac{x^3-x^2-4x+1}{x^2-3x+2}-\dfrac{x^2+1}{x-1}-\dfrac{x-2}{x}$ 를 간단히 하시오.

13 $x+\dfrac{1}{y}=y+\dfrac{1}{2z}=1$일 때, $\dfrac{1}{xyz}$ 의 값을 구하시오.

14 $x^2+x+1=0$일 때, 다음 분수식의 값을 구하시오.

   (1) $x^2+\dfrac{1}{x^2}$ (2) $x^5+\dfrac{1}{x^5}$ (3) $x^{100}+\dfrac{1}{x^{100}}$

15 다음 식의 값을 구하시오.

$$2+\cfrac{3}{2+\cfrac{3}{2+\cdots}}$$

16 삼각형의 세 변 $a,\,b,\,c$ 사이에 다음 등식이 성립할 때, 이 삼각형의 모양을 말하시오.

$$a+b-3c=0 \qquad (a+c)^2-3b(a+c)+2b^2=0$$

17 $\dfrac{x-2y}{2}=\dfrac{5x-z}{3}=\dfrac{2z}{3}=\dfrac{13x-6y-8z}{c}$ 가 성립할 때, 상수 c를 구하시오.

18 $(x+y):(y+z):(z+x)=6:4:3$ (단, $xyz \neq 0$)일 때, $\dfrac{4x+5z}{2y+3z}$ 의 값을 구하시오.

19 다음 중 유리함수가 아닌 것을 모두 고르시오.

① $y=\sqrt{x^2}$ ② $y=\sqrt{x^3}$ ③ $y=\sqrt{x^4}$ ④ $y=\dfrac{1}{|x|}$ ⑤ $|y|=\dfrac{1}{x}$

20 두 함수 $y=\dfrac{-x+3}{x+2}$, $y=\dfrac{2x-2}{x-2}$ 의 그래프의 점근선으로 둘러싸인 부분의 넓이를 구하시오.

21 다음 함수의 그래프 중 평행이동에 의하여 $y=\dfrac{1}{x}$ 과 겹치는 것을 고르시오.

① $y=\dfrac{x+1}{x-1}$ ② $y=\dfrac{x}{x-1}$ ③ $y=\dfrac{x-2}{x-1}$ ④ $y=\dfrac{-x}{x-1}$ ⑤ $y=\dfrac{x-1}{x+1}$

22 유리함수 $y=\dfrac{4x-1}{2x+1}$ 의 그래프가 $y=x+a$, $y=-x+b$에 대하여 대칭일 때, 상수 a, b의 값을 구하시오.

23 유리함수 $f(x)=\dfrac{b}{2x-a}-c$의 그래프가 오른쪽 그림과 같을 때, $a+b+c$의 값을 구하시오. (단, a, b, c는 상수)

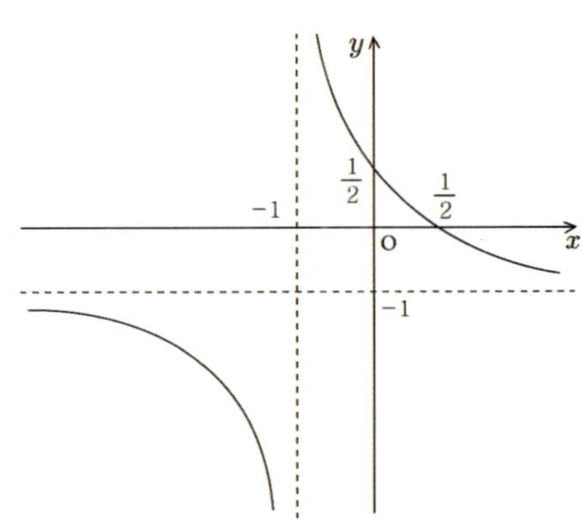

24 유리함수 $y = \dfrac{ax+b}{2x+c}$ 가 점 $(1, 2)$를 지나고 직선 $x=2$, $y=1$이 점근선의 방정식일 때, 상수 a, b, c의 값을 구하시오.

25 유리함수 $y = \dfrac{2x-3}{x-2}$의 $a \leq x \leq 1$에서 최댓값 $\dfrac{5}{3}$, 최솟값 b를 가진다고 할 때, 상수 a, b의 값을 구하시오.

26 유리함수 $y = \dfrac{2x+4}{x+1}$의 그래프와 직선 $y=mx$가 만나지 않게 되는 상수 m의 값의 범위를 구하시오.

27 유리함수 $f(x) = \dfrac{x-1}{x}$에 대하여 $f^1 = f$, $f^{n+1} = f \circ f^n$ (n은 자연수)일 때, $f^{100}\left(\dfrac{1}{2}\right)$의 값을 구하시오.

28 유리함수 $f(x) = \dfrac{3x+b}{x+a}$에 대하여 $f = f^{-1}$이고 점 $(2, -6)$을 지날 때, 상수 a, b에 대하여 $a+b$의 값을 구하시오.

**Ⅲ.
함수**

P A R T

03

무리함수

- ◆ 중·고교 연결과정 선수학습
- **1** 무리식과 그 연산
- **2** 무리함수
- ◆ 반복학습 기록란
- ◆ 연습문제 (A) (B)

명언

무엇이든지 남에게 대접을 받고자 하는 대로 너희도 남을 대접하라.

- 성경 마태복음 7장 12절 -

1 제곱근의 계산

(1) $a \leq 0,\ b \leq 0$일 때만 $\sqrt{a}\,\sqrt{b} = -\sqrt{ab}$

(2) $a \geq 0,\ b < 0$일 때만 $\dfrac{\sqrt{a}}{\sqrt{b}} = -\sqrt{\dfrac{a}{b}}$

강의 $\quad \sqrt{a}\,\sqrt{b}$와 $\sqrt{ab}$는 둘 다 음수일 때만 $-$를 붙인다!

$\rightarrow\ a \leq 0,\ b \leq 0$일 때만 $\sqrt{a}\,\sqrt{b} = -\sqrt{ab}$

주의 둘 다 음수일 때만 $-$를 붙인다. (0일 때 주의!)

기|본|예|제 01

$a,\ b$는 실수이고, $\sqrt{a}\,\sqrt{b} = -\sqrt{ab}$일 때, $\sqrt{2a^2} - |b|$를 간단히 하시오.

탐구 $\quad \sqrt{a}\,\sqrt{b} = -\sqrt{ab} \rightarrow a \leq 0,\ b \leq 0$

풀이 $\quad$ 조건식에서 $\sqrt{a}\,\sqrt{b} = -\sqrt{ab}$이므로 $a \leq 0,\ b \leq 0$

$\qquad$ (준식) $= \sqrt{2}\,\sqrt{a^2} - |b| = \sqrt{2}\,|a| - |b|$

$\qquad\qquad = -\sqrt{2}\,a + b$

정답 $\quad -\sqrt{2}\,a + b$

유제 01-1 $\quad$ 실수 x에 대하여 $\sqrt{x-2}\,\sqrt{x+1} = -\sqrt{(x-2)(x+1)}$일 때, $\sqrt{(x-2)^2} - \sqrt{(x+1)^2}$을 간단히 하시오.

유제 01-2 $\quad$ 실수 x에 대하여 $\sqrt{x-2}\,\sqrt{1-x} = -\sqrt{-x^2+3x-2}$일 때, $\sqrt{x^2+6x+9} + \sqrt{x^2-10x+25}$를 간단히 하시오.

강의 $\dfrac{\sqrt{a}}{\sqrt{b}}$ 와 $\sqrt{\dfrac{a}{b}}$ 는 분자 ≥ 0 이고, 분모 < 0 일 때만 $-$ 를 붙인다!

➡ $a \geq 0$, $b < 0$ 일 때만 $\dfrac{\sqrt{a}}{\sqrt{b}} = -\sqrt{\dfrac{a}{b}}$

주의 분자 ≥ 0, 분모 < 0 일 때만 $-$ 를 붙인다. (0일 때 주의!)

기|본|예|제 02

a, b 는 실수이고 $\dfrac{\sqrt{a}}{\sqrt{b}} = -\sqrt{\dfrac{a}{b}}$ 일 때, $\sqrt{(a-b)^2} - \sqrt{b^2} + |a|$ 를 간단히 하시오.

탐구 $\dfrac{\sqrt{a}}{\sqrt{b}} = -\sqrt{\dfrac{a}{b}} \ \rightarrow \ a \geq 0, \ b < 0$

풀이 조건식에서 $\dfrac{\sqrt{a}}{\sqrt{b}} = -\sqrt{\dfrac{a}{b}}$ 이므로 $a \geq 0, \ b < 0$

(준식) $= |a-b| - |b| + |a|$

$= a - b - (-b) + a$

$= 2a$

정답 $2a$

유제 02-1 실수 x에 대하여 $\dfrac{\sqrt{x+2}}{\sqrt{x}} = -\sqrt{\dfrac{x+2}{x}}$ 일 때, $|x| + \sqrt{(x+2)^2}$ 을 간단히 하시오.

유제 02-2 실수 x에 대하여 $\dfrac{\sqrt{x}}{\sqrt{x-3}} + \sqrt{\dfrac{x}{x-3}} = 0$ 일 때, $\sqrt{x^2 - 6x + 9} + \sqrt{x^2}$ 을 간단히 하시오.

2 분모의 유리화

→ 분모가 근호를 포함하고 있을 때, 분모에 근호가 포함되지 않도록 변형하는 것을 **분모의 유리화**라 한다.

(1) $\dfrac{b}{\sqrt{a}} = \dfrac{b\sqrt{a}}{\sqrt{a}\sqrt{a}} = \dfrac{b\sqrt{a}}{a}$

(2) $\dfrac{c}{\sqrt{a}+\sqrt{b}} = \dfrac{c(\sqrt{a}-\sqrt{b})}{(\sqrt{a}+\sqrt{b})(\sqrt{a}-\sqrt{b})} = \dfrac{c(\sqrt{a}-\sqrt{b})}{a-b}$

(3) $\dfrac{c}{\sqrt{a}-\sqrt{b}} = \dfrac{c(\sqrt{a}+\sqrt{b})}{(\sqrt{a}-\sqrt{b})(\sqrt{a}+\sqrt{b})} = \dfrac{c(\sqrt{a}+\sqrt{b})}{a-b}$

강의 분모의 유리화(Ⅰ)은 대포만 잘 쏘면 된다!

① $(a+b)(a-b)=a^2-b^2$ 이용

→ $(\sqrt{a}+\sqrt{b})(\sqrt{a}-\sqrt{b})=a-b$

② $(a+b)(c-d)=ac-ad+bc-bd$ 이용

→ $(\sqrt{a}+\sqrt{b})(\sqrt{c}-\sqrt{d})=\sqrt{ac}-\sqrt{ad}+\sqrt{bc}-\sqrt{bd}$

③ $\dfrac{\sqrt{a}+\sqrt{b}}{\sqrt{c}+\sqrt{d}} = \dfrac{(\sqrt{a}+\sqrt{b})(\sqrt{c}-\sqrt{d})}{c-d}$

기|본|예|제 **03**

$\dfrac{\sqrt{2}+\sqrt{3}}{\sqrt{6}+2}$ 의 분모를 유리화하시오.

탐구 $\dfrac{\sqrt{a}+\sqrt{b}}{\sqrt{c}+\sqrt{d}} = \dfrac{(\sqrt{a}+\sqrt{b})(\sqrt{c}-\sqrt{d})}{c-d}$ 를 이용한다.

풀이 $\dfrac{\sqrt{2}+\sqrt{3}}{\sqrt{6}+2} = \dfrac{(\sqrt{2}+\sqrt{3})(\sqrt{6}-2)}{6-4} = \dfrac{\sqrt{12}-2\sqrt{2}+\sqrt{18}-2\sqrt{3}}{2}$

$= \dfrac{2\sqrt{3}-2\sqrt{2}+3\sqrt{2}-2\sqrt{3}}{2} = \dfrac{\sqrt{2}}{2}$

정답 $\dfrac{\sqrt{2}}{2}$

유제 03-1 다음 수의 분모를 유리화하시오.

(1) $\dfrac{6}{\sqrt{5}+\sqrt{2}}$ (2) $\dfrac{\sqrt{3}-\sqrt{5}}{2-\sqrt{3}}$

유제 03-2 $\dfrac{1}{1+\sqrt{2}-\sqrt{3}}$ 의 분모를 유리화하시오.

강의 분모의 유리화(Ⅱ)는 분모, 분자가 부호만 다를 때 분자가 완전제곱이 된다!

① $(a+b)^2=a^2+b^2+2ab$ 이용

→ $(\sqrt{a}+\sqrt{b})^2=a+b+2\sqrt{ab}$

② $(a-b)^2=a^2+b^2-2ab$ 이용

→ $(\sqrt{a}-\sqrt{b})^2=a+b-2\sqrt{ab}$

공식 1) $\dfrac{\sqrt{a}+\sqrt{b}}{\sqrt{a}-\sqrt{b}}=\dfrac{(\sqrt{a}+\sqrt{b})^2}{a-b}$

공식 2) $\dfrac{\sqrt{a}-\sqrt{b}}{\sqrt{a}+\sqrt{b}}=\dfrac{(\sqrt{a}-\sqrt{b})^2}{a-b}$

기 | 본 | 예 | 제 04

$\dfrac{2-\sqrt{3}}{2+\sqrt{3}}$ 의 분모를 유리화하시오.

탐구 $\dfrac{\sqrt{a}-\sqrt{b}}{\sqrt{a}+\sqrt{b}}=\dfrac{(\sqrt{a}-\sqrt{b})^2}{a-b}$ 을 이용한다.

풀이 $\dfrac{2-\sqrt{3}}{2+\sqrt{3}}=\dfrac{(2-\sqrt{3})^2}{4-3}$

$=4-4\sqrt{3}+3=7-4\sqrt{3}$

정답 $7-4\sqrt{3}$

유제 04-1 $\dfrac{3+\sqrt{7}}{3-\sqrt{7}}$ 의 분모를 유리화하시오.

유제 04-2 $x=\dfrac{2+\sqrt{5}}{2-\sqrt{5}}$, $y=\dfrac{2-\sqrt{5}}{2+\sqrt{5}}$ 일 때, x^2+y^2의 값을 구하시오.

강의   분모의 유리화 (Ⅲ)은 분자가 $a-b$이면 분모의 부호만 바꾸면 된다!

공식 1) $\dfrac{a-b}{\sqrt{a}+\sqrt{b}}=\sqrt{a}-\sqrt{b}$

공식 2) $\dfrac{a-b}{\sqrt{a}-\sqrt{b}}=\sqrt{a}+\sqrt{b}$

기|본|예|제 05

$\dfrac{4}{\sqrt{7}-\sqrt{3}}$ 의 분모를 유리화하시오.

탐구 $\dfrac{a-b}{\sqrt{a}-\sqrt{b}}=\sqrt{a}+\sqrt{b}$ 을 이용한다.

풀이 $\dfrac{4}{\sqrt{7}-\sqrt{3}}=\dfrac{7-3}{\sqrt{7}-\sqrt{3}}=\sqrt{7}+\sqrt{3}$

정답 $7+\sqrt{3}$

유제 05-1 $\dfrac{-3}{\sqrt{2}+\sqrt{5}}$ 의 분모를 유리화하시오.

유제 05-2 $\dfrac{1}{\sqrt{2}+1}+\dfrac{1}{\sqrt{2}-1}$ 을 계산하시오.

01 무리식과 그 연산

1 무리식

[1] **무리식**

→ 근호 안에 문자를 포함하고 있는 식, 즉 A가 다항식일 때, $\sqrt{A}\ (A \geq 0)$꼴을 가지고 있는 식을 **무리식**이라 한다.

[2] **무리식의 값이 실수가 되기 위한 조건**

→ (근호 안의 식의 값) ≥ 0, 분모 $\neq 0$

강의 무리식은 실수체계에서 그 숨겨진 범위를 생각해야 한다!

→ 항상 숨겨진 범위에 유의하라!

→ 실수체계 : $\sqrt{(속) \geq 0} \geq 0$

보기 $y - 3 = \sqrt{x + 2}$

→ $x + 2 \geq 0,\ y - 3 \geq 0$

→ $x \geq -2,\ y \geq 3$

기 | 본 | 예 | 제 01

무리식 $\sqrt{3x+1} - \sqrt{2x-1}$ 의 값이 실수가 되도록 하는 x의 범위를 구하시오.

탐구 실수체계 → $\sqrt{(속) \geq 0} \geq 0$임을 이용한다.

풀이 무리식의 값이 실수가 되려면 (근호 안의 식의 값) ≥ 0이어야 하므로

$$3x + 1 \geq 0 \text{ and } 2x - 1 \geq 0$$

$$x \geq -\frac{1}{3} \text{ and } x \geq \frac{1}{2} \qquad \therefore x \geq \frac{1}{2}$$

정답 $x \geq \dfrac{1}{2}$

유제 01-1 무리식 $2 - \sqrt{2 - 3x}$ 의 값이 실수가 되도록 하는 x의 범위를 구하시오.

유제 01-2 무리식 $\dfrac{2}{\sqrt{x+2}} + \sqrt{3 - 2x}$ 의 값이 실수가 되게 하는 정수 x의 개수를 구하시오.

→ 분모가 근호를 포함하고 있을 때, 분모에 근호가 포함되지 않도록 변형하는 것을
분모의 유리화라 한다.

(1) $\dfrac{b}{\sqrt{a}} = \dfrac{b\sqrt{a}}{\sqrt{a}\,\sqrt{a}} = \dfrac{b\sqrt{a}}{a}$

(2) $\dfrac{c}{\sqrt{a}+\sqrt{b}} = \dfrac{c(\sqrt{a}-\sqrt{b})}{(\sqrt{a}+\sqrt{b})(\sqrt{a}-\sqrt{b})} = \dfrac{c(\sqrt{a}-\sqrt{b})}{a-b}$

(3) $\dfrac{c}{\sqrt{a}-\sqrt{b}} = \dfrac{c(\sqrt{a}+\sqrt{b})}{(\sqrt{a}-\sqrt{b})(\sqrt{a}+\sqrt{b})} = \dfrac{c(\sqrt{a}+\sqrt{b})}{a-b}$

(4) $\dfrac{c}{\sqrt[3]{a}+\sqrt[3]{b}} = \dfrac{c\left\{(\sqrt[3]{a})^2 - \sqrt[3]{ab} + (\sqrt[3]{b})^2\right\}}{(\sqrt[3]{a}+\sqrt[3]{b})\left\{(\sqrt[3]{a})^2 - \sqrt[3]{ab} + (\sqrt[3]{b})^2\right\}} = \dfrac{c\left\{(\sqrt[3]{a})^2 - \sqrt[3]{ab} + (\sqrt[3]{b})^2\right\}}{a+b}$

(5) $\dfrac{c}{\sqrt[3]{a}-\sqrt[3]{b}} = \dfrac{c\left\{(\sqrt[3]{a})^2 + \sqrt[3]{ab} + (\sqrt[3]{b})^2\right\}}{(\sqrt[3]{a}-\sqrt[3]{b})\left\{(\sqrt[3]{a})^2 + \sqrt[3]{ab} + (\sqrt[3]{b})^2\right\}} = \dfrac{c\left\{(\sqrt[3]{a})^2 + \sqrt[3]{ab} + (\sqrt[3]{b})^2\right\}}{a-b}$

강의 분모 $\sqrt[3]{a} \pm \sqrt[3]{b}$ 의 유리화는 짝꿍을 곱하여 유리화한다!

① $(a+b)(a^2-ab+b^2) = a^3+b^3$

→ $(\sqrt[3]{a}+\sqrt[3]{b})\left\{(\sqrt[3]{a})^2 - \sqrt[3]{ab} + (\sqrt[3]{b})^2\right\} = a+b$

② $(a-b)(a^2+ab+b^2) = a^3-b^3$

→ $(\sqrt[3]{a}-\sqrt[3]{b})\left\{(\sqrt[3]{a})^2 + \sqrt[3]{ab} + (\sqrt[3]{b})^2\right\} = a-b$

주의 서로 짝꿍을 찾아 곱하여 유리화한다!

보기 $\sqrt[3]{a} \pm \sqrt[3]{b}$ 의 분모 유리화 짝꿍

① $\sqrt[3]{3} + \sqrt[3]{2}$ 의 짝꿍은 $(\sqrt[3]{3})^2 - \sqrt[3]{3\times2} + (\sqrt[3]{2})^2$

→ $(\sqrt[3]{3}+\sqrt[3]{2})\left\{(\sqrt[3]{3})^2 - \sqrt[3]{3\times2} + (\sqrt[3]{2})^2\right\} = 3+2$

② $\sqrt[3]{3} - \sqrt[3]{2}$ 의 짝꿍은 $(\sqrt[3]{3})^2 + \sqrt[3]{3\times2} + (\sqrt[3]{2})^2$

→ $(\sqrt[3]{3}-\sqrt[3]{2})\left\{(\sqrt[3]{3})^2 + \sqrt[3]{3\times2} + (\sqrt[3]{2})^2\right\} = 3-2$

다음 식의 분모를 유리화하시오.

(1) $\dfrac{1}{\sqrt[3]{5}-\sqrt[3]{2}}$

(2) $\dfrac{1}{1-\sqrt[3]{2}+\sqrt[3]{4}}$

탐구

① $(a-b)(a^2+ab+b^2)=a^3-b^3$을 이용한다.

② $(a+b)(a^2-ab+b^2)=a^3+b^3$을 이용한다.

풀이

(1) (준식) $= \dfrac{\left(\sqrt[3]{5}\right)^2+\sqrt[3]{5\times 2}+\left(\sqrt[3]{2}\right)^2}{\left(\sqrt[3]{5}-\sqrt[3]{2}\right)\left\{\left(\sqrt[3]{5}\right)^2+\sqrt[3]{5\times 2}+\left(\sqrt[3]{2}\right)^2\right\}}$

$= \dfrac{\sqrt[3]{25}+\sqrt[3]{10}+\sqrt[3]{4}}{\left(\sqrt[3]{5}\right)^3-\left(\sqrt[3]{2}\right)^3}$

$= \dfrac{\sqrt[3]{25}+\sqrt[3]{10}+\sqrt[3]{4}}{3}$

(2) (준식) $= \dfrac{1+\sqrt[3]{2}}{\left(1-\sqrt[3]{2}+\sqrt[3]{4}\right)\left(1+\sqrt[3]{2}\right)}$

$= \dfrac{1+\sqrt[3]{2}}{1^3+\left(\sqrt[3]{2}\right)^3}$

$= \dfrac{1+\sqrt[3]{2}}{3}$

정답 (1) $\dfrac{\sqrt[3]{25}+\sqrt[3]{10}+\sqrt[3]{4}}{3}$ (2) $\dfrac{1+\sqrt[3]{2}}{3}$

유제 02-1 다음 식의 분모를 유리화하시오.

(1) $\dfrac{1}{\sqrt[3]{4}+\sqrt[3]{2}}$

(2) $\dfrac{1}{\sqrt[3]{9}+\sqrt[3]{3}+1}$

유제 02-2 다음을 계산하시오.

$$\dfrac{1}{\sqrt[3]{4}-1}+\dfrac{1}{\sqrt[3]{16}+\sqrt[3]{4}+1}$$

(1) 분모, 분자가 연결 부호만 다른 경우의 유리화

① $\dfrac{\sqrt{a}-\sqrt{b}}{\sqrt{a}+\sqrt{b}} = \dfrac{(\sqrt{a}-\sqrt{b})^2}{a-b}$ ② $\dfrac{\sqrt{a}+\sqrt{b}}{\sqrt{a}-\sqrt{b}} = \dfrac{(\sqrt{a}+\sqrt{b})^2}{a-b}$

(2) 분자가 $a-b$인 경우의 유리화

① $\dfrac{a-b}{\sqrt{a}+\sqrt{b}} = \sqrt{a}-\sqrt{b}$ ② $\dfrac{a-b}{\sqrt{a}-\sqrt{b}} = \sqrt{a}+\sqrt{b}$

기｜본｜예｜제 03

$x=\sqrt{2}$ 일 때, $\dfrac{\sqrt{x+1}+\sqrt{x-1}}{\sqrt{x+1}-\sqrt{x-1}}$ 의 값을 구하시오.

탐구 $\dfrac{\sqrt{A}+\sqrt{B}}{\sqrt{A}-\sqrt{B}} = \dfrac{(\sqrt{A}+\sqrt{B})^2}{A-B}$ 을 이용한다.

풀이 $(\text{준식}) = \dfrac{(\sqrt{x+1}+\sqrt{x-1})^2}{(\sqrt{x+1}-\sqrt{x-1})(\sqrt{x+1}+\sqrt{x-1})}$

$= \dfrac{x+1+2\sqrt{x+1}\,\sqrt{x-1}+x-1}{x+1-(x-1)} = \dfrac{2x+2\sqrt{x^2-1}}{2}$

$= x+\sqrt{x^2-1} \quad \cdots ①$

①에 $x=\sqrt{2}$ 를 대입하여 식의 값을 구하면

$① = \sqrt{2}+\sqrt{(\sqrt{2})^2-1} = \sqrt{2}+1$

정답 $\sqrt{2}+1$

유제 03-1 $x = \dfrac{1}{\sqrt{3}-\sqrt{2}}$, $y = \dfrac{1}{\sqrt{3}+\sqrt{2}}$ 일 때, $\dfrac{\sqrt{x}+\sqrt{y}}{\sqrt{x}-\sqrt{y}}$ 의 값을 구하시오.

유제 03-2 $\dfrac{6x+3}{\sqrt{x^2+4x+4}-\sqrt{x^2-2x+1}} = 4$ 의 해를 구하시오.

[1] $x = a + b\sqrt{m}$ 꼴의 조건식이 주어지는 경우

   ➜ a를 이항해서 제곱하여 나온 식을 이용한다.

[2] 역수 관계식 문제

   ➜ 변형공식을 이용한다.

[3] 무한히 반복되는 식인 경우

   ➜ 결과를 x로 놓아 계산한다.

[4] 정수 부분과 소수 부분으로 분리하는 경우

   ➜ 정수 부분을 먼저 결정하고 소수 부분은 전체에서 정수 부분을 제외한 것이다.

강의 고차식 문제(Ⅱ)는 $x = a + b\sqrt{m}$ 이 보이면 아래 3단계를 이용하여 해결한다!

   ➜ $x = a + b\sqrt{m}$, $x = a + bi$ 꼴 이용 → 고차식의 값 구하기

첫째, 이항 → $x - a = b\sqrt{m}$

둘째, 양변 제곱 → (이차식) $= 0$

셋째, (고차식) (이차식) → 나머지(답)

기|본|예|제 04

$x = \dfrac{1}{3 + \sqrt{5}}$ 일 때, $4x^3 - 2x^2 - 5x + 3$의 값을 구하시오.

탐구 첫째, $x = a + b\sqrt{m}$ → $x - a = b\sqrt{m}$

둘째, 양변 제곱 → (이차식) $= 0$

셋째, (고차식) ÷ (이차식) → 나머지(답)

풀이 $x = \dfrac{1}{3 + \sqrt{5}} = \dfrac{3 - \sqrt{5}}{4}$ 에서

$$4x = 3 - \sqrt{5} \qquad 4x - 3 = -\sqrt{5}$$

양변 제곱하고 정리하면

$$(4x - 3)^2 = (-\sqrt{5})^2 \qquad 16x^2 - 24x + 9 = 5$$

$$\therefore\ 4x^2 - 6x + 1 = 0$$

$$(준식) = (4x^2 - 6x + 1)(x + 1) + 2 = 0 + 2 = 2$$

정답 2

 $x = \dfrac{1}{2-\sqrt{3}}$ 일 때, $2x^3 - 8x^2 + 2x + 3$ 의 값을 구하시오.

 $x = 1 - \sqrt{2}$ 일 때, $x^3 - 3x^2 + 2x - 1$ 의 값을 구하시오.

강의 **역수 관계식 문제는 조건식이 역수 관계식임을 알아채야 한다!**

① 조건 → 역수 관계

② 계산 → 변형공식 이용

주의 $ax^2 + bx + a = 0$ 꼴의 식은 역수 관계식이다.

$$\rightarrow \ ax^2 + bx + a = 0 \rightarrow ax + b + \frac{a}{x} = 0 \rightarrow a\left(x + \frac{1}{x}\right) = -b \rightarrow x + \frac{1}{x} = -\frac{b}{a}$$

기 | 본 | 예 | 제 05

$x^2 - 5x + 1 = 0$ 일 때, $\sqrt{x} + \dfrac{1}{\sqrt{x}}$ 의 값을 구하시오.

탐구 역수 관계식 → 변형공식 이용

풀이 $x^2 - 5x + 1 = 0$ 의 양변을 x 로 나누면

$$x - 5 + \frac{1}{x} = 0 \qquad \therefore \ x + \frac{1}{x} = 5$$

$$\left(\sqrt{x} + \frac{1}{\sqrt{x}}\right)^2 = x + \frac{1}{x} + 2 = 5 + 2 = 7$$

$\sqrt{x} + \dfrac{1}{\sqrt{x}} > 0$ 이므로 $\sqrt{x} + \dfrac{1}{\sqrt{x}} = \sqrt{7}$

정답 $\sqrt{7}$

 $x^2 - 4x + 1 = 0$ 일 때, $\sqrt{x} + \dfrac{1}{\sqrt{x}}$ 의 값을 구하시오.

 $x^2 - 3x + 1 = 0$ 일 때, $\left|\sqrt{x} - \dfrac{1}{\sqrt{x}}\right|$ 의 값을 구하시오.

기 | 본 | 예 | 제 06

다음 식의 값을 구하시오.

$$\sqrt{2+\sqrt{2+\sqrt{2+\cdots}}}$$

탐구   (무한히 계속되는 무리식) $=x$로 놓아라.

풀이 $\sqrt{2+\sqrt{2+\sqrt{2+\cdots}}}=x$

$\sqrt{2+x}=x$

$x^2-x-2=0$

$(x-2)(x+1)=0$

$\therefore \ x=2, \ x=-1$

$x>0$이므로 식의 값은 2이다.

정답   2

유제 06-1 $\sqrt{6+\sqrt{6+\sqrt{6+\cdots}}}$ 의 값을 구하시오.

유제 06-2 $\sqrt{12-\sqrt{12-\sqrt{12-\cdots}}}$ 의 값을 구하시오.

기 | 본 | 예 | 제 07

$\dfrac{1}{3-\sqrt{7}}$의 정수 부분을 a, 소수 부분을 b라 할 때, $a^2+ab-2b^2$의 값을 구하시오.

탐구 협공법 $\rightarrow \sqrt{4} < \sqrt{7} < \sqrt{9}$ $\qquad \therefore 2 < \sqrt{7} < 3$이다.

풀이
$$\frac{1}{3-\sqrt{7}} = \frac{3+\sqrt{7}}{2}$$

$$2 < \sqrt{7} < 3,\; 5 < 3+\sqrt{7} < 6,\; \frac{5}{2} < \frac{3+\sqrt{7}}{2} < 3$$

따라서 정수 부분 a와 소수 부분 b의 값을 구하면

$$a=2,\; b = \frac{-1+\sqrt{7}}{2}$$

a, b를 이용하여 식의 값을 구하면

$$a^2+ab-2b^2 = (a+2b)(a-b) = \left(1+\sqrt{7}\right)\left(\frac{5-\sqrt{7}}{2}\right) = -1+2\sqrt{7}$$

정답 $-1+2\sqrt{7}$

유제 07-1 $1+\sqrt{3}$의 정수 부분을 a, 소수 부분을 b라 할 때, $\dfrac{1}{b} - \dfrac{1}{a+b}$의 값을 구하시오.

유제 07-2 $4-\sqrt{5}$의 정수 부분을 a, 소수 부분을 b라 할 때, $2ab$의 값을 구하시오.

무리함수

1 무리함수의 정의

[1] 무리함수

→ 함수 $y=f(x)$에 있어서 $f(x)$가 x에 관한 무리식일 때, 이 함수를 **무리함수**라 한다.

[2] 무리함수의 정의역

→ 근호 안의 식의 값이 0 이상이 되도록 하는 실수 전체의 집합을 정의역으로 생각한다.

강의 무리함수는 숨겨진 범위를 찾아 정의역과 치역을 구한다!

→ 실수체계 → $\left(\sqrt{(속) \geq 0}\right) \geq 0$

① $(\sqrt{}\ 속) \geq 0$ 이용 → 정의역 탄생   ② $(\sqrt{}\ 전체) \geq 0$ 이용 → 치역 탄생

주의 무리함수의 정의역과 치역

① 범위 無 → $\sqrt{}$ 의 성질 이용   ② 범위 有 → graph 이용

無(없을 무) 有(있을 유)

기 | 본 | 예 | 제 08

다음 무리함수의 정의역과 치역을 차례로 쓰시오.

(1) $y = 2\sqrt{x-2}+3$ (2) $y = -2\sqrt{x+2}-3$

탐구 $\sqrt{(속) \geq 0}$ → 정의역 탄생, $\sqrt{}\ \geq 0$ → 치역 탄생

풀이 (1) $y = 2\sqrt{x-2}+3$

정의역 $x-2 \geq 0$ $\{x \mid x \geq 2\}$

치역 $y-3 = 2\sqrt{x-2} \geq 0$ $\{y \mid y \geq 3\}$

(2) $y = -2\sqrt{x+2}-3$

정의역 $x+2 \geq 0$ $\{x \mid x \geq -2\}$

치역 $y+3 = -2\sqrt{x+2} \leq 0$ $\{y \mid y \leq -3\}$

정답 (1) $\{x \mid x \geq 2\}$, $\{y \mid y \geq 3\}$ (2) $\{x \mid x \geq -2\}$, $\{y \mid y \leq -3\}$

유제 08-1 무리함수 $y = \sqrt{3x+2}+1$의 정의역과 치역을 구하시오.

유제 08-2 다음 무리함수의 정의역과 치역을 차례로 쓰시오.

(1) $y = \sqrt{3x}$ (2) $y = \sqrt{-3x}$ (3) $y = -\sqrt{3x}$ (4) $y = -\sqrt{-3x}$

2 무리함수의 그래프

[1] $y = \sqrt{ax}\,(a \neq 0)$의 그래프

➜ $y = \dfrac{x^2}{a}(x \geq 0)$의 그래프를 직선 $y = x$에 대하여 대칭이동시킨 것이다.

$$y = \sqrt{ax} \xleftrightarrow[\text{역함수}]{} y = \dfrac{x^2}{a}(x \geq 0)$$

(1) $a > 0$일 때 → 제 1 사분면

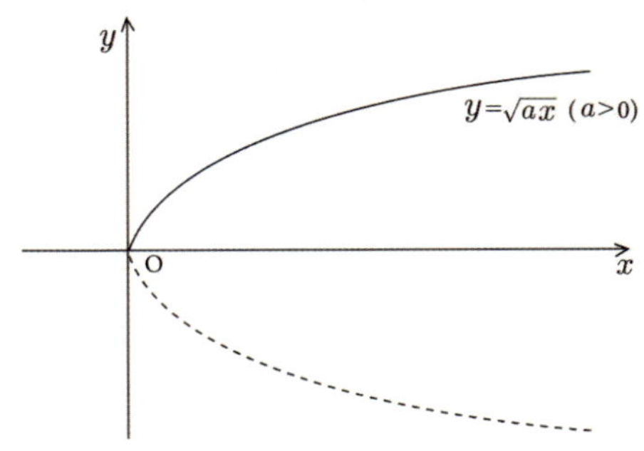

(2) $a < 0$일 때 → 제 2 사분면

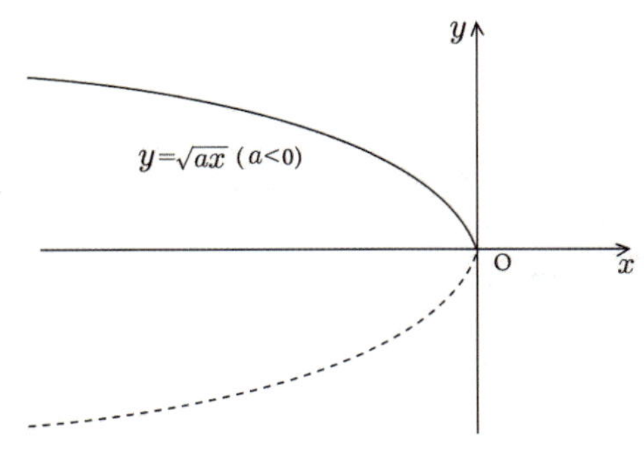

[2] $y = \sqrt{a(x-m)} + n\,(a \neq 0)$의 그래프

➜ $y = \sqrt{ax}$ 의 그래프를 x축으로 m만큼, y축으로 n만큼 평행이동한 것이다.

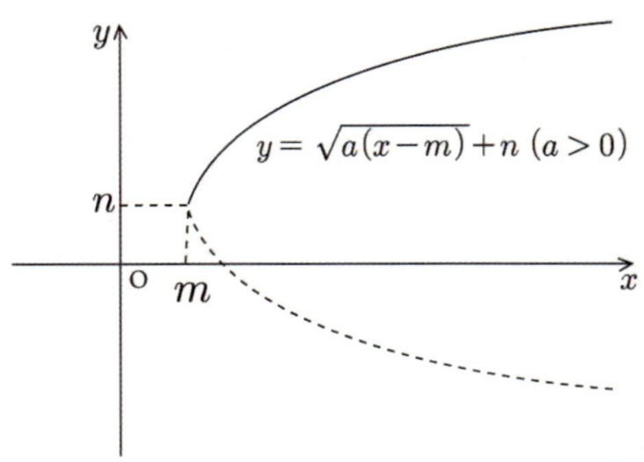

[3] $y = \sqrt{ax+b} + c$의 그래프

➜ $y = \sqrt{a\left(x+\dfrac{b}{a}\right)} + c$의 꼴로 변형한다.

➜ $y = \sqrt{ax}$ 의 그래프를 x축으로 $-\dfrac{b}{a}$만큼, y축으로 c만큼 평행이동한 것이다.

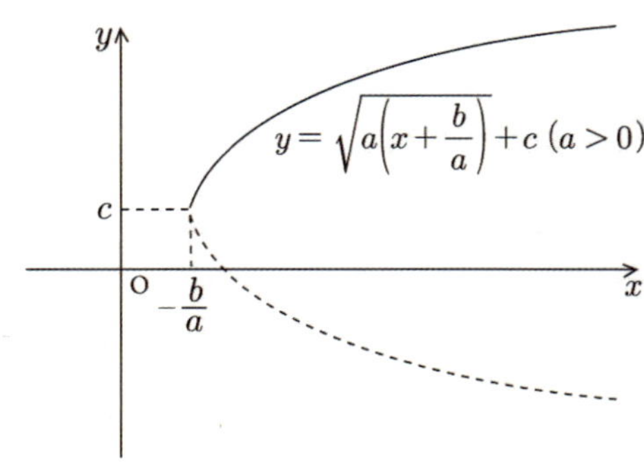

체크 $y = +\sqrt{+x}$의 그래프 → 제 1 사분면

➜ x축 대칭 → $y = -\sqrt{+x}$

➜ y축 대칭 → $y = +\sqrt{-x}$

➜ 원점 대칭 → $y = -\sqrt{-x}$

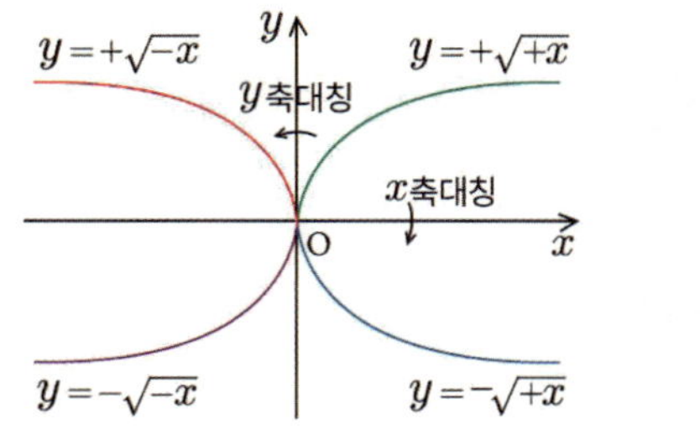

 무리함수의 그래프의 생명은 출발점이다.

→ $\sqrt{}$ 속 $=0$ → 출발점 탄생

① $y=\sqrt{ax}$

    → $x=0$ → 출발점$(0,\,0)$

② $y=\sqrt{a(x-m)}+n$

    → $x-m=0$ → 출발점$(m,\,n)$

③ $y=\sqrt{ax+b}+c$

    → $ax+b=0$ → 출발점$\left(-\dfrac{b}{a},\,c\right)$

 무리함수의 그래프 그리는 법

① 출발점   ② 방향   ③ 절편   → 그래프

 무리함수의 그래프의 방향성은 $x,\,y$ 의 계수의 부호에 따라 결정된다!

→ 무리함수의 그래프는 $x,\,y$의 계수의 부호에 따라 다음과 같은 방향성을 갖는다.

① $y=+\sqrt{+x}$ → Ⅰ 사분면(우상향)

② $y=+\sqrt{-x}$ → Ⅱ 사분면(좌상향)

③ $y=-\sqrt{-x}$ → Ⅲ 사분면(좌하향)

④ $y=-\sqrt{+x}$ → Ⅳ 사분면(우하향)

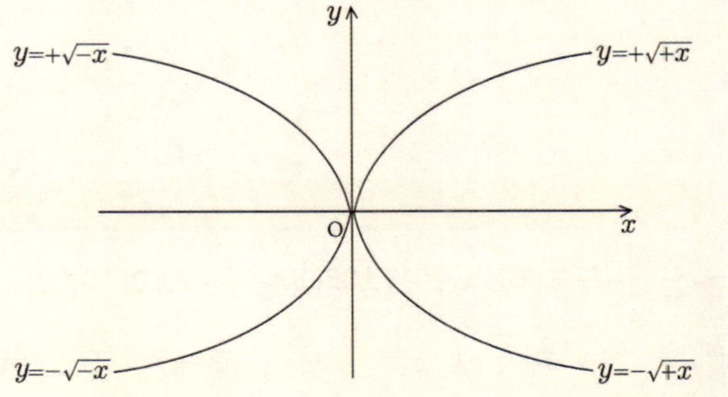

 무리함수 $y=b\sqrt{a(x-m)}+n$의 그래프의 방향성도 원리는 동일하다.

    ① $a>0,\,b>0$ → Ⅰ 구역(우상향)

    ② $a<0,\,b>0$ → Ⅱ 구역(좌상향)

    ③ $a<0,\,b<0$ → Ⅲ 구역(좌하향)

    ④ $a>0,\,b<0$ → Ⅳ 구역(우하향)

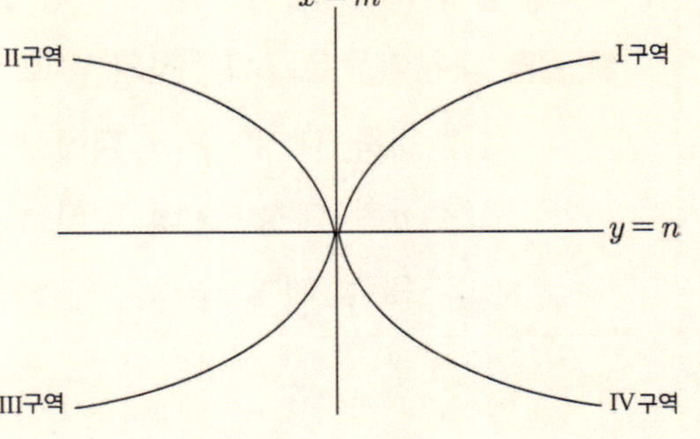

다음 무리함수의 그래프를 그리시오.
$$y = -\sqrt{2x-3}+1$$

탐구
① 무리함수의 그래프를 그리는 법 → ⅰ) 출발점 ⅱ) 방향 ⅲ) 절편
② 무리함수의 정의역과 치역 → $\sqrt{\ }$의 성질 이용

풀이
출발점 $2x-3=0$에서 $x=\dfrac{3}{2},\ y=1$ …①

방향 → 右측 下 …②

x절편 $y=0 \to (\sqrt{2x-3})^2 = 1^2$

$\qquad\qquad \therefore\ x=2$ …③

①,②,③을 이용하여 그래프를 그리면
오른쪽 그림과 같다.

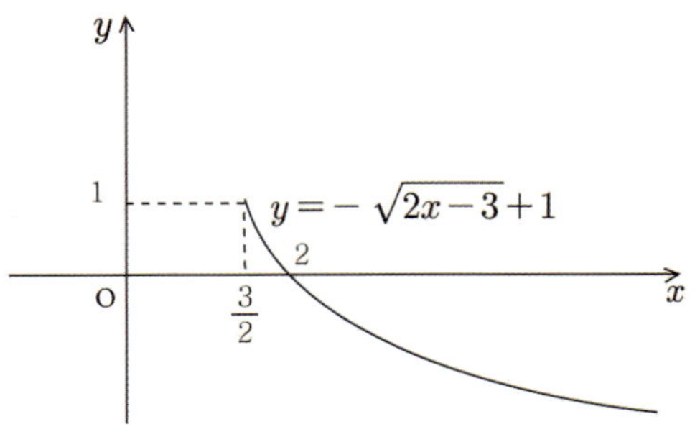

정답 풀이참조

유제 09-1 무리함수 $y = \sqrt{2x+1}-1$의 그래프를 그리시오.

유제 09-2 무리함수 $y = -\sqrt{-x-3}+1$의 그래프를 그리시오.

강의 **무리함수의 평행이동은 식과 점의 부호가 서로 반대이다!**

→ 함수식 $y=\sqrt{ax}$, 출발점 $(0,0)$을 x축으로 $+m$, y축으로 $+n$만큼 평행이동하면
① 함수식 $y-n=\sqrt{a(x-m)} \to y=\sqrt{a(x-m)}+n$
② 출발점 $(0+m,\,0+n) \to$ 출발점 $(m,\,n)$

주의 대칭이동은 식과 점의 부호가 서로 같다.
① x축 대칭 → y 대신 $(-y)$ 대입
② y축 대칭 → x 대신 $(-x)$ 대입
③ 원점 대칭 → $x,\,y$ 대신 $(-x,\,-y)$ 대입

무리함수 $y = \sqrt{x+1}$ 의 그래프를 x축의 방향으로 3만큼, y축의 방향으로 -1만큼 평행이동하였더니 $y = \sqrt{ax+b}+c$ 의 그래프와 겹친다고 할 때, 상수 a, b, c 의 값을 구하시오.

탐구 $y = \sqrt{a(x-p)}+q$ 의 그래프는 $y = \sqrt{ax}$ 의 그래프를 x축의 방향으로 p만큼, y축의 방향으로 q만큼 평행이동한 것이다.

풀이 $y = \sqrt{x+1}$ 을 x축의 방향으로 3만큼, y축의 방향으로 -1만큼 평행이동하면

$$y+1 = \sqrt{(x-3)+1} \qquad \therefore y = \sqrt{x-2}-1 \cdots ①$$

①이 $y = \sqrt{ax+b}+c$ 와 겹치므로

$$a = 1, \, b = -2, \, c = -1$$

정답 $a = 1, \, b = -2, \, c = -1$

유제 10-1 무리함수 $y = \sqrt{x}$ 의 그래프를 x축의 방향으로 1만큼, y축의 방향으로 2만큼 평행이동한 후 x축에 대하여 대칭이동한 그래프의 식을 구하시오.

유제 10-2 무리함수 $y = a\sqrt{bx+c}+d$ 의 그래프를 x축의 방향으로 -1만큼, y축의 방향으로 1만큼 평행이동한 후 y축에 대하여 대칭이동한 그래프가 $y = -\sqrt{2x+1}$ 의 그래프와 일치하였을 때, 상수 a, b, c, d 의 값을 구하시오.

강의 무리함수의 최대·최소는 그래프를 보고 판단한다!

→ 주어진 범위에서 그래프를 활용하여 최댓값과 최솟값을 구한다.

① 끝잡이 $(+,+)$, $(-,-)$ → 단조증가 → 최솟값 먼저, 최댓값 나중에 구한다.

② 끝잡이 $(-,+)$, $(+,-)$ → 단조감소 → 최댓값 먼저, 최솟값 나중에 구한다.

주의 무리함수의 최대 최소

① 범위 無 → 치역 이용

② 범위 有 → 그래프 이용

無(없을 무) 有(있을 유)

무리함수 $y = -\sqrt{-x+3} - 2$의 그래프에 대하여 $-1 \le x \le 2$에서의 최댓값과 최솟값을 구하시오.

탐구 주어진 범위 내에서 그래프를 그리고 최댓값과 최솟값을 구한다.

풀이 $y = -\sqrt{-x+3} - 2 = -\sqrt{-(x-3)} - 2$

출발점의 좌표가 점 $(3, -2)$이고
그래프의 방향을 참고하여 주어진
범위 내에서 그래프를 그리면 오른쪽
그림과 같다.
따라서 함수 $y = -\sqrt{-x+3} - 2$는
$x = -1$에서 최솟값 -4를 갖고,
$x = 2$에서 최댓값 -3을 갖는다.

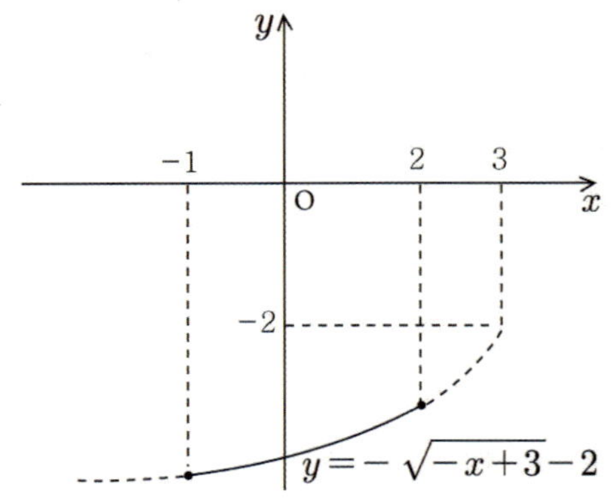

정답 최댓값 : -3, 최솟값 : -4

유제 11-1 무리함수 $y = \sqrt{-x+1} + k$의 그래프가 $-3 \le x \le 0$에서 최솟값 -1을 가질 때, 상수 k의 값을 구하시오.

유제 11-2 무리함수 $y = -\sqrt{2x+1} + a$의 그래프가 $0 \le x \le 4$에서 최솟값 -1, 최댓값 b를 가질 때, 상수 a, b에 대하여 $a+b$의 값을 구하시오.

강의 무리함수에서는 출발점과 한 점을 이용하여 미정계수를 구한다!

(1) 출발점과 방향을 이용하여 미정계수를 구한다. → 계수비교법

(2) 한 점을 대입하여 미정계수를 구한다. → 수치대입법

무리함수 $y = \sqrt{ax+b} + c$의 그래프가
오른쪽 그림과 같을 때, 상수 a, b, c의
값을 구하시오.

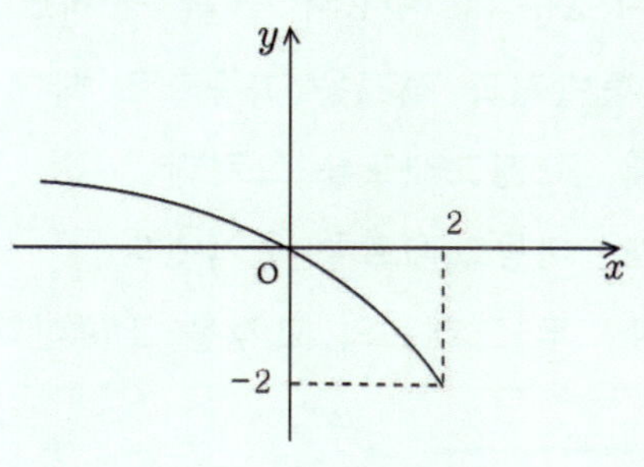

탐구 출발점과 방향, 지나는 점의 좌표를 이용하여 미지수를 구한다.

풀이 출발점의 좌표가 점 $(2, -2)$이고 그래프의 방향을 참고하여 무리함수의 식을 구하면

$$y = \sqrt{a(x-2)} - 2 \ (a < 0) \ \cdots ①$$

이 그래프가 점 $(0, 0)$을 지나므로 ①에 대입하여 a의 값을 구하면

$$0 = \sqrt{-2a} - 2 \quad \sqrt{-2a} = 2 \quad -2a = 4 \quad \therefore a = -2$$

$$a = -2 \rightarrow ① \ ; \ y = \sqrt{-2x+4} - 2$$

$$\therefore a = -2, \ b = 4, \ c = -2$$

정답 $a = -2, \ b = 4, \ c = -2$

유제 12-1 무리함수 $y = a\sqrt{x+b} + c$의 그래프가
오른쪽 그림과 같을 때, 상수 a, b, c에
대하여 $a+b+c$의 값을 구하시오.

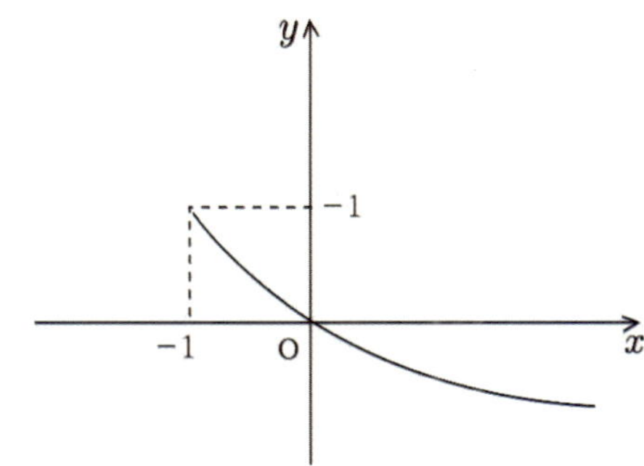

유제 12-2 오른쪽 그림과 같은 무리함수의 그래프를
x축의 방향으로 -2만큼, y축의 방향으로
-1만큼 평행이동하였더니 $y = \sqrt{ax+b} + c$
가 되었다. 이때 상수 a, b, c의 값을 구하시오.

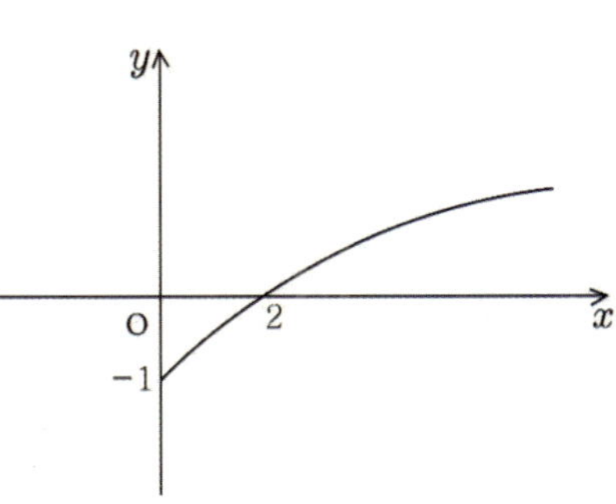

기 | 본 | 예 | 제 13

무리함수 $y=\sqrt{x+1}$의 그래프와 직선 $y=-2x+k$가 만나지 않을 때, 정수 k의 최댓값을 구하시오.

탐구 두 그래프를 그린 후 위치 관계를 조사한다.

풀이 $y=\sqrt{x+1}$과 $y=-2x+k$가 만나지 않도록 그래프를 그리면 다음과 같다.

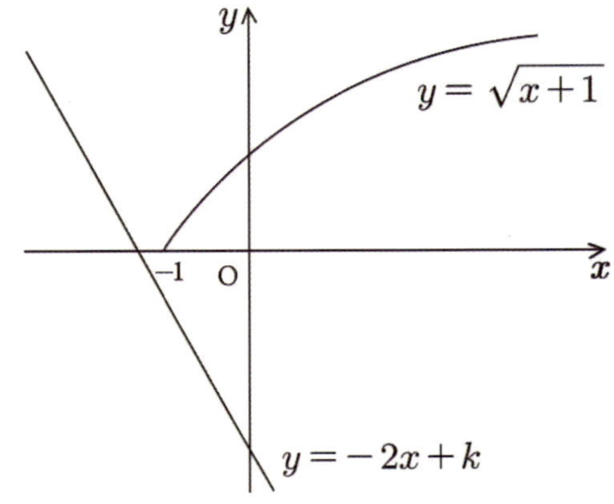

직선이 점 $(-1,\,0)$을 지날 경우 k의 값을 구하면

$$0=2+k \qquad \therefore k=-2$$

따라서 두 그래프가 만나지 않으려면 $k<-2$이고
이때 정수 k의 최댓값은 -3이다.

정답 -3

유제 13-1 무리함수 $y=\sqrt{x-3}$의 그래프와 직선 $y=mx+1$이 만날 때, 상수 m의 값의 범위를 구하시오.

유제 13-2 무리함수 $y=\sqrt{4-2x}$의 그래프와 직선 $y=-x+k$가 두 개의 교점을 가질 때, 상수 k의 값의 범위를 구하시오.

 무리함수의 역함수는 아래 3단계를 이용하여 구한다!

첫째, $\sqrt{}$ 의 숨겨진 범위를 찾아 정의역과 치역을 구한다.

둘째, x를 구하여 $x = (y$의 식$)$으로 나타낸다.

셋째, x와 y를 바꾸어 역함수를 구한다.

(1) $y = \sqrt{ax}$의 역함수

→ 정의역 $ax \geq 0$, 치역 $y \geq 0$ → $x = \dfrac{1}{a}y^2$

→ 역함수 $y = \dfrac{1}{a}x^2$; 정의역 $x \geq 0$, 치역 $ay \geq 0$

(2) $y = \sqrt{a(x-m)} + n$의 역함수

→ 정의역 $a(x-m) \geq 0$, 치역 $y \geq n$ → $x = \dfrac{1}{a}(y-n)^2 + m$

→ 역함수 $y = \dfrac{1}{a}(x-n)^2 + m$; 정의역 $x \geq n$, 치역 $a(y-m) \geq 0$

(3) $y = \sqrt{ax+b} + c$의 역함수

→ 정의역 $ax+b \geq 0$, 치역 $y \geq c$ → $x = \dfrac{1}{a}(y-c)^2 - \dfrac{b}{a}$

→ 역함수 $y = \dfrac{1}{a}(x-c)^2 - \dfrac{b}{a}$; 정의역 $x \geq c$, 치역 $ay+b \geq 0$

기｜본｜예｜제 14

무리함수 $y = \sqrt{x+3} - 2$의 역함수를 구하시오.

탐구 공역이 주어지지 않은 함수가 일대일함수이면 치역을 공역으로 생각한다.

풀이 $y = \sqrt{x+3} - 2$의 정의역과 치역을 구하면

$x+3 \geq 0$에서 정의역은 $\{x \mid x \geq -3\}$

$y+2 = \sqrt{x+3} \geq 0$에서 치역은 $\{y \mid y \geq -2\}$

따라서 역함수의 정의역은 $\{x \mid x \geq -2\}$이다.

$y = \sqrt{x+3} - 2$에서 $y+2 = \sqrt{x+3}$

양변을 제곱하고 x에 대하여 정리하면

$y^2 + 4y + 4 = x + 3 \qquad \therefore x = y^2 + 4y + 1$

x와 y를 바꿔 역함수를 구하면

$y = x^2 + 4x + 1 \ (x \geq -2)$

정답 $y = x^2 + 4x + 1 \ (x \geq -2)$

유제 14-1 무리함수 $y = \sqrt{x-1}+2$의 역함수를 구하시오.

유제 14-2 무리함수 $f(x) = \sqrt{2x+a}$에 대하여 $f^{-1}(2) = \dfrac{5}{2}$일 때, $f\left(\dfrac{1}{2}\right)$의 값을 구하시오. (단, a는 상수)

강의 **무리함수와 그 역함수의 교점은 $y = x$에 대해 대칭임을 이용하여 구한다!**

→ 무리함수와 그 역함수의 교점 → 무리함수와 직선 $y = x$의 교점 이용

기|본|예|제 15

무리함수 $y = \sqrt{-x+4}+1$의 그래프와 그 역함수의 그래프의 교점의 좌표를 구하시오.

탐구 무리함수와 그 역함수의 그래프의 교점은 무리함수와 직선 $y = x$의 교점의 좌표와 같다.

풀이 무리함수 $y = f(x)$의 그래프와 그 역함수 $y = f^{-1}(x)$의 그래프의 교점은 무리함수 $y = f(x)$의 그래프와 직선 $y = x$의 교점과 같다.

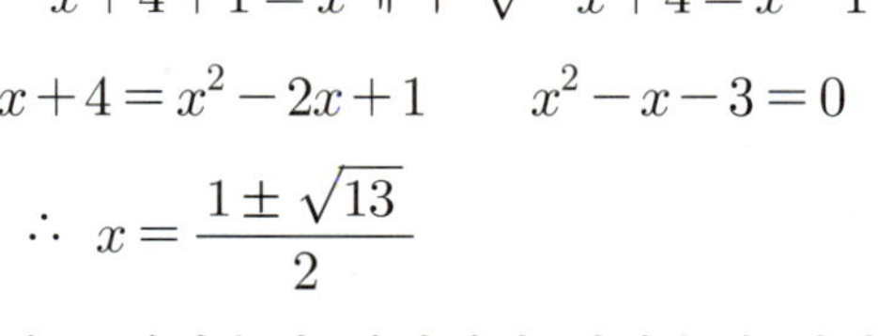

$\sqrt{-x+4}+1 = x$에서 $\sqrt{-x+4} = x-1$

$-x+4 = x^2 - 2x + 1$ $x^2 - x - 3 = 0$

$$\therefore \ x = \frac{1 \pm \sqrt{13}}{2}$$

이때 무리함수의 정의역과 역함수의 정의역의 공통 부분이 $1 \leq x \leq 4$이므로 구하는 교점의 좌표는

$$\left(\frac{1+\sqrt{13}}{2}, \ \frac{1+\sqrt{13}}{2} \right)$$

정답 $\left(\dfrac{1+\sqrt{13}}{2}, \ \dfrac{1+\sqrt{13}}{2} \right)$

유제 15-1 무리함수 $y = \sqrt{3x+4}$의 그래프와 그 역함수의 그래프의 교점의 좌표를 구하시오.

유제 15-2 두 함수 $y = \sqrt{x-1}+1$과 $x = \sqrt{y-1}+1$의 두 교점 사이의 거리를 구하시오.

반복학습 기록란.

가장 좋은 학습방법은 학교에서나 학원에서나 선생님의 강의를 열심히 듣고 여러 번 반복학습하는 것입니다.
지금부터 당장 선생님의 강의를 열심히 듣고 반복! 반복하십시오. 그러면 곧 모든 과목에 자신이 생길 것입니다.

회수	시작이 반!			끝을 봐야!			확인
제1회	년	월	일 부터	년	월	일 까지	
제2회	년	월	일 부터	년	월	일 까지	
제3회	년	월	일 부터	년	월	일 까지	
제4회	년	월	일 부터	년	월	일 까지	
제5회	년	월	일 부터	년	월	일 까지	
제6회	년	월	일 부터	년	월	일 까지	
제7회	년	월	일 부터	년	월	일 까지	
제8회	년	월	일 부터	년	월	일 까지	
제9회	년	월	일 부터	년	월	일 까지	
제10회	년	월	일 부터	년	월	일 까지	

▶ 연습문제 A는 앞에서 배운 기초 단계의 문제이므로 선생님의 도움 없이 스스로 풀어 자신의 실력을 점검해 보도록 하자.

01 a, b는 실수이고, $\sqrt{a}\,\sqrt{b} = -\sqrt{ab}$ 일 때, $\sqrt{2a^2} - |b|$를 간단히 하시오.

02 a, b는 실수이고 $\dfrac{\sqrt{a}}{\sqrt{b}} = -\sqrt{\dfrac{a}{b}}$ 일 때, $\sqrt{(a-b)^2} - \sqrt{b^2} + |a|$를 간단히 하시오.

03 다음 수의 분모를 유리화하시오.

(1) $\dfrac{6}{\sqrt{5}+\sqrt{2}}$ (2) $\dfrac{\sqrt{3}-\sqrt{5}}{2-\sqrt{3}}$

04 $x = \dfrac{2+\sqrt{5}}{2-\sqrt{5}}$, $y = \dfrac{2-\sqrt{5}}{2+\sqrt{5}}$ 일 때, $x^2 + y^2$의 값을 구하시오.

05 $\dfrac{1}{\sqrt{2}+1} + \dfrac{1}{\sqrt{2}-1}$ 을 계산하시오.

06   무리식 $\sqrt{3x+1} - \sqrt{2x-1}$ 의 값이 실수가 되도록 하는 x의 범위를 구하시오.

07   다음 식의 분모를 유리화하시오.

(1) $\dfrac{1}{\sqrt[3]{5} - \sqrt[3]{2}}$ (2) $\dfrac{1}{1 - \sqrt[3]{2} + \sqrt[3]{4}}$

08 $x = \sqrt{2}$ 일 때, $\dfrac{\sqrt{x+1} + \sqrt{x-1}}{\sqrt{x+1} - \sqrt{x-1}}$ 의 값을 구하시오.

09 $x = \dfrac{1}{3 + \sqrt{5}}$ 일 때, $4x^3 - 2x^2 - 5x + 3$의 값을 구하시오.

10 $x^2 - 5x + 1 = 0$일 때, $\sqrt{x} + \dfrac{1}{\sqrt{x}}$의 값을 구하시오.

11 다음 식의 값을 구하시오.
$$\sqrt{2+\sqrt{2+\sqrt{2+\cdots}}}$$

12 $1+\sqrt{3}$ 의 정수 부분을 a, 소수 부분을 b라 할 때, $\dfrac{1}{b}-\dfrac{1}{a+b}$ 의 값을 구하시오.

13 다음 무리함수의 정의역과 치역을 차례로 쓰시오.
(1) $y=2\sqrt{x-2}+3$ (2) $y=-2\sqrt{x+2}-3$

14 다음 무리함수의 그래프를 그리시오.
$$y=-\sqrt{2x-3}+1$$

15 무리함수 $y=\sqrt{x+1}$ 의 그래프를 x축의 방향으로 3만큼, y축의 방향으로 -1만큼 평행이동하였더니 $y=\sqrt{ax+b}+c$의 그래프와 겹친다고 할 때, 상수 a, b, c의 값을 구하시오.

16 무리함수 $y=-\sqrt{-x+3}-2$의 그래프에 대하여 $-1 \leq x \leq 2$에서의 최댓값과 최솟값을 구하시오.

17 무리함수 $y=\sqrt{ax+b}+c$의 그래프가 오른쪽 그림과 같을 때, 상수 a, b, c의 값을 구하시오.

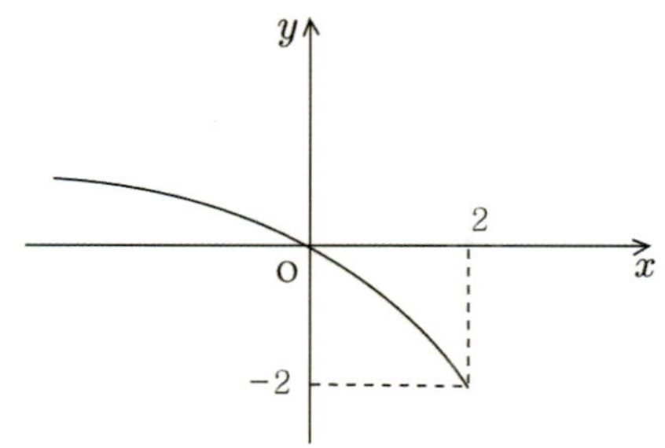

18 무리함수 $y=\sqrt{x+1}$의 그래프와 직선 $y=-2x+k$가 만나지 않을 때, 정수 k의 최댓값을 구하시오.

19 무리함수 $y=\sqrt{x+3}-2$의 역함수를 구하시오.

20 무리함수 $y=\sqrt{-x+4}+1$의 그래프와 그 역함수의 그래프의 교점의 좌표를 구하시오.

연습 문제

▶ 연습문제 B는 앞에서 배운 중급 단계의 문제이므로 선생님의 도움 없이 스스로 풀어 자신의 실력을 점검해 보도록 하자.

01 실수 x에 대하여 $\sqrt{x-2}\,\sqrt{1-x} = -\sqrt{-x^2+3x-2}$ 일 때, $\sqrt{x^2+6x+9} + \sqrt{x^2-10x+25}$ 를 간단히 하시오.

02 실수 x에 대하여 $\dfrac{\sqrt{x}}{\sqrt{x-3}} + \sqrt{\dfrac{x}{x-3}} = 0$ 일 때, $\sqrt{x^2-6x+9} + \sqrt{x^2}$ 을 간단히 하시오.

03 $\dfrac{1}{1+\sqrt{2}-\sqrt{3}}$ 의 분모를 유리화하시오.

04 무리식 $\dfrac{2}{\sqrt{x+2}} + \sqrt{3-2x}$ 의 값이 실수가 되게 하는 정수 x의 개수를 구하시오.

05 다음을 계산하시오.

$$\frac{1}{\sqrt[3]{4}-1} + \frac{1}{\sqrt[3]{16}+\sqrt[3]{4}+1}$$

06 $\dfrac{6x+3}{\sqrt{x^2+4x+4}-\sqrt{x^2-2x+1}} = 4$ 의 해를 구하시오.

07 $x=1-\sqrt{2}$ 일 때, x^3-3x^2+2x-1의 값을 구하시오.

08 $x^2-3x+1=0$일 때, $\left|\sqrt{x}-\dfrac{1}{\sqrt{x}}\right|$의 값을 구하시오.

09 $\sqrt{12-\sqrt{12-\sqrt{12-\cdots}}}$ 의 값을 구하시오.

10 $\dfrac{1}{3-\sqrt{7}}$의 정수 부분을 a, 소수 부분을 b라 할 때, $a^2+ab-2b^2$의 값을 구하시오.

11 다음 무리함수의 정의역과 치역을 차례로 쓰시오.
(1) $y=\sqrt{3x}$　　(2) $y=\sqrt{-3x}$　　(3) $y=-\sqrt{3x}$　　(4) $y=-\sqrt{-3x}$

12 무리함수 $y=-\sqrt{-x-3}+1$의 그래프를 그리시오.

13 무리함수 $y = a\sqrt{bx+c} + d$의 그래프를 x축의 방향으로 -1만큼, y축의 방향으로 1만 큼 평행이동한 후 y축에 대하여 대칭이동한 그래프가 $y = -\sqrt{2x+1}$ 의 그래프와 일치하 였을 때, 상수 a, b, c, d의 값을 구하시오.

14 무리함수 $y = -\sqrt{2x+1} + a$의 그래프가 $0 \le x \le 4$에서 최솟값 -1, 최댓값 b를 가질 때, 상수 a, b에 대하여 $a+b$의 값을 구하시오.

15 오른쪽 그림과 같은 무리함수의 그래프를 x축의 방향으로 -2만큼, y축의 방향으로 -1만큼 평행이동하였더니 $y = \sqrt{ax+b} + c$ 가 되었다. 이때 상수 a, b, c의 값을 구하시오.

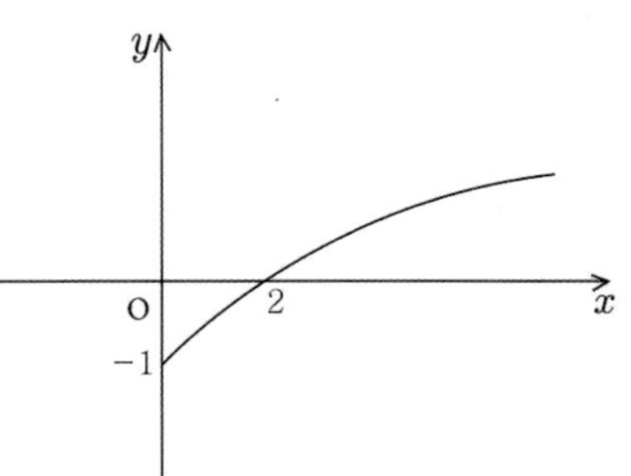

16 무리함수 $y = \sqrt{4-2x}$ 의 그래프와 직선 $y = -x + k$가 두 개의 교점을 가질 때, 상수 k의 값의 범위를 구하시오.

17 무리함수 $f(x) = \sqrt{2x+a}$ 에 대하여 $f^{-1}(2) = \dfrac{5}{2}$ 일 때, $f\left(\dfrac{1}{2}\right)$의 값을 구하시오. (단, a는 상수)

18 두 함수 $y = \sqrt{x-1} + 1$과 $x = \sqrt{y-1} + 1$의 두 교점 사이의 거리를 구하시오.

중·고교 연결수학

공통수학2 하 기말고사 대비

펴 낸 날	2025년 2월3일
지 은 이	고차원
펴 낸 이	고혜영
개발기획	변창수
펴 낸 곳	고차원에듀비전
신고번호	제2024-000011호
주　　소	서울특별시 양천구 은행정로5 에벤에셀 프라자 2층
전화번호	02-2648-4520

왜! 수학 때문에 고민하십니까?

고차원 수학에서 펴내는 교재와
고차원 수학에서 가르치는 선생님과 함께하면
수학에 대한 고민은 깨끗이 사라질 것입니다.

고차원선생의 수학 강의 노트

서울 한샘 학원 일타강사 고차원 선생의
현장 강의로 암기과목처럼 읽으면서
느끼는 초스피드 수학 교재

중·고교 연결수학 시리즈

중학교 수학의 기초가 없어도 어려운
고등학교 수학을 쉽게 공부할 수 있는
유일한 수학 교재

초·중등 연결수학 시리즈

무학년 단계별 교재로 기초부터
응용·심화까지 빠른 시간 안에 완성
할 수 있는 초·중등 연결수학 교재

값 : 13,000원

ISBN 979-11-991237-8-6

중·고교 연결수학

중학교 수학의 기초가 없어도 어려운 고등학교 수학을
쉽게 공부할 수 있는 유일한 수학 교재

공통수학 2
유제풀이집

강진웅 문수나
유해균 함우식
편저

 고차원능률학습연구소

중·고교 연결수학

각 단원마다 중·고교 연결과정을 선수학습하고
고등학교 과정을 쉽고 재미있게 공부합니다.

이 책의 구성과 특징

01

최초로
중학교 연결과정
선수학습

02

최초로
수학 일타강사의
현장 강의 수록

03

탐구학습을 통해
문제를 보는 방법과
푸는 방법 제시

04

최초로
각 단원마다 복습
확인문제로 점검

05

최초로 각 단원
끝에 반복학습
기록란 배치

중·고교 연결수학

중학교 수학의 기초가 없어도 어려운 고등학교 수학을
쉽게 공부할 수 있는 유일한 수학 교재

공통수학 2
유제풀이집

목차

Ⅰ. 도형의 방정식

〈중·고교 연결과정 선수학습〉

01-1

외심 O에서 세 꼭짓점까지의 거리가 모두 같으므로 △OBC에서

$$\overline{OB}+\overline{OC}=12, \ \overline{OB}=\overline{OC}=6 \quad \therefore \ \overline{OA}=6(\text{cm})$$

답 6 cm

01-2

피타고라스 정리에 의해 $\overline{AB}=10(\text{cm})$이고 직각삼각형에서 빗변의 중점이 외심이므로 외접원의 반지름은 5 cm이다. 따라서 외접원의 둘레의 길이를 구하면 $l=10\pi(\text{cm})$이다.

답 10π cm

01-3

△ABC는 직각삼각형이므로 넓이를 구하면

$\triangle ABC=\dfrac{1}{2}\times 5\times 12=30(\text{cm}^2)$이다. 이때 내접원의 반지름의 길이를 r이라 하고 삼각형의 넓이를 구하는 식을 쓰면

$$\triangle ABC=\dfrac{1}{2}r(13+5+12)=15r=30$$
$$\therefore \ r=2(\text{cm})$$

답 2 cm

02-1

직선이 x축의 양의 방향과 이루는 각이 $60°$이므로 직선의 기울기를 구하면

$$\tan 60° =\sqrt{3}$$

답 $\sqrt{3}$

02-2

세 점 A, B, C가 한 직선 위에 있으려면 직선 AB와 직선 BC의 기울기가 같아야 한다.

직선 AB의 기울기를 구하면

$$\frac{4-1}{-2-a+5}=\frac{3}{-a+3}$$

직선 BC의 기울기를 구하면

$$\frac{-2-4}{a-(-2)}=\frac{-6}{a+2}$$

$\dfrac{3}{-a+3}=\dfrac{-6}{a+2}$에서 $a=8$

답 8

01-1

(1) $\overline{AB}$는 x축에 평행하므로 두 점 사이의 거리를 구하면

$$\overline{AB}=5-(-3)=8$$

(2) $\overline{CD}$는 y축에 평행하므로 두 점 사이의 거리를 구하면

$$\overline{CD}=2-(-4)=6$$

답 (1) 8 (2) 6

01-2

$$\overline{AB}=\sqrt{(1-3)^2+(-1-4)^2}=\sqrt{29}$$
$$\overline{BC}=\sqrt{(a-1)^2+(1+1)^2}=\sqrt{a^2-2a+5}$$

$\overline{AB}=\overline{BC}$이므로 $\overline{AB}^2=\overline{BC}^2$

$$\therefore \ 29=a^2-2a+5$$
$$a^2-2a-24=0 \quad (a-6)(a+4)=0$$
$$\therefore \ a=6 \ \text{또는} \ a=-4$$

답 6 또는 -4

02-1

y축 위의 점 $Q(0, \ b)$라 놓으면

$$\overline{AQ}=\sqrt{1^2+(b-5)^2}$$
$$\overline{BQ}=\sqrt{(-1)^2+(b-3)^2}$$

$\overline{AQ}=\overline{BQ}$에서 $\overline{AQ}^2=\overline{BQ}^2$이므로

$$1+(b-5)^2=1+(b-3)^2$$
$$\therefore \ b=4$$

따라서 점 Q의 좌표는 $(0, \ 4)$이다.

답 $(0, \ 4)$

02-2

$y=x$ 위의 점 $R(a, \ a)$라 놓으면

$$\overline{AR}=\sqrt{a^2+(a+3)^2}$$
$$\overline{BR}=\sqrt{(a+1)^2+(a-4)^2}$$

$\overline{AR}=\overline{BR}$에서 $\overline{AR}^2=\overline{BR}^2$이므로

$$a^2+(a+3)^2=(a+1)^2+(a-4)^2$$
$$\therefore \ a=\frac{2}{3}$$

따라서 점 R의 좌표는 $\left(\dfrac{2}{3}, \ \dfrac{2}{3}\right)$이다.

답 $\left(\dfrac{2}{3}, \ \dfrac{2}{3}\right)$

03-1

점 Q의 좌표를 $(a,\ 0)$이라 놓고 $\overline{\text{AQ}}^2+\overline{\text{BQ}}^2$을 계산하면

$$\begin{aligned}
\overline{\text{AQ}}^2+\overline{\text{BQ}}^2 &= (a+4)^2+4+a^2+9 \\
&= 2a^2+8a+29 \\
&= 2(a^2+4a+4)+21 \\
&= 2(a+2)^2+21
\end{aligned}$$

따라서 점 Q의 좌표는 $(-2,\ 0)$이고 최솟값은 21이다.

답 Q$(-2,\ 0)$, **최솟값 : 21**

03-2

점 R의 좌표를 $(a,\ a-1)$이라 놓고 $\overline{\text{AR}}^2+\overline{\text{BR}}^2$을 계산하면

$$\begin{aligned}
\overline{\text{AR}}^2 & +\overline{\text{BR}}^2 \\
&= (a-6)^2+(a-1-4)^2+(a-5)^2+(a-1+1)^2 \\
&= 4a^2-32a+86=4(a^2-8a+16)+22 \\
&= 4(a-4)^2+22
\end{aligned}$$

따라서 점 R의 좌표는 $(4,\ 3)$이고 최솟값은 22이다.

답 R$(4,\ 3)$, **최솟값 : 22**

04-1

세 변의 길이를 각각 구하면

$$\overline{\text{AB}}=\sqrt{(2-4)^2+(5-3)^2}=\sqrt{8}=2\sqrt{2}$$
$$\overline{\text{BC}}=\sqrt{(1-2)^2+(2-5)^2}=\sqrt{10}$$
$$\overline{\text{CA}}=\sqrt{(4-1)^2+(3-2)^2}=\sqrt{10}$$

따라서 삼각형 ABC는 $\overline{\text{BC}}=\overline{\text{CA}}$인 이등변삼각형이다.

답 $\overline{\text{BC}}=\overline{\text{CA}}$ **인 이등변삼각형**

04-2

세 변의 길이를 각각 구하면

$$\overline{\text{OA}}=\sqrt{(a-0)^2+(b-0)^2}=\sqrt{a^2+b^2}$$
$$\overline{\text{OB}}=\sqrt{(a+b)^2+(b-a)^2}=\sqrt{2a^2+2b^2}$$
$$\overline{\text{AB}}=\sqrt{(a+b-a)^2+(b-a-b)^2}=\sqrt{a^2+b^2}$$

$\overline{\text{OB}}^2=\overline{\text{OA}}^2+\overline{\text{AB}}^2$이고 $\overline{\text{OA}}=\overline{\text{AB}}$이므로 $\angle\text{A}=90°$인 직각이등변삼각형이다.

답 $\angle\text{A}=90°$ **인 직각이등변삼각형**

05-1

점 P의 좌표를 P(x)라 하면
$\overline{\text{PA}}+\overline{\text{PB}}+\overline{\text{PC}}=|x-1|+|x-2|+|x-3|$은
중앙값 $x=2$일 때, 최솟값을 가진다. $x=2$를 대입하여 최솟값을 구하면

$$|2-1|+|2-2|+|2-3|=2$$

답 P(2), **최솟값 2**

05-2

점 P의 좌표를 P(x)라 하면
$\overline{\text{PO}}+\overline{\text{PA}}+\overline{\text{PB}}=|x|+|x-1|+|x-k|$는 $k>1$이므로
중앙값 $x=1$에서 최솟값 4를 갖는다. $x=1$을 대입하여 최솟값을 구하면

$$|1|+|1-1|+|1-k|=4 \quad |1-k|=3 \quad \therefore\ 1-k=\pm3$$
$\text{i})\ 1-k=3$일 때, $k=-2$
$\text{ii})\ 1-k=-3$일 때, $k=4$

i), ii)에서 $k>1$이므로 $k=4$이다.

답 4

06-1

$\overline{\text{PA}}+\overline{\text{PB}}+\overline{\text{PC}}+\overline{\text{PD}}$의 최솟값은 □ABCD의 두 대각선의 길이의 합과 같으므로

$$\begin{aligned}
\overline{\text{AC}} & +\overline{\text{BD}} \\
&= \sqrt{(2+3)^2+(-2-1)^2}+\sqrt{(-3-2)^2+(-1-2)^2} \\
&= 2\sqrt{34}
\end{aligned}$$

답 $2\sqrt{34}$

06-2

$\overline{\text{PA}}+\overline{\text{PB}}+\overline{\text{PC}}+\overline{\text{PD}}$의 최솟값은 □ABCD의 두 대각선의 길이의 합과 같으므로

$$\begin{aligned}
\overline{\text{AC}} & +\overline{\text{BD}} \\
&= \sqrt{(2-2)^2+(0-5)^2}+\sqrt{(a-0)^2+(2-4)^2} \\
&= 5+\sqrt{a^2+4}=13 \\
\sqrt{a^2+4}&=8 \quad a^2+4=64 \quad a^2=60 \quad \therefore\ a=\pm2\sqrt{15}
\end{aligned}$$

$a>0$이므로 $a=2\sqrt{15}$

답 $2\sqrt{15}$

07-1

선분 AB를 $3:2$로 내분하는 점 P의 좌표는

$$\left(\frac{3\times6+2\times(-4)}{3+2},\ \frac{3\times(-2)+2\times8}{3+2}\right)=(2,\ 2)$$

답 P$(2,\ 2)$

07-2

선분 AB를 $2:b$로 내분하는 점의 좌표는

$$\left(\frac{2a+5b}{2+b},\ \frac{-2+2b}{2+b}\right)=(1,\ 0)$$
$$\frac{2a+5b}{2+b}=1,\ \frac{-2+2b}{2+b}=0\text{에서}$$
$$a=-1,\ b=1$$

따라서 $a+b=-1+1=0$이다.

답 0

08-1

선분 AB를 $m:1-m$으로 내분하는 점 P의 좌표를 구하면
$$\mathrm{P}(2m-2(1-m),\ 2m+3(1-m))$$
$$=\mathrm{P}(4m-2,\ -m+3)$$
점 P가 제2사분면의 점이므로
$$4m-2<0 \quad \therefore\ m<\frac{1}{2} \quad \cdots ①$$
$$-m+3>0 \quad \therefore\ m<3 \quad \cdots ②$$
①, ②에 의해 $m<\dfrac{1}{2}$

답 $m<\dfrac{1}{2}$

08-2

선분 AB를 $1:k$로 내분하는 점 P의 좌표를 구하면
$$\mathrm{P}\left(\frac{3+k}{1+k},\ \frac{9-4k}{1+k}\right)$$
점 P가 제1사분면의 점이므로
$$\frac{3+k}{1+k}>0,\ \frac{9-4k}{1+k}>0$$
$k>0$이므로 $3+k>0$에서 $k>-3 \cdots ①$
$$9-4k>0 \text{에서}\ k<\frac{9}{4} \cdots ②$$
①, ②에서 $-3<k<\dfrac{9}{4}$
이때 k는 1이 아닌 양의 정수이므로 $k=2$이다.
$$\therefore\ \mathrm{P}\left(\frac{5}{3},\ \frac{1}{3}\right)$$

답 $\mathrm{P}\left(\dfrac{5}{3},\ \dfrac{1}{3}\right)$

09-1

$2\overline{\mathrm{AB}}=\overline{\mathrm{BC}}$를 비례식으로 나타내면
$$\overline{\mathrm{AB}}:\overline{\mathrm{BC}}=1:2$$
점 C의 x좌표가 양수이므로 세 점 A, B, C의 위치를 나타내면 다음 그림과 같다.

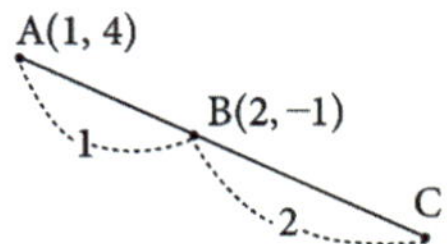

따라서 점 B가 선분 AC를 $1:2$로 내분하는 점이다.
점 C의 좌표를 (x, y)라 하면
$$\frac{1\times x+2\times 1}{1+2}=2,\ \frac{1\times y+2\times 4}{1+2}=-1$$
$$\therefore\ x=4,\ y=-11$$
$$\therefore\ \mathrm{C}(4,\ -11)$$

답 $\mathrm{C}(4,\ -11)$

09-2

$\overline{\mathrm{AC}}=3\overline{\mathrm{BC}}$를 비례식으로 나타내면
$$\overline{\mathrm{AC}}:\overline{\mathrm{BC}}=3:1$$
점 C의 x좌표가 음수이므로 세 점 A, B, C의 위치를 나타내면 다음 그림과 같다.

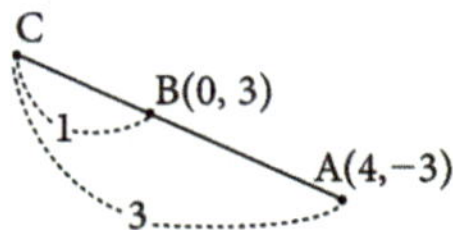

따라서 점 B가 선분 CA를 $1:2$로 내분하는 점이다.
점 C의 좌표를 (x, y)라 하면
$$\frac{1\times 4+2\times x}{1+2}=0,\ \frac{1\times(-3)+2\times y}{1+2}=3$$
$$\therefore\ x=-2,\ y=6$$
$$\therefore\ \mathrm{C}(-2,\ 6)$$

답 $\mathrm{C}(-2,\ 6)$

10-1

평행사변형의 대각선은 서로 다른 것을 이등분하므로 $\overline{\mathrm{AC}}$의 중점과 $\overline{\mathrm{BD}}$의 중점이 일치한다.
$$\overline{\mathrm{AC}}\text{의 중점}:\left(\frac{a+2}{2},\ \frac{5}{2}\right)$$
$$\overline{\mathrm{BD}}\text{의 중점}:\left(\frac{3}{2},\ \frac{b+2}{2}\right)$$
$\dfrac{a+2}{2}=\dfrac{3}{2}$에서 $a=1$
$\dfrac{5}{2}=\dfrac{b+2}{2}$에서 $b=3$
따라서 $a+b$의 값을 구하면
$$a+b=1+3=4$$

답 4

10-2

$\overline{\mathrm{AD}}=\overline{\mathrm{CD}}$이므로 $\overline{\mathrm{AD}}^2=\overline{\mathrm{CD}}^2$
$$(6-a)^2+(7-8)^2=(6-7)^2+(7-2)^2$$
$$a^2-12a+11=0$$
$$(a-1)(a-11)=0$$
$$\therefore\ a=1\ \text{또는}\ a=11$$
$$\cdots ①$$
$\overline{\mathrm{AC}}$의 중점과 $\overline{\mathrm{BD}}$의 중점의 좌표가 일치하므로
$$\left(\frac{a+7}{2},\ \frac{8+2}{2}\right)=\left(\frac{b+6}{2},\ \frac{3+7}{2}\right)$$
$$a+7=b+6 \quad \therefore\ b=a+1 \cdots ②$$
① → ② ; $a=1$이면 $b=2$, $a=11$이면 $b=12$

답 $a=1,\ b=2$ 또는 $a=11,\ b=12$

11-1

$$\overline{AB}=\sqrt{(-3-0)^2+(0-4)^2}=5$$
$$\overline{AC}=\sqrt{(4-0)^2+(1-4)^2}=5$$

$\overline{AD}$가 각 A의 이등분선이므로
$$\overline{AB}:\overline{AC}=1:1=\overline{BD}:\overline{CD}$$

따라서 점 D는 $\overline{BC}$의 중점이다.
$$\therefore\ D\left(\frac{1}{2},\ \frac{1}{2}\right)$$

답 $D\left(\dfrac{1}{2},\ \dfrac{1}{2}\right)$

11-2

$$\overline{AB}=\sqrt{(0-3)^2+(1-4)^2}=3\sqrt{2}$$
$$\overline{BC}=\sqrt{(2-0)^2+(-1-1)^2}=2\sqrt{2}$$

$\overline{BD}$가 각 B의 이등분선이므로
$$\overline{AB}:\overline{BC}=3:2=\overline{AD}:\overline{CD}$$

따라서 점 D는 $\overline{AC}$를 $3:2$로 내분하는 점이다.
$$\therefore\ D\left(\frac{12}{5},\ 1\right)$$

$\overline{BD}$는 x축에 평행한 선분이므로
$$\overline{BD}=\frac{12}{5}-0=\frac{12}{5}$$

답 $\dfrac{12}{5}$

12-1

무게중심의 좌표를 구하면
$$\frac{a+b+5}{3}=a \text{에서}\ 2a-b=5\ \cdots\ ①$$
$$\frac{8+a+b}{3}=3 \text{에서}\ a+b=1\ \cdots\ ②$$

①, ②를 연립하여 풀면 $a=2,\ b=-1$이다.

답 $a=2,\ b=-1$

12-2

$P(x,\ y)$로 놓고 $\overline{PO}^2+\overline{PA}^2+\overline{PB}^2$이 최솟값을 가질 때, x, y를 구하면 된다.
$$\overline{PO}^2+\overline{PA}^2+\overline{PB}^2$$
$$=x^2+y^2+(x-2)^2+y^2+(x-2)^2+(y-1)^2$$
$$=3\left(x-\frac{4}{3}\right)^2+3\left(y-\frac{1}{3}\right)^2+\frac{10}{3}$$

$\therefore\ x=\dfrac{4}{3},\ y=\dfrac{1}{3}$에서 최솟값 가지므로 $P\left(\dfrac{4}{3},\ \dfrac{1}{3}\right)$

<다른 풀이>

$\overline{PO}^2+\overline{PA}^2+\overline{PB}^2$이 최솟값을 가질 경우 점 P는 삼각형

OAB의 무게중심이다.

따라서 $P\left(\dfrac{0+2+2}{3},\ \dfrac{0+1+0}{3}\right)=P\left(\dfrac{4}{3},\ \dfrac{1}{3}\right)$

답 $P\left(\dfrac{4}{3},\ \dfrac{1}{3}\right)$

13-1

$$\overline{AB}^2+\overline{AC}^2=2\left(\overline{AD}^2+\overline{BD}^2\right)$$
$$4^2+5^2=2\left(3^2+\overline{BD}^2\right)$$
$$\overline{BD}^2=\frac{23}{2} \quad \therefore\ \overline{BD}=\frac{\sqrt{46}}{2}$$

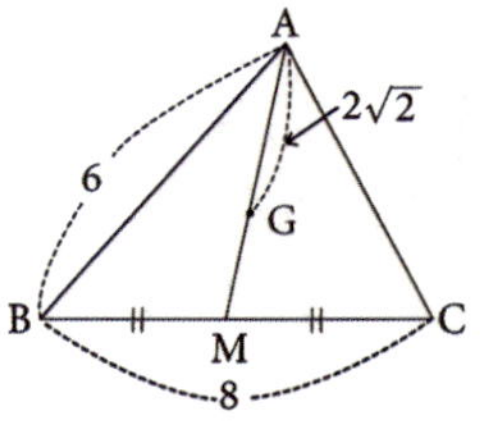

점 D가 BC의 중점이므로
$$\overline{BC}=2\overline{BD}=\sqrt{46}$$

답 $\sqrt{46}$

13-2

점 G가 무게중심이므로
$$\overline{AG}:\overline{AM}=2:3$$
$$2\sqrt{2}:\overline{AM}=2:3$$
$$\therefore\ AM=3\sqrt{2}$$

$\overline{BC}=8$이고 점 M이 $\overline{BC}$의 중점이므로 $\overline{BM}=4$
$$\overline{AB}^2+\overline{AC}^2=2\left(\overline{AM}^2+\overline{BM}^2\right)$$
$$36+\overline{AC}^2=2(18+16)$$
$$\overline{AC}^2=32 \quad \therefore\ \overline{AC}=4\sqrt{2}$$

답 $4\sqrt{2}$

14-1

$\overline{PQ}=6$이 되도록 $P(0,\ 0)$, $Q(6,\ 0)$으로 놓는다.
$T(x,\ y)$에 대하여
$$\overline{PT}^2-\overline{QT}^2=x^2+y^2-\{(x-6)^2+y^2\}=12x-36=24$$
$$\therefore\ x=5$$

x, y에 대한 제한 조건이 없으므로 변역을 표시할 필요가 없다.

점 T의 자취는 점 P에서 점 Q쪽으로 거리가 5인 점을 지나고 $\overline{PQ}$에 수직인 직선이다.

답 점 P에서 점 Q쪽으로 거리가 5인 점을 지나고 $\overline{PQ}$에 수직인 직선

14-2

$\overline{XY}=5$가 되도록 $X(0,\ 0)$, $Y(5,\ 0)$으로 놓는다.
$P(x,\ y)$에 대하여
$$\overline{PX}^2-\overline{PY}^2=x^2+y^2-\{(x-5)^2+y^2\}=10x-25=15$$
$$\therefore\ x=4$$

x, y에 대한 제한 조건이 없으므로 변역을 표시할 필요가 없

다.

점 P의 자취는 점 X에서 점 Y쪽으로 거리가 4인 점을 지나고 $\overline{XY}$에 수직인 직선이다.

답 **점 X에서 점 Y쪽으로 거리가 4인 점을 지나고 $\overline{XY}$에 수직인 직선**

15-1

좌표축이 정해져 있으므로 좌표축을 새로 설정하지 않는다. 주어진 조건을 만족시키는 임의의 점을 $P(x, y)$로 놓고 주어진 조건을 이용하여 x와 y의 관계식을 구하면

$$\overline{PA}^2 = (x-2)^2 + y^2 = x^2 + y^2 - 4x + 4$$
$$\overline{PB}^2 = x^2 + (y-2)^2 = x^2 + y^2 - 4y + 4$$
$$\left|\overline{PA}^2 - \overline{PB}^2\right| = |-4x + 4y| = 12$$

$$\therefore\ x - y + 3 = 0 \ \text{또는}\ x - y - 3 = 0$$

x, y에 대한 제한 조건이 없으므로 변역은 표시할 필요가 없다.

답 $x - y + 3 = 0$ **또는** $x - y - 3 = 0$

15-2

좌표축이 정해져 있으므로 좌표축은 새로 설정하지 않는다. 주어진 조건을 만족하는 임의의 점을 $P(x, y)$로 놓고 주어진 조건을 이용하여 x와 y의 관계식을 구하면

$$\overline{AP} = \sqrt{(x-1)^2 + (y+2)^2},\ \overline{BP} = \sqrt{(x-a)^2 + y^2}$$

$\overline{AP}^2 = \overline{BP}^2$이므로 $(x-1)^2 + (y+2)^2 = (x-a)^2 + y^2$

이 식을 전개하여 정리하면

$$2(a-1)x + 4y + 5 - a^2 = 0$$

그런데 자취 방정식이 $x + y - 1 = 0$이므로

$$\frac{2(a-1)}{1} = \frac{4}{1} = \frac{5 - a^2}{-1}$$

$$2(a-1) = 4 \ \text{and} \ 5 - a^2 = -4$$

$$\therefore\ a = 3 \ \text{and} \ a = \pm 3$$

동시에 만족해야 하므로 $a = 3$

답 3

16-1

주어진 식의 꼭짓점의 좌표를 구하면

$$y = 2x^2 + 4ax + a - 3 = 2(x+a)^2 - 2a^2 + a - 3$$
$$\text{꼭짓점}\ (-a,\ -2a^2 + a - 3)$$

꼭짓점의 좌표를 (x, y)로 놓으면

$$x = -a \qquad \cdots ①$$
$$y = -2a^2 + a - 3 \qquad \cdots ②$$

①에서 $a = -x$을 ②에 대입하여 a를 소거하고 정리하면

$$y = -2(-x)^2 + (-x) - 3$$
$$\therefore\ y = -2x^2 - x - 3$$

답 $y = -2x^2 - x - 3$

16-2

$(x, y) = (t^2 + 4,\ 2t^2)$이라 놓으면

$$x = t^2 + 4 \qquad \cdots ①$$
$$y = 2t^2 \qquad \cdots ②$$

①에서 $t^2 = x - 4$를 ②에 대입하여 t를 소거하고 정리하면

$$y = 2(x-4) \quad \therefore\ y = 2x - 8$$

t가 실수이므로

$$t^2 = x - 4 \geq 0 \quad \therefore\ x \geq 4$$

$$\therefore\ y = 2x - 8 \ (\text{단},\ x \geq 4)$$

답 $y = 2x - 8$ **(단, $x \geq 4$)**

17-1

직선 $3x - 5y - 2 = 0$ 위의 한 점을 $P(a, b)$라 놓으면

$$3a - 5b - 2 = 0 \qquad \cdots ①$$

$\overline{AP}$의 중점은 $\left(\dfrac{2+a}{2},\ \dfrac{3+b}{2}\right)$이므로 중점의 좌표를 (X, Y)로 놓으면

$$X = \frac{2+a}{2},\ Y = \frac{3+b}{2} \text{에서}$$
$$a = 2X - 2,\ b = 2Y - 3 \qquad \cdots ②$$

②를 ①에 대입하여 정리하면

$$3(2X-2) - 5(2Y-3) - 2 = 0 \quad 6X - 10Y + 7 = 0$$

$$\therefore\ 6x - 10y + 7 = 0$$

답 $6x - 10y + 7 = 0$

17-2

꼭짓점의 좌표를 (x, y)라 하면

$$x = 2a \ \cdots ① \qquad y = 4a^2 + b \ \cdots ②$$

$2a + b = 3$에서 $b = 3 - 2a$이므로 ②에 대입하면

$$y = 4a^2 - 2a + 3 \ \cdots ③$$

①을 ③에 대입하여 a를 소거하고 정리하면

$$y = x^2 - x + 3$$

답 $y = x^2 - x + 3$

② 직선의 방정식

18-1

(1) 기울기 3, x절편 2일 때, $y = 3(x-2)$
$$\therefore\ y = 3x - 6$$

(2) 기울기 -2, y절편 1일 때, $y - 1 = -2x$
$$\therefore\ y = -2x + 1$$

(3) x절편 6, y절편 -4일 때, $\dfrac{x}{6} - \dfrac{y}{4} = 1$
$$\therefore\ 2x - 3y = 12$$

답 (1) $y = 3x - 6$ **(2)** $y = -2x + 1$ **(3)** $2x - 3y = 12$

18-2

기울기 1, x절편 1인 직선의 방정식을 구하면
$$y = 1 \times (x-1) \quad \therefore\ y = x-1 \quad \cdots ①$$
기울기 -1, y절편 -1인 직선의 방정식을 구하면
$$y+1 = -1 \times x \quad \therefore\ y = -x-1 \quad \cdots ②$$
①, ②를 연립하여 교점의 좌표를 구하면
$$x = 0,\ y = -1 \quad \therefore\ (0,\ -1)$$

답 $(0,\ -1)$

18-3

x절편 1, y절편 2인 직선의 방정식을 구하면
$$\frac{x}{1} + \frac{y}{2} = 1 \quad \therefore\ y = -2x+2$$
따라서 구하는 직선은 기울기 -2, y절편 -1인 직선이므로
$$y+1 = -2x \quad \therefore\ y = -2x-1$$
이 직선의 x절편을 구하면 $0 = -2x-1 \quad \therefore\ x = -\dfrac{1}{2}$

답 $-\dfrac{1}{2}$

19-1

기울기가 2이고 한 점 $(-3, 2)$를 지나는 직선의 방정식을 구하면
$$y-2 = 2\{x-(-3)\}$$
$$\therefore\ y = 2x+8$$

답 $y = 2x+8$

19-2

두 점 $A(1,\ 8)$, $B(-3,\ 2)$의 중점의 좌표를 구하면
$$\left(\frac{1-3}{2},\ \frac{8+2}{2} \right) = (-1,\ 5)$$
x축의 양의 방향과 $45°$의 각을 이루므로 기울기를 구하면
$$\tan 45° = 1$$
따라서 구하는 직선은 기울기 1, 한 점 $(-1,\ 5)$를 지나므로
$$y-5 = 1(x+1) \quad \therefore\ y = x+6$$

답 $y = x+6$

20-1

교점을 지나는 직선의 방정식을 세우면
$$(3x+2y+1) + k(2x-y+10) = 0 \quad \cdots ①$$
①이 원점을 지나므로 $x = 0$, $y = 0$을 대입하면
$$(0+0+1) + k(0-0+10) = 0$$
$$\therefore\ k = -\frac{1}{10}$$
①에 $k = -\dfrac{1}{10}$을 대입하여 직선의 방정식을 구하면
$$(3x+2y+1) - \frac{1}{10}(2x-y+10) = 0$$
$$30x+20y+10-2x+y-10 = 0$$
$$\therefore\ 4x+3y = 0$$

답 $4x+3y = 0$

20-2

준식을 인수분해하면 $(5x-2)(x-2y) = 0$이므로
$5x-2 = 0$, $x-2y = 0$이고 이 두 직선의 교점을 지나는 직선의 방정식은
$$5x-2 + k(x-2y) = 0$$
$$(k+5)x - 2ky - 2 = 0 \quad \cdots ①$$
이 직선의 기울기가 -2이므로
$$\frac{k+5}{2k} = -2 \quad k+5 = -4k \quad \therefore\ k = -1$$
①에 $k = -1$를 대입하여 직선의 방정식을 구하면
$$4x+2y-2 = 0$$
$$\therefore\ 2x+y-1 = 0$$

답 $2x+y-1 = 0$

21-1

$$\left.\begin{array}{l} y = -\dfrac{b}{a}x + b \\[2mm] y = -\dfrac{a}{b}x + a \end{array}\right\rbrace \text{평행이므로 평행조건에서}$$
$$-\frac{b}{a} = -\frac{a}{b} \quad \cdots ①,\quad b \neq a \quad \cdots ②$$
①에서 $a^2 = b^2 \quad \therefore\ b = \pm a$
②에서 $b \neq a \quad \therefore\ b = -a$
①, ②를 동시에 만족해야 하므로 $b = -a$

답 $b = -a$

21-2

두 직선 $3x+2y+1 = 0$, $2x-y+10 = 0$의 교점을 지나는 직선의 방정식은
$$3x+2y+1 + k(2x-y+10) = 0$$
$$(2k+3)x + (-k+2)y + 10k+1 = 0 \quad \cdots ①$$
①이 $x+3y = 3$과 수직이므로
$$2k+3 + 3(-k+2) = 0 \quad \therefore\ k = 9$$
$k = 9$를 ①에 대입하여 직선의 방정식을 구하면
$$21x-7y+91 = 0$$
$$\therefore\ 3x-y+13 = 0$$

답 $3x-y+13 = 0$

22-1

i) $\begin{cases} x+y+1 = 0 \\ x+ay+2 = 0 \end{cases} \rightarrow$ 기울기가 같다. $\rightarrow \dfrac{1}{1} = \dfrac{1}{a}$
$$\therefore\ a = 1$$

ii) $\begin{cases} 2x-y-1=0 \\ x+ay+2=0 \end{cases}$ → 기울기가 같다. → $\dfrac{2}{1}=-\dfrac{1}{a}$

$\therefore a=-\dfrac{1}{2}$

iii) $\begin{cases} x+y+1=0 \\ 2x-y-1=0 \end{cases}$ → 교점 $(0,\,-1)$

→ $x+ay+2=0$에 대입

$-a+2=0$ $\therefore a=2$

$\therefore a=1$ 또는 $a=-\dfrac{1}{2}$ 또는 $a=2$

따라서 a의 값의 합을 구하면

$1+\left(-\dfrac{1}{2}\right)+2=\dfrac{5}{2}$

답 $\dfrac{5}{2}$

22-2

i) $\begin{cases} 4x-2y+7=0 \\ ax-y+3=0 \end{cases}$ → 기울기가 같다.

→ $\dfrac{4}{a}=\dfrac{-2}{-1}$ $\therefore a=2$

ii) $\begin{cases} x-y+2=0 \\ ax-y+3=0 \end{cases}$ → 기울기가 같다.

→ $\dfrac{1}{a}=\dfrac{-1}{-1}$ $\therefore a=1$

iii) $\begin{cases} 4x-2y+7=0 \\ x-y+2=0 \end{cases}$ → 교점 $\left(-\dfrac{3}{2},\,\dfrac{1}{2}\right)$

→ $ax-y+3=0$에 대입

$-\dfrac{3}{2}a-\dfrac{1}{2}+3=0$ $\therefore a=\dfrac{5}{3}$

$\therefore a=2$ 또는 $a=1$ 또는 $a=\dfrac{5}{3}$

따라서 모든 a의 값의 곱을 구하면

$2\times1\times\dfrac{5}{3}=\dfrac{10}{3}=\dfrac{q}{p}$

$\therefore p+q=3+10=13$

답 13

23-1

직선을 일반형으로 변형하면

$3x-y+2=0$

x축 위의 점을 $(a,\,0)$이라 하면

거리 $d=\dfrac{|3a-0+2|}{\sqrt{3^2+(-1)^2}}=\sqrt{10}$

$|3a+2|=10$ $3a+2=\pm10$

$\therefore a=\dfrac{8}{3},\,-4$

따라서 구하는 점은 $\left(\dfrac{8}{3},\,0\right)$, $(-4,\,0)$이다.

답 $\left(\dfrac{8}{3},\,0\right),\,(-4,\,0)$

23-2

원점과 직선 사이의 거리 $f(k)$를 구하면

$x+y-2+k(x-y)=0$에서 $(1+k)x+(1-k)y-2=0$

$\therefore f(k)=\dfrac{|-2|}{\sqrt{(1+k)^2+(1-k)^2}}$

$=\dfrac{2}{\sqrt{2k^2+2}}$ $\cdots$ ①

①에서 분모가 최소일 때, $f(k)$의 값이 최대이므로

$k=0$일 때, $f(k)$의 최댓값은

$\dfrac{2}{\sqrt{2}}=\sqrt{2}$

답 $\sqrt{2}$

24-1

선분 AB를 밑변으로 놓고 길이를 구하면

$\overline{AB}=\sqrt{(-5-2)^2+(-2+5)^2}$

$=\sqrt{58}$

직선 AB의 방정식은

$y+5=\dfrac{-2+5}{-5-2}(x-2)$

$\therefore 3x+7y+29=0$

꼭짓점 C에서 직선 AB까지의

거리가 높이 h이므로

$h=\dfrac{|-6+14+29|}{\sqrt{3^2+7^2}}=\dfrac{37}{\sqrt{58}}$

따라서 삼각형 ABC의 넓이를 구하면

$\dfrac{1}{2}\times\sqrt{58}\times\dfrac{37}{\sqrt{58}}=\dfrac{37}{2}$

답 $\dfrac{37}{2}$

24-2

세 직선으로 이루어진 삼각형의 꼭짓점의 좌표를 구하면

$y=2x+1$과 $2y=x+2$의 교점 A$(0,\,1)$

$2y=x+2$와 $x+y=4$의 교점 B$(2,\,2)$

$x+y=4$와 $y=2x+1$의 교점 C$(1,\,3)$

$\overline{BC}$를 밑변이라 하고 길이를 구하면

$\overline{BC}=\sqrt{(1-2)^2+(3-2)^2}=\sqrt{2}$

꼭짓점 A에서 직선 BC까지의 거리가 높이이므로 A에서 직선 BC를 나타내는 직선 $x+y-4=0$까지의 거리를 구하면

$h=\dfrac{|0+1-4|}{\sqrt{2}}=\dfrac{3}{\sqrt{2}}$

따라서 삼각형의 넓이를 구하면

$\dfrac{1}{2}\times\sqrt{2}\times\dfrac{3}{\sqrt{2}}=\dfrac{3}{2}$

답 $\dfrac{3}{2}$

25-1

$x+y=1$ 위의 한 점 $(0,\ 1)$에서 $x+y-4=0$까지의 거리를 구하면

$$l = \frac{|1-4|}{\sqrt{2}} = \frac{3}{\sqrt{2}} = \frac{3\sqrt{2}}{2}$$

답 $\dfrac{3\sqrt{2}}{2}$

25-2

두 직선이 평행하므로

$$\frac{a}{2} = \frac{-1}{3} \quad \therefore\ a = -\frac{2}{3}$$

$a = -\dfrac{2}{3}$의 값을 대입하고 식을 정리하면

$$-\frac{2}{3}x - y = 1 \quad \therefore\ 2x+3y=-3$$

이 직선 위의 한 점 $(0,\ -1)$에서 $2x+3y-3=0$까지의 거리를 구하면

$$l = \frac{|-3-3|}{\sqrt{4+9}} = \frac{6}{\sqrt{13}} = \frac{6\sqrt{13}}{13}$$

답 $\dfrac{6\sqrt{13}}{13}$

26-1

두 점에서 같은 거리에 있는 점의 자취는 선분 $\overline{AB}$의 수직이등분선이다. 따라서 $\overline{AB}$의 기울기를 구하면

$$\frac{-1-(-2)}{3-0} = \frac{1}{3}$$

$$\therefore\ (\text{수직이등분선의 기울기}) = -3$$

$\overline{AB}$의 중점을 구하면

$$\left(\frac{3}{2},\ -\frac{3}{2}\right)$$

따라서 $\overline{AB}$의 수직이등분선을 구하면

$$y + \frac{3}{2} = -3\left(x - \frac{3}{2}\right) \quad \therefore\ y = -3x+3$$

답 $y=-3x+3$

26-2

$\overline{AB}$를 $1:2$로 내분하는 점 P의 좌표를 구하면

$$\left(\frac{6+6}{1+2},\ \frac{5+4}{1+2}\right) = (4,\ 3)$$

$\overline{AB}$의 기울기를 구하면

$$\frac{5-2}{6-3} = 1$$

따라서 구하는 직선은 기울기 -1, 한 점 $(4,\ 3)$을 지난다.

$$y-3 = -(x-4) \quad \therefore\ y = -x+7$$

답 $y=-x+7$

27-1

두 직선이 이루는 각의 이등분선 위의 점을 $(a,\ b)$라 하면 두 직선까지의 거리가 같으므로

$$\sqrt{3}\,x - y + 3 = 0,\ x - \sqrt{3}\,y + 3\sqrt{3} = 0$$에서

$$\frac{|\sqrt{3}\,a - b + 3|}{\sqrt{3+1}} = \frac{|a - \sqrt{3}\,b + 3\sqrt{3}|}{\sqrt{1+3}}$$

$$|\sqrt{3}\,a - b + 3| = |a - \sqrt{3}\,b + 3\sqrt{3}|$$

$$\therefore\ \sqrt{3}\,a - b + 3 = \pm(a - \sqrt{3}\,b + 3\sqrt{3})$$

ⅰ) $\sqrt{3}\,a - b + 3 = a - \sqrt{3}\,b + 3\sqrt{3}$ 일 때

$$a + b - 3 = 0$$

ⅱ) $\sqrt{3}\,a - b + 3 = -(a - \sqrt{3}\,b + 3\sqrt{3})$ 일 때

$$a - b + 3 = 0$$

ⅰ), ⅱ)에 의해 구하는 직선의 방정식은

$$x + y - 3 = 0 \ \text{또는}\ x - y + 3 = 0$$

답 $x+y-3=0$ **또는** $x-y+3=0$

27-2

두 직선이 이루는 각의 이등분선 위의 점을 $(a,\ b)$라 하면 두 직선까지의 거리가 같으므로

$$\sqrt{3}\,x - y - \sqrt{3} = 0,\ y = 0$$에서

$$\frac{|\sqrt{3}\,a - b - \sqrt{3}|}{\sqrt{3+1}} = |b|$$

$$|\sqrt{3}\,a - b - \sqrt{3}| = 2|b|$$

$$\sqrt{3}\,a - b - \sqrt{3} = \pm 2b$$

ⅰ) $\sqrt{3}\,a - b - \sqrt{3} = 2b$ 일 때

$$a - \sqrt{3}\,b - 1 = 0$$

ⅱ) $\sqrt{3}\,a - b - \sqrt{3} = -2b$ 일 때

$$\sqrt{3}\,a + b - \sqrt{3} = 0$$

ⅰ), ⅱ)에 의해 구하는 직선의 방정식은

$$x - \sqrt{3}\,y - 1 = 0 \ \text{또는}\ \sqrt{3}\,x + y - \sqrt{3} = 0$$

이 중 기울기가 양수인 것을 구하면

$$x - \sqrt{3}\,y - 1 = 0$$

답 $x - \sqrt{3}\,y - 1 = 0$

〈연습문제 A〉

01. $1\,\text{cm}$ **02.** $6\,\text{cm}$ **03.** $\sqrt{3}$ **04.** -3 또는 1

05. (1) 8 (2) 6 **06.** $(-2,\ 0)$

07. $P(0,\ 2)$, 최솟값 : 28

08. $\overline{AB} = \overline{BC}$인 이등변삼각형   **09.** 6

10. $5 + 4\sqrt{2}$ **11.** $P(0,\ -1),\ Q(2,\ 3)$

12. $\dfrac{1}{5} < t < \dfrac{1}{2}$ **13.** $C(7,\ -3)$ **14.** 4

15. $D\left(2, -\dfrac{4}{3}\right)$ **16.** $a=2$, $b=-1$ **17.** $2\sqrt{10}$

18. 점 A에서 점 B쪽으로 거리가 6인 점을 지나고 $\overline{AB}$에 수직인 직선

19. $8x-2y+5=0$ **20.** $y=-x^2$

21. $3x-4y-6=0$

22. (1) $y=2x+2$ (2) $y=-x+3$ (3) $2x+y=4$

23. (1) $y=2x-5$ (2) $y=x-3$ **24.** $x+4y-9=0$

25. 5 **26.** 4 또는 -4 또는 -1 **27.** $\dfrac{4\sqrt{5}}{5}$

28. $\left(\dfrac{8}{3},\ 0\right)$, $(-4,\ 0)$ **29.** 9 **30.** 8

31. $a=1$, $b=3$ **32.** -2 또는 -4

〈연습문제 B〉

01. $2\,\mathrm{cm}$ **02.** $10\pi\,\mathrm{cm}$ **03.** 8 **04.** 6 또는 -4

05. $\left(\dfrac{2}{3},\ \dfrac{2}{3}\right)$ **06.** $R(4,\ 3)$, 최솟값 : 22

07. $\angle A=90^\circ$ 인 직각이등변삼각형 **08.** 4

09. $2\sqrt{15}$ **10.** 0 **11.** $P\left(\dfrac{5}{3},\ \dfrac{1}{3}\right)$ **12.** $C(-2,\ 6)$

13. $a=1$, $b=2$ 또는 $a=11$, $b=12$ **14.** $\dfrac{12}{5}$

15. $P\left(\dfrac{4}{3},\ \dfrac{1}{3}\right)$ **16.** $4\sqrt{2}$

17. 점 X에서 점 Y쪽으로 거리가 4인 점을 지나고 $\overline{XY}$에 수직인 직선

18. 3 **19.** $y=2x-8$ (단, $x\geq 4$)

20. $y=x^2-x+3$ **21.** $-\dfrac{1}{2}$ **22.** $y=x+6$

23. $2x+y-1=0$ **24.** $3x-y+13=0$ **25.** 13

26. $\sqrt{2}$ **27.** $\dfrac{3}{2}$ **28.** $\dfrac{6\sqrt{13}}{13}$ **29.** $y=-x+7$

30. $x-\sqrt{3}\,y-1=0$

〈중·고교 연결과정 선수학습〉

01-1

원의 둘레의 길이 $l=2\pi r=6\pi\,(\mathrm{cm})$이므로 반지름의 길이 $r=3\,(\mathrm{cm})$이다. 따라서 원의 넓이를 구하면

$$S=\pi r^2=\pi\times 3^2=9\pi\,(\mathrm{cm}^2)$$

답 $9\pi\,\mathrm{cm}^2$

01-2

(1) 큰 원의 반지름은 $4\,\mathrm{cm}$이고, 작은 원의 반지름의 길이는 $2\,\mathrm{cm}$이므로 색칠한 부분의 둘레의 길이는

(큰 원의 둘레의 길이) + (작은 원의 둘레의 길이)
$=8\pi+4\pi=12\pi\,(\mathrm{cm})$

색칠한 부분의 넓이는

(큰 원의 넓이) − (작은 원의 넓이)
$=16\pi-4\pi=12\pi\,(\mathrm{cm}^2)$

(2) 큰 원의 반지름은 $5\,\mathrm{cm}$이고, 작은 원의 반지름의 길이는 $1\,\mathrm{cm}$이므로 색칠한 부분의 둘레의 길이는

(큰 원의 둘레의 길이) + (작은 원의 둘레의 길이)
$=10\pi+2\pi=12\pi\,(\mathrm{cm})$

색칠한 부분의 넓이는

(큰 원의 넓이) − (작은 원의 넓이)
$=25\pi-\pi=24\pi\,(\mathrm{cm}^2)$

답 (1) 둘레의 길이 : $12\pi\,\mathrm{cm}$, 넓이 : $12\pi\,\mathrm{cm}^2$
(2) 둘레의 길이 : $12\pi\,\mathrm{cm}$, 넓이 : $24\pi\,\mathrm{cm}^2$

02-1

(1) $\overline{AB}\perp\overline{OM}$이면 $\overline{AM}=\overline{BM}$이므로

$$\overline{AB}=2\overline{BM}=6\,(\mathrm{cm})$$

(2) $\overline{AB}\perp\overline{OM}$이면 $\overline{AM}=\overline{BM}$이므로 $\overline{AM}=5\,(\mathrm{cm})$이고 $\triangle OAM$에서 피타고라스 정리를 이용하면

$$x^2=7^2-5^2=49-25=24$$
$$\therefore\ x=\sqrt{24}=2\sqrt{6}$$

(3) $\overline{OA}=\overline{OC}$이므로 $\overline{OM}=\dfrac{1}{2}\overline{OC}=4\,(\mathrm{cm})$이고

$\overline{AB}\perp\overline{OM}$이므로 $\overline{AM}=\overline{BM}=x\,(\mathrm{cm})$이다.
$\triangle OAM$에서 피타고라스 정리를 이용하면

$$x^2=8^2-4^2=64-16=48$$
$$\therefore\ x=\sqrt{48}=4\sqrt{3}$$

(4) $\triangle OAM$에서 피타고라스 정리를 이용하면

$$x^2=4^2-2^2=16-4=12$$
$$\therefore\ x=\sqrt{12}=2\sqrt{3}$$

답 (1) 6 (2) $2\sqrt{6}$ (3) $4\sqrt{3}$ (4) $2\sqrt{3}$

02-2

(1) $\overline{OB}=\overline{OC}=x$라 하면 $\overline{OM}=\dfrac{1}{2}x$이고, $\triangle OBM$은 직각삼

각형이므로 피타고라스 정리를 이용하면
$$x^2=\left(\frac{1}{2}x\right)^2+(3\sqrt{3})^2$$
$$x^2=\frac{1}{4}x^2+27$$
$$\frac{3}{4}x^2=27$$
$$x^2=36 \quad \therefore\ x=6$$
따라서 원의 반지름의 길이는 $6\,\mathrm{cm}$이다.

(2) $\overline{AB}\perp\overline{OM}$이면 $\overline{AM}=\overline{BM}$이므로 $\overline{AM}=8\,(\mathrm{cm})$이고
$\overline{OA}=x\,(\mathrm{cm})$라 하면 $\overline{OM}=x-4\,(\mathrm{cm})$이다.
$\triangle OAM$은 직각삼각형이므로 피타고라스 정리를 이용
하면
$$x^2=(x-4)^2+8^2$$
$$x^2=x^2-8x+16+64$$
$$8x=80$$
$$\therefore\ x=10$$
$\overline{OA}$는 반지름이므로 이 원의 반지름의 길이는 $10\,\mathrm{cm}$이
다.

답 (1) $6\,\mathrm{cm}$ (2) $10\,\mathrm{cm}$

02-3

큰 원의 반지름 $\overline{OA}=a\,(\mathrm{cm})$,
작은 원의 반지름
$\overline{OM}=b\,(\mathrm{cm})$라 하면
$\triangle OAM$은 직각삼각형이므로
피타고라스 정리를 이용하면
$$a^2=b^2+7^2$$
$$\therefore\ a^2-b^2=49$$

색칠한 부분의 넓이를 구하면
(큰 원의 넓이) $-$ (작은 원의 넓이)
$$=\pi a^2-\pi b^2=\pi(a^2-b^2)=49\pi\,(\mathrm{cm}^2)$$

답 $49\pi\,\mathrm{cm}^2$

03-1

원 밖의 점 P에서 원에 그은 두 접선 $\overline{PT}$와 $\overline{PT'}$는 길이가
같으므로 직각삼각형 OPT'에서 $\overline{PT'}$의 길이를 구하면
$$\overline{PT'}^2=8^2-4^2=64-16=48$$
$$\therefore\ \overline{PT'}=\sqrt{48}=4\sqrt{3}$$
$$\therefore\ \overline{PT}=4\sqrt{3}$$

답 $4\sqrt{3}$

03-2

$\overleftrightarrow{BC}$와 원의 접점을
점 F라 하자.
$\overline{AD}$, $\overline{AE}$, $\overleftrightarrow{BC}$는 모
두 원의 접선
이므로 $\overline{AD}=\overline{AE}$,
$\overline{BD}=\overline{BF}$, $\overline{CF}=\overline{CE}$이다.
$$(\triangle ABC의\ 둘레)$$
$$=\overline{AB}+\overline{BC}+\overline{AC}=\overline{AB}+(\overline{BF}+\overline{CF})+\overline{AC}$$
$$=\overline{AB}+(\overline{BD}+\overline{CE})+\overline{AC}=(\overline{AB}+\overline{BD})+(\overline{CE}+\overline{AC})$$
$$=\overline{AD}+\overline{AE}=2\overline{AD}=2\times10=20\,(\mathrm{cm})$$

답 $20\,\mathrm{cm}$

03-3

(1) $\overline{OT}$는 원의 반지름이므로 $3\,\mathrm{cm}$이고 $\triangle OPT$는 직각삼각
형이므로
$$\overline{PO}^2=\overline{PT}^2+\overline{OT}^2$$
$$(x+3)^2=(2\sqrt{10})^2+3^2 \quad x^2+6x+9=40+9$$
$$x^2+6x-40=0 \quad (x+10)(x-4)=0$$
$$\therefore\ x=-10\ 또는\ x=4$$
$x>0$이므로 $x=4$이다.

(2) $\overline{OP}=4+x\,(\mathrm{cm})$이고 $\triangle OPT$는 직각삼각형이므로
$$\overline{OP}^2=\overline{PT}^2+\overline{OT}^2$$
$$(4+x)^2=(2\sqrt{14})^2+x^2 \quad x^2+8x+16=56+x^2$$
$$8x=40 \quad \therefore\ x=5$$

답 (1) 4 (2) 5

① 원의 방정식

01-1

중심에서 원 위의 한 점까지의 거리가 반지름의 길이이므로
$$\overline{AC}=\sqrt{(1-3)^2+(-1-3)^2}=\sqrt{20}=2\sqrt{5}$$
따라서 이 원의 반지름의 길이는 $2\sqrt{5}$이다.

답 $2\sqrt{5}$

01-2

점 $(-2,\ 3)$으로부터 일정한 거리에 있는 점 P를 $(x,\ y)$라
하고 그 일정한 거리를 r이라 하면
$$\sqrt{(x+2)^2+(y-3)^2}=r$$
$$(x+2)^2+(y-3)^2=r^2 \quad \cdots\ ①$$
$(1,\ 6)$이 ①을 지나므로 대입하면 $r^2=18$
$$\therefore\ (x+2)^2+(y-3)^2=18$$

답 $(x+2)^2+(y-3)^2=18$

02-1

원의 중심에서 원 위의 한 점까지의 거리가 반지름이므로

$$\overline{\mathrm{PC}}=\sqrt{(-2-a)^2+(2-4)^2}=4$$
$$(-2-a)^2+(-2)^2=16$$
$$a^2+4a+4+4=16$$
$$a^2+4a-8=0$$

근과 계수의 관계에 의해 모든 a의 값의 곱은 -8이다.

답 -8

02-2

(1) 원 $x^2+y^2+ax+by+c=0$에 세 점 $\mathrm{O}(0,\ 0)$, $\mathrm{A}(3,\ 3)$, $\mathrm{B}(0,\ 4)$를 각각 대입하면

$$\begin{cases} c=0 & \cdots ① \\ 3a+3b+c=-18 & \cdots ② \\ 4b+c=-16 & \cdots ③ \end{cases}$$

①, ②, ③에서 $a=-2$, $b=-4$, $c=0$

(2) $\triangle \mathrm{OAB}$에 외접하는 원의 방정식은

$$x^2+y^2-2x-4y=0$$
$$\therefore\ (x-1)^2+(y-2)^2=5$$

따라서 중심의 좌표는 $(1,\ 2)$이고, 반지름의 길이는 $\sqrt{5}$ 이다.

답 **(1)** $a=-2$, $b=-4$, $c=0$
(2) 중심 $(1,2)$, **반지름의 길이** $\sqrt{5}$

03-1

주어진 원의 방정식을 표준형으로 바꾸면

$$(x^2-2ax+a^2)+(y^2+4ay+4a^2)=5a^2+5$$
$$(x-a)^2+(y+2a)^2=5a^2+5$$

원의 둘레의 길이가 10π이므로 이 원의 반지름의 길이는 5이다.

$$\therefore\ \sqrt{5a^2+5}=5$$
$$5a^2+5=25 \quad a^2=4 \quad \therefore\ a=\pm2$$

답 ±2

03-2

주어진 식을 변형하면

$$(x+1)^2+\left(y+\frac{1}{2}\right)^2=\frac{5}{4}-k$$

이 식이 원이 되려면 반지름의 길이가 양수이어야 하므로

$$\sqrt{\frac{5}{4}-k}>0$$

양변을 제곱하면

$$\frac{5}{4}-k>0 \quad \therefore\ k<\frac{5}{4}$$

답 $k<\dfrac{5}{4}$

04-1

중심이 $y=x$ 위에 있으므로 중심을 점 $(a,\ a)$로 놓고 원의 방정식을 구하면

$$(x-a)^2+(y-a)^2=r^2 \qquad \cdots ①$$

①이 두 점 $(1,\ -1)$, $(3,\ 5)$를 지나므로

　i) $(1,\ -1)$을 지날 때

$$(1-a)^2+(-1-a)^2=r^2$$
$$\therefore\ 2a^2+2=r^2 \cdots ②$$

　ii) $(3,5)$를 지날 때

$$(3-a)^2+(5-a)^2=r^2$$
$$\therefore\ 2a^2-16a+34=r^2 \cdots ③$$

②$-$③ ; $16a-32=0 \quad \therefore\ a=2$

$a=2 \to$ ② ; $r^2=8+2=10$

$$\therefore\ (x-2)^2+(y-2)^2=10$$

답 $(x-2)^2+(y-2)^2=10$

04-2

중심이 $y=x-2$ 위에 있으므로 중심을 점 $(a,\ a-2)$로 놓고 원의 방정식을 구하면

$$(x-a)^2+(y-a+2)^2=r^2 \cdots ①$$

①이 두 점 $(2,\ -2)$, $(1,\ -3)$을 지나므로

　i) $(2,\ -2)$를 지날 때

$$(2-a)^2+(-2-a+2)^2=r^2$$
$$a^2-4a+4+a^2=r^2$$
$$\therefore\ 2a^2-4a+4=r^2 \cdots ②$$

　ii) $(1,\ -3)$을 지날 때

$$(1-a)^2+(-3-a+2)^2=r^2$$
$$a^2-2a+1+a^2+2a+1=r^2$$
$$\therefore\ 2a^2+2=r^2 \cdots ③$$

②$-$③ ; $-4a+2=0 \quad \therefore\ a=\frac{1}{2}$

$a=\frac{1}{2} \to$ ③ ; $r^2=\frac{1}{2}+2=\frac{5}{2}$

$$\therefore\ r=\frac{\sqrt{10}}{2}$$

답 $\dfrac{\sqrt{10}}{2}$

05-1

구하는 원의 중심은 선분 AB의 중점이므로 선분 AB의 중점 C를 구하면

$$\mathrm{C}\left(\frac{-2+4}{2},\ \frac{3-1}{2}\right)=\mathrm{C}(1,\ 1)$$

구하는 원의 반지름의 길이는 선분 AC 또는 선분 BC와 같으므로 반지름의 길이 r을 구하면

$$r=\sqrt{(1+2)^2+(1-3)^2}=\sqrt{9+4}=\sqrt{13}$$

따라서 중심이 점 $(1,\ 1)$이고 반지름의 길이가 $\sqrt{13}$ 인 원의 방정식을 구하면

$$\therefore\ (x-1)^2+(y-1)^2=13$$

답 $(x-1)^2+(y-1)^2=13$

05-2

구하는 원의 중심은 $\overline{AB}$의 중점이므로 원의 중심 C를 구하면

$$C\left(\frac{a+5}{2},\ \frac{-3+b}{2}\right)=C(4,\ -1)$$

$\dfrac{a+5}{2}=4$에서 $a=3$, $\dfrac{-3+b}{2}=-1$에서 $b=1$

구하는 원의 반지름의 길이는 $\overline{AC}$ 또는 $\overline{BC}$ 와 같으므로 반지름의 길이 r을 구하면

$$r=\sqrt{(4-3)^2+(-1+3)^2}=\sqrt{5}$$

따라서 구하는 값을 계산하면

$$a+b+r^2=3+1+5=9$$

답 9

06-1

$\overline{AB}$를 $2:1$로 내분하는 점의 좌표를 구하면

$$\left(\frac{2-2}{2+1},\ \frac{12+0}{2+1}\right)=(0,\ 4)$$

점 $(0,\ 4)$를 중심으로 하고 x축에 접하는 원의 방정식을 구하면

$$x^2+(y-4)^2=16$$

답 $x^2+(y-4)^2=16$

06-2

원의 방정식을 표준형으로 바꾸면

$$(x^2+2x+1)+(y^2+4ky+4k^2)=4k^2-3$$

$$(x+1)^2+(y+2k)^2=4k^2-3$$

이 원이 y축에 접하므로

$$|-1|=\sqrt{4k^2-3}\quad 4k^2-3=1\quad k^2=1\quad \therefore\ k=\pm1$$

이 원의 중심이 제 3 사분면에 있으므로

중심의 y좌표 $-2k<0$에서 $k>0$이다.

따라서 k의 값은 1이다.

답 1

07-1

중심이 $y=-x+3$ 위에 있으므로 중심을 점 $(a,\ -a+3)$이라 놓고 y축에 접하는 원의 방정식을 구하면

$$(x-a)^2+(y+a-3)^2=a^2\ \cdots ①$$

①이 $(6,\ 0)$을 지나므로 대입하여 정리하면

$$(6-a)^2+(a-3)^2=a^2$$에서 $a^2-18a+45=0$

$$(a-3)(a-15)=0$$

$$\therefore\ a=3\ \text{또는}\ a=15$$

따라서 구하는 원의 방정식은

$$(x-3)^2+y^2=9\ \text{또는}\ (x-15)^2+(y+12)^2=225$$

답 $(x-3)^2+y^2=9$ **또는** $(x-15)^2+(y+12)^2=225$

07-2

중심이 $y=2x$ 위에 있으므로 중심을 점 $(a,\ 2a)$라 놓고 y축에 접하는 원의 방정식을 구하면

$$(x-a)^2+(y-2a)^2=a^2\ \cdots ①$$

①이 $(-1,\ -1)$을 지나므로 대입하여 정리하면

$$(-1-a)^2+(-1-2a)^2=a^2$$에서 $2a^2+3a+1=0$

$$(2a+1)(a+1)=0$$

$$\therefore\ a=-\frac{1}{2}\ \text{또는}\ a=-1$$

따라서 두 원의 중심 좌표는 각각 $\left(-\dfrac{1}{2},\ -1\right)$ 또는 $(-1,\ -2)$이다. 두 중심 사이의 거리를 구하면

$$\sqrt{\left(-\frac{1}{2}+1\right)^2+(-1+2)^2}=\sqrt{\frac{5}{4}}=\frac{\sqrt{5}}{2}$$

답 $\dfrac{\sqrt{5}}{2}$

08-1

점 $(2,\ 1)$이 제 1 사분면에 있으므로 구하는 원의 중심도 제 1 사분면에 있다.

이 원의 반지름의 길이를 r이라 하면

$$(x-r)^2+(y-r)^2=r^2\ \cdots ①$$

①이 점 $(2,\ 1)$을 지나므로 대입하여 정리하면

$$(2-r)^2+(1-r)^2=r^2$$에서 $r^2-6r+5=0$

$$(r-5)(r-1)=0$$

$$\therefore\ r=5\ \text{또는}\ 1$$

따라서 원의 방정식을 구하면

$$(x-5)^2+(y-5)^2=25\ \text{또는}\ (x-1)^2+(y-1)^2=1$$

답 $(x-5)^2+(y-5)^2=25$ **또는** $(x-1)^2+(y-1)^2=1$

08-2

점 $(3,\ 3)$이 제 1 사분면에 있으므로 구하는 원의 중심도 제 1 사분면에 있다. 이 원의 반지름의 길이를 r이라 하면

$$(x-r)^2+(y-r)^2=r^2\ \cdots ①$$

①이 점 $(3,\ 3)$을 지나므로

$$(3-r)^2+(3-r)^2=r^2$$에서 $r^2-12r+18=0$

두 원의 중심 사이의 거리는 두 원의 반지름의 합과 같으므로 근과 계수의 관계에 의해 12이다.

답 12

09-1

두 원의 교점을 지나는 원의 방정식을 구하면
$$x^2+y^2-4x+3+k(x^2+y^2-2x+2y+1)=0$$
$$(단,\ k\neq -1)\ \cdots\ ①$$

①이 점 $(1,\ 1)$을 지나므로 대입하여 정리하면 $k=-\dfrac{1}{3}$

$k=-\dfrac{1}{3}$을 ①에 대입하여 원의 방정식을 구하면

$$x^2+y^2-4x+3-\dfrac{1}{3}(x^2+y^2-2x+2y+1)=0$$
$$x^2+y^2-5x-y+4=0$$
$$\left(x-\dfrac{5}{2}\right)^2+\left(y-\dfrac{1}{2}\right)^2=\dfrac{5}{2}$$

따라서 반지름의 길이는 $\dfrac{\sqrt{10}}{2}$ 이다.

답 $\dfrac{\sqrt{10}}{2}$

09-2

두 원의 교점을 지나는 원의 방정식을 구하면
$$x^2+y^2-4x-4y+4+k(x^2+y^2-8)=0$$
$$(단,\ k\neq 0,\ k\neq -1)$$
$$(k+1)x^2+(k+1)y^2-4x-4y+4-8k=0\ \cdots\ ①$$
①이 x축과 만나는 점은 $y=0$이므로
$$(k+1)x^2-4x+4-8k=0$$
이 방정식이 중근을 가질 때, 원이 x축에 접하므로
$$D/4=4-(k+1)(4-8k)=4k(2k+1)=0$$
$$\therefore\ k=0\ 또는\ k=-\dfrac{1}{2}$$

$k\neq 0$이므로 구하는 k의 값은 $-\dfrac{1}{2}$이고 이 값을 ①에 대입하여 정리하면
$$x^2+y^2-8x-8y+16=0$$

답 $x^2+y^2-8x-8y+16=0$

10-1

두 원의 교점을 지나는 직선의 방정식을 구하면
$$(x^2+y^2-4)-(x^2+y^2-2x+4y+2)=0$$
$$2x-4y-6=0\quad\therefore\ x-2y-3=0$$
원 $x^2+y^2=4$의 중심인
점 $(0,\ 0)$과 직선 사이의
거리를 구하면

$$\overline{OH}=\dfrac{|-3|}{\sqrt{1^2+2^2}}=\dfrac{3}{\sqrt{5}}$$

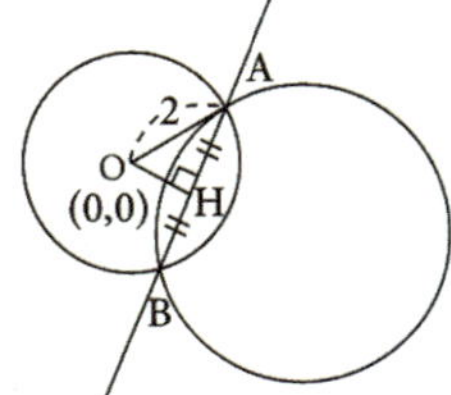

$\overline{OA}=2$이므로 직각삼각형
OAH에서 $\overline{AH}$의 길이를 구하면

$$\overline{AH}=\sqrt{2^2-\left(\dfrac{3}{\sqrt5}\right)^2}=\sqrt{\dfrac{11}{5}}=\dfrac{\sqrt{55}}{5}$$

따라서 공통현의 길이 $\overline{AB}$를 구하면

$$\overline{AB}=2\overline{AH}=\dfrac{2\sqrt{55}}{5}$$

답 $\dfrac{2\sqrt{55}}{5}$

10-2

$x^2+y^2=25$를 점 $(1,\ 0)$에서 접하도록 접었을 때, 원의 방정식은 $x^2+y^2=25$를 x축 방향으로 1만큼, y축으로 5만큼 평행이동한 것이므로
$$(x-1)^2+(y-5)^2=25$$
직선 $\overleftrightarrow{PQ}$의 방정식은 두 원의 공통현의 방정식이므로
$$(x-1)^2+(y-5)^2-25-(x^2+y^2-25)=0$$
$$\therefore\ x+5y-13=0$$

답 $x+5y-13=0$

11-1

점 $P(x,\ y)$에 대하여 $\overline{AP}=2\overline{BP}$이므로 $\overline{AP}^2=4\overline{BP}^2$
$$\therefore\ (x+2)^2+y^2=4\{(x-1)^2+y^2\}$$
$$x^2-4x+y^2=0$$
$$\therefore\ (x-2)^2+y^2=4$$
그러므로 자취는 중심 $(2,\ 0)$, 반지름 2인 원이다.

답 $(x-2)^2+y^2=4$

11-2

(1) 조건을 만족하는 점을 $P(x,\ y)$라 놓으면
$$\overline{AP}:\overline{BP}=2:1이므로\ 2\overline{BP}=\overline{AP}$$
$$\therefore\ 4\overline{BP}^2=\overline{AP}^2$$
$$(x-1)^2+y^2=4(x-4)^2+4y^2$$
$$x^2+y^2-10x+21=0$$
$$\therefore\ (x-5)^2+y^2=4$$

(2) 자취의 길이는 반지름의 길이가 2인 원의 둘레이므로 4π이다.

(3) $\angle PAB$가 최대일 때에는
그림과 같이 직선 AP가
원 C에 접할 때이다.
$\triangle APC$에서 $\overline{CP}=2$,
$\overline{AC}=4$이므로
피타고라스 정리에 의해
$\overline{AP}=2\sqrt{3}$ 이다.
세 변의 길이의 비가 $1:\sqrt{3}:2$이므로
$\angle PAB=30^\circ$이다.

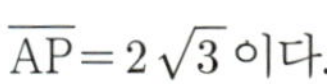

답 **(1)** $(x-5)^2+y^2=4$　**(2)** 4π　**(3)** 30°

12-1

원의 중심 $(0, 0)$에서 직선 $x+y-k=0$ 사이의 거리 d를 구하면

$$d = \frac{|0+0-k|}{\sqrt{1^2+1^2}} = \frac{|k|}{\sqrt{2}}$$

원과 직선이 서로 다른 두 점에서 만나려면 $d < r$이어야 하므로

$$\frac{|k|}{\sqrt{2}} < \sqrt{2} \quad |k| < 2 \quad \therefore \ -2 < k < 2$$

답 $-2 < k < 2$

12-2

원의 중심 $(0, 0)$에서 직선 $ax-y+2\sqrt{b}=0$ 사이의 거리 d를 구하면

$$d = \frac{|2\sqrt{b}|}{\sqrt{a^2+1}}$$

원과 직선이 한 점에서 만나려면 $d = r$이므로

$$\frac{|2\sqrt{b}|}{\sqrt{a^2+1}} = 2 \quad |2\sqrt{b}| = 2\sqrt{a^2+1}$$

$$\therefore \ b = a^2+1 \ \cdots \ ①$$

10보다 작은 자연수 a, b에 대하여 ①을 만족하는 값을 구하면

$$a=1, \ b=2 \ \text{또는} \ a=2, \ b=5$$

따라서 b의 값의 합은 7이다.

답   7

13-1

원의 중심 $(0, 0)$에서 직선 $x-y-1=0$에 이르는 거리 d는 $\overline{OC}$이므로 $\overline{OC}$를 구하면

$$d = \overline{OC} = \frac{|-1|}{\sqrt{1+1}} = \frac{1}{\sqrt{2}}$$

$r = \overline{OA} = 2$이므로 직각삼각형 OAC에서 $\overline{AC}$의 길이를 구하면

$$\overline{AC} = \sqrt{2^2 - \left(\frac{1}{\sqrt{2}}\right)^2} = \frac{\sqrt{14}}{2}$$

따라서 공통현의 길이 $\overline{AB}$를 구하면

$$\overline{AB} = 2\overline{AC} = \sqrt{14}$$

답 $\sqrt{14}$

13-2

원의 방정식을 표준형으로 고치면

$$(x-1)^2 + (y-2)^2 = (2\sqrt{2})^2$$

원의 중심 $(1, 2)$에서 직선 $x-y+3=0$까지의 거리 b를 구하면

$$b = \frac{|1-2+3|}{\sqrt{1+1}}$$

$$= \frac{2}{\sqrt{2}} = \sqrt{2}$$

피타고라스 정리를 이용하여 현의 길이 a의 값을 구하면

$$(2\sqrt{2})^2 = \sqrt{2}^2 + \left(\frac{a}{2}\right)^2$$

$$\therefore \ a^2 = 24$$

따라서 $a^2 - b^2$의 값을 구하면

$$a^2 - b^2 = 24 - 2 = 22$$

답   22

14-1

주어진 원의 방정식을 표준형으로 바꾸어 원의 중심과 반지름의 길이를 구하면

$$(x-1)^2 + (y+2)^2 = 8$$

$$\therefore \ \text{중심} \ (1, \ -2), \ \text{반지름의 길이} \ 2\sqrt{2}$$

원의 중심과 직선 $x-y+3=0$ 사이의 거리는

$$d = \frac{|1+2+3|}{\sqrt{1^2+(-1)^2}} = 3\sqrt{2}$$

따라서 구하는 최단거리는

$$d - r = 3\sqrt{2} - 2\sqrt{2} = \sqrt{2}$$

답 $\sqrt{2}$

14-2

주어진 원의 방정식을 표준형으로 바꾸어 원의 중심과 반지름의 길이를 구하면

$$(x-3)^2 + (y-1)^2 = 9$$

$$\therefore \ \text{중심} \ (3, \ 1), \ \text{반지름의 길이} \ 3$$

원의 중심과 직선 사이의 거리를 구하면

$$d = |a-1|$$

원 위의 점과 직선 사이의 거리의 최솟값은

$$d - r = |a-1| - 3 = 2$$

$$|a-1| = 5 \quad \therefore \ a-1 = \pm 5$$

ⅰ) $a-1 = 5$일 때, $a=6$

ⅱ) $a-1 = -5$일 때, $a=-4$

$$\therefore \ a = 6 \ \text{또는} \ a = -4$$

답   6 또는 -4

14-3

삼각형 PAB의 넓이가 최대이려면 직선 AB에서 점 P까지의 거리가 최대여야 한다.

직선 AB의 방정식을 구하면

$$\frac{x}{4} - \frac{y}{3} = 1$$

$$\therefore \ 3x - 4y - 12 = 0$$

원의 중심 $(0, 0)$에서 직선
까지의 거리를 구하면

$$d = \frac{|-12|}{\sqrt{9+16}} = \frac{12}{5}$$

원 위의 한 점 P와 직선까지
의 거리의 최댓값은 $d+r$이
므로

$$\frac{12}{5}+2 = \frac{22}{5}$$

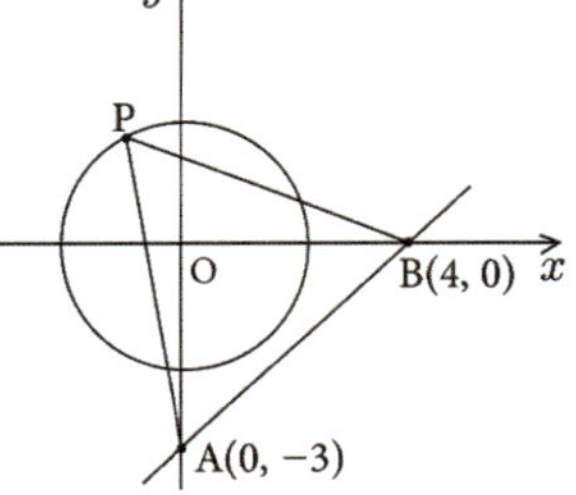

$\overline{AB} = 5$이므로 삼각형 PAB의 넓이의 최댓값은

$$\frac{1}{2} \times 5 \times \frac{22}{5} = 11$$이다.

답 11

15-1

점 $(2, 1)$에서 원에 그은 접선의 길이를 구하면

$$\sqrt{(2-4)^2+(1-3)^2-3} = \sqrt{4+4-3} = \sqrt{5}$$

답 $\sqrt{5}$

15-2

점 $(-1, k)$에서 원에 그은 접선의 길이를 구하면

$$\sqrt{(-1-2)^2+(k-1)^2-5} = \sqrt{13}$$

$$3^2+(k-1)^2-5 = 13 \qquad 9+k^2-2k+1-5 = 13$$

$$k^2-2k-8 = 0$$

$$(k-4)(k+2) = 0 \qquad \therefore k=4 \text{ 또는 } k=-2$$

k는 양수이므로 구하는 k의 값은 4이다.

답 4

16-1

점 $(-1, 3)$에서 원에 그은 접선의 길이를 구하면

$$\sqrt{(-1)^2+3^2-2\times(-1)+2\times3-8}$$
$$= \sqrt{1+9+2+6-8} = \sqrt{10}$$

답 $\sqrt{10}$

16-2

점 $(3, a)$에서 원에 그은 접선의 길이를 구하면

$$\sqrt{3^2+a^2-4\times3-6\times a+9} = \sqrt{a^2-6a+6} = 1$$

$$a^2-6a+5 = 0 \qquad (a-5)(a-1) = 0$$

$$\therefore a=1 \text{ 또는 } a=5$$

답 $a=1$ 또는 $a=5$

17-1

$x^2+y^2=25$와 $4x+3y=0$을 연립하여 교점의 좌표를 구하
면 $(-3, 4)$, $(3, -4)$이다.

ⅰ) $(-3, 4)$에서의 접선의 방정식을 구하면
$$-3x+4y = 25 \qquad \therefore 3x-4y+25 = 0$$

ⅱ) $(3, -4)$에서의 접선의 방정식을 구하면
$$3x-4y = 25 \qquad \therefore 3x-4y-25 = 0$$

따라서 구하는 접선의 방정식은
$$3x-4y+25 = 0 \text{ 또는 } 3x-4y-25 = 0$$

답 $3x-4y+25=0$ 또는 $3x-4y-25=0$

17-2

점 $(3, 1)$에서의 접선은 원의 중심과 점 $(3, 1)$을 잇는 직선
에 수직이고 점 $(3, 1)$을 지나는 직선이다.

원의 중심 $(2, -1)$과 점 $(3, 1)$을 지나는 직선의 기울기가

2이므로 구하는 접선의 기울기는 $-\dfrac{1}{2}$이다.

따라서 접선의 방정식을 구하면

$$y-1 = -\frac{1}{2}(x-3)$$

$$\therefore y = -\frac{1}{2}x + \frac{5}{2}$$

<다른 풀이>
공식을 이용하여 접점 $(3, 1)$에서의 접선의 방정식을 구하면
$$(x-2)(3-2)+(y+1)(1+1) = 5$$
$$x+2y = 5$$
$$\therefore y = -\frac{1}{2}x + \frac{5}{2}$$

답 $y = -\dfrac{1}{2}x + \dfrac{5}{2}$

18-1

구하는 접선의 기울기를 m이라 하면
$$m = \tan 60° = \sqrt{3}, \text{ 반지름의 길이 } r=2$$
공식을 이용하여 접선의 방정식을 구하면
$$y = \sqrt{3}\,x \pm 2\sqrt{1+(\sqrt{3})^2}$$
$$\therefore y = \sqrt{3}\,x \pm 4$$

답 $y = \sqrt{3}\,x \pm 4$

18-2

구하는 직선이 $y = -4x+5$와 수직이므로 기울기는 $\dfrac{1}{4}$이다.

원 $x^2+y^2=25$와 접하고 기울기는 $\dfrac{1}{4}$인 접선의 방정식을 구

하면

$$y = \frac{1}{4}x \pm 5\sqrt{1+\left(\frac{1}{4}\right)^2}$$

$$\therefore y = \frac{1}{4}x \pm \frac{5\sqrt{17}}{4}$$

따라서 접선의 x축과의 교점의 좌표는
$$(-5\sqrt{17}, 0) \text{ 또는 } (5\sqrt{17}, 0)$$

답 $(-5\sqrt{17}, 0)$ 또는 $(5\sqrt{17}, 0)$

19-1

점 $(3, 1)$이 원 위의 점이 아니므로 구하는 접선의 기울기를 m이라 하면

$$y - 1 = m(x - 3)$$
$$\therefore \ mx - y - 3m + 1 = 0 \ \cdots ①$$

①에서 원의 중심까지의 거리를 구하면

$$d = \frac{|-3m+1|}{\sqrt{m^2+1}}$$

①이 원의 접선이므로 $d = r$이어야 한다.

$$\frac{|-3m+1|}{\sqrt{m^2+1}} = \sqrt{5} \text{에서 } (m-2)(2m+1) = 0$$

$$\therefore \ m = 2 \text{ 또는 } m = -\frac{1}{2}$$

i) $m = 2$를 ①에 대입하면 $2x - y - 5 = 0$

ii) $m = -\dfrac{1}{2}$ 을 ①에 대입하면 $x + 2y - 5 = 0$

답 $2x - y - 5 = 0$ **또는** $x + 2y - 5 = 0$

19-2

접선의 기울기를 m이라 하면 접선의 방정식은

$$y + 4 = m(x + 5)$$
$$\therefore \ mx - y - 4 + 5m = 0 \ \cdots ①$$

원의 중심 $(1, 2)$와 ① 사이의 거리를 구하면

$$d = \frac{|m - 2 - 4 + 5m|}{\sqrt{m^2+1}} = \frac{|6m - 6|}{\sqrt{m^2+1}}$$

원의 반지름 $r = 3$이므로

$$\frac{|6m - 6|}{\sqrt{m^2+1}} = 3$$

$$\therefore \ 3m^2 - 8m + 3 = 0$$

따라서 근과 계수의 관계에 의해 두 접선의 기울기의 곱은 1이다.

답 1

20-1

세 원 O, A, B의 반지름을 각각 r, a, b라 하면

$$\overline{OA} = r - a = 2 \ \cdots ① \ (\because \ \text{내접})$$
$$\overline{OB} = r - b = 3.5 \ \cdots ② \ (\because \ \text{내접})$$
$$\overline{AB} = a + b = 4.5 \ \cdots ③ \ (\because \ \text{외접})$$

①, ②, ③에서 $r = 5$, $a = 3$, $b = 1.5$

따라서 원 O의 반지름의 길이는 5, 원 A의 반지름의 길이는 3, 원 B의 반지름의 길이는 1.5이다.

답 원 O의 반지름의 길이 : 5,
원 A의 반지름의 길이 : 3,
원 B의 반지름의 길이 : 1.5

20-2

$x^2 + y^2 - 8x - 4y + 11 = 0$에서 $(x-4)^2 + (y-2)^2 = 9$
$\quad \therefore$ 중심 $(4, 2)$, 반지름의 길이 : 3 $\quad \cdots ①$

$x^2 + y^2 - 6x - 4y + 13 - a^2 = 0$에서 $(x-3)^2 + (y-2)^2 = a^2$
$\quad \therefore$ 중심 $(3, 2)$, 반지름의 길이 : a $\quad \cdots ②$

$x^2 + y^2 - 8x + 6y + 25 - b^2 = 0$에서 $(x-4)^2 + (y+3)^2 = b^2$
$\quad \therefore$ 중심 $(4, -3)$, 반지름의 길이 : b $\cdots ③$

i) ①과 ②는 내접하므로 ①과 ②의 중심 사이의 거리를 구하면

$$\sqrt{(4-3)^2 + (2-2)^2} = 1$$
$$\therefore \ |a - 3| = 1 \text{이므로 } a - 3 = \pm 1$$
$$\therefore \ a = 4 \text{ 또는 } a = 2$$
$$a < 3 \text{이므로 } a = 2$$

ii) ①과 ③은 외접하므로 ①과 ③의 중심 사이의 거리를 구하면

$$\sqrt{(4-4)^2 + (-3-2)^2} = 5$$
$$b + 3 = 5 \text{이므로 } b = 2$$

i), ii)에서 $a - b$의 값을 구하면
$$a - b = 2 - 2 = 0$$

답 0

21-1

원 O의 중심은 $(1, 1)$, 반지름의 길이는 $\sqrt{5}$이고 원 O'의 중심은 $(-3, -2)$, 반지름의 길이는 2이다. 두 원의 중심 사이의 거리를 구하면

$$d = \sqrt{(1+3)^2 + (1+2)^2} = 5$$

$\sqrt{5} + 2 < 5$이므로 두 원은 만나지 않는다.

답 만나지 않는다.

21-2

두 원의 중심이 각각 $(0, 0)$, $(1, 1)$이므로 중심 사이의 거리를 구하면

$$d = \sqrt{1^2 + 1^2} = \sqrt{2}$$

두 원이 서로 다른 두 점에서 만나기 위한 조건을 구하면

$$|r - 2\sqrt{2}| < \sqrt{2} < r + 2\sqrt{2}$$

i) $|r - 2\sqrt{2}| < \sqrt{2}$ 에서
$$-\sqrt{2} < r - 2\sqrt{2} < \sqrt{2}$$
$$\therefore \ \sqrt{2} < r < 3\sqrt{2}$$

ii) $\sqrt{2} < r + 2\sqrt{2}$ 는 항상 성립

따라서 구하는 r의 값의 범위는
$$\sqrt{2} < r < 3\sqrt{2}$$

답 $\sqrt{2} < r < 3\sqrt{2}$

22-1

$(x-6)^2+y^2=9$에서 중심 C$(6, 0)$, 반지름의 길이 $r=3$

$x^2+(y-5)^2=4$에서 중심 C$'(0, 5)$, 반지름의 길이 $r'=2$

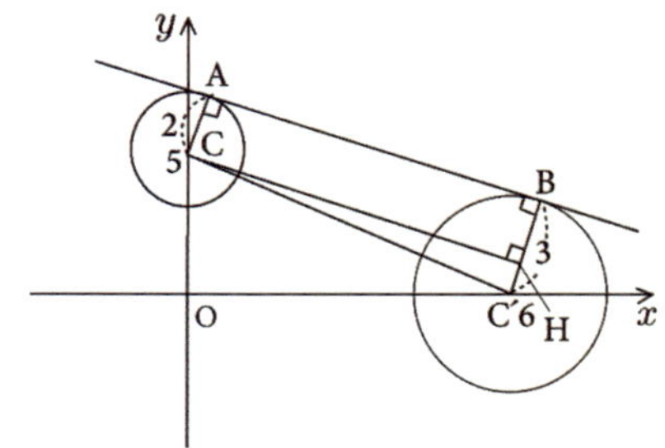

$$d=\overline{CC'}=\sqrt{36+25}=\sqrt{61}$$
$$r-r'=1$$
$$\overline{AB}=\overline{CH}=\sqrt{d^2-(r-r')^2}$$
$$=\sqrt{(\sqrt{61})^2-1^2}$$
$$=\sqrt{60}=2\sqrt{15}$$

답 $2\sqrt{15}$

22-2

$(x-3)^2+(y-1)^2=4$에서 중심 C$(3, 1)$, 반지름의 길이 $r=2$이고, $(x+2)^2+(y-1)^2=1$에서 중심 C$'(-2, 1)$, 반지름의 길이 $r'=1$이다.

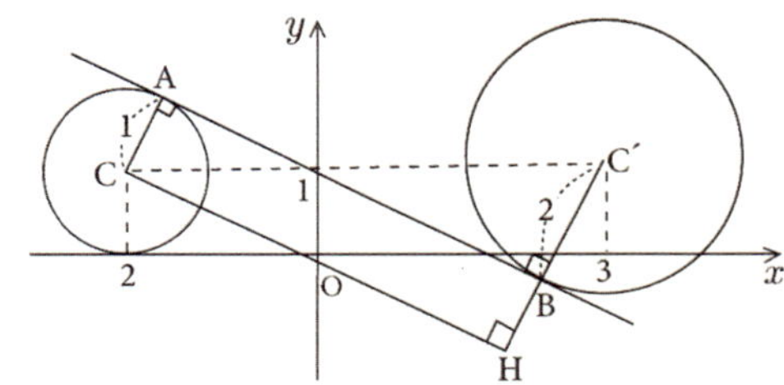

$$d=\overline{CC'}=5$$
$$r+r'=3$$
$$\overline{AB}=\overline{CH}=\sqrt{d^2-(r+r')^2}$$
$$=\sqrt{5^2-3^2}=4$$

답 4

〈연습문제 A〉

01. 원의 둘레의 길이 : $10\pi\,\mathrm{cm}$, 원의 넓이 : $25\pi\,\mathrm{cm}^2$

02. (1) 6 (2) $2\sqrt{6}$ (3) $4\sqrt{3}$ (4) $2\sqrt{3}$ **03.** $2\sqrt{10}$

04. $(x-2)^2+(y-3)^2=25$

05. (1) $x^2+y^2=9$ (2) $(x-1)^2+(y+3)^2=10$

(3) $x^2+y^2-4x-2y=0$

06. $a=2,\ b=3$, 반지름의 길이 : $\sqrt{5}$

07. (1) $(x-2)^2+y^2=5$ (2) $(x-1)^2+(y-2)^2=10$

08. $(x-1)^2+(y-3)^2=8$

09. (1) $(x-3)^2+(y-2)^2=9$ (2) $(x-2)^2+(y+1)^2=1$

10. $(x-2)^2+(y-5)^2=25$ 또는
$(x-14)^2+(y-17)^2=289$

11. $2, 10$ **12.** 3 **13.** $\sqrt{15}$

14. $x^2+y^2-\dfrac{20}{3}x-\dfrac{34}{3}y+\dfrac{103}{3}=0$ **15.** $r>\dfrac{4\sqrt{5}}{5}$

16. $4\sqrt{3}$ **17.** 최댓값 : 9, 최솟값 : 1 **18.** 5

19. $\sqrt{10}$ **20.** $x+y-2\sqrt{2}=0$ **21.** $y=2x\pm3\sqrt{5}$

22. $y=2$ 또는 $4x-3y+10=0$

23. $k=\sqrt{17}-2$ 또는 $k=2+\sqrt{17}$

24. 서로 다른 두 점에서 만난다. **25.** $2\sqrt{15}$

〈연습문제 B〉

01. (1) 둘레의 길이 : $12\pi\,\mathrm{cm}$, 넓이 : $12\pi\,\mathrm{cm}^2$

(2) 둘레의 길이 : $12\pi\,\mathrm{cm}$, 넓이 : $24\pi\,\mathrm{cm}^2$

02. $49\pi\,\mathrm{cm}^2$ **03.** $20\,\mathrm{cm}$ **04.** -8

05. (1) $a=-2,\ b=-4,\ c=0$

(2) 중심 $(1,2)$, 반지름의 길이 $\sqrt{5}$

06. $k<\dfrac{5}{4}$ **07.** 9 **08.** 1 **09.** $\dfrac{\sqrt{5}}{2}$ **10.** 12

11. $x^2+y^2-8x-8y+16=0$ **12.** $x+5y-13=0$

13. (1) $(x-5)^2+y^2=4$ (2) 4π (3) $30\degree$ **14.** 7

15. 22 **16.** 11 **17.** 4 **18.** $a=1$ 또는 $a=5$

19. $3x-4y+25=0$ 또는 $3x-4y-25=0$

20. $y=-\dfrac{1}{2}x+\dfrac{5}{2}$ **21.** $(-5\sqrt{17}, 0)$ 또는 $(5\sqrt{17}, 0)$**22.**

1 **23.** 0 **24.** $\sqrt{2}<r<3\sqrt{2}$ **25.** $\sqrt{70}$ 또는 $\sqrt{10}$

<중·고교 연결과정 선수학습>

01-1

(1) 식의 평행이동은 부호가 반대이므로 x 대신 $x+1$, y 대신 $y-3$을 대입하면
$$y-3=-(x+1)+2$$
$$\therefore\ y=-x+4$$

(2) 점의 평행이동은 부호가 그대로이므로 x 대신 $x-1$, y 대신 $y+3$을 대입하면
$$(4-1,\ 3+3)=(3,\ 6)$$

답 (1) $y=-x+4$　(2) $(3,\ 6)$

01-2

이차함수 $y=x^2+2$의 꼭짓점의 좌표는 C$(0,\ 2)$이고, 이 함수의 그래프를 주어진 방향으로 평행이동하면

ⅰ) 식의 평행이동은 부호가 반대이므로 x 대신 $x+2$, y 대신 $y+1$을 대입하면
$$y+1=(x+2)^2+2$$
$$\therefore\ y=x^2+4x+5$$

ⅱ) 점의 평행이동은 부호가 그대로이므로 x 대신 $x-2$, y 대신 $y-1$을 대입하면
$$C'(0-2,\ 2-1)=C'(-2,\ 1)$$

답 $y=x^2+4x+5$, C$'(-2,\ 1)$

1 평행이동

01-1

(1) x 대신 $x-3$을 대입하면 $(x-3)^2+y^2=5^2$

(2) y 대신 $y+2$를 대입하면 $x^2+(y+2)^2=5^2$

(3) x 대신 $x-3$, y 대신 $y+2$를 대입하면
$$(x-3)^2+(y+2)^2=5^2$$

답 (1) $(x-3)^2+y^2=5^2$　(2) $x^2+(y+2)^2=5^2$
(3) $(x-3)^2+(y+2)^2=5^2$

01-2

원 $x^2+y^2=2$를 x축의 방향으로 k만큼, y축의 방향으로 k만큼 평행이동한 원 C의 방정식을 구하면
$$C:(x-k)^2+(y-k)^2=2$$
원 C의 중심은 D$(k,\ k)$이고 반지름은 $\sqrt{2}$이므로
점 A$(1,\ 1)$에서 원 C에 그은 두 접선이 원 C와 만나는 점을 각각 B, C라 하면
사각형 ABCD는 한 변의 길이

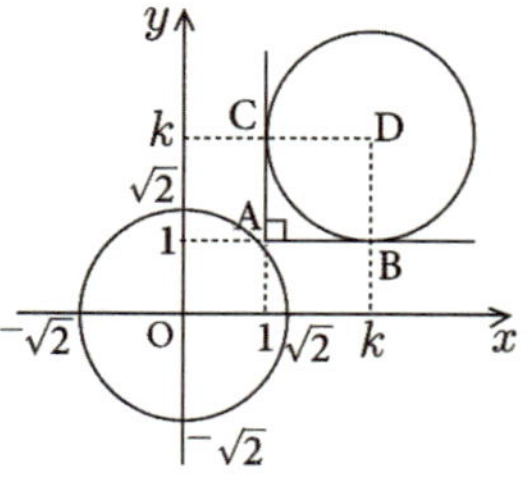

가 $\sqrt{2}$인 정사각형이다.

$k>2$이므로
$$k=1+\overline{\text{AB}}=1+\sqrt{2}$$

답 $1+\sqrt{2}$

02-1

점$(2,\ 3)$을 x축의 방향으로 -2만큼, y축의 방향으로 -3만큼 평행이동한 것이므로 점$(5,\ 5)$를 평행이동한 점의 좌표를 구하면 $(5-2,\ 5-3)=(3,\ 2)$이다.

답 $(3,\ 2)$

02-2

점의 평행이동이므로 점 $(0,\ 2)$를 x축, y축의 방향으로 각각 2만큼 평행이동하면 점 $(0+2,\ 2+2)=(2,\ 4)$로 평행이동하게 되고 점 $(0,\ 2)$를 x축, y축의 방향으로 각각 -2만큼 평행이동하면 점 $(0-2,\ 2-2)=(-2,\ 0)$로 평행이동하게 된다.

따라서 ▢ 안에 알맞은 수를 차례로 쓰면 $4,\ -2$이다.

답 $4,\ -2$

03-1

직선 $2x+y+5=0$을 x축의 방향으로 2만큼, y축의 방향으로 -1만큼 평행이동한 직선의 방정식은
$$2(x-2)+(y+1)+5=0 \quad 2x+y+2=0$$
따라서 $a=2$이다.

답 2

03-2

직선 $2x+3y-5=0$을 x축의 방향으로 -4만큼, y축의 방향으로 2만큼 평행이동한 직선의 방정식을 구하면
$$2(x+4)+3(y-2)-5=0$$
$$\therefore\ 2x+3y-3=0\ \cdots①$$
직선 $2x+3y-5=0$을 x축의 방향으로 $-m$만큼 평행이동한 직선의 방정식을 구하면
$$2(x+m)+3y-5=0$$
$$\therefore\ 2x+3y+2m-5=0\ \cdots②$$
①$=$②이므로 $2m-5=-3$
$$\therefore\ m=1$$

답 $m=1$

04-1

원의 방정식을 표준형으로 바꾸면
$$(x+3)^2+(y-1)^2=10$$
원점을 점 $(-2,\ 3)$으로 옮기는 평행이동은 x축의 방향으로 -2만큼, y축의 방향으로 3만큼 평행이동한 것이므로 원의 중심 $(-3,\ 1)$을 이 값에 따라 평행이동하면

$(-3-2,\ 1+3)=(-5,\ 4)$

따라서 평행이동한 원의 방정식을 구하면

$$(x+5)^2+(y-4)^2=10$$

답 $(x+5)^2+(y-4)^2=10$

04-2

처음 원의 방정식을 표준형으로 바꾸면

$$(x^2+2ax+a^2)+(y^2+2by+b^2)=a^2+b^2-8$$
$$(x+a)^2+(y+b)^2=a^2+b^2-8 \quad \cdots ①$$

①의 중심 $(-a,\ -b)$를 x축의 방향으로 2만큼, y축의 방향으로 -3만큼 평행이동하면 $(0,\ 0)$이 되므로

$$(-a+2,\ -b-3)=(0,\ 0)$$
$$\therefore\ a=2,\ b=-3$$

①에서 $a^2+b^2-8=4+9-8=5$이므로 $c=5$

따라서 $a+b+c$의 값을 구하면

$$a+b+c=2-3+5=4$$

답 4

[2] 대칭이동

05-1

점 $P(2,\ 1)$을 원점에 대하여 대칭이동한 점은 $Q(-2,\ -1)$, x축에 대하여 대칭이동한 점은 $R(2,\ -1)$

$$\therefore\ \overline{QR}=\sqrt{(-2-2)^2+(-1+1)^2}=4$$

답 4

05-2

점 A의 좌표를 $(a,\ b)$라 하고 원점에 대하여 대칭이동한 점의 좌표를 구하면 $(-a,\ -b)$이다. 이 점을 다시 x축의 방향으로 -2만큼, y축의 방향으로 3만큼 평행이동한 점의 좌표를 구하면 $(-a-2,\ -b+3)$이다.

$$\therefore\ (-a-2,\ -b+3)=(a,\ b)$$

$-a-2=a$에서 $a=-1$

$-b+3=b$에서 $b=\dfrac{3}{2}$

따라서 점 A의 좌표를 구하면

$$A\left(-1,\ \dfrac{3}{2}\right)$$

답 $\left(-1,\ \dfrac{3}{2}\right)$

06-1

직선 $y=\dfrac{1}{3}x+2$을 x축에 대하여 대칭이동한 직선의 방정식은 $y=-\dfrac{1}{3}x-2$이다.

이 직선에 평행하므로 직선의 기울기는 $-\dfrac{1}{3}$이고 점 $(-6,\ 2)$를 지나는 직선의 방정식은

$$y-2=-\dfrac{1}{3}(x+6) \qquad \therefore\ y=-\dfrac{1}{3}x$$

답 $y=-\dfrac{1}{3}x$

06-2

직선 $4x-3y+5=0$을 원점에 대하여 대칭이동하면

$$4(-x)-3(-y)+5=0$$
$$\therefore\ 4x-3y-5=0$$

이 직선에 수직인 직선이므로 기울기가 $-\dfrac{3}{4}$이고 점 $(2,\ 1)$을 지나는 직선의 방정식은

$$y-1=-\dfrac{3}{4}(x-2)$$
$$\therefore\ 3x+4y-10=0$$

답 $3x+4y-10=0$

07-1

원점 대칭이므로 x 대신 $-x$, y 대신 $-y$를 대입하면

$$(-x)^2+a(-x)+b(-y)-1=0$$
$$\therefore\ x^2-ax-by-1=0 \quad \cdots ①$$

①이 $x^2-2x-4y-1=0$과 같으므로

$$a=2,\ b=4$$

답 $a=2,\ b=4$

07-2

원의 중심 $(a,\ 3)$을 y축에 대하여 대칭이동하면 $(-c,\ 3)$이고 이 점이 직선 $y=-x+1$ 위에 있으므로 대입하여 a의 값을 구하면 $a=2$이다.

답 $a=2$

07-3

원의 방정식을 표준형으로 고치면 $(x-3)^2+(y+2)^2=1$

이 원을 y축에 대하여 대칭이동하면

$$(x+3)^2+(y+2)^2=1 \quad \cdots ①$$

①이 $y=mx$와 접하므로 ①의 중심 $(-3,\ -2)$와 직선 $mx-y=0$ 사이의 거리가 반지름의 길이와 같아야 한다.

$$\dfrac{|-3m+2|}{\sqrt{m^2+1}}=1$$에서 $8m^2-12m+3=0$

따라서 모든 상수 m의 값의 합은 근과 계수의 관계에 의해

$$\dfrac{12}{8}=\dfrac{3}{2}$$

답 $\dfrac{3}{2}$

08-1

점 A를 y축에 대하여 대칭이동한 점을 A′, 점 B를 x축에 대하여 대칭이동한 점을 B′이라 하면

$$A'(-1,\ 4),\quad B'(6,\ -2)$$

$$\overline{AQ}+\overline{QP}+\overline{PB}=\overline{A'Q}+\overline{QP}+\overline{PB'}$$

$$\geq \overline{A'B'}=\sqrt{(6+1)^2+(-2-4)^2}=\sqrt{85}$$

따라서 $\overline{AQ}+\overline{QP}+\overline{PB}$ 의 최솟값은 $\sqrt{85}$ 이다.

답 $\sqrt{85}$

08-2

$\overline{AB}+\overline{CD}$ 의 최솟값은 직선 거리이어야 하므로

선분 $\overline{CD}$ 를 x축의 방향으로 -2만큼 평행이동한 후 A의 x축 대칭인 점 A′$(0,\ -5)$ 에서 평행이동한 점 D′$(2,\ 2)$ 까지의 거리 $\overline{A'D'}$ 을 구하면 된다.

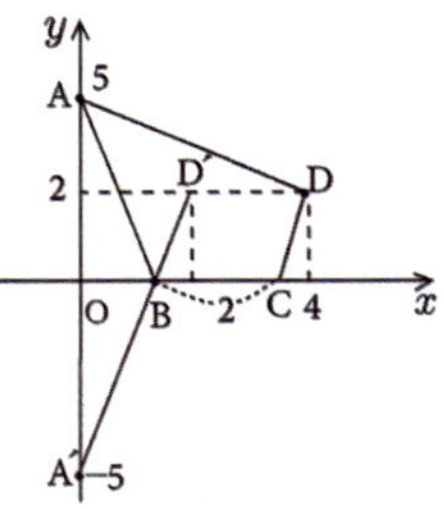

$$\therefore\ \overline{A'D'}=\sqrt{(2-0)^2+(2+5)^2}=\sqrt{53}$$

답 $\sqrt{53}$

09-1

(1) x 대신 $2\times(-3)-x$를 대입하면 $y=8(x+6)^2$

(2) y 대신 $2\times2-y$를 대입하면 $(4-y)=8x^2$

$$\therefore\ y=-8x^2+4$$

답   (1) $y=8(x+6)^2$ (2) $y=-8x^2+4$

09-2

x 대신 $2\times1-x$를 대입하면

$$y=(2-x)-1\qquad \therefore\ y=-x+1\quad\cdots\ ①$$

①과 수직인 직선의 기울기는 1이므로 구하는 직선의 방정식을 $y=x+k$, 즉 $x-y+k=0$으로 놓고 원점과의 거리를 구하면

$$\frac{|k|}{\sqrt{1^2+(-1)^2}}=\sqrt{2}\qquad |k|=2\qquad \therefore\ k=\pm2$$

따라서 구하는 직선의 방정식은

$$y=x\pm2$$

답 $y=x\pm2$

10-1

(1) x 대신 $2\times(-1)-x$, y 대신 $2\times2-y$를 대입하면

$$4-y=2(-2-x)^2\qquad \therefore\ y=-2(x+2)^2+4$$

(2) x 대신 $2\times(-2)-x$, y 대신 $2\times4-y$를 대입하면

$$8-y=2(-4-x)^2\qquad \therefore\ y=-2(x+4)^2+8$$

답   (1) $y=-2(x+2)^2+4$ (2) $y=-2(x+4)^2+8$

10-2

직선 $y=2x-1$을 점 $(1,2)$에 대하여 대칭이동한 직선의 방정식은 x 대신 $2-x$, y 대신 $4-y$를 대입한 것이므로

$$4-y=2(2-x)-1\qquad \therefore\ y=2x+1$$

이 직선과 수직인 직선의 기울기는 $-\dfrac{1}{2}$이므로 구하는 직선의 방정식을 $y=-\dfrac{1}{2}x+k$라 하자.

이때 직선 $x+2y-2k=0$과 원점 사이의 거리가 $2\sqrt{5}$ 이므로

$$\frac{|-2k|}{\sqrt{1^2+2^2}}=2\sqrt{5}\qquad |-2k|=10\qquad -2k=\pm10$$

$$\therefore\ k=\pm5$$

따라서 구하는 직선의 방정식은

$$y=-\frac{1}{2}x\pm5$$

답 $y=-\dfrac{1}{2}x\pm5$

11-1

(1) x 대신 y, y 대신 x를 대입하면

$$x=-2y^2$$

(2) x 대신 $-y$, y 대신 $-x$를 대입하면

$$-x=-2(-y)^2\qquad x=2y^2$$

답   (1) $x=-2y^2$ (2) $x=2y^2$

11-2

점 A와 $y=x$에 대하여 대칭인 점을 A′이라 하면 A′$(3,\ 0)$ 이고 $\overline{AP}=\overline{A'P}$이므로

$$\overline{AP}+\overline{BP}=\overline{A'P}+\overline{PB}$$

$$\geq \overline{A'B}=\sqrt{(2-3)^2+(5-0)^2}=\sqrt{26}$$

따라서 $\overline{AP}+\overline{BP}$ 의 최솟값은 $\sqrt{26}$ 이다.

답 $\sqrt{26}$

12-1

(1) x 대신 $y-2$, y 대신 $x+2$를 대입하면

$$x+2=(y-2)^2-2(y-2)-1$$

$$\therefore\ x=y^2-6y+5$$

(2) x 대신 $-y+1$, y 대신 $-x+1$을 대입하면

$$-x+1=(-y+1)^2-2(-y+1)-1$$

$$\therefore\ x=-y^2+3$$

답   (1) $x=y^2-6y+5$ (2) $x=-y^2+3$

12-2

x 대신 $-y+a$, y 대신 $-x+a$를 대입하면

$$(-4+a,\ -5+a)=(-2,\ b)$$

$$\therefore\ a=2,\ b=-3$$
따라서 ab의 값을 구하면
$$ab=2\times(-3)=-6$$

답 -6

13-1

문제의 내용을 좌표평면 위에 그림으로 나타내면 오른쪽과 같다. 두 점의 중점은 직선 $x-2y=2$ 위에 있으므로 중점 $\left(\dfrac{4+a}{2},\ \dfrac{-3+b}{2}\right)$를 직선에 대입하면

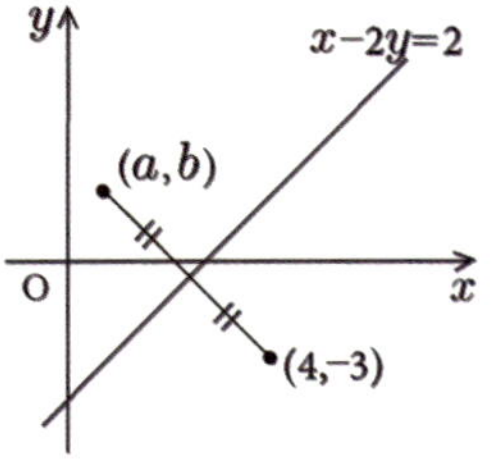

$$\frac{4+a}{2}-(-3+b)=2 \text{에서} \quad a-2b=-6 \ \cdots ①$$

두 점을 이은 직선과 직선 $x-2y=2$는 직교하므로
$$\left(\frac{b+3}{a-4}\right)\times\frac{1}{2}=-1 \quad 2a+b=5 \ \cdots ②$$

①과 ②를 연립하여 $a,\ b$를 구하면
$$a=\frac{4}{5},\ b=\frac{17}{5} \quad \therefore\ (a,\ b)=\left(\frac{4}{5},\ \frac{17}{5}\right)$$

답 $\left(\dfrac{4}{5},\ \dfrac{17}{5}\right)$

13-2

두 점의 중점을 구하면
$$\left(\frac{4-3}{2},\ \frac{1+4}{2}\right)=\left(\frac{1}{2},\ \frac{5}{2}\right) \to 7x+ay+b=0$$
$$\frac{7}{2}+\frac{5}{2}a+b=0 \quad \therefore\ 5a+2b=-7 \ \cdots ①$$

두 점을 지나는 직선의 기울기를 구하면
$$\frac{4-1}{-3-4}=-\frac{3}{7}$$

두 점을 지나는 직선이 주어진 직선과 수직이므로
$$-\frac{3}{7}\times\left(-\frac{7}{a}\right)=-1 \quad \therefore\ a=-3$$

$a=-3$을 ①에 대입하여 b의 값을 구하면
$$5\times(-3)+2b=-7 \quad \therefore\ b=4$$

답 $a=-3,\ b=4$

14-1

원을 직선에 대하여 대칭이동하면 중심은 대칭이동하고 반지름의 길이는 변하지 않는다. 따라서 원의 중심 $(-2,2)$를 주어진 직선에 대하여 대칭이동하고 반지름은 3인 원의 방정식을 구하면 된다.

대칭이동한 중심의 좌표 (a,b)를 구하면

ⅰ) 중점 대입 $\left(\dfrac{a-2}{2},\dfrac{b+2}{2}\right) \to x-3y=2$
$$\therefore\ a-3b=12 \cdots ①$$

ⅱ) 직교조건 $\left(\dfrac{b-2}{a+2}\right)\times\dfrac{1}{3}=-1$
$$\therefore\ 3a+b=-4 \cdots ②$$

①, ②를 연립하여 a,b의 값을 구하면 $a=0,b=-4$
따라서 구하는 원의 방정식은 $x^2+(y+4)^2=9$이다.

답 $x^2+(y+4)^2=9$

14-2

두 원의 방정식을 표준형으로 바꾸면
$x^2+y^2-4x+6y+9=0$에서 $(x-2)^2+(y+3)^2=4$
$x^2+y^2+2x-4y+1=0$에서 $(x+1)^2+(y-2)^2=4$
두 원은 직선 $ax+by-4=0$에 대하여 대칭이므로 이 직선은 두 원의 중심 $P(2,\ -3)$, $Q(-1,\ 2)$를 잇는 선분 $\overline{PQ}$의 수직이등분선이다.

$\overline{PQ}$의 중점 $\left(\dfrac{1}{2},\ -\dfrac{1}{2}\right)$은 직선 위의 점이고 $\overline{PQ}$의 기울기는 $\dfrac{2-(-3)}{-1-2}=-\dfrac{5}{3}$이므로 구하는 직선의 기울기는 $\dfrac{3}{5}$이다.

따라서 직선의 방정식을 구하면
$$y+\frac{1}{2}=\frac{3}{5}\left(x-\frac{1}{2}\right) \quad \therefore\ 3x-5y-4=0$$
따라서 $a=3,\ b=-5$이므로
$$a+b=3+(-5)=-2$$

답 -2

〈연습문제 A〉

01. (1) $(x-3)^2+(y+2)^2=9$ (2) $(3,\ -2)$

02. $a=-2,\ b=-1$ **03.** 0

04. $(x-4)^2+(y+4)^2=4$ **05.** 8 **06.** -1

07. $a=3,\ b=8$ **08.** $\sqrt{34}$ **09.** $\sqrt{85}$

10. (1) $y=x^2-10x+27$ (2) $y=-x^2+2x-7$

11. $y=-2x+13$

12. $x=-(y+1)^2-3$, 꼭짓점 $(-3,\ -1)$

13. $(x-5)^2+(y+5)^2=4$ **14.** $A'\left(\dfrac{18}{5},\ \dfrac{11}{5}\right)$

15. $(x-4)^2+(y-5)^2=4$

〈연습문제 B〉

01. $1+\sqrt{2}$ **02.** $(3,\ 2)$ **03.** $m=1$ **04.** 4

05. $\left(-1,\ \dfrac{3}{2}\right)$ **06.** $3x+4y-10=0$ **07.** $\dfrac{3}{2}$

08. $\sqrt{53}$ **09.** $y=x\pm2$ **10.** $y=-\dfrac{1}{2}x\pm5$

11. $\sqrt{26}$ **12.** -6 **13.** $a=-3,\ b=4$ **14.** -2

Ⅱ. 집합과 명제

PART 01 집합

〈중·고교 연결과정 선수학습〉

01-1

'또는'으로 연결된 경우이므로 합의 법칙을 이용하면
(4의 배수의 개수) + (7의 배수의 개수) = 5 + 2 = 7

답 7

01-2

1부터 100까지의 자연수 중 5의 배수는 20개, 9의 배수는 11개, 5와 9의 공배수는 2개이므로 구하는 경우의 수는
$$20 + 11 - 2 = 29$$

답 29

02-1

'동시에'로 연결된 경우이므로 곱의 법칙을 이용하면
(동전 두 개를 던지는 경우의 수)
× (주사위 한 개를 던지는 경우의 수)
$$= (2 \times 2) \times 6 = 24$$

답 24

02-2

각각 뽑아야 하므로 곱의 법칙을 이용하면
(남학생 중 대표 1명을 뽑는 경우의 수)
× (여학생 중 대표 1명을 뽑는 경우의 수)
$$= 4 \times 5 = 20$$

답 20

02-3

각각 선택해야 하므로 곱의 법칙을 이용하면
(스웨터 1개를 선택하는 경우의 수)
× (바지 1개를 선택하는 경우의 수)
$$= 5 \times 3 = 15$$

답 15

03-1

(1) (준식) $= 14 \times 100 - 14 \times 7$
$$= 1400 - 98 = 1302$$

(2) (준식) $= \dfrac{3}{5} \times (103 - 3) = \dfrac{3}{5} \times 100 = 60$

답 (1) 1302 (2) 60

03-2

(준식) $= ca + cb = ac + bc = 7 + 25 = 32$

답 32

① 집합의 정의

01-1

(1) 미국인의 모임 – 판단기준
; 국적법(한국인, 미국인, 일본인, 영국인, …)
➔ 기준이 명확하여 확정, 구별할 수 있다.
∴ 집합이다.
지식인의 모임 – 판단기준 ; 정할 수 없다.
➔ 기준이 모호하여 확정, 구별할 수 없다.
∴ 집합이 아니다.

(2) 100보다 큰 수의 모임 – 판단기준
; 실수(-3, $\sqrt{2}$, π)
➔ 기준이 명확하여 확정, 구별할 수 있다.
∴ 집합이다.
대단히 큰 수의 모임 – 판단기준 ; 정할 수 없다.
➔ 기준이 모호하여 확정, 구별할 수 없다.
∴ 집합이 아니다.

답 (1) **미국인의 모임 : 집합이다. – 판단기준 : 국적법**
지식인의 모임 : 집합이 아니다.
(2) **100보다 큰 수의 모임 : 집합이다.**
– 판단기준 : 100 (실수)
대단히 큰 수의 모임 : 집합이 아니다.

01-2

대상을 분명히 구분할 수 있는 것들의 모임을 집합이라 하므로 보기 중 집합인 것은 ⓒ이고 그 원소를 쓰면 91, 92, 93, …, 99이다.

답 ⓒ, 91, 92, 93, …, 99

02-1

집합 A를 조건제시법으로 나타내면
$$A = \{x \,|\, 5 \le x < 30 인 5의 배수\}$$
집합 A를 원소나열법으로 나타내면
$$A = \{5, \ 10, \ 15, \ 20, \ 25\}$$

답 **조건제시법** $A = \{x \,|\, 5 \le x < 30$ **인 5의 배수**$\}$
원소나열법 $A = \{5, \ 10, \ 15, \ 20, \ 25\}$

02-2

(1) $A = \{2,\ 4,\ 6,\ 8\}$

(2) $B = \{1,\ 2,\ 3,\ 6,\ 9,\ 18\}$

(3) $C = \{x \mid x$는 20 이하의 소수$\}$

(4) $D = \{x \mid x$는 100 이하의 5의 배수$\}$

> **답** (1) $A = \{2,\ 4,\ 6,\ 8\}$
> (2) $B = \{1,\ 2,\ 3,\ 6,\ 9,\ 18\}$
> (3) $C = \{x \mid x$는 **20 이하의 소수**$\}$
> (4) $D = \{x \mid x$는 **100 이하의 5의 배수**$\}$

02-3

$X = \{3,\ 6,\ 9,\ 12,\ 15,\ 18\}$

⑤에서 $3 < x < 20$이므로 3이 포함되지 않으므로 잘못된 것이다.

> **답** ⑤

03-1

$x - y$를 표를 이용하여 구하면

x＼y	0	1	2
0	0	-1	-2
1	1	0	-1
2	2	1	0

집합 B의 원소를 중복되지 않게 나열하면

$B = \{-2,\ -1,\ 0,\ 1,\ 2\}$

> **답** $B = \{-2,\ -1,\ 0,\ 1,\ 2\}$

03-2

a^2을 표를 이용하여 구하면

a＼a	0	1
0	0	0
1	0	1

$\therefore A \otimes A = \{0,\ 1\}$

$a^2 \times b$를 표를 이용하여 구하면

a^2＼b	1	2	3
0	0	0	0
1	1	2	3

$\therefore (A \otimes A) \otimes B = \{0,\ 1,\ 2,\ 3\}$

> **답** $(A \otimes A) \otimes B = \{0,\ 1,\ 2,\ 3\}$

04-1

① $A = \{1,\ 2,\ 3,\ \cdots,\ 100\}$이므로 유한집합이다.

② 실수는 셀 수 없으므로 B는 무한집합이다.

③ $C = \varnothing$이므로 유한집합이다.

④ $D = \{1,\ 2,\ 3,\ \cdots,\ 9\}$이므로 유한집합이다.

⑤ $E = \{100,\ 101,\ 102,\ \cdots\}$이므로 무한집합이다.

따라서 무한집합인 것은 ②, ⑤이다.

> **답** ②, ⑤

04-2

① $X = \{105,\ 120,\ \cdots,\ 990\}$이므로 $n(X) = 60$

② $X = \{-9,\ -8,\ \cdots,\ 9\}$이므로 $n(X) = 19$

③ $X = \{2,\ 4,\ 6,\ \cdots,\ 24\}$이므로 $n(X) = 12$

④ $X = \{5,\ 10,\ \cdots,\ 200\}$이므로 $n(X) = 40$

⑤ $X = \{1,\ 2,\ 3,\ 4,\ 6,\ 8,\ 9,\ 12,\ 18,\ 24,\ 36,\ 72\}$이드로 $n(X) = 12$

따라서 $n(X)$의 값이 가장 큰 것은 ①이다.

> **답** ①

04-3

① $A = \{2,\ 3,\ 5,\ 7\}$이므로 $n(A) = 4$이다.

② $B = \{10,\ 11,\ 12,\ \cdots,\ 99\}$이므로 $n(B) = 90$이다.

③ $n(\{\varnothing\}) = 1$, $n(\varnothing) = 0$이므로 $n(\{\varnothing\}) + n(\varnothing) = 1$이다.

④ $n(\{2,\ 4,\ 6,\ 8,\ 10\}) = 5$, $n(\{2,\ 4,\ 6,\ 8\}) = 4$이므로
$n(\{2,\ 4,\ 6,\ 8,\ 10\}) - n(\{2,\ 4,\ 6,\ 8\}) = 1$이다.

⑤ $n(\{11,\ 12,\ 13,\ \cdots,\ 20\}) = 10$,
$n(\{1,\ 2,\ 3,\ \cdots,\ 10\}) = 10$이므로
$n(\{11,\ 12,\ 13,\ \cdots,\ 20\}) = n(\{1,\ 2,\ 3,\ \cdots,\ 10\})$이다.

따라서 옳은 것은 ③, ⑤이다.

> **답** ③, ⑤

② 집합 사이의 포함관계

05-1

원소 0개 → $\varnothing$

원소 1개 → $\{1\}$, $\{3\}$, $\{5\}$, $\{7\}$

원소 2개 → $\{1,\ 3\}$, $\{1,\ 5\}$, $\{1,\ 7\}$, $\{3,\ 5\}$, $\{3,\ 7\}$, $\{5,\ 7\}$

원소 3개 → $\{1,\ 3,\ 5\}$, $\{1,\ 3,\ 7\}$, $\{1,\ 5,\ 7\}$, $\{3,\ 5,\ 7\}$

원소 4개 → $\{1,\ 3,\ 5,\ 7\}$

> **답** $\varnothing$, $\{1\}$, $\{3\}$, $\{5\}$, $\{7\}$, $\{1,\ 3\}$, $\{1,\ 5\}$, $\{1,\ 7\}$, $\{3,\ 5\}$, $\{3,\ 7\}$, $\{5,\ 7\}$, $\{1,\ 3,\ 5\}$, $\{1,\ 3,\ 7\}$, $\{1,\ 5,\ 7\}$, $\{3,\ 5,\ 7\}$, $\{1,\ 3,\ 5,\ 7\}$

05-2

집합 A의 원소는 0, $\{1\}$이므로 $0 \in A$, $\{1\} \in A$, $\varnothing \subset A$, $\{0\} \subset A$, $\{\{1\}\} \subset A$, $\{0,\ \{1\}\} \subset A$이다.

따라서 옳은 것은 ③, ⑤이다.

> **답** ③, ⑤

05-3

① $\varnothing$는 A의 원소가 아니고 A의 부분집합이다.
② 0은 A의 원소이므로 $0 \in A$이다.
③ $\{1\}$은 A의 부분집합이고 원소는 아니다.
④ $\{1, 2\}$는 A의 원소이고 동시에 A의 부분집합이다.
⑤ $\{\{1, 2\}\}$는 A의 부분집합이다.
따라서 옳은 것은 ④이다.

답 ④

06-1

$A = \{1, 2, 3, \cdots, 10\}$, $B = \{1, 3, 5, 7, 9\}$
$C = \{1, 2, 3, \cdots, 10\}$, $D = \{2, 3, 5, 7\}$
$E = \{1, 3, 5, 7, 9\}$, $F = \{2, 3, 5, 7\}$
따라서 서로 같은 집합끼리 짝지으면
　　A와 C, B와 E, D와 F

답 A와 C, B와 E, D와 F

06-2

$A \subset B$이고 $B \subset A$인 경우는 $A = B$이다.
$-1 \in A$이므로 $a^2 - 2 = -1$ 또는 $a + 1 = -1$이다.
　i) $a^2 - 2 = -1$일 때, $a^2 = 1$, $a = \pm 1$
　　$a = 1$이면 $A = \{-1, b\}$, $B = \{-1, 2, 1\}$이므로
　　$A \neq B$이다.
　　$a = -1$이면 $A = \{-1, 1, b\}$, $B = \{-1, 0, 1\}$이
　　므로 $A = B$가 되려면 $b = 0$
　ii) $a + 1 = -1$일 때, $a = -2$
　　$A = \{-1, 2, b\}$, $B = \{2, -1, 1\}$이므로 $A = B$가
　　되려면 $b = 1$이다.
i), ii)에 의해
　$a = -1$, $b = 0$ 또는 $a = -2$, $b = 1$
따라서 $a + b = -1$이다.

답 -1

07-1

$M = \{3, 6, 9, 12, 15, 18\}$이므로 원소의 개수가 6개이다.
　$\therefore$ 진부분집합의 개수 : $2^6 - 1 = 63$

답 63개

07-2

$n(A) = a$일 때, A의 진부분집합의 개수는 $2^a - 1$이다.
따라서 $2^a - 1 = 127$에서 $2^a = 128$　　$\therefore$ $a = 7$

답 7

08-1

a를 포함하는 집합 A의 부분집합의 개수는 a를 제외하고
계산한 것과 같으므로
　$2^{4-1} = 2^3 = 8$

답 8

08-2

집합 A의 부분집합의 개수는 $2^6 = 64$
집합 A의 부분집합 중 홀수를 포함하지 않는 부분집합의
개수는
　$2^{6-3} = 2^3 = 8$
따라서 구하는 부분집합의 개수는
　$64 - 8 = 56$

답 56

09-1

$B \subset X \subset A$이므로 X는 A의 부분집합 중 10, 20, 30, 40, 50을 반드시 포함하는 부분집합이다. 따라서 집합 X의 개수를 구하면
　$2^{10-5} = 2^5 = 32$

답 32

09-2

집합 X는 4, 5를 반드시 포함하는 집합 A의 부분집합이므로 X의 개수는 $2^{6-2} = 2^4 = 16$이다.

답 16

09-3

집합 X는 원소 1, 2를 포함하는 A의 부분집합 중 원소의 합이 3의 배수가 되는 집합이다.
$\therefore$ $\{1, 2\}, \{1, 2, 3\}, \{1, 2, 4, 5\}, \{1, 2, 3, 4, 5\}$
따라서 집합 X의 개수는 4개이다.

답 4

10-1

$n(A \times B) = n(A) \times n(B) = 2 \times 2 = 4$
따라서 $A \times B$의 부분집합의 개수를 구하면
　$2^4 = 16$

답 16

10-2

$n(A) + n(B) = 6$이므로

$n(A)$	1	2	3	4	5
$n(B)$	5	4	3	2	1
$n(A) \times n(B)$	5	8	9	8	5

$\therefore$ $5 + 8 + 9 = 22$

답 22

11-1

2^A는 집합 A의 부분집합을 원소로 하는 집합이므로 A는
2^A의 원소이다.
$$A \in 2^A, \ \{A\} \subset 2^A$$
따라서 옳은 것은 ③이다.

답 ③

11-2

2^A는 집합 $A = \{1, 2, 3\}$의 부분집합을 원소로 하는 집합
이므로 원소의 개수는 $2^3 = 8$이다.

$2^A = B$라 하면 $2^{2^A} = 2^B$는 집합 B의 부분집합을 원소로 하
는 집합이므로 원소의 개수는 $2^8 = 256$이다.

답 256

③ 집합의 연산

12-1

$A = \{1, 2, 3, 4, 6, 12\}$, $B = \{1, 3, 5, 15\}$,
$C = \{1, 2, 4, 5, 10, 20\}$
(1) $B \cap C = \{1, 5\}$,
   $A \cup (B \cap C) = \{1, 2, 3, 4, 5, 6, 12\}$
(2) $A \cup B = \{1, 2, 3, 4, 5, 6, 12, 15\}$
   $(A \cup B) \cap C = \{1, 2, 4, 5\}$

답 (1) $\{1, 2, 3, 4, 5, 6, 12\}$　(2) $\{1, 2, 4, 5\}$

12-2

$A = \{x \mid x < -1, \ x > 1\}$를 수직선 위에 나타내면

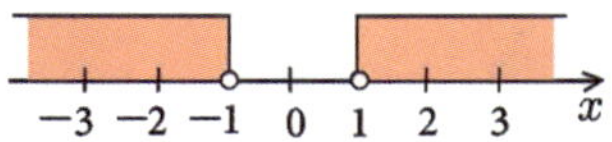

$A \cup B = \{x \mid x$는 모든 실수$\}$가 되려면
   $\{x \mid -1 \le x \le 1\} \subset B$　　…①
$A \cap B = \{1 < x \le 3\}$이 되려면
   $\{x \mid 1 < x \le 3\} \subset B$　　…②
①, ②를 모두 만족하는 B를 수직선 위에 나타내면

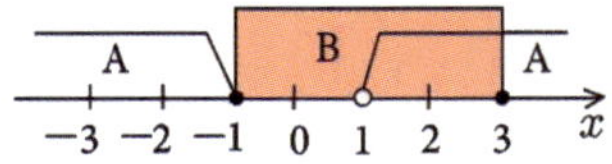

그림에서 $B = \{x \mid -1 \le x \le 3\}$이므로 $\alpha = -1$, $\beta = 3$

답 $\alpha = -1$, $\beta = 3$

13-1

$A \cap B = \{1, 4\}$이므로 B의 원소 $a^2 = 4$이다.
   $\therefore \ a = \pm 2$
 i) $a = 2$일 때, $A = \{1, 2, 4\}$, $B = \{1, 3, 4\}$
   $\therefore \ A \cap B = \{1, 4\}$

ii) $a = -2$일 때, $A = \{-3, 2, 0\}$, $B = \{1, 3, 4\}$
   $\therefore \ A \cap B = \varnothing$
   $\therefore \ a = 2$

답 2

13-2

$A \cap B = \{3, 4\}$이므로 A의 원소 $a^2 - 4a - 8 = 4$이다.
   $a^2 - 4a - 12 = 0$
   $(a - 6)(a + 2) = 0$
   $\therefore \ a = 6$ 또는 $a = -2$
 i) $a = 6$일 때, $A = \{3, 4\}$, $B = \{7, 4, 35\}$
   $\therefore \ A \cap B = \{4\}$
ii) $a = -2$일 때, $A = \{3, 4\}$, $B = \{-1, 4, 3\}$
   $\therefore \ A \cap B = \{3, 4\}$
따라서 $a = -2$이고 이때 $A \cup B$를 구하면
   $A \cup B = \{-1, 3, 4\}$

답 $\{-1, 3, 4\}$

14-1

$A_1 : 1 \le x \le 3$, $A_2 : 3 \le x \le 5$, $\cdots$　　$\therefore \ 3 \in B$
$A_3 : 5 \le x \le 7$, $A_4 : 7 \le x \le 9$, $\cdots$　　$\therefore \ 7 \in B$
$A_5 : 9 \le x \le 11$, $A_6 : 11 \le x \le 13$　　$\therefore \ 11 \in B$
따라서 원소의 개수가 최소인 집합 $B = \{3, 7, 11\}$이다.

답 $\{3, 7, 11\}$

14-2

$A_1 : -1 \le x \le 5$, $A_2 : 1 \le x \le 7$, $A_3 : 3 \le x \le 9$,
$A_4 : 5 \le x \le 11$, $\cdots$　　$\therefore \ 5 \in B$
$A_5 : 7 \le x \le 13$, $A_6 : 9 \le x \le 15$, $A_7 : 11 \le x \le 17$,
$A_8 : 13 \le x \le 19$, $\cdots$　　$\therefore \ 13 \in B$
$A_9 : 15 \le x \le 21$, $A_{10} : 17 \le x \le 23$, $A_{11} : 19 \le x \le 25$,
$A_{12} : 21 \le x \le 27$　　$\therefore \ 21 \in B$
따라서 원소의 개수가 최소인 집합 $B = \{5, 13, 21\}$이므로
집합 B의 부분집합의 개수는 $2^3 = 8$이다.

답 8

15-1

집합 A, B를 원소나열법으로 나타내면
   $A = \{0, 1, 2, 3, \cdots, 10\}$, $B = \{2, 3, 5, 7\}$
   $\therefore \ A - B = \{0, 1, 4, 6, 8, 9, 10\}$
$(A - B) \cap C = \{0, 1, 4, 6, 8, 9, 10\}$
   $\cap \{x \mid 1 \le x \le 9, \ x$는 실수$\}$
   $= \{1, 4, 6, 8, 9\}$

답 $\{1, 4, 6, 8, 9\}$

15-2

주어진 조건에 의해
$A - B = \{1,\ 5\}$이므로 ①의
원소는 1, 5이고,
$(A \cup B)^C = \{4\}$이므로 ④의
원소는 4이다.
이때 $A = \{1,\ 3,\ 5\}$이므로

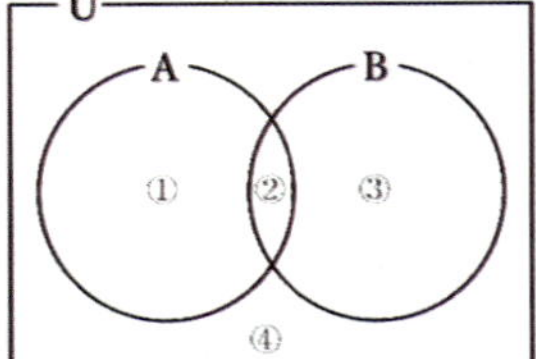

②의 원소는 3이고 남은 부분인 ③의 원소는 2, 6이다.
따라서 집합 B를 구하면
$$B = \{2,\ 3,\ 6\}$$

답 $B = \{2,\ 3,\ 6\}$

15-3

주어진 조건에서
$(A \cup B)^C = \{1, 8, 9\}$이므로
④의 원소는 1, 8, 9이고,
$A \cap B = \{3,\ 7\}$이므로 ②의
원소는 3, 7이다. 이때

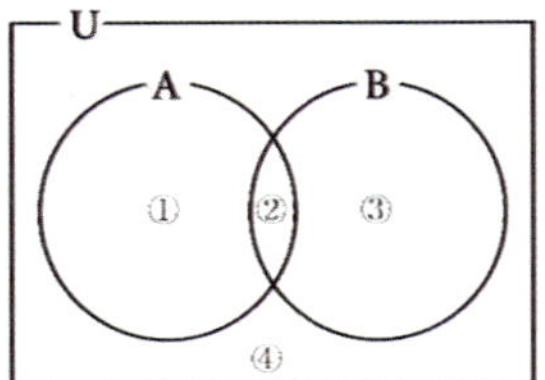

$A^C \cap B = B - A = \{4, 5\}$이 므
로 ③의 원소는 4, 5이고 남은 원소 2, 6이 ①의 원소이다.
(1) $A \cup B = \{2,\ 3,\ 4,\ 5,\ 6,\ 7\}$
(2) $A = \{2,\ 3,\ 6,\ 7\}$
(3) $B = \{3,\ 4,\ 5,\ 7\}$

답 **(1)** $A \cup B = \{2,\ 3,\ 4,\ 5,\ 6,\ 7\}$
(2) $A = \{2,\ 3,\ 6,\ 7\}$
(3) $B = \{3,\ 4,\ 5,\ 7\}$

16-1

$$(A \cup C) \cap (B \cup C) = (A \cap B) \cup C$$
$$= \{2, 3, 5,\ 7\} \cup \{2, 4, 6,\ 8\}$$
$$= \{2, 3, 4, 5, 6, 7, 8\}$$

답 $\{2, 3, 4, 5, 6, 7, 8\}$

16-2

$$A^C \cap (B \cup C) = (A^C \cap B) \cup (A^C \cap C)$$
$$= (B \cap A^C) \cup (C \cap A^C)$$
$$= (B - A) \cup (C - A)$$
$$= \{2,\ 4\} \cup \{1,\ 3,\ 5\}$$
$$= \{1,\ 2,\ 3,\ 4,\ 5\}$$

답 $\{1, 2, 3,\ 4, 5\}$

17-1

① $(A \cap B) \cup (A \cap C) = A \cap (B \cup C)$ [분배법칙] (○)
② $(B - A)^C = (B \cap A^C)^C = B^C \cup A = A \cup B^C$
　　[차집합과 여집합의 관계, 드모르간의 법칙] (×)

③ $(A - B)^C - B^C = (A \cap B^C)^C \cap B^C = (A^C \cup B) \cap B^C$
$$= (A^C \cap B^C) \cup (B \cap B^C) = A^C \cap B^C$$
　　[차집합과 여집합의 관계, 드모르간의 법칙, 분배법칙]
(×)

④ $(A - B) \cap (A - C) = (A \cap B^C) \cap (A \cap C^C)$
$$= A \cap (B^C \cap C^C)$$
$$= A \cap (B \cup C)^C$$
$$= A - (B \cup C)$$
　　[차집합과 여집합의 관계, 드모르간의 법칙, 분배법칙]
(○)

⑤ $(A \cup B) \cap (A \cup C) = A \cup (B \cap C)$ [분배법칙] (○)
따라서 옳지 않은 것은 ②, ③이다.

답 ②, ③

17-2

① $(A - B)^C = (A \cap B^C)^C = A^C \cup B$ (×)
② $A \cap (A \cup B)^C = A \cap (A^C \cap B^C) = (A \cap A^C) \cap B^C$
$$= \varnothing \cap B^C = \varnothing \ (×)$$
③ $(A - B) \cup (A - C) = (A \cap B^C) \cup (A \cap C^C)$
$$= A \cap (B^C \cup C^C)$$
$$= A \cap (B \cap C)^C$$
$$= A - (B \cap C) \ (×)$$
④ $(A^C \cup B \cup C)^C = A \cap B^C \cap C^C$ (○)
⑤ $A - (B - C)^C = A \cap (B \cap C^C)$
$$= (A \cap B) \cap C^C = (A \cap B) - C \ (×)$$
따라서 옳은 것은 ④이다.

답 ④

18-1

① $A \cup B = \varnothing \iff A = \varnothing$이고 $B = \varnothing$ (○)
② $A \cap B = U \iff A = U$이고 $B = U$ (○)
③ $A - B = \varnothing \iff A \subset B$ [소−대$=\varnothing$, 동−동$=\varnothing$] (○)
④ $(A - B)^C = U \iff A^C \subset B^C$ (×)
　　$(A - B)^C = U \iff A - B = \varnothing \iff A \subset B \iff B^C \subset A^C$
⑤ $A \cap B = \varnothing \iff A$와 B는 서로소 [서로소의 정의] (○)
따라서 집합의 기본성질에 맞지 않는 것은 ④이다.

답 ④

18-2

좌변을 간단히 하면
$$[(A \cap B) \cup (A - B)] \cap B = [(A \cap B) \cup (A \cap B^C)] \cap B$$
$$= [A \cap (B \cup B^C)] \cap B$$
$$= (A \cap U) \cap B = A \cap B$$
이때 $A \cap B = A$가 성립하려면 $A \subset B$이다.

답 $A \subset B$

19-1

주어진 식을 간단히 하면
$$(A \cup B) - (B - A) = (A \cup B) \cap (B \cap A^C)^C$$
$$= (A \cup B) \cap (B^C \cup A)$$
$$= (A \cup B) \cap (A \cup B^C)$$
$$= A \cup (B \cap B^C) = A \cup \varnothing = A$$

답 ②

19-2

드모르간의 법칙을 이용하여 정리하면
$$(P \cap Q) \cup \{R \cap (P^C \cup Q^C)\}$$
$$= (P \cap Q) \cup \{R \cap (P \cap Q)^C\}$$
$P \cap Q = S$라 놓고 분배법칙을 적용하면
$$S \cup (R \cap S^C) = (S \cup R) \cap (S \cup S^C) = S \cup R$$
$$\therefore \ 주어진 \ 집합은 \ (P \cap Q) \cup R = R \cup (P \cap Q)$$

답 ④

20-1

$A = \{1, 2, 3, 4\}$이므로 ①, ②의
원소가 1, 2, 3, 4이고
$(A - B) \cup (B - A) = \{1, 3, 6\}$
이므로 ①, ③의 원소가 1, 3, 6
이다. 따라서 ①의 원소가 공통인
부분이므로 1, 3이고, ②의 원소는 2, 4, ③의 원소는 6이 된
다. 집합 B의 원소는 ②, ③에 있으므로
$$B = \{2, 4, 6\}$$

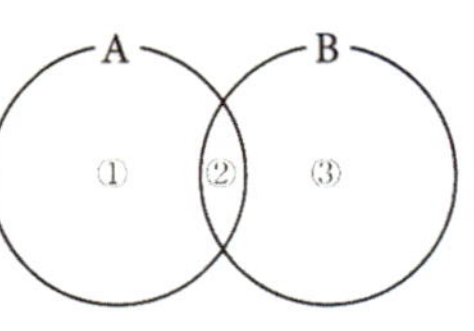

답 $B = \{2, 4, 6\}$

20-2

주어진 정의에 따라서 연산하여 보면
① $A \odot U = (A \cap U) \cup (A \cup U)^C$
$$= A \cup U^C = A \cup \varnothing = A$$
② $A \odot B = (A \cap B) \cup (A \cup B)^C$
$$= (B \cap A) \cup (B \cup A)^C = B \odot A$$
③ $A \odot \varnothing = (A \cap \varnothing) \cup (A \cup \varnothing)^C = \varnothing \cup A^C = A^C$
④ $A \odot B = (A \cap B) \cup (A \cup B)^C$
$$= (A \cup B)^C \cup (A \cap B)$$
$A^C \odot B^C = (A^C \cap B^C) \cup (A^C \cup B^C)^C$
$$= (A \cup B)^C \cup (A \cap B)$$
⑤ $A \odot A^C = (A \cap A^C) \cup (A \cup A^C)^C$
$$= \varnothing \cup U^C = \varnothing \cup \varnothing = \varnothing$$
따라서 ①이 성립되지 않는다.

답 ①

21-1

$n(B - A) = n(A \cup B) - n(A)$에서
$$n(A) = n(A \cup B) - n(B - A) \qquad \cdots ①$$
$$n(A^C \cap B^C) = n\{(A \cup B)^C\} = n(U) - n(A \cup B)$$
$$\therefore \ n(A \cup B) = n(U) - n(A^C \cap B^C) = 25 - 5 = 20$$
이 값을 ①에 대입하여 $n(A)$를 구하면
$$n(A) = 20 - 10 = 10$$

답 10

21-2

집합의 기본 성질을 이용하여 정리한 후, 원소의 개수 공식을
이용하면
$$n(A^C \cap B^C) = n((A \cup B)^C) = n(U) - n(A \cup B)$$
$$= n(U) - \{n(A) + n(B) - n(A \cap B)\}$$
$$= s - (a + b - c) = s - a - b + c$$

답 $s - a - b + c$

22-1

$$n(A \cap B) = n(A) + n(B) - n(A \cup B) = 10 + 12 - 22 = 0$$
$$n(B \cap C) = n(B) + n(C) - n(B \cup C) = 12 + 10 - 20 = 2$$
$n(A \cap B) = 0$이므로 $n(A \cap B \cap C) = 0$
$$\therefore \ n(A \cup B \cup C) = n(A) + n(B) + n(C) - n(A \cap B)$$
$$- n(B \cap C) - n(C \cap A) + n(A \cap B \cap C)$$
$$= 10 + 12 + 10 - 0 - 2 - 3 + 0 = 27$$

답 27

22-2

집합 A, B, C의 원소의 개수를 각각 구하면
$$A = \{5, 10, 15, \cdots, 50\} \qquad \therefore \ n(A) = 10$$
$$B = \{9, 18, 27, 36, 45\} \qquad \therefore \ n(B) = 5$$
$$C = \{10, 20, 30, 40, 50\} \qquad \therefore \ n(C) = 5$$
집합 $A \cap B$, $B \cap C$, $C \cap A$의 원소의 개수를 각각 구하면
$$n(A \cap B) = 1, \ n(B \cap C) = 0, \ n(C \cap A) = 5$$
$$\therefore \ n(A \cap B \cap C) = 0$$
$$n(A \cup B \cup C) = n(A) + n(B) + n(C) - n(A \cap B)$$
$$- n(B \cap C) - n(C \cap A) + n(A \cap B \cap C)$$
$$= 10 + 5 + 5 - 1 - 0 - 5 + 0 = 14$$

답 14

23-1

영어, 불어 두 과목 중 영어만 신청한
학생 수 x, 불어만 신청한 학생 수
y, 영어, 불어 둘 다 신청한 학생 수
z라 하면

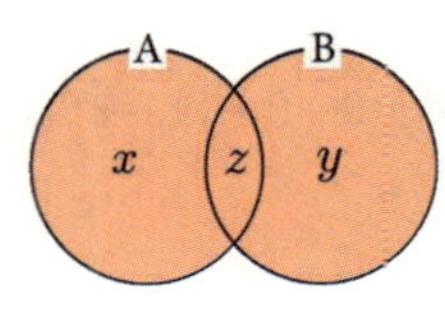

적어도 한 과목을 신청한 학생 $x + y + z = 80$ $\cdots$ ①
영어를 신청한 학생 $x + z = 52$ $\cdots$ ②

불어를 신청한 학생 $y+z=45$ … ③

영어만 신청한 학생은 x이므로

　　①－③ ; $x=80-45=35$ (명)

불어만 신청한 학생은 y이므로

　　①－② ; $y=80-52=28$ (명)

따라서 한 과목만 신청한 학생의 수를 구하면

　　$35+28=63$

답　63**명**

23-2

안건 A, B에 찬성한 사람의 집합을 각각 A, B라 하면 A만 찬성한 사람 수 x, B만 찬성한 사람 수 y, A, B 둘 다 찬성한 사람 수 z라 하면

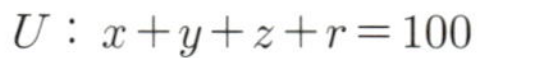

$U : x+y+z+r=100$　　　… ①

$A : x+z=60$　　　… ②

$B : y+z=66$　　　… ③

$A^C \cap B^C : r=\dfrac{1}{3}z+2$　　　… ④

④를 ①에 대입하여 정리하면

　　$3x+3y+4z=294$　　　… ⑤

②＋③ : $x+y+2z=126$　　　… ⑥

⑥×3－⑤ : $2z=84$　　$\therefore z=42$

답　42**명**

24-1

$B \subset A$일 때, $n(A\cap B)$가 최대이므로 최댓값 $M=17$이고 $A\cup B=U$일 때, $n(A\cap B)$가 최소이므로 최솟값을 구하면

　　$n(A\cap B)=n(A)+n(B)-n(A\cup B)$

　　　　　　　$=39+17-50=6=m$

$\therefore M-m=17-6=11$

답　11

24-2

책 A, B, C를 읽은 학생들의 집합을 각각 A, B, C라 하면 $n(A)=5$, $n(B)=4$, $n(C)=7$, $n(A\cap B)=3$, $n(A\cap B\cap C)=2$ 이다.

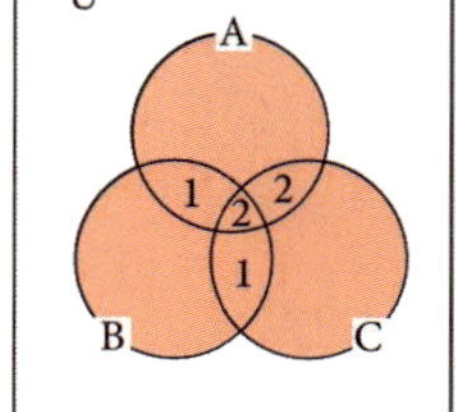

C만 읽은 학생 수가 가장 적을 때는 A와 C, B와 C를 읽은 학생의 수가 가장 많은 경우이므로 벤 다이어그램에서 C만 읽은 학생의 수를 구하면

　　$7-(2+2+1)=2$명

답　2**명**

<연습문제 A>

01. (1) 미국인의 모임 : 집합이다. - 판단기준 : 국적법

　　　지식인의 모임 : 집합이 아니다.

　　(2) 100보다 큰 수의 모임 : 집합이다.

　　　　　　　- 판단기준 : 100(실수)

　　　대단히 큰 수의 모임 : 집합이 아니다.

02. 조건제시법 $A=\{x|5\le x<30$인 5의 배수$\}$

　　원소나열법 $A=\{5,\ 10,\ 15,\ 20,\ 25\}$

03. (1) $A\oplus B=\{5, 6, 7, 8\}$

　　(2) $A\otimes B=\{4, 5, 8, 10, 12, 15\}$

04. ②, ⑤

05. 원소 : $\varnothing$, 2, $\{2\}$

　　부분집합 : $\varnothing$, $\{\varnothing\}$, $\{2\}$, $\{\{2\}\}$, $\{\varnothing, 2\}$, $\{\varnothing, \{2\}\}$, $\{2, \{2\}\}$, $\{\varnothing, 2, \{2\}\}$

06. A와 C, B와 E, D와 F　**07.** 32

08. (1) 8　(2) 8　**09.** 32　**10.** 63　**11.** 16

12. (1) $A\cup B=\{1, 2, 3, 4, 6, 8, 9, 12, 15, 18, 24\}$

　　(2) $A\cap B=\{3, 6, 12\}$

13. 2　**14.** $\{3, 7, 11\}$　**15.** $\{8, 9, 10\}$

16. $\{1, 2, 3, 4\}$　**17.** ③　**18.** ③　**19.** ④　**20.** 12

21. 11　**22.** 8　**23.** 20　**24.** 6

<연습문제 B>

01. ㉡, 91, 92, 93, ⋯, 99

02. (1) $A=\{2, 4, 6, 8\}$　(2) $B=\{1, 2, 3, 6, 9, 18\}$

　　(3) $C=\{x|x$는 20 이하의 소수$\}$

　　(4) $D=\{x|x$는 100 이하의 5의 배수$\}$

03. $(A\otimes A)\otimes B=\{0, 1, 2, 3\}$　**04.** ③, ⑤

05. ④　**06.** 3　**07.** 7　**08.** 56　**09.** 4　**10.** 22

11. 256　**12.** $\alpha=-1$, $\beta=3$　**13.** $\{-1, 3, 4\}$

14. $B=\{4, 10, 16\}$　**15.** $B=\{2, 3, 6\}$

16. $\{1, 2, 3, 4, 5\}$　**17.** ②, ③　**18.** $A\subset B$

19. ④　**20.** ①　**21.** 10　**22.** 14

23. 42명　**24.** 2명

① 명제와 조건

01-1

① $1+2=5$: 거짓이므로 명제이다.

② $x<5$: x의 값에 따라 참인지 거짓인지가 달라지므로 명제가 아니다.

③ $x^2<0$: x의 값에 따라 참인지 거짓인지가 달라지므로 명제가 아니다.

④ $x \neq 0$이면 $x^2 \neq 0$: 참이므로 명제이다.

⑤ $x^2-9=(x-3)(x+3)$: 항등식이므로 명제이다.

따라서 명제가 아닌 것은 ②, ③이다.

답 ②, ③

01-2

① 항등식이므로 참인 명제이다.

② $x^2-4x+5 \neq x^2-4x-5$이므로 거짓인 명제이다.

③ x가 실수이면 항상 $x^2 \geq 0$이므로 참인 명제이다.

④ 2는 소수이지만 짝수이므로 거짓인 명제이다.

⑤ $x=\dfrac{1}{2}$, $y=\dfrac{1}{2}$일 때, $x+y=1$로 정수이지만, x, y는 정수가 아니므로 거짓인 명제이다.

따라서 참인 명제는 ①, ③이다.

답 ①, ③

02-1

(1) 0은 음이 아닌 정수이다.
  → 참인 것이 명확하다.
    ∴ 명제이다.

(2) x는 음이 아닌 정수이다.
  → x의 값에 따라 참인지 거짓인지가 달라진다.
    ∴ 조건이다.

(3) $2>3$
  → 거짓인 것이 명확하다.
    ∴ 명제이다.

(4) $x>y$
  → x, y의 값에 따라 참인지 거짓인지가 달라진다.
    ∴ 조건이다.

답 (1) 명제 (2) 조건 (3) 명제 (4) 조건

02-2

① x의 값에 따라 참인지 거짓인지가 달라진다. ∴ 조건

② 항상 참이다. ∴ 명제

③ x의 값에 따라 참인지 거짓인지가 달라진다. ∴ 조건

④ x의 값에 따라 참인지 거짓인지가 달라진다. ∴ 조건

⑤ 항상 거짓이다. ∴ 명제

03-1

(1) '~이고 ~이다'의 부정은 '~이 아니거나 ~이 아니다'이다. 따라서 주어진 조건의 부정은 '4는 12의 약수가 아니거나 16의 약수가 아니다.'이다.

(2) '~ 또는 ~'의 부정은 '~이 아니고 ~이 아니다'이다. 따라서 주어진 명제의 부정은 '$-2 \geq 0$이고 $(-2)^2 \neq 4$'이다.

답 (1) 4는 12의 약수가 아니거나 16의 약수가 아니다.
(2) $-2 \geq 0$이고 $(-2)^2 \neq 4$

03-2

'~ 이고 ~'의 부정은 '~이 아니거나 ~이 아니다'이다. 따라서 주어진 명제의 부정은 '$x<-2$ 또는 $x \geq 5$이다.'이다.

답 $x<-2$ **또는** $x \geq 5$

04-1

'$x=y=z$'는 'x, y, z가 모두 같다'라는 뜻이다. 따라서 '$x=y=z$'의 부정은 'x, y, z 중 어떤 두 수는 서로 다르다'는 뜻이므로 옳지 않은 것은 ①이다.

답 ①

04-2

$|a|+|b|+|c|=0$의 의미는 $a=0$이고 $b=0$이고 $c=0$이다. 주어진 조건의 부정을 구하면 '$a \neq 0$ 또는 $b \neq 0$ 또는 $c \neq 0$'이다.

답 $a \neq 0$ **또는** $b \neq 0$ **또는** $c \neq 0$

05-1

조건 p의 진리집합 $P=\{2, 4, 6, 8, 10\}$, 조건 q의 진리집합 $Q=\{1, 2, 5, 10\}$이다.

조건 'p 그리고 $\sim q$'의 진리집합은 $P \cap Q^C$이므로
$$P \cap Q^C = P-Q = \{4, 6, 8\}$$

답 $\{4, 6, 8\}$

05-2

$p(x)$의 진리집합을 P라 하면
$$P=\{x \mid 0 \leq x \leq 3\}$$
$q(x)$의 진리집합을 Q라 하면
$$Q=\{x \mid x<-2,\ x>1\}$$
'$\sim\{p(x)$ 이거나 $\sim q(x)\}$' $\equiv$ '$\sim p(x)$ 그리고 $q(x)$'이므로 진리집합을 구하면 $P^C \cap Q$가 된다.

$P^C=\{x \mid x<0, x>3\}$이므로 $P^C \cap Q$를 수직선에 나타내면

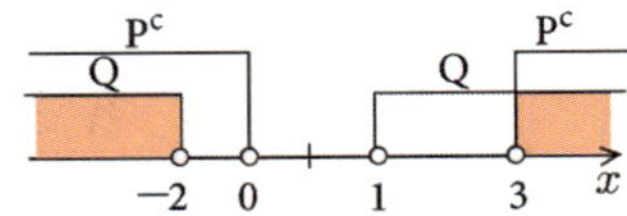

따라서 구하는 진리집합은
$$P^C \cap Q = \{x \mid x < -2, x > 3\}$$

답 $\{x \mid x < -2,\ x > 3\}$

06-1

명제 '정사각형은 네 각이 직각이다.'를 'p이면 q이다.'의 꼴로 나타내면 '정사각형이면 네 각이 직각이다.'이다. 따라서 이 명제의 가정은 '정사각형이다.', 결론은 '네 각이 직각이다.'이다.

답 가정 : 정사각형이다.   결론 : 네 각이 직각이다.

06-2

명제 'a와 b가 같다는 것은 a^2과 b^2이 같다는 것이다.'를 'p이면 q이다.'의 꼴로 나타내면 'a와 b가 같으면 a^2과 b^2이 같다.'이다. 이것을 수식을 이용하여 나타내면 '$a = b$이면 $a^2 = b^2$이다.'

답 $a = b$**이면** $a^2 = b^2$**이다.**

07-1

$p \Rightarrow q$이면 진리집합은 $P \subset Q$가 되므로 벤 다이어그램을 그리면 오른쪽 그림과 같다.
따라서 옳은 것은 ②, ③이다.

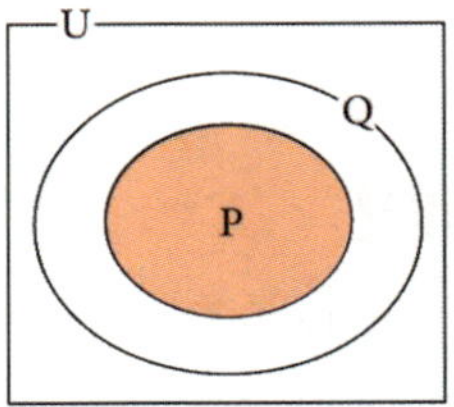

답 ②, ③

07-2

$q \Rightarrow p$이면 진리집합은 $Q \subset P$가 되므로 벤 다이어그램을 그리면 오른쪽 그림과 같다.
따라서 옳은 것은 (라)이다.

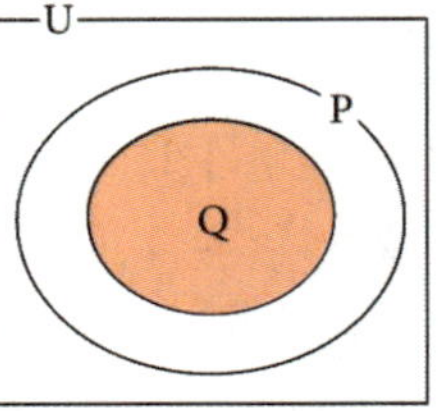

답 (라)

08-1

(1) $P = \{x \mid x = 2\}$, $Q = \{x \mid x^2 - 5x + 6 = 0\}$이라 하면
$P = \{2\}$, $Q = \{2,\ 3\}$이므로 $P \subset Q$가 성립한다.
따라서 주어진 명제는 참이다.

(2) $P = \{x \mid x^2 = 4\}$, $Q = \{x \mid x = 2\}$라 하면
$P = \{-2,\ 2\}$, $Q = \{2\}$이므로 $P \not\subset Q$이다.
따라서 주어진 명제는 거짓이다.

답 (1) 참   (2) 거짓

08-2

$P = \{x \mid x^2 - 5x + 6 < 0\}$, $Q = \{x \mid x > 1\}$이라 하면
P에서 $x^2 - 5x + 6 < 0$
$$(x - 2)(x - 3) < 0$$
$$\therefore P = \{x \mid 2 < x < 3\}$$
P와 Q의 범위를 수직선에 나타내면

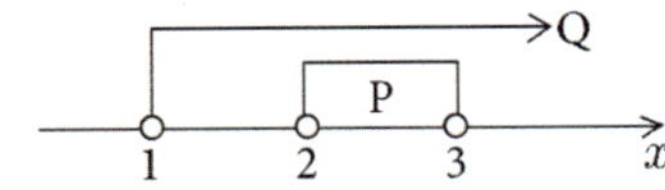

$P \subset Q$이므로 주어진 명제는 참이다.

답 참

09-1

$p : x = 2$, $q : x^2 + 5x + a = 0$이라 하고 p, q의 진리집합을 각각 P, Q라 하면 주어진 명제가 참이므로 $P \subset Q$가 성립한다.
따라서 $x = 2$가 $x^2 + 5x + a = 0$의 한 근이므로 대입하여 a의 값을 구하면 $4 + 10 + a = 0$ $\therefore a = -14$

답 -14

09-2

$p : |x - 1| \leq k$에서 $-k \leq x - 1 \leq k$
$$-k + 1 \leq x \leq k + 1$$
조건 p의 진리집합 $P = \{x \mid -k + 1 \leq x \leq k + 1\}$
$q : |x - 2| < 4$에서 $-4 < x - 2 < 4$
$$-2 < x < 6$$
조건 q의 진리집합 $Q = \{x \mid -2 < x < 6\}$.
명제 $p \to q$가 참이므로 $P \subset Q$가 성립하도록 수직선에 나타내면

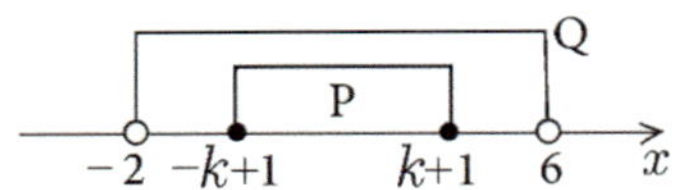

$$\therefore -2 < -k + 1 \text{이고} \ k + 1 < 6$$
따라서 $k < 3$이고 $k < 5$이므로 $k < 3$이다. 이때 k는 양수이므로 $0 < k < 3$이고 양의 정수 k의 최댓값은 2이다.

답 2

10-1

① $Q \subset R$　　　　　　$\therefore q \to r$: 참
② $Q \subset P$　　　　　　$\therefore q \to p$: 참
③ $R \subset P$　　　　　　$\therefore r \to p$: 참
④ $P^C \subset Q^C$　　　　$\therefore \sim p \to \sim q$: 참
⑤ $R^C \not\subset P^C$　　　$\therefore \sim r \to \sim p$: 거짓
따라서 거짓인 명제는 ⑤이다.

답 ⑤

10-2

① $R \subset P^C$ $\therefore$ $r \to \sim p$: 참
② $Q \not\subset R$ $\therefore$ $q \to r$: 거짓
③ $Q \subset R^C$ $\therefore$ $q \to \sim r$: 참
④ $P \not\subset R$ $\therefore$ $p \to r$: 거짓
⑤ $Q \not\subset P^C$ $\therefore$ $q \to \sim p$: 거짓
따라서 참인 명제는 ①, ③이다.

답 ①, ③

11-1

(1) $p : |x+1| > 0$이라 하고 조건 p의 진리집합 P를 구하면
$$P = \{x \,|\, x \neq -1 \text{인 모든 실수}\}$$
$P \neq U$이므로 주어진 명제는 거짓이다.
(2) $p : x^2 - 1 \leq 0$이라 하고 조건 p의 진리집합 P를 구하면
$$P = \{x \,|\, -1 \leq x \leq 1\}$$
$P \neq \varnothing$이므로 주어진 명제는 참이다.

답 (1) 거짓 (2) 참

11-2

$p : x^2 + 2ax + 2a + 3 \geq 0$이라 할 때, 명제가 참이 되려면 조건 p를 만족하는 x가 모든 실수이어야 하므로 $x^2 + 2ax + 2a + 3 = 0$의 판별식 $D \leq 0$이어야 한다.
$$D/4 = a^2 - 2a - 3 = (a-3)(a+1) \leq 0$$
$$\therefore \ -1 \leq a \leq 3$$
따라서 정수 a의 개수는 5개다.

답 5개

11-3

$p : x^2 + kx + k + 3 = 0$이라 할 때, 명제가 참이 되려면 조건 p를 만족하는 x가 존재해야 하므로 $x^2 + kx + k + 3 = 0$의 판별식 $D \geq 0$이어야 한다.
$$D = k^2 - 4(k+3) = k^2 - 4k - 12$$
$$= (k-6)(k+2) \geq 0$$
$$\therefore \ k \geq 6 \text{ 또는 } k \leq -2$$
따라서 구하는 양수 k의 최솟값은 6이다.

답 6

12-1

(1) 'A회사의 어떤 직원은 남자이다'의 부정
     → A회사의 모든 직원은 여자이다.
(2) '모든 실수 x에 대하여 $x^2 \geq 0$이다'의 부정
     → 어떤 실수 x에 대하여 $x^2 < 0$이다.

답 (1) A회사의 모든 직원은 여자이다.
(2) 어떤 실수 x에 대하여 $x^2 < 0$이다.

12-2

(1) 주어진 명제의 부정은
    '어떤 자연수 x에 대하여 $-x \geq 0$이다.'
$p : -x \geq 0$이라 하고 조건 p의 진리집합을 P라 하면
$$P = \{x \,|\, x \leq 0, \ x \text{는 자연수}\}$$
$P = \varnothing$이므로 주어진 명제의 부정은 거짓이다.
(2) 주어진 명제의 부정은
    '모든 정수 x, y에 대하여 $x+y \leq 0$이다.'
이때 $x=1$, $y=1$이면 $x+y = 2 > 0$이므로 진리집합이 전체집합이 될 수 없다. 따라서 주어진 명제의 부정은 거짓이다.

답 (1) 어떤 자연수 x에 대하여 $-x \geq 0$이다, 거짓
(2) 모든 정수 x, y에 대하여 $x+y \leq 0$이다, 거짓

② 명제의 역과 대우

13-1

'이번 일요일에'는 대전제이므로 부정에 영향을 받지 않는다. 가정 '체육대회가 열리지 않으면'의 부정은 '체육대회가 열리면'이고, 결론 '날씨는 맑지 않다.'의 부정은 '날씨는 맑다.'이다. 따라서 주어진 명제의 대우는 '이번 일요일에 날씨가 맑으면 그날 체육대회가 열린다.'이다.

답 이번 일요일에 날씨가 맑으면 그날 체육대회가 열린다.

13-2

명제 $p \to q$의 대우는 명제 $\sim q \to \sim p$이므로 주어진 명제의 부정은 '$a \neq 0$ 또는 $b \neq 0$이면 $a + b\sqrt{2} \neq 0$이다.'이다.

답 ④

14-1

주어진 명제의 역은 '자연수 x, y에 대하여 xy가 짝수이면 $x^2 + y^2$이 홀수이다'이다. 이때 $x=2$, $y=4$이면 $x^2 + y^2 = 20$이므로 주어진 명제의 역은 거짓이다.
주어진 명제의 대우는 '자연수 x, y에 대하여 xy가 홀수이면 $x^2 + y^2$은 짝수이다.'이다. 이때 xy가 홀수이려면 x, y가 모두 홀수이고 x^2, y^2도 홀수이므로 $x^2 + y^2$은 짝수가 된다. 따라서 주어진 명제의 대우는 참이다.

답 역 : 자연수 x, y에 대하여 xy가 짝수이면 $x^2 + y^2$이
홀수이다. 거짓
대우 : 자연수 x, y에 대하여 xy가 홀수이면 $x^2 + y^2$이
짝수이다. 참

14-2

보기의 명제의 역을 구하고 참, 거짓을 판별하면
ㄱ. 역 : $x=1$이면 $x^3 = 1$이다. : 참

ㄴ. 역 : $x+y \geq 2$이면 $x \geq 1$이고 $y \geq 1$이다. : 거짓
　 (반례) $x=5$, $y=-1$이면 $x+y \geq 2$이지만 $x \geq 1$,
　　 $y \geq 1$은 아니다.

ㄷ. 역 : $x > 0$이면 $x^2 > 0$이다. : 참

답 ㄱ, ㄴ

15-1

주어진 명제의 대우는
　'$x > -1$이고 $y > k$이면 $x+y > 0$이다.'
$x > -1$이고 $y > k$이므로 $x+y > -1+k$이고 주어진 명제
가 참이므로 명제의 대우도 참이다. 따라서 $-1+k \geq 0$이어
야 한다. $k \geq 1$이므로 k의 최솟값을 구하면 1이다.

답 1

15-2

주어진 명제의 대우는 　'$x^2 - 4x - 5 < 0$이면 $x \geq a$이다.'
$p : x^2 - 4x - 5 < 0$이라 하고 조건 p의 진리집합을 P라 하면
　$P = \{x \mid -1 < x < 5\}$
$q : x \geq a$라 하고 조건 q의 진리집합을 Q라 하면
　$Q = \{x \mid x \geq a\}$
진리집합 P, Q에 대하여 $P \subset Q$가 성립하도록 수직선에 나
타내면

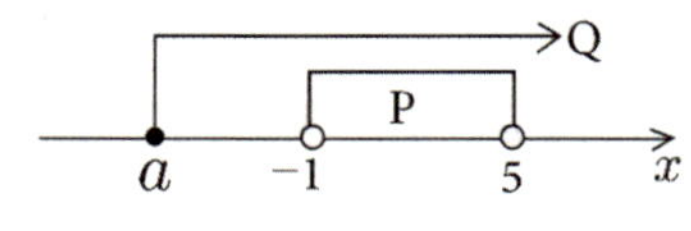

　$\therefore a \leq -1$

답 $a \leq -1$

16-1

① $p \Rightarrow {\sim}q$, ${\sim}r \Rightarrow q$에서 ${\sim}q \Rightarrow r$ 　　$\therefore p \Rightarrow r$
② $p \Rightarrow {\sim}q$, $r \Rightarrow q$에서 ${\sim}q \Rightarrow {\sim}r$ 　　$\therefore p \Rightarrow {\sim}r$
③ $q \Rightarrow {\sim}p$에서 $p \Rightarrow {\sim}q$, ${\sim}q \Rightarrow r$ 　　$\therefore p \Rightarrow r$
④ $p \Rightarrow q$, ${\sim}r \Rightarrow {\sim}q$에서 $q \Rightarrow r$ 　　$\therefore p \Rightarrow r$
⑤ ${\sim}p \Rightarrow q$, $q \Rightarrow {\sim}r$ 　　$\therefore {\sim}p \Rightarrow {\sim}r$
따라서 옳은 것은 ②이다.

답 ②

16-2

$p \rightarrow {\sim}q$가 참이면 대우인 $q \rightarrow {\sim}p$도 참이고 ${\sim}r \rightarrow q$,
$q \rightarrow {\sim}p$가 참이므로 ${\sim}r \rightarrow {\sim}p$가 참이다.
${\sim}s \rightarrow {\sim}r$, ${\sim}r \rightarrow {\sim}p$가 참이므로 ${\sim}s \rightarrow {\sim}p$가 참이다.
따라서 ${\sim}s \rightarrow {\sim}p$의 대우인 $p \rightarrow s$가 참이다.

답 ③

17-1

p : 먹구름이 낀다, q : 비가 온다, r : 기온이 낮아진다.
주어진 조건에서 $p \Rightarrow q$, $q \Rightarrow r$이므로 $p \Rightarrow r$이다.

$p \Rightarrow q$이므로 ${\sim}q \Rightarrow {\sim}p$이고 $q \Rightarrow r$이므로 ${\sim}r \Rightarrow {\sim}q$이
다. $p \Rightarrow r$이므로 ${\sim}r \Rightarrow {\sim}p$이다.
보기의 명제를 기호로 나타내면
① ${\sim}q \rightarrow {\sim}p$ 　　② ${\sim}p \rightarrow {\sim}q$ 　　③ $p \rightarrow r$
④ ${\sim}r \rightarrow {\sim}p$ 　　⑤ ${\sim}r \rightarrow {\sim}q$
따라서 보기 중 반드시 참이라고 할 수 없는 것은 ②이다.

답 ②

17-2

p : 농구를 잘한다, q : 키가 크다, r : 달리기를 잘한다.
주어진 조건에서 ${\sim}p \Rightarrow {\sim}q$이므로 $q \Rightarrow p$이다.
$q \Rightarrow p$, $p \Rightarrow r$이므로 $q \Rightarrow r$이다.
보기의 명제를 기호로 나타내면
① $r \rightarrow q$ 　　② $p \rightarrow q$ 　　③ ${\sim}p \rightarrow r$
④ $q \rightarrow r$ 　　⑤ ${\sim}p \rightarrow {\sim}r$
따라서 보기 중에서 참인 것은 ④이다.

답 ④

17-3

주어진 명제의 가정과 결론에 해당하는 조건을 각각 다음과
같이 정리하면
p : 빛깔이 선명하다, q : 꽃잎이 많다, r : 꽃송이가 작다.
s : 봄에 핀다, t : 줄기가 길다.
이 조건을 이용하여 주어진 사실을 명제로 나타내면
Ⅰ. ${\sim}p \Rightarrow {\sim}q$　Ⅱ. $r \Rightarrow s$　Ⅲ. $p \Rightarrow t$　Ⅳ. ${\sim}p \Rightarrow {\sim}s$
이 명제들의 대우를 구해 보면
Ⅰ. $q \Rightarrow p$　Ⅱ. ${\sim}s \Rightarrow {\sim}r$　Ⅲ. ${\sim}t \Rightarrow {\sim}p$　Ⅳ. $s \Rightarrow p$
참인 이 명제들을 이용하여 참인 명제를 추론하면
Ⅱ의 $r \Rightarrow s$와 Ⅳ의 대우 $s \Rightarrow p$에 의해 $r \Rightarrow p$
$r \Rightarrow p$의 대우인 ${\sim}p \Rightarrow {\sim}r$이므로 참인 것은 '빛깔이 선명하
지 않은 꽃은 꽃송이가 작지 않다.'이다.

답 ⑤

18-1

주어진 조건의 성립 방향을 화살표로 나타내면

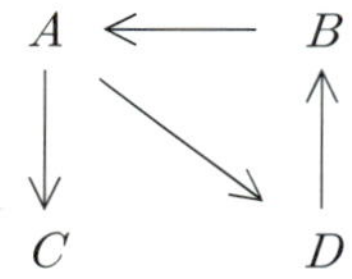

$B \Rightarrow A$, $A \Rightarrow C$이므로 $B \Rightarrow C$
　$\therefore B$는 C이기 위한 (충분)조건
$D \Rightarrow B$, $B \Rightarrow A$, $A \Rightarrow C$이므로 $D \Rightarrow C$
　$\therefore C$는 D이기 위한 (필요)조건
$D \Rightarrow B$, $B \Rightarrow A$이므로 $D \Rightarrow A$이고 $A \Rightarrow D$이므로
$D \Leftrightarrow A$ 　$\therefore D$는 A이기 위한 (필요충분)조건

답 충분, 필요, 필요충분

18-2

주어진 조건의 성립방향을 화살표로 나타내면

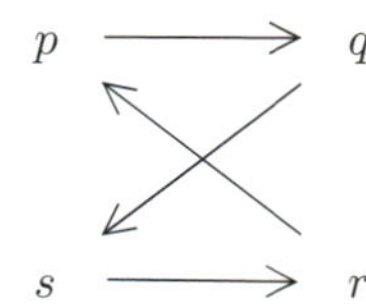

$p \Rightarrow q$, $q \Rightarrow s$이므로 $p \Rightarrow s$

$\therefore$ p는 s이기 위한 충분조건이다. … ①

$s \Rightarrow r$, $r \Rightarrow p$이므로 $s \Rightarrow p$

$\therefore$ s는 p이기 위한 필요조건이다. … ②

①, ②에 의해 p는 s이기 위한 필요충분조건이다.

답 **필요충분**

19-1

① $A : x^2 = 1$ $\therefore$ $x = \pm 1$

  $B \nRightarrow A$ $\therefore$ 충분조건

② $B : \sqrt{a^2} = a$ $|a| = a$ $\therefore$ $a \geq 0$

  $B \nLeftrightarrow A$ $\therefore$ 아무 조건도 아니다.

③ $B :$ 마름모도 대각선이 직교하는 사각형이다.

  $B \nRightarrow A$ $\therefore$ 충분조건

④ $B :$ 닮음 조건이다.

  $B \nLeftarrow A$ $\therefore$ 필요조건

⑤ $B \nRightarrow A$ $\therefore$ 충분조건

답 **④**

19-2

(1) $ab \neq 0$은 $a \neq 0$이고 $b \neq 0$을 의미한다.

  $ab \neq 0 \Leftrightarrow a \neq 0$이고 $b \neq 0$

  $\therefore$ 필요충분조건

(2) $a^2 + b^2 \neq 0$은 $a \neq 0$ 또는 $b \neq 0$을 의미한다.

  $a^2 + b^2 \neq 0 \nLeftarrow a \neq 0$이고 $b \neq 0$

  $\therefore$ 필요조건

(3) $|a - b| > a - b$는 $a - b < 0$, 즉 $a < b$를 의미한다.

  $a < b \Leftrightarrow |a - b| > a - b$

  $\therefore$ 필요충분조건

답 **(1) 필요충분조건 (2) 필요조건 (3) 필요충분조건**

20-1

$p : |x| \leq a$이므로 조건 p의 진리집합 P는

  $P = \{x | -a \leq x \leq a\}$

$q : 2x - 5 < x - 3$이므로 조건 q의 진리집합 Q는

  $Q = \{x | x < 2\}$

p가 q이기 위한 충분조건이려면 $P \subset Q$이므로 수직선에 나타내면

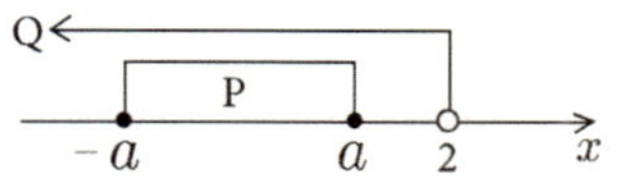

따라서 $a < 2$이고 a는 양수이므로 $0 < a < 2$

답 $0 < a < 2$

20-2

세 조건 p, q, r의 진리집합을 각각 P, Q, R이라 하면

  $P = \{x | 1 < x \leq 3\}$, $Q = \{x | x < a\}$, $R = \{x | x \geq b\}$

$\sim p$는 $\sim r$이기 위한 필요조건이므로

  $\sim r \Rightarrow \sim p$, $p \Rightarrow r$

  $\therefore$ $P \subset R$ …①

p는 q이기 위한 충분조건이므로

  $p \Rightarrow q$ $\therefore$ $P \subset Q$ …②

①, ②를 만족하도록 수직선에 P, Q, R을 나타내면

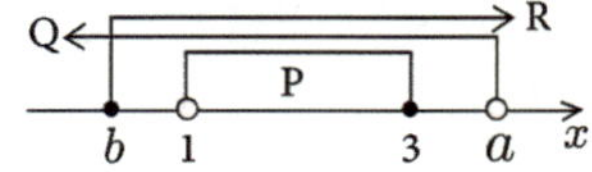

  $\therefore$ $b \leq 1$이고 $a > 3$

a, b가 정수이고 $a - b$의 최솟값을 구하므로 a가 최솟값 4이고 b가 최댓값 1이어야 한다.

  $\therefore$ ($a - b$의 최솟값)$= 4 - 1 = 3$

답 **3**

21-1

p는 $\sim q$이기 위한 충분조건이므로

  $p \Rightarrow \sim q$ $\therefore$ $P \subset Q^C$

P, Q의 포함관계를 벤 다이어그램으로 나타내면 오른쪽 그림과 같다. 따라서 <보기> 중 옳은 것은 ㄴ이다.

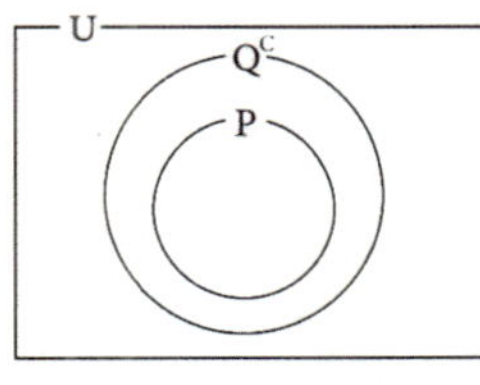

답 **ㄴ**

21-2

p는 q이기 위한 충분조건이므로

  $p \Rightarrow q$ $\therefore$ $P \subset Q$ …①

r은 q이기 위한 필요조건이므로

  $q \Rightarrow r$ $\therefore$ $Q \subset R$ …②

①, ②에 의해 $P \subset Q \subset R$

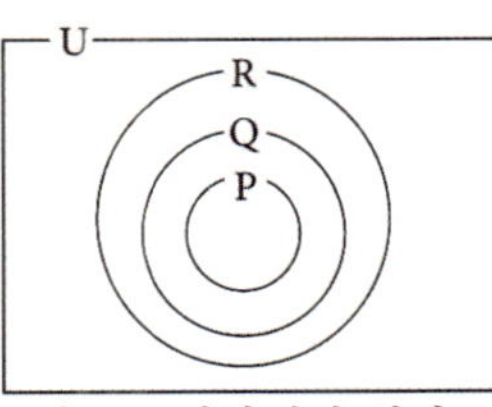

P, Q, R의 포함관계를 벤 다이어그램으로 나타내면 위의 그림과 같다.

ㄱ. $P \subset R$ $\therefore$ 참

ㄴ. $P \cup Q = Q \subset R$ $\therefore$ 거짓

ㄷ. $P^C \cap R^C = (P \cup R)^C = R^C$, $Q \subset R$이므로 $R^C \subset Q^C$

  $\therefore$ 참

따라서 <보기> 중 옳지 않은 것은 ㄴ이다.

답 **ㄴ**

22-1

주어진 명제의 대우는

'자연수 n에 대하여 n이 홀수이면 n^2이 홀수이다.'

n이 홀수이므로 $n=2k-1\,(k$는 자연수$)$로 나타내면

$$n^2=(2k-1)^2$$
$$=4k^2-4k+1$$
$$=2(2k^2-2k)+1$$

따라서 n^2이 홀수이다.

주어진 명제의 대우가 참이므로 명제도 참이다.

답 풀이참조

22-2

주어진 명제의 대우는 '자연수 a, b에 대하여 a, b 중 하나는 짝수, 하나는 홀수이면, $a+b$는 홀수이다.'

a를 짝수, b를 홀수라 하면 $a=2k$, $b=2l-1\,(k,\,l$은 자연수$)$로 나타낼 수 있다.

$$a+b=2k+2l-1=2(k+l)-1$$

따라서 $a+b$는 홀수이다.

같은 방법으로 a를 홀수, b를 짝수라 해도 $a+b$는 홀수이다.

주어진 명제의 대우가 참이므로 명제도 참이다.

답 풀이참조

23-1

결론을 부정하여 $1+\sqrt{3}$이 무리수가 아니라고 가정하면 $1+\sqrt{3}=k\,(k$는 유리수$)$라 할 수 있다.

이때 $\sqrt{3}=k-1$에서 좌변 $\sqrt{3}$은 무리수이고 우변 $k-1$은 유리수이므로 모순이 된다. 따라서 $1+\sqrt{3}$은 무리수이다.

답 풀이참조

23-2

결론을 부정하여 n이 짝수라 가정하면 $n=2k\,(k$는 자연수$)$로 나타낼 수 있다. $n^2=(2k)^2=4k^2=2\times2k^2$이므로 n^2이 짝수가 되어 n^2이 홀수라는 가정에 모순이 된다.

따라서 자연수 n에 대하여 n^2이 홀수이면 n이 홀수이다.

답 풀이참조

24-1

지수의 대소비교는 나눗셈을 이용하는 것이 편리하다.

$$15^{10}\div2^{41}=\frac{15^{10}}{2^{41}}=\frac{15^{10}}{(2^4)^{10}\times2}=\left(\frac{15}{16}\right)^{10}\times\frac{1}{2}<1$$

$$\therefore\ 15^{10}<2^{41}$$

답 $15^{10}<2^{41}$

24-2

$0<a<2$이므로 $2-\sqrt{4-a^2}>0$이고 $\dfrac{a^2}{5}>0$

두 식을 나눗셈을 이용하여 크기를 비교하면

$$\frac{\dfrac{a^2}{5}}{2-\sqrt{4-a^2}}=\frac{a^2(2+\sqrt{4-a^2})}{5(2-\sqrt{4-a^2})(2+\sqrt{4-a^2})}$$

$$=\frac{a^2(2+\sqrt{4-a^2})}{5a^2}=\frac{2+\sqrt{4-a^2}}{5}<1$$

$$\therefore\ 2-\sqrt{4-a^2}>\frac{a^2}{5}$$

답 $2-\sqrt{4-a^2}>\dfrac{a^2}{5}$

24-3

두 식의 차를 구하면

$$\frac{a}{1+a}-\frac{b}{1+b}=\frac{a(1+b)-b(1+a)}{(1+a)(1+b)}$$

$$=\frac{a-b}{(1+a)(1+b)}$$

$a>b>0$이므로 $a-b>0$, $1+a>0$, $1+b>0$

$$\frac{a-b}{(1+a)(1+b)}>0$$

$$\therefore\ \frac{a}{1+a}>\frac{b}{1+b}$$

답 $\dfrac{a}{1+a}>\dfrac{b}{1+b}$

25-1

$\sqrt{}$가 포함되어 있으므로 제곱하여 계산하면

$$(\sqrt{a}+\sqrt{b})^2-(\sqrt{2(a+b)})^2=a+2\sqrt{ab}+b-2(a+b)$$

$$=-a+2\sqrt{ab}-b$$

$$=-(a-2\sqrt{ab}+b)$$

$$=-(\sqrt{a}-\sqrt{b})^2\leq0$$

$$\therefore\ \sqrt{a}+\sqrt{b}\leq\sqrt{2(a+b)}$$

이때 등호는 $\sqrt{a}-\sqrt{b}=0$, 즉 $a=b$일 때 성립한다.

답 풀이 참조

25-2

$$a^2+b^2+c^2-ab-bc-ca$$

$$=\frac{1}{2}(2a^2+2b^2+2c^2-2ab-2bc-2ca)$$

$$=\frac{1}{2}\{(a^2-2ab+b^2)+(b^2-2bc+c^2)+(c^2-2ca+a^2)\}$$

$$=\frac{1}{2}\{(a-b)^2+(b-c)^2+(c-a)^2\}\geq0$$

$$\therefore\ a^2+b^2+c^2\geq ab+bc+ca$$

이때 등호는 $a-b=0$, $b-c=0$, $c-a=0$, 즉 $a=b=c$일 때 성립한다.

답   풀이참조

26-1

$$5x^2+2y^2 \geq 2\sqrt{5x^2 \times 2y^2}=2\sqrt{10}\,xy$$
$$10 \geq 2\sqrt{10}\,xy$$
$$\therefore \ xy \leq \frac{\sqrt{10}}{2} \ (\text{단, 등호는 } 5x^2=2y^2\text{일 때 성립})$$

따라서 xy의 최댓값은 $\dfrac{\sqrt{10}}{2}$ 이다.

답 $\dfrac{\sqrt{10}}{2}$

26-2

$$\frac{1}{a}+\frac{1}{b}=\frac{a+b}{ab}=\frac{2}{ab}$$
$a+b \geq 2\sqrt{ab}$ 에서
$$2 \geq 2\sqrt{ab} \qquad \sqrt{ab} \leq 1 \ (\text{단, 등호는 } a=b\text{일 때 성립})$$
$$\therefore \ ab \leq 1$$

$ab \leq 1$이므로 $\dfrac{1}{ab} \geq 1 \qquad \therefore \ \dfrac{2}{ab} \geq 2$

따라서 $\dfrac{1}{a}+\dfrac{1}{b}$의 최솟값은 2이다.

답   2

27-1

$$(x+y)\left(\frac{1}{x}+\frac{1}{y}\right)=1+\frac{y}{x}+\frac{x}{y}+1=2+\frac{y}{x}+\frac{x}{y}$$
$$\geq 2+2\sqrt{\frac{y}{x} \times \frac{x}{y}}=2+2=4$$
$$\left(\text{단, 등호는 } \frac{y}{x}=\frac{x}{y}\text{일 때 성립}\right)$$

따라서 준식의 최솟값은 4이다.

답   4

27-2

$x > \dfrac{1}{2}$이므로 $x-\dfrac{1}{2}>0 \qquad 2x-1>0$

준식을 변형하면
$$\left(2x-1+\frac{4}{2x-1}\right)+1 \geq 2\sqrt{(2x-1)\times\frac{4}{2x-1}}+1$$
$$=5$$
$$\left(\text{단, 등호는 } 2x-1=\frac{4}{2x-1}\text{일 때 성립}\right)$$

따라서 준식의 최솟값은 5이다.

답   5

28-1

x, y가 실수이므로 코시-슈바르츠의 부등식에서
$$(1^2+2^2)(x^2+y^2) \geq (x+2y)^2$$
$$5 \times 4 \geq (x+2y)^2$$
$$20 \geq (x+2y)^2$$
$$\therefore \ -2\sqrt{5} \leq x+2y \leq 2\sqrt{5}$$
$$\left(\text{단, 등호는 } x=\frac{y}{2}\text{일 때 성립}\right)$$

따라서 $x+2y$의 최댓값 $M=2\sqrt{5}$, 최솟값 $m=-2\sqrt{5}$이다. Mm의 값을 구하면
$$Mm=2\sqrt{5}\times(-2\sqrt{5})=-20$$

답 -20

28-2

$4x+3y=2\times 2x+1\times 3y$이고 x, y가 실수이므로 코시-슈바르츠의 부등식에서
$$(2^2+1^2)\{(2x)^2+(3y)^2\} \geq (2\times 2x+1\times 3y)^2$$
$$5 \times 45 \geq (4x+3y)^2$$
$$225 \geq (4x+3y)^2$$
$$-15 \leq 4x+3y \leq 15 \left(\text{단, 등호는 } \frac{x}{4}=\frac{y}{3}\text{일 때 성립}\right)$$

따라서 $4x+3y$의 최댓값은 15이다.

답   15

29-1

x, y, z가 실수이므로 코시-슈바르츠 부등식에서
$$(1^2+3^2+4^2)(x^2+y^2+z^2) \geq (x+3y+4z)^2$$
$$26(x^2+y^2+z^2) \geq 52$$
$$x^2+y^2+z^2 \geq 2 \left(\text{단, 등호는 } x=\frac{y}{3}=\frac{z}{4}\text{일 때 성립}\right)$$

따라서 $x^2+y^2+z^2$의 최솟값은 2이다.

답   2

29-2

x, y, z가 실수이므로 코시-슈바르츠 부등식에서
$$(a^2+b^2+c^2)(x^2+y^2+z^2) \geq (ax+by+cz)^2$$
$$5(a^2+b^2+c^2) \geq (ax+by+cz)^2$$
$$-\sqrt{5(a^2+b^2+c^2)} \leq ax+by+cz \leq \sqrt{5(a^2+b^2+c^2)}$$
$$\left(\text{단, 등호는 } \frac{x}{a}=\frac{y}{b}=\frac{z}{c}\text{일 때 성립}\right)$$

따라서 $ax+by+cz$의 최댓값은 $\sqrt{5(a^2+b^2+c^2)}$ 이다.
$$\therefore \ \sqrt{5(a^2+b^2+c^2)}=5\sqrt{2}$$
$$5(a^2+b^2+c^2)=50$$
$$\therefore \ a^2+b^2+c^2=10$$

답   10

<연습문제 A>

01. ②, ③　**02.** ①, ③, ⑤

03. (1) 2는 짝수도 아니고 소수도 아니다.

(2) $|-2| \neq 2$ 또는 $\sqrt{4} = 4$

04. $a \neq 0$ 또는 $b \neq 0$ 또는 $c \neq 0$　**05.** $A^C \cap B$

06. (1)여름이면 날씨가 덥다.

(2)겨울이면 눈이 많이 온다.

07. ④　**08.** (1) 참 (2) 거짓　**09.** $a \geq 3$

10. ③　**11.** (1) 참 (2) 거짓

12. (1) A회사의 어떤 직원은 여자이다.

(2) 모든 실수 x에 대하여 $|x| \geq 0$이다.

13. 이번 일요일에 날씨가 맑으면 그날 체육대회가 열린다.

14. 역 : 자연수 x, y에 대하여 xy가 짝수이면

$$x^2 + y^2 \text{이 홀수이다. 거짓}$$

대우 : 자연수 x, y에 대하여 xy가 홀수이면

$$x^2 + y^2 \text{이 짝수이다. 참}$$

15. 2　**16.** ⑤　**17.** ③, ⑤

18. 충분, 필요충분, 필요　**19.** ④　**20.** 26　**21.** ㄹ

22. 생략　**23.** 생략　**24.** $\sqrt{1+2a} \leq 1+a$

25. $15^{10} < 2^{41}$　**26.** 생략

27. (1) 6 (2) 1　**28.** 9

29. 최댓값 : $\sqrt{13}$, 최솟값 : $-\sqrt{13}$　**30.** $\sqrt{14}$

<연습문제 B>

01. ①, ③　**02.** (1) 명제 (2) 조건 (3) 명제 (4) 조건

03. $x < -2$ 또는 $x \geq 5$

04. ①　**05.** $\{x | x < -2, \ x > 3\}$

06. 가정 : 정사각형이다. 결론 : 네 각이 직각이다.

07. ②, ③　**08.** (1) 거짓 (2) 참　**09.** 2

10. ①, ③　**11.** 5개　**12.** 6

13. (1) 어떤 자연수 x에 대하여 $-x \geq 0$이다, 거짓

(2) 모든 정수 x, y에 대하여 $x + y \leq 0$이다, 거짓

14. ④　**15.** ㄱ, ㄴ　**16.** 1　**17.** ③　**18.** ⑤

19. 필요충분

20. (1) 필요충분조건 (2) 필요조건 (3) 필요충분조건

21. 3　**22.** ㄴ　**23.** 생략　**24.** 생략

25. $2 - \sqrt{4 - a^2} > \dfrac{a^2}{5}$　**26.** 생략　**27.** $\dfrac{\sqrt{10}}{2}$

28. 5　**29.** 15　**30.** 10

Ⅲ. 함수

〈중·고교 연결과정 선수학습〉

01-1

표를 완성하면

x	1	2	3	4
y	1	1, 2	1, 3	1, 2, 4

따라서 모든 x에 한 개의 y가 정해지지 않으므로 y는 x의 함수가 아니다.

답 풀이참조

01-2

㉠ $x=2$일 때, $y=2,\ 4,\ 6,\ \cdots$

㉡ $x=2$일 때, $y=1,\ 3,\ 5,\ 7,\ \cdots$

㉢ $x=1$이면 $y=8$, $x=2$이면 $y=7$, $x=3$이면 $y=6,\ \cdots$
  $x=9$이면 $y=0$

따라서 y가 x의 함수인 것은 ㉢이다.

답 ㉢

02-1

(1) $f(1)=\dfrac{10}{1}=10$

(2) $f(-2)=\dfrac{10}{-2}=-5$

(3) $f(5)=\dfrac{10}{5}=2$

(4) $f\left(\dfrac{1}{3}\right)=10\div\dfrac{1}{3}=10\times3=30$

답 (1) 10 **(2)** -5 **(3)** 2 **(4)** 30

02-2

$f(a)=4a-1=7$ $\therefore a=2$

$f(b)=4b-1=2$ $\therefore b=\dfrac{3}{4}$

답 $\dfrac{3}{4}$

① 함수의 정의와 그래프

01-1

X에서 Y로의 함수가 되려면 X의 모든 원소가 Y의 원소 하나에 대응되어야 하므로 함수가 되는 것은 ①, ④, ⑤이다.

②에서는 X의 원소 3에 대응하는 Y의 원소가 없고 ③은 X의 원소 1에 Y의 원소가 2개 대응이 되어 함수가 아니다.

답 ②, ③

01-2

① $f(2)=1$, $f(2)=2$가 되어 f는 함수가 될 수 없다.

② $f(2)=2$, $f(3)=2$, $f(4)=3$, $f(5)=2$이므로 f는 함수가 될 수 있다.

③ $f(2)=2$, $f(2)=4$, $f(2)=6$이 되어 f는 함수가 될 수 없다.

④ $f(2)=7$이 되어 X의 2에 대응하는 Y의 원소가 없으므로 f는 함수가 될 수 없다.

⑤ $f(4)=7$이 되어 X의 4에 대응하는 Y의 원소가 없으므로 f는 함수가 될 수 없다.

답 ②

02-1

X에서 Y로의 함수이므로 정의역 $X=\{1,\ 2,\ 3\}$, 공역 $Y=\{a,\ b,\ c,\ d\}$이다.

답 정의역 : $\{1,\ 2,\ 3\}$, **공역 :** $\{a,\ b,\ c,\ d\}$

02-2

(1) x의 모든 실수에서 x^2-2x가 정의되므로 정의역은 $\{x\,|\,x$는 모든 실수$\}$이다.

(2) $4-x^2\geq0$, 즉 $-2\leq x\leq2$에 대하여 $\sqrt{4-x^2}$이 정의되므로 정의역은 $\{x\,|\,-2\leq x\leq2\}$이다.

(3) $(x+1)(x-2)\neq0$, 즉 $x\neq-1$, $x\neq2$에 대하여

$$\dfrac{5}{(x+1)(x-2)}$$ 가 정의되므로 정의역은

$\{x\,|\,x\neq-1,\ x\neq2$인 모든 실수$\}$이다.

답 (1) $\{x\,|\,x$는 모든 실수$\}$
(2) $\{x\,|\,-2\leq x\leq2\}$
(3) $\{x\,|\,x\neq-1,\ x\neq2$인 모든 실수$\}$

03-1

$f(x)=2x^2-3$에 0, 1, 2를 대입하여 함숫값을 구하면

$$f(0)=2\times0^2-3=-3$$
$$f(1)=2\times1^2-3=-1$$
$$f(2)=2\times2^2-3=5$$

따라서 함수 f의 치역을 구하면

$$\{-3,\ -1,\ 5\}$$

답 $\{-3,\ -1,\ 5\}$

03-2

ㄱ. $f(10) = f(2^1 \times 5^1) = (1+2)(1+5) = 18$ (○)

ㄴ. $f(n) = n+1$이면 n의 양의 약수가 n과 1뿐이므로 n은
　소수이다. (○)

ㄷ. $f(2) = 3$, $f(4) = 7$이므로 $f(2)f(4) = 21$이지만
　　$f(2 \times 4) = f(8) = 1+2+4+8 = 15$이므로
　　$f(2) \times f(4) \neq f(2 \times 4)$이다. (×)

따라서 옳지 않은 것은 ㄷ이다.

답   ㄷ

04-1

$X = \{1,\ 2,\ 3,\ 4,\ 5\}$에 대하여 $f(x) = 2x-1$이고
$G = \{(x,\ f(x)) | x \in X\}$이므로
$G = \{(1,\ 1),\ (2,\ 3),\ (3,\ 5),\ (4,\ 7),\ (5,\ 9)\}$

답 $G = \{(1,\ 1),\ (2,\ 3),\ (3,\ 5),\ (4,\ 7),\ (5,\ 9)\}$

04-2

$X = \{-2,\ -1,\ 0,\ 1,\ 2\}$에 대하여 $f(x) = x^2 - 2$이고,
$G = \{(x,\ f(x)) | x \in X\}$이므로
$G = \{(-2,\ 2),\ (-1,\ -1),\ (0,\ -2),\ (1,\ -1),\ (2,\ 2)\}$
이다. 이것을 좌표평면 위에 나타내면 다음과 같다.

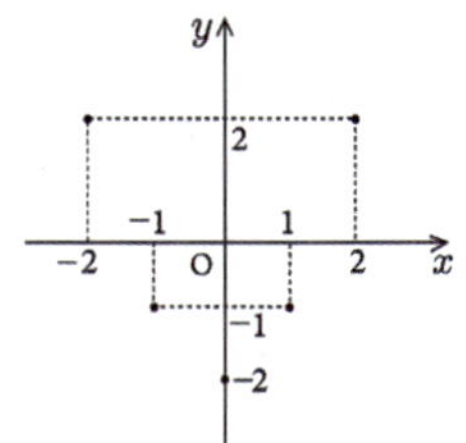

답   풀이참조

05-1

y축 평행선과의 교점을 조사해 보면 교점이 한 개인 것이 함수
의 그래프이므로 ①, ⑤이다.

답   ①, ⑤

05-2

y축 평행선과의 교점을 조사해 보면 교점이 한 개인 것이 함수
의 그래프이므로 ②, ⑤이다.

답   ②, ⑤

06-1

$f = g$가 성립되려면 두 함수의 함숫값이 서로 같아야 하므로
　　$x^3 - 3x^2 + 3x - 4 = -x^2 + 4x - 6$　$x^3 - 2x^2 - x + 2 = 0$
　　$(x+1)(x-1)(x-2) = 0$　∴ $x = -1,\ 1,\ 2$
따라서 집합 X는 $\{-1,\ 1,\ 2\}$의 공집합이 아닌 부분집합이
므로 개수를 구하면 $2^3 - 1 = 7$이다.

답   7

06-2

$f(x)$와 $g(x)$가 서로 같은 함수이므로 X의 각 원소에 대한
함숫값이 같아야 한다.
$f(-1) = g(-1)$에서 $-a+1 = -1+b$　∴ $a+b = 2$
$f(0) = g(0)$에서 $1 = b$
$f(1) = g(1)$에서 $a+1 = 1+b$　∴ $a-b = 0$
구한 식을 연립하여 a, b의 값을 구하면
　$a = 1$, $b = 1$

답 $a = 1$, $b = 1$

② 여러 가지 함수

07-1

$x_1 \neq x_2$이면 $f(x_1) \neq f(x_2)$가 성립할 때, 일대일함수이므
로 이 명제의 대우도 성립한다. 따라서 $f(x_1) = f(x_2)$이면
$x_1 = x_2$가 성립하는지를 확인하면

(1) $f(x_1) = f(x_2)$이면 $2x_1 + 5 = 2x_2 + 5$　$2x_1 = 2x_2$
　　　∴ $x_1 = x_2$
　　따라서 주어진 함수는 일대일함수이다.

(2) $f(x_1) = f(x_2)$이면 $x_1{}^2 - 1 = x_2{}^2 - 1$　$x_1{}^2 = x_2{}^2$
　　　∴ $x_1 = \pm x_2$
　　따라서 주어진 함수는 일대일함수가 아니다.

답   (1) 일대일함수이다.   (2) 일대일함수가 아니다.

07-2

① $f(1) = f(2)$이므로 일대일함수가 아니다.

② $f(2) = f(3)$이므로 일대일함수가 아니다.

③ $f(4) = 7$로 대응하는 값이 없으므로 함수가 아니다.

④ $f(1) = \{1,\ 2,\ 3,\ 4,\ \cdots\}$, $f(2) = \{2,\ 4,\ 6,\ 8,\ \cdots\}$이
　므로 함수가 아니다.

⑤ $f(1) = 2$, $f(2) = 3$, $f(3) = 4$, $f(4) = 5$이므로 일대일함
　수이다.

따라서 일대일함수인 것은 ⑤이다.

답   ⑤

08-1

① $f(x) = 3x$의 함숫값을 조사하면
　$f(1) = 3$, $f(2) = 6$, $f(3) = 9$, $\cdots$, $f(10) = 30$

④ $f(x) = 3|x|$의 함숫값을 조사하면
　$f(1) = 3$, $f(2) = 6$, $f(3) = 9$, $\cdots$, $f(10) = 30$

그러므로 치역과 공역이 같은 함수는 ①, ④이다.

답   ①, ④

08-2

$f:(1,\ 6)\to 1,\ f:(2,\ 5)\to 2,\ f:(3,\ 4)\to 3$이므로 그림으로 나타내면 다음과 같다.

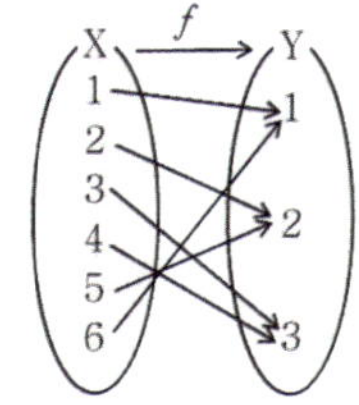

따라서 치역과 공역이 같다.

답 **풀이참조**

09-1

$f(x)=2x+b$가 일대일대응이므로
$$f(-1)=-2+b=-5 \quad \therefore\ b=-3$$
$$f(a)=2a+b=7 \quad \therefore\ a=5$$

답 $a=5,\ b=-3$

09-2

구간 분리된 함수 $f(x)$가 일대일대응이 되려면 경계선에서의 함숫값이 같아야 하므로
$$f(2)=3=2+a \quad \therefore\ a=1$$

답 $a=1$

10-1

보기 중 y축에 평행한 직선과의 교점이 항상 1개인 것을 찾으면 ①, ②, ④이다. 따라서 ①, ②, ④는 함수의 그래프이고 이 중 x축에 평행한 직선과의 교점이 항상 1개인 것을 찾으면 ④이다. ④의 치역과 공역이 일치하므로 일대일대응이다.

답 ④

10-2

보기 중 y축에 평행한 직선과의 교점이 항상 1개인 것을 찾으면 ①, ③, ④, ⑤이다. 따라서 ①, ③, ④, ⑤는 함수의 그래프이고 이 중 x축에 평행한 직선과의 교점이 항상 1개인 것을 찾으면 ①, ④, ⑤이다. 이때 ①, ⑤는 치역과 공역이 일치하므로 일대일대응이다. 따라서 일대일함수이지만 일대일대응이 아닌 것은 ④이다.

답 ④

11-1

$f(x)=x$가 항등함수이므로 X의 원소와 Y의 원소가 같은 것끼리 대응되는 것이 항등함수이다.
따라서 항등함수는 (2)이다.

답 (2)

11-2

함수 f가 항등함수이므로 $f(x)=x$이다. 따라서 함수 f의 치역은 $\{1,\ 2,\ 3,\ 4,\ \cdots,\ 10\}$이므로 모든 원소의 합을 구하면 $1+2+3+\cdots+10=55$

답 55

11-3

함수 f가 항등함수이므로
(1) $f(-2)+f(10)=-2+10=8$
(2) $f(5)-f(-5)=5-(-5)=10$
(3) $f(2025)\times f(0)=2025\times 0=0$

답 **(1)** 8 **(2)** 10 **(3)** 0

12-1

$f(x)=a$의 꼴인 함수가 상수함수이므로 치역이 $\{0\}$인 (2)가 상수함수이다.

답 (2)

12-2

$xf(x)$가 상수이려면 $x=-1,\ 0,\ 1$일 때, $xf(x)$의 값이 모두 같아야 하므로
$$-1\times f(-1)=0\times f(0)=1\times f(1)$$
여기서 $0\times f(0)=0$이므로 $f(-1)=0$, $f(1)=0$이어야 한다. 이때 $f(0)$은 Y의 임의의 원소를 취할 수 있으므로 f의 개수는 5개이다.

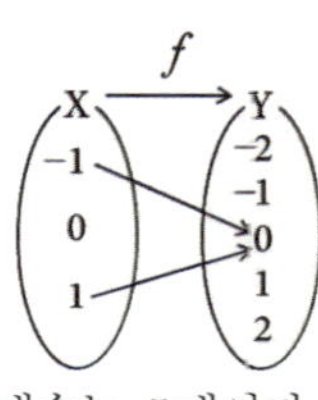

답 **5개**

13-1

$n(X)=3,\ n(Y)=3$이므로 일대일대응인 함수의 개수는
$$3!=3\times 2\times 1=6$$이다.

답 6

13-2

$n(A)=4,\ n(B)=4$이므로
(1) 함수의 개수는 $4^4=256$
(2) 일대일대응의 개수는 $4!=4\times 3\times 2\times 1=24$
(3) 상수함수의 개수는 4

답 **(1)** 256 **(2)** 24 **(3)** 4

14-1

함숫값의 대소가 정해져 있으므로 Y의 원소 4개 중 3개의 원소를 선택하면 크기 순으로 X의 원소와 대응하게 된다. $n(X)=3,\ n(Y)=4$이므로 구하는 함수의 개수는
$${}_4C_3={}_4C_1=4$$

답 4

14-2

함숫값의 대소가 정해져 있으므로 Y의 원소 3개 중 중복을 허락하여 5개의 원소를 선택하면 크기 순으로 X의 원소와 대응하게 된다.

$n(X)=5$, $n(Y)=3$이므로 구하는 함수의 개수는

$$_3\mathrm{H}_5 = {}_{3+5-1}\mathrm{C}_5 = {}_7\mathrm{C}_5 = {}_7\mathrm{C}_2 = \frac{7\times 6}{2\times 1} = 21$$

답   21

③ 합성함수

15-1

$(f \circ g)(1) = f(g(1)) = f(-2) = 0$
$(g \circ f)(0) = g(f(0)) = g(2) = 1$
$\therefore (f \circ g)(1) + (g \circ f)(0) = 0 + 1 = 1$

답   1

15-2

$(h \circ g \circ f)(0) = (h \circ g)(f(0)) = (h \circ g)(1)$
$\qquad\qquad = h(g(1)) = h(6) = 11$

답   11

16-1

$(f \circ g)(1) = f(g(1)) = f(-1)$
$\qquad\qquad = -(-1)^2 + 2\times(-1) + 1 = -2$
$(g \circ f)(1) = g(f(1)) = g(2) = 1$
따라서 구하는 값은 $-2+1 = -1$이다.

답 -1

16-2

ⅰ) x가 유리수일 때, $f(f(x)) = f(x) = x$
ⅱ) x가 무리수일 때
$\qquad f(f(x)) = f(1-x) = 1-(1-x) = x$
ⅰ), ⅱ)에서 $f(f(x)) = x$

답 $f(f(x)) = x$

17-1

$f^1(x) = 3x$
$f^2(x) = f \circ f(x) = f(f(x)) = 3\times 3x = 3^2 x$
$f^3(x) = f \circ f^2(x) = f(f^2(x)) = 3\times 3^2 x = 3^3 x$
$\qquad \vdots$
$f^5(x) = 3^5 x$
$\therefore f^5\left(\dfrac{1}{3}\right) = 3^5 \times \dfrac{1}{3} = 3^4 = 81$

답   81

17-2

$f(1) = 2$, $f^2(1) = 3$, $f^3(1) = 1$, $f^4(1) = 2$, $\cdots$
$\qquad f^{54}(1) = f^3(1) = 1$
$f(2) = 3$, $f^2(2) = 1$, $f^3(2) = 2$, $f^4(2) = 3$, $\cdots$
$\qquad f^{70}(2) = f(2) = 3$
$\therefore f^{54}(1) + f^{70}(2) = 1 + 3 = 4$

답   4

18-1

$h(g(x)) = f(x)$에서 $h(2x+1) = x-3$
$2x+1 = t$로 치환하면 $x = \dfrac{t-1}{2}$

$\therefore h(t) = \dfrac{t-1}{2} - 3 = \dfrac{t-7}{2}$

$\therefore h(x) = \dfrac{1}{2}x - \dfrac{7}{2}$

답 $h(x) = \dfrac{1}{2}x - \dfrac{7}{2}$

18-2

$(f \circ g)(x) = f(g(x))$에서 $f(x+1) = 2x+1$
$x+1 = t$로 치환하면 $x = t-1$
$f(t) = 2(t-1) + 1 = 2t-1$에서 $f(x) = 2x-1$
$(h \circ f)(x) = h(f(x))$에서 $h(2x-1) = 6x-1$
$2x-1 = s$로 치환하면 $x = \dfrac{s+1}{2}$

$\therefore h(s) = 6\times \dfrac{s+1}{2} - 1 = 3s+2$
$\therefore h(x) = 3x+2$

답 $h(x) = 3x+2$

18-3

$(f \circ h)(x) = f(h(x)) = f(x-1)$
$f(x-1) = g(x+1)$에서 $x-1 = t$로 치환하면 $x = t+1$
$\therefore f(t) = g(t+1+1) = g(t+2) = 3(t+2) - 5 = 3t+1$
$\therefore f(x) = 3x+1$

답 $f(x) = 3x+1$

19-1

$(g \circ f)(x) = g(f(x)) = g(2x-3) = a(2x-3) + 1$
$\qquad\qquad = 2ax - 3a + 1$
$(f \circ g)(x) = f(g(x)) = f(ax+1) = 2(ax+1) - 3$
$\qquad\qquad = 2ax - 1$

$g \circ f = f \circ g$이므로 $-3a+1 = -1$ $\qquad \therefore a = \dfrac{2}{3}$

답 $a = \dfrac{2}{3}$

19-2

$(f \circ f)(x) = f(f(x)) = f(ax + 2b) = a(ax + 2b) + 2b$
$\qquad\qquad = a^2 x + 2ab + 2b$

$f \circ f = f$이므로 $a^2 = a$이고 $2ab + 2b = 2b$

$\quad a(a-1) = 0$이고 $ab = 0$

$\quad a = 0$ 또는 $a = 1$이고 $a = 0$ 또는 $b = 0$

$a \neq 0$이므로 $a = 1$, $b = 0$

$\qquad\qquad\qquad\qquad$ **답** $a = 1$, $b = 0$

19-3

$(f \circ f \circ f)(x) = (f \circ f)(f(x)) = (f \circ f)\left(\dfrac{1}{3}x - 2\right)$

$\qquad\qquad = f\left(f\left(\dfrac{1}{3}x - 2\right)\right) = f\left(\dfrac{1}{3}\left(\dfrac{1}{3}x - 2\right) - 2\right)$

$\qquad\qquad = f\left(\dfrac{1}{9}x - \dfrac{8}{3}\right) = \dfrac{1}{3}\left(\dfrac{1}{9}x - \dfrac{8}{3}\right) - 2$

$\qquad\qquad = \dfrac{1}{27}x - \dfrac{26}{9}$

이때 $(f \circ f \circ f)(a) = \dfrac{1}{27}a - \dfrac{26}{9} > 0$이므로

$\quad \therefore a > 78$

따라서 주어진 식을 만족하는 정수 a의 최솟값은 79이다.

$\qquad\qquad\qquad\qquad\qquad$ **답** 79

$\boxed{4}$ 역함수

20-1

합성함수는 결합법칙이 성립하므로

$(f \circ f \circ g)(x) = (f \circ (f \circ g))(x)$

$\qquad\qquad = f((f \circ g)(x))$

$\qquad\qquad = f(3x^2 + 9x + 4)$

$\qquad\qquad = 3(3x^2 + 9x + 4) + 4$

$\qquad\qquad = 9x^2 + 27x + 16 = -2$

$9x^2 + 27x + 18 = 0 \qquad x^2 + 3x + 2 = 0$

$(x+1)(x+2) = 0$

$\quad \therefore x = -1$ 또는 $x = -2$

$\qquad\qquad\qquad$ **답** $x = -1$ **또는** $x = -2$

20-2

합성함수는 결합법칙이 성립하므로

$((f \circ g) \circ h)(x) = (f \circ (g \circ h))(x)$

$\qquad\qquad = f((g \circ h)(x))$

$\qquad\qquad = f(2x^2) = 2x^2 + 1$

$\quad \therefore ((f \circ g) \circ h)(3) = 2 \times 9 + 1 = 19$

$\qquad\qquad\qquad\qquad\qquad$ **답** 19

21-1

역함수가 존재하려면 일대일대응이어야 하므로 그래프를 그려 확인하면

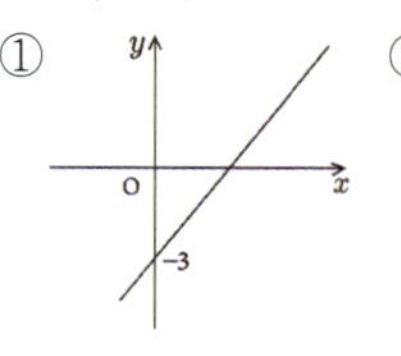
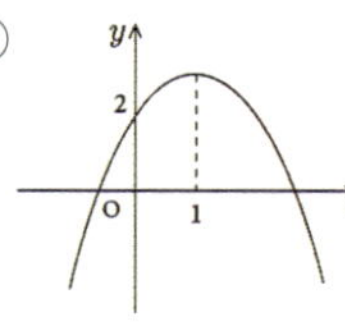
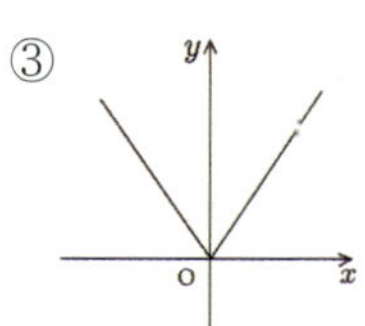
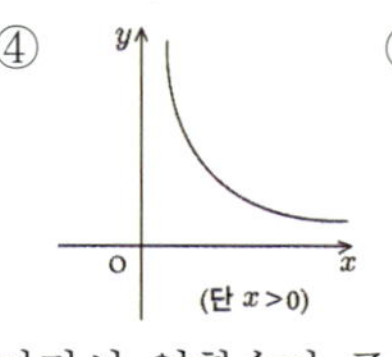

따라서 역함수가 존재하는 것은 ①, ④이다.

$\qquad\qquad\qquad\qquad\qquad$ **답** ①, ④

21-2

X에서 Y로의 일대일대응을 찾으면 된다.

① $\{x \,|\, a \leq x \leq b\}$에 속하는 x의 함
숫값이 모두 c이므로 일대일대응
이 아니다.

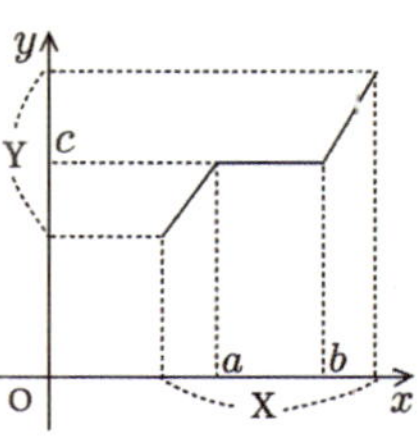

② a, b의 함숫값이 모두 c이므로 일
대일대응이 아니다.

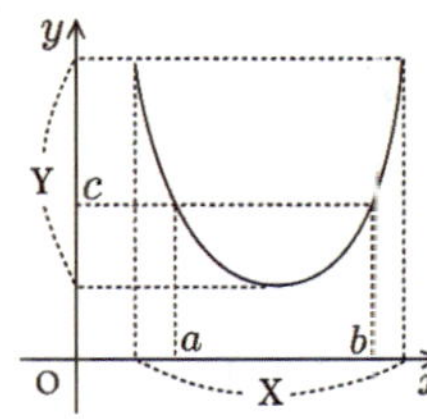

③ 문제의 그래프에서와 같이 일대일대응이므로 역함수가 존
재한다.

④ a, b, c의 함숫값이 모두 d이므로
일대일대응이 아니다.

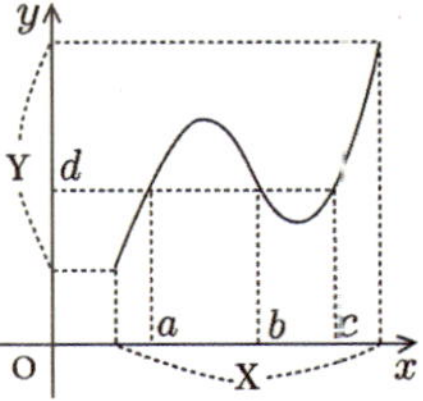

⑤ $\{x \,|\, a \leq x \leq b\}$에 속하는 x의 함
숫값이 모두 c이므로 일대일대응
이 아니
다.

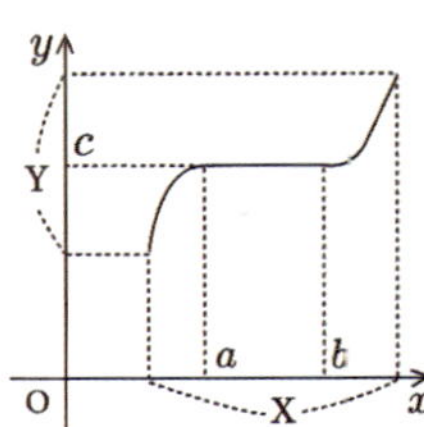

따라서 역함수가 존재하는 것은 ③이다.

$\qquad\qquad\qquad\qquad\qquad$ **답** ③

함수 f가 역함수가 존재하려면 함수 f가 일대일대응이어야 하므로 $x \geq -1$, $x < -1$일 때, 직선의 기울기의 부호가 같아야 한다. 따라서 $x < -1$일 때, 기울기 $1-a$가 양수여야 한다.

$$1-a > 0 \quad \therefore \ a < 1$$

답 $\ a < 1$

22-2

절댓값 안이 0이 되는 $x = \dfrac{1}{2}$을 기준으로 구간을 분리하고 함수를 정리하면

ⅰ) $x \geq \dfrac{1}{2}$일 때, $f(x) = 2x-1-ax = (2-a)x-1$

ⅱ) $x < \dfrac{1}{2}$일 때, $f(x) = -2x+1-ax = (-2-a)x+1$

함수 f가 역함수가 존재하려면 일대일대응이어야 하므로 $x \geq \dfrac{1}{2}$, $x < \dfrac{1}{2}$일 때, 직선의 기울기의 부호가 같아야 한다.

따라서 $(2-a)(-2-a) > 0 \quad (a-2)(a+2) > 0$

$$\therefore \ a < -2 \ \text{또는} \ a > 2$$

주어진 구간에서의 양의 정수 a의 최솟값은 3이다.

답 $\ 3$

23-1

$f(x)$의 치역을 구하면

$$x < 3 \ \rightarrow \ 2x < 6 \ \rightarrow \ 2x-3 < 3 \quad \therefore \ y < 3$$

$y = 2x-3$에서 $x = \dfrac{1}{2}y + \dfrac{3}{2}$

이 식의 x와 y를 바꾸어 쓰면

$$y = \dfrac{1}{2}x + \dfrac{3}{2} \ (x < 3)$$

$$\therefore \ f^{-1}(x) = \dfrac{1}{2}x + \dfrac{3}{2} \ (x < 3)$$

답 $\ f^{-1}(x) = \dfrac{1}{2}x + \dfrac{3}{2} \ (x < 3)$

23-2

$y = 3x-2$의 역함수를 구하면

$$3x = y+2 \quad x = \dfrac{1}{3}y + \dfrac{2}{3}$$

이 식의 x와 y를 바꾸어 쓰면

$$y = \dfrac{1}{3}x + \dfrac{2}{3} \quad \therefore \ a = \dfrac{1}{3}, \ b = \dfrac{2}{3}$$

따라서 $a+b$의 값을 구하면

$$a+b = \dfrac{1}{3} + \dfrac{2}{3} = 1$$

답 $\ 1$

24-1

$(f \circ g)(x) = f(g(x)) = 2x-1+2 = 2x+1$

$f \circ g$의 치역을 구하면

$$x \leq 0 \ \rightarrow \ 2x \leq 0 \ \rightarrow \ 2x+1 \leq 1 \quad \therefore \ y \leq 1$$

$y = 2x+1$에서 $x = \dfrac{1}{2}y - \dfrac{1}{2}$

이 식의 x와 y를 바꾸어 쓰면

$$y = \dfrac{1}{2}x - \dfrac{1}{2} \ (x \leq 1)$$

$$\therefore \ (f \circ g)^{-1}(x) = \dfrac{1}{2}x - \dfrac{1}{2} \ (x \leq 1)$$

답 $\ (f \circ g)^{-1}(x) = \dfrac{1}{2}x - \dfrac{1}{2} \ (x \leq 1)$

24-2

$2x+1 = t$라 하면 $x = \dfrac{1}{2}t - \dfrac{1}{2}$

이 값을 준식에 대입하면

$$f(t) = 4\left(\dfrac{1}{2}t - \dfrac{1}{2}\right) - 3 = 2t - 5$$

$$\therefore \ f(x) = 2x-5$$

$f(x)$의 역함수를 구하면

$$y = 2x-5\text{에서} \quad x = \dfrac{1}{2}y + \dfrac{5}{2}$$

이 식의 x와 y를 바꾸어 쓰면

$$y = \dfrac{1}{2}x + \dfrac{5}{2}$$

$$\therefore \ f^{-1}(x) = \dfrac{1}{2}x + \dfrac{5}{2}$$

답 $\ f^{-1}(x) = \dfrac{1}{2}x + \dfrac{5}{2}$

25-1

함수 $f(x) = 2(x^2+2x+1) - 4 = 2(x+1)^2 - 4$가 일대일대응이 되어야 하므로 $a \leq -1$이고 $f(a) = a$가 성립하여야 한다.

$$f(a) = 2a^2 + 4a - 2 = a\text{에서} \ 2a^2 + 3a - 2 = 0$$

$$(a+2)(2a-1) = 0 \quad \therefore \ a = -2 \ \text{또는} \ a = \dfrac{1}{2}$$

$a \leq -1$이므로 상수 a의 값은 -2이다.

답 $\ -2$

25-2

함수가 $x \geq 1$일 때, 역함수가 존재하므로 이차함수의 축이 1보다 작거나 같아야 한다.

$$f(x) = (x^2 - 2k^2x + k^4) + 1 - k^4$$
$$= (x-k^2)^2 + 1 - k^4$$

따라서 $k^2 \le 1$　$k^2 - 1 \le 0$　$(k-1)(k+1) \le 0$

$\qquad \therefore\ -1 \le k \le 1$

$f(1) = 1$을 만족해야 하므로

$$f(1) = 1 - 2k^2 + 1 = 1 \quad -2k^2 + 1 = 0 \quad \therefore\ k = \pm \frac{\sqrt{2}}{2}$$

답　$\pm \dfrac{\sqrt{2}}{2}$

26-1

$(f^{-1} \circ g^{-1})(5) = (g \circ f)^{-1}(5)$

$(g \circ f)^{-1}(5) = k$라 하면 $(g \circ f)(k) = 5$

이 값을 준식에 대입하면

$$(g \circ f)(k) = 2k - 3 = 5 \quad \therefore\ k = 4$$

답　4

26-2

$f(x) = 2x - a$의 역함수를 구하면

$$y = 2x - a\text{에서}\ x = \frac{y+a}{2}$$

$$\therefore\ f^{-1}(x) = \frac{x+a}{2}$$

$g(x) = \dfrac{1}{2}x + 1$의 역함수를 구하면

$$y = \frac{1}{2}x + 1\text{에서}\ x = 2y - 2$$

$$\therefore\ g^{-1}(x) = 2x - 2$$

$(g \circ f)^{-1} = f^{-1} \circ g^{-1}$이므로

$$(f^{-1} \circ g^{-1})(x) = f^{-1}(g^{-1}(x)) = f^{-1}(2x - 2)$$

$$= \frac{2x - 2 + a}{2} \qquad \cdots ①$$

$$(g^{-1} \circ f^{-1})(x) = g^{-1}(f^{-1}(x)) = g^{-1}\left(\frac{x+a}{2} \right)$$

$$= x + a - 2 \qquad \cdots ②$$

$① = ②$이므로

$$\frac{2x - 2 + a}{2} = x + a - 2\text{에서}\ -2 + a = 2a - 4$$

$$\therefore\ a = 2$$

답　2

27-1

(1) $f^{-1}(2) = k$라 하면 $f(k) = 2$　$\therefore\ k = 4$

(2) $f(2) = 4$

(3) $f(1) = 1$이고 $f^{-1}(1) = k$라 하면 $f(k) = 1$　$\therefore\ k = 1$

$\qquad \therefore\ f(1) + f^{-1}(1) = 1 + 1 = 2$

(4) $f^{-1}(3) = k$라 하면 $f(k) = 3$　$\therefore\ k = 3$

$\qquad f^{-1}(4) = s$라 하면 $f(s) = 4$　$\therefore\ s = 2$

$\qquad \therefore\ f^{-1}(3) + f^{-1}(4) = 3 + 2 = 5$

답　(1) 4　(2) 4　(3) 2　(4) 5

27-2

$g^{-1}(2) = 1$에서 $g(1) = 2$이므로

$$g(1) = b - 1 = 2 \quad \therefore\ b = 3$$

$f^{-1}(3) + g(1) = 1$에서

$$f^{-1}(3) + 2 = 1 \quad \therefore\ f^{-1}(3) = -1$$

따라서 $f(-1) = 3$이므로

$$f(-1) = 1 + a = 3 \quad \therefore\ a = 2$$

따라서 $a + b$의 값을 구하면

$$a + b = 2 + 3 = 5$$

답　5

28-1

함수 $f(x)$와 역함수 $g(x)$의 그래프의 교점은 함수 $f(x)$의 그래프와 직선 $y = x$의 교점과 같다.

따라서 $-2x + 1 = x$에서 $x = \dfrac{1}{3}$

$$\therefore\ \text{교점의 좌표}\ \left(\frac{1}{3},\ \frac{1}{3} \right)$$

답　$\left(\dfrac{1}{3},\ \dfrac{1}{3} \right)$

28-2

함수 $f(x)$와 그 역함수 $g(x)$의 그래프의 교점은 함수 $f(x)$의 그래프와 직선 $y = x$의 교점과 같다. 따라서

$$2x^2 - 4x - 3 = x$$
$$2x^2 - 5x - 3 = 0$$
$$(2x + 1)(x - 3) = 0$$
$$\therefore\ x = -\frac{1}{2}\ \text{또는}\ x = 3$$

이때 $x \ge 2$이므로 구하는 교점의 좌표는 $(3,\ 3)$이다.

답　$(3,\ 3)$

29-1

$(f \circ f)^{-1}(b) = (f^{-1} \circ f^{-1})(b)$

$\qquad = f^{-1}(f^{-1}(b)) \cdots ①$

$f^{-1}(b) = k$라 하면 $f(k) = b$이므로 오른쪽 그림에서 $k = c$이다.

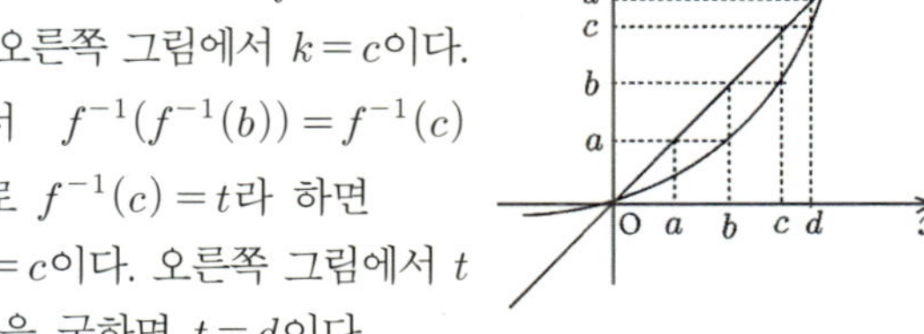

$①$에서 $f^{-1}(f^{-1}(b)) = f^{-1}(c)$이므로 $f^{-1}(c) = t$라 하면 $f(t) = c$이다. 오른쪽 그림에서 t의 값을 구하면 $t = d$이다.

$\therefore\ (f \circ f)^{-1}(b) = d$

답　d

29-2

$(f \circ f \circ f)^{-1}(a) = (f^{-1} \circ f^{-1} \circ f^{-1})(a)$
$\qquad\qquad\qquad = (f^{-1} \circ f^{-1})(f^{-1}(a)) \ \cdots ①$

$f^{-1}(a) = k$라 하면 $f(k) = a$이므로 오른쪽 그림에서 $k = b$이다.

①에서
$(f^{-1} \circ f^{-1})(f^{-1}(a))$
$= (f^{-1} \circ f^{-1})(b)$
$= f^{-1}(f^{-1}(b)) \qquad \cdots ②$

$f^{-1}(b) = t$라 하면 $f(t) = b$이므로 오른쪽 그림에서 $t = c$이다.

②에서 $f^{-1}(f^{-1}(b)) = f^{-1}(c)$

$f^{-1}(c) = s$라 하면 $f(s) = c$이므로 오른쪽 그림에서 $s = d$이다.

$\therefore \ (f \circ f \circ f)^{-1}(a) = d$

답 d

〈연습문제 A〉

01.

x (권)	1	2	3	4
y (원)	500	1000	1500	2000

함수이다.

02. (1) 3 (2) 5 (3) 2 (4) -1 **03.** ②

04. (1) $\{x \,|\, x$는 모든 실수$\}$ (2) $\{x \,|\, x \neq 3$인 모든 실수$\}$
(3) $\{x \,|\, x \geq 3$인 모든 실수$\}$

05. $\{-3, \ -1, \ 5\}$

06. $G = \{(1, \ 1), \ (2, \ 3), \ (3, \ 5), \ (4, \ 7), \ (5, \ 9)\}$

07. ②

08. $\{0\}, \{1\}, \{2\}, \{0,1\}, \{0,2\}, \{1,2\}, \{0,1,2\}$

09. ③ **10.** ②, ④ **11.** 3 **12.** ④

13. (1) 8 (2) 10 (3) 0 **14.** 1 **15.** (1) 64 (2) 24

16. 10 **17.** (1) 4 (2) 3 (3) c (4) d **18.** 2

19. 102 **20.** $f(x) = \dfrac{5}{3}x + \dfrac{8}{3}$ **21.** $-\dfrac{3}{2}$

22. 합성함수의 교환법칙은 성립하지 않는다.

23. ② **24.** $(2, 7), \ (-2, 7)$

25. (1) $y = x + 2 \ (x \geq -2)$ (2) $y = -\dfrac{1}{2}x + \dfrac{3}{2} \ (x > 3)$

26. $(g \circ f)^{-1}(x) = \dfrac{1}{2}x + \dfrac{3}{2} \ (x \geq -3)$ **27.** 6

28. 1 **29.** (1) 4 (2) $a = 2, \ b = 1$

30. $(-1, \ -1), \ (0, \ 0), \ (1, \ 1)$ **31.** b

〈연습문제 B〉

01. ㉢ **02.** $\dfrac{3}{4}$ **03.** ②

04. (1) $\{x \,|\, x$는 모든 실수$\}$ (2) $\{x \,|\, -2 \leq x \leq 2\}$
(3) $\{x \,|\, x \neq -1, \ x \neq 2$인 모든 실수$\}$

05. ㄷ **06.** ②, ⑤ **07.** $a = 1, \ b = 1$ **08.** ⑤

09. $a = 1$ **10.** ④ **11.** 5개

12. (1) 256 (2) 24 (3) 4 **13.** 21

14. 11 **15.** -1 **16.** 4 **17.** $h(x) = 3x + 2$

18. 79 **19.** 19 **20.** ①, ④ **21.** 3 **22.** 1

23. $f^{-1}(x) = \dfrac{1}{2}x + \dfrac{5}{2}$ **24.** $\pm\dfrac{\sqrt{2}}{2}$ **25.** 2

26. 5 **27.** $(3, \ 3)$ **28.** d

〈중·고교 연결과정 선수학습〉

01-1

(1) (준식)$= \dfrac{3\times 7}{4\times 7} - \dfrac{3\times 4}{7\times 4} = \dfrac{21-12}{28} = \dfrac{9}{28}$

(2) (준식)$= \dfrac{7\times 9}{2\times 9} + \dfrac{8\times 2}{9\times 2} = \dfrac{63+16}{18} = \dfrac{79}{18}$

답 (1) $\dfrac{9}{28}$ (2) $\dfrac{79}{18}$

01-2

(준식)$= \dfrac{3\times 3\times 5}{2\times 3\times 5} + \dfrac{7\times 2\times 5}{2\times 3\times 5} - \dfrac{4\times 2\times 3}{2\times 3\times 5} = \dfrac{91}{30}$

답 $\dfrac{91}{30}$

02-1

(1) (준식)$= \dfrac{5}{6\times 2} + \dfrac{11}{6\times 3} = \dfrac{5\times 3 + 11\times 2}{6\times 2\times 3} = \dfrac{37}{36}$

(2) (준식)$= \dfrac{9}{5\times 2} - \dfrac{4}{5\times 3} = \dfrac{9\times 3 - 4\times 2}{5\times 2\times 3} = \dfrac{19}{30}$

답 (1) $\dfrac{37}{36}$ (2) $\dfrac{19}{30}$

02-2

(1) (준식)$= \dfrac{9}{5\times 4} - \dfrac{22}{5\times 9} = \dfrac{9\times 9 - 22\times 4}{5\times 4\times 9} = -\dfrac{7}{180}$

(2) (준식)$= \dfrac{13}{8\times 2} + \dfrac{13}{8\times 3} = \dfrac{13\times 3 + 13\times 2}{8\times 2\times 3} = \dfrac{65}{48}$

답 (1) $-\dfrac{7}{180}$ (2) $\dfrac{65}{48}$

03-1

(1) (준식)$= \dfrac{1}{2\times 3^2} + \dfrac{7}{2^2\times 3\times 5} = \dfrac{2\times 5 + 7\times 3}{2^2\times 3^2\times 5}$

$= \dfrac{31}{2^2\times 3^2\times 5} = \dfrac{31}{180}$

(2) (준식)$= \dfrac{7}{2^2\times 11} - \dfrac{5}{2\times 3\times 11} = \dfrac{7\times 3 - 5\times 2}{2^2\times 3\times 11}$

$= \dfrac{11}{2^2\times 3\times 11} = \dfrac{1}{12}$

답 (1) $\dfrac{31}{180}$ (2) $\dfrac{1}{12}$

03-2

(1) (준식)$= \dfrac{7}{2\times 3\times 5} - \dfrac{2}{3^2\times 5}$

$= \dfrac{7\times 3 - 2\times 2}{2\times 3^2\times 5} = \dfrac{17}{2\times 3^2\times 5} = \dfrac{17}{90}$

(2) (준식)$= \dfrac{3}{2^2\times 7} + \dfrac{11}{2\times 3\times 7}$

$= \dfrac{3\times 3 + 11\times 2}{2^2\times 3\times 7} = \dfrac{31}{2^2\times 3\times 7} = \dfrac{31}{84}$

답 (1) $\dfrac{17}{90}$ (2) $\dfrac{31}{84}$

04-1

시간과 만드는 장난감의 개수는 정비례하므로 시간을 x, x시간 동안 만들 수 있는 장난감의 개수를 y라 하면

$$\dfrac{y}{x} = k \text{에서} \quad \dfrac{30}{5} = k \quad \therefore \ k = 6$$

$$\therefore \ y = 6x$$

이때 45개의 장난감을 만드는데 걸리는 시간을 구하므로 $y = 45$를 대입하여 계산하면

$$45 = 6x \quad \therefore \ x = \dfrac{15}{2} \text{ (시간)}$$

답 $\dfrac{15}{2}$ 시간

04-2

그림에서 x와 y는 정비례 관계이므로 $\dfrac{y}{x} = k$

$x = 6$일 때, $y = 4$이므로 $\dfrac{4}{6} = k$ $\quad \therefore \ k = \dfrac{2}{3}$

$$\therefore \ y = \dfrac{2}{3}x$$

이때 $x = 4$를 식에 대입하면

$$y = \dfrac{2}{3} \times 4 = \dfrac{8}{3}$$

답 $\dfrac{8}{3}$

05-1

병의 개수 x와 병의 용량 y는 반비례하므로

$$xy = k$$

이때 $k = 2000$이므로 구하는 관계식은

$$xy = 2000$$

$$\therefore \ y = \dfrac{2000}{x}$$

답 $y = \dfrac{2000}{x}$

05-2

그림에서 x와 y는 반비례 관계이므로 $xy=k$

$x=2$일 때, $y=5$이므로 $2\times5=k$ $\quad \therefore k=10$

$$\therefore y=\frac{10}{x}$$

이때 $y=8$을 식에 대입하면

$$8=\frac{10}{x} \quad x=\frac{10}{8}=\frac{5}{4}$$

답 $\dfrac{5}{4}$

① 유리식과 그 연산

01-1

$\dfrac{B}{A}$ 꼴의 식에서 A가 실수가 아닌 다항식인 것을 분수식이라 하므로 보기 중 분수식을 찾으면 ③, ⑤이다.

답 ③, ⑤

01-2

① 분모가 실수이므로 다항식이다. ($\times$)
② 분모가 실수이므로 다항식이고 따라서 유리식이다. ($\bigcirc$)
③ 유리식은 덧셈에 대한 교환법칙, 결합법칙이 성립한다. ($\times$)
④ $\dfrac{B}{A}$ 꼴의 식에서 A가 0이 아닌 실수이면 다항식이다. ($\times$)
⑤ 유리식은 분배법칙이 성립한다. ($\bigcirc$)

답 ②, ⑤

02-1

준식을 약분하여 정리하면 (준식)$=\dfrac{ab}{2x}$

답 $\dfrac{ab}{2x}$

02-2

준식의 분모, 분자를 인수분해하고 약분하면

$$(준식)=\frac{12(x-2)(x-5)}{(x+1)(x-2)(x-5)}=\frac{12}{x+1}$$

답 $\dfrac{12}{x+1}$

03-1

두 식의 분모의 최소공배수는 $6a^2b^3x^2y^2$이므로

두 식을 통분하면 $\dfrac{2a^3y}{6a^2b^3x^2y^2}$, $\dfrac{3b^2x}{6a^2b^3x^2y^2}$

답 $\dfrac{2a^3y}{6a^2b^3x^2y^2}$, $\dfrac{3b^2x}{6a^2b^3x^2y^2}$

03-2

준식의 분모를 각각 인수분해하면

$$\frac{x+2}{x^3-4x^2+x+6}=\frac{x+2}{(x+1)(x-2)(x-3)} \quad \cdots ①$$

$$\frac{x+3}{x^3-7x+6}=\frac{x+3}{(x-2)(x-1)(x+3)}$$

$$=\frac{1}{(x-2)(x-1)} \quad \cdots ②$$

①, ②의 분모의 최소공배수를 구하면

$(x+1)(x-2)(x-3)(x-1)$이므로 두 식을 통분하면

$$\frac{(x+2)(x-1)}{(x+1)(x-2)(x-3)(x-1)},$$

$$\frac{(x-3)(x+1)}{(x+1)(x-2)(x-3)(x-1)}$$

답 $\dfrac{(x+2)(x-1)}{(x+1)(x-2)(x-3)(x-1)}$, $\dfrac{(x-3)(x+1)}{(x+1)(x-2)(x-3)(x-1)}$

04-1

$$(준식)=\frac{x}{x^2+y^2}-\frac{y(x-y)^2}{(x-y)(x+y)(x^2+y^2)}$$

$$=\frac{x}{x^2+y^2}-\frac{xy-y^2}{(x+y)(x^2+y^2)}$$

$$=\frac{x(x+y)-(xy-y^2)}{(x+y)(x^2+y^2)}=\frac{x^2+xy-xy+y^2}{(x+y)(x^2+y^2)}$$

$$=\frac{x^2+y^2}{(x+y)(x^2+y^2)}=\frac{1}{x+y}$$

답 $\dfrac{1}{x+y}$

04-2

$$(준식)=\frac{(x^2+x-1)(x-1)-(x^2-x+2)(x+1)}{(x+1)(x-1)}$$

$$=\frac{-3x-1}{(x+1)(x-1)}$$

답 $\dfrac{-3x-1}{(x+1)(x-1)}$

05-1

등식의 좌변을 통분하면

$$(좌변)=\frac{a(x-3)+b(x+2)}{(x+2)(x-3)}=\frac{(a+b)x-3a+2b}{x^2-x-6}$$

좌변과 우변의 분자가 같으므로 계수를 비교하면

$$a+b=1, \ -3a+2b=-8$$

두 식을 연립하여 a, b를 구하면

$$a=2, \ b=-1$$

답 $a=2, \ b=-1$

05-2

등식의 좌변을 통분하면

$$(\text{좌변}) = \frac{ax(x+2) + bx(x-2) + c(x-2)(x+2)}{x(x-2)(x+2)}$$

$$= \frac{(a+b+c)x^2 + (2a-2b)x - 4c}{x^3 - 4x}$$

좌변과 우변의 분자가 같으므로 계수를 비교하면

$$a+b+c = 2 \cdots ①$$
$$2a-2b = -2 \quad \therefore\ a-b = -1 \cdots ②$$
$$-4c = 4 \quad \therefore\ c = -1 \cdots ③$$

③을 ①에 대입하면

$$a+b-1 = 2$$
$$\therefore\ a+b = 3 \cdots ④$$

②, ④를 연립하여 a, b를 구하면

$$a = 1,\ b = 2$$
$$\therefore\ a = 1,\ b = 2,\ c = -1$$

답 $a = 1,\ b = 2,\ c = -1$

06-1

앞에서부터 차례로 통분하면

$$(\text{준식}) = \frac{x+2-(x-2)}{(x-2)(x+2)} - \frac{4}{x^2+4}$$

$$= \frac{4}{x^2-4} - \frac{4}{x^2+4}$$

$$= \frac{4(x^2+4) - 4(x^2-4)}{(x^2-4)(x^2+4)} = \frac{32}{x^4-16}$$

답 $\dfrac{32}{x^4-16}$

06-2

순환하는 경우이므로 전체를 통분하면

$$(\text{준식}) = \frac{a(b+c) + b(c+a) + c(a+b)}{(a+b)(b+c)(c+a)}$$

$$= \frac{ab+ca+bc+ab+ca+bc}{(a+b)(b+c)(c+a)}$$

$$= \frac{2(ab+bc+ca)}{(a+b)(b+c)(c+a)}$$

답 $\dfrac{2(ab+b+ca)}{(a+b)(b+c)(c+a)}$

07-1

$$(\text{준식}) = \frac{(x-3)(x+1)}{(x-2)(x+2)} \times \frac{(x+2)^2}{(x-1)(x-3)}$$

$$= \frac{(x+1)(x+2)}{(x-1)(x-2)}$$

답 $\dfrac{(x+1)(x+2)}{(x-1)(x-2)}$

07-2

$$(\text{준식}) = \frac{x^2(x-3)}{x(2x+3)} \times \frac{(x-2)(x+2)}{(x-2)(x-3)} \times \frac{2x+1}{(x+2)(2x+1)}$$

$$= \frac{x}{2x+3}$$

답 $\dfrac{x}{2x+3}$

08-1

분모들의 최소공배수를 구하면 a^2b이므로 분모와 분자에 a^2b를 곱하고 정리하면

$$\frac{\dfrac{a}{b} \times a^2b - \dfrac{b^2}{a^2} \times a^2b}{\dfrac{1}{b} \times a^2b - \dfrac{1}{a} \times a^2b} = \frac{a^3-b^3}{a^2-ab} = \frac{(a-b)(a^2+ab+b^2)}{a(a-b)}$$

$$= \frac{a^2+ab+b^2}{a}$$

답 $\dfrac{a^2+ab+b^2}{a}$

08-2

$$\frac{1}{1-\dfrac{1}{1-\dfrac{1}{a}}} = \frac{1}{1-\dfrac{1}{\dfrac{a-1}{a}}} = \frac{1}{1-\dfrac{a}{a-1}}$$

$$= \frac{1}{\dfrac{a-1-a}{a-1}} = \frac{1}{\dfrac{-1}{a-1}} = -a+1$$

$$\frac{1}{1-\dfrac{1}{1+\dfrac{1}{a}}} = \frac{1}{1-\dfrac{1}{\dfrac{a+1}{a}}} = \frac{1}{1-\dfrac{a}{a+1}}$$

$$= \frac{1}{\dfrac{a+1-a}{a+1}} = \frac{1}{\dfrac{1}{a+1}} = a+1$$

$$\therefore\ (\text{준식}) = (-a+1)(a+1) = -a^2+1$$

답 $-a^2+1$

08-3

$$(\text{준식}) = 1 + \frac{1}{1+\dfrac{1}{1+\dfrac{1}{\dfrac{x+1}{x}}}} = 1 + \frac{1}{1+\dfrac{1}{1+\dfrac{x}{x+1}}}$$

$$= 1 + \frac{1}{1+\dfrac{1}{\dfrac{x+1+x}{x+1}}} = 1 + \frac{1}{1+\dfrac{1}{\dfrac{2x+1}{x+1}}}$$

$$= 1 + \cfrac{1}{1 + \cfrac{x+1}{2x+1}} = 1 + \cfrac{1}{\cfrac{2x+1+x+1}{2x+1}}$$

$$= 1 + \cfrac{1}{\cfrac{3x+2}{2x+1}} = 1 + \cfrac{2x+1}{3x+2}$$

$$= \frac{3x+2+2x+1}{3x+2} = \frac{5x+3}{3x+2}$$

답 $\dfrac{5x+3}{3x+2}$

09-1

$$(준식) = \frac{1}{3} - \frac{1}{4} + \frac{1}{4} - \frac{1}{5} + \frac{1}{5} - \frac{1}{6} + \frac{1}{6} - \frac{1}{7}$$

$$= \frac{1}{3} - \frac{1}{7} = \frac{4}{21}$$

답 $\dfrac{4}{21}$

09-2

이항분리를 이용할 수 있도록 준식을 변형하면

$$(준식) = \frac{1}{3 \times 5} + \frac{1}{5 \times 7} + \frac{1}{7 \times 9} + \frac{1}{9 \times 11} + \frac{1}{11 \times 13}$$

$$= \frac{1}{2}\left(\frac{1}{3} - \frac{1}{5} + \frac{1}{5} - \frac{1}{7} + \frac{1}{7} - \frac{1}{9} + \frac{1}{9} \right.$$
$$\left. - \frac{1}{11} + \frac{1}{11} - \frac{1}{13} \right)$$

$$= \frac{1}{2}\left(\frac{1}{3} - \frac{1}{13} \right) = \frac{1}{2} \times \frac{10}{39} = \frac{5}{39}$$

답 $\dfrac{5}{39}$

10-1

$$(준식) = \frac{1}{2}\left(\frac{1}{x} - \frac{1}{x+2} + \frac{1}{x+2} - \frac{1}{x+4} + \frac{1}{x+4} \right.$$
$$\left. - \frac{1}{x+6} + \frac{1}{x+6} - \frac{1}{x+8} \right)$$

$$= \frac{1}{2}\left(\frac{1}{x} - \frac{1}{x+8} \right) = \frac{1}{2} \times \frac{x+8-x}{x(x+8)} = \frac{4}{x(x+8)}$$

답 $\dfrac{4}{x(x+8)}$

10-2

$$(준식) = \frac{1}{x(x-1)} + \frac{3}{(x-1)(x-4)} + \frac{5}{(x-4)(x-9)}$$
$$+ \frac{7}{(x-9)(x-16)}$$

$$= -\left(\frac{1}{x} - \frac{1}{x-1} \right) - \frac{3}{3}\left(\frac{1}{x-1} - \frac{1}{x-4} \right)$$
$$- \frac{5}{5}\left(\frac{1}{x-4} - \frac{1}{x-9} \right) - \frac{7}{7}\left(\frac{1}{x-9} - \frac{1}{x-16} \right)$$

$$= -\frac{1}{x} + \frac{1}{x-1} - \frac{1}{x-1} + \frac{1}{x-4} - \frac{1}{x-4}$$
$$+ \frac{1}{x-9} - \frac{1}{x-9} + \frac{1}{x-16}$$

$$= -\frac{1}{x} + \frac{1}{x-16} = \frac{-x+16+x}{x(x-16)} = \frac{16}{x(x-16)}$$

답 $\dfrac{16}{x(x-16)}$

10-3

$$(준식) = \frac{1}{2}\left(\frac{1}{x} - \frac{1}{x+2} + \frac{1}{x+1} - \frac{1}{x+3} + \frac{1}{x+2} \right.$$
$$\left. - \frac{1}{x+4} + \frac{1}{x+3} - \frac{1}{x+5} \right)$$

$$= \frac{1}{2}\left(\frac{1}{x} + \frac{1}{x+1} - \frac{1}{x+4} - \frac{1}{x+5} \right)$$

$$= \frac{1}{2}\left\{ \left(\frac{1}{x} - \frac{1}{x+4} \right) + \left(\frac{1}{x+1} - \frac{1}{x+5} \right) \right\}$$

$$= \frac{1}{2}\left(\frac{x+4-x}{x(x+4)} + \frac{x+5-x-1}{(x+1)(x+5)} \right)$$

$$= \frac{1}{2}\left(\frac{4}{x(x+4)} + \frac{4}{(x+1)(x+5)} \right)$$

$$= 2\left(\frac{1}{x(x+4)} + \frac{1}{(x+1)(x+5)} \right)$$

$$= 2 \times \frac{x^2+6x+5+x^2+4x}{x(x+1)(x+4)(x+5)}$$

$$= \frac{2(2x^2+10x+5)}{x(x+1)(x+4)(x+5)}$$

답 $\dfrac{2(2x^2+10x+5)}{x(x+1)(x+4)(x+5)}$

11-1

$$(준식) = \frac{x+1}{x} - \frac{(x+6)+1}{x+6} = 1 + \frac{1}{x} - \left(1 + \frac{1}{x+6} \right)$$

$$= \frac{1}{x} - \frac{1}{x+6} = \frac{x+6-x}{x(x+6)} = \frac{6}{x(x+6)}$$

답 $\dfrac{6}{x(x+6)}$

11-2

$x^3 - x^2 - 4x + 1 = (x^2 - 3x + 2)(x+2) - 3$ 이고
$x^2 + 1 = (x-1)(x+1) + 2$ 이므로

$$(준식) = \frac{(x^2-3x+2)(x+2)-3}{x^2-3x+2}$$
$$- \frac{(x-1)(x+1)+2}{x-1} - \frac{x-2}{x}$$

$$= x+2 - \frac{3}{x^2-3x+2} - (x+1) - \frac{2}{x-1} - 1 + \frac{2}{x}$$

$$= x+2 - x - 1 - 1 - \frac{3}{(x-1)(x-2)} - \frac{2}{x-1} + \frac{2}{x}$$

$$= -\frac{3}{(x-1)(x-2)} - \frac{2}{x-1} + \frac{2}{x}$$

$$= \frac{-3x - 2x(x-2) + 2(x-1)(x-2)}{x(x-1)(x-2)}$$

$$= \frac{-5x+4}{x(x-1)(x-2)}$$

답 $\dfrac{-5x+4}{x(x-1)(x-2)}$

12-1

조건식에서 x, z를 y에 대하여 정리하면

$x + \dfrac{1}{y} = 1$ 에서 $x = 1 - \dfrac{1}{y} = \dfrac{y-1}{y}$ $\cdots$ ①

$y + \dfrac{1}{z} = 1$ 에서 $\dfrac{1}{z} = 1 - y$ $\cdots$ ②

①, ②를 구하는 식에 대입하면

$$(준식) = \frac{y-1}{y} \times y + (1-y)$$

$$= y - 1 + 1 - y = 0$$

답   0

12-2

조건식에서 x, z를 y에 대하여 정리하면

$x + \dfrac{1}{y} = 1$ 에서 $x = 1 - \dfrac{1}{y} = \dfrac{y-1}{y}$ $\cdots$ ①

$y + \dfrac{1}{2z} = 1$ 에서 $\dfrac{1}{2z} = 1 - y$ $\quad 2z = \dfrac{1}{1-y}$

$$\therefore z = \frac{1}{2(1-y)} \quad \cdots ②$$

①, ②를 구하는 식에 대입하면

$$(준식) = \frac{1}{\dfrac{y-1}{y} \times y \times \dfrac{1}{2(1-y)}}$$

$$= \frac{1}{-\dfrac{1}{2}} = -2$$

답 -2

13-1

$$\left(x + \frac{1}{x}\right)^2 = \left(x - \frac{1}{x}\right)^2 + 4 = 3 + 4 = 7$$

$$\therefore x + \frac{1}{x} = \pm\sqrt{7}$$

$$(준식) = \left(x + \frac{1}{x}\right)^3 - 3\left(x + \frac{1}{x}\right)$$

$$= (\pm\sqrt{7})^3 - 3 \times (\pm\sqrt{7})$$

$$= \pm 7\sqrt{7} \mp 3\sqrt{7} = \pm 4\sqrt{7}$$

답 $\pm 4\sqrt{7}$

13-2

주어진 조건식의 양변을 x로 나누면

$$x + 1 + \frac{1}{x} = 0 \quad \therefore x + \frac{1}{x} = -1 \cdots ①$$

주어진 조건식의 양변에 $x-1$을 곱하면

$$(x-1)(x^2 + x + 1) = 0 \quad x^3 - 1 = 0$$

$$\therefore x^3 = 1 \cdots ②$$

①, ②를 이용하여 준식의 값을 구하면

(1) $(준식) = \left(x + \dfrac{1}{x}\right)^2 - 2 = (-1)^2 - 2 = -1$

(2) $(준식) = \left(x^2 + \dfrac{1}{x^2}\right)\left(x^3 + \dfrac{1}{x^3}\right) - \left(x + \dfrac{1}{x}\right)$

$$= (-1) \times 2 - (-1) = -1$$

(3) $(준식) = (x^3)^{33} \times x + \dfrac{1}{(x^3)^{33} \times x}$

$$= x + \frac{1}{x} = -1$$

답   (1) -1 (2) -1 (3) -1

14-1

$$-2 - \cfrac{1}{-2 - \cfrac{1}{-2 - \cdots}} = x$$

주어진 식의 값을 x라 하면 ☐ 안의 식의 값도 x이므로

$$x = -2 - \frac{1}{x} \quad x^2 = -2x - 1$$

$$x^2 + 2x + 1 = 0 \quad (x+1)^2 = 0$$

$$\therefore x = -1$$

따라서 주어진 식의 값은 -1이다.

답 -1

14-2

$$2 + \cfrac{3}{2 + \cfrac{3}{2 + \cdots}} = x$$

주어진 식의 값을 x라 하면 ☐ 안의 식의 값도 x이므로

$$x = 2 + \frac{3}{x} \quad x^2 = 2x + 3$$

$$x^2 - 2x - 3 = 0 \quad (x-3)(x+1) = 0$$

$$\therefore x = 3, \ x = -1$$

이때 $x > 0$이므로 식의 값은 3이다.

답   3

15-1

$$x + y - z = 0 \qquad \cdots ①$$
$$5x - 5y + z = 0 \qquad \cdots ②$$
① + ② ; $6x = 4y$ $3x = 2y$ $\therefore$ $x : y = 2 : 3$
① × 5 + ② ; $10x = 4z$ $5x = 2z$ $\therefore$ $x : z = 2 : 5$

$$
\begin{array}{r}
x : y \quad\; = 2 : 3 \\
x : \;\; z = 2 : \;\; 5 \\
\hline
x : y : z = 2 : 3 : 5
\end{array}
$$

답 $2 : 3 : 5$

15-2

$$(a+c)^2 - 3b(a+c) + 2b^2 = 0$$
$$(a+c-b)(a+c-2b) = 0$$
$$\therefore\ a+c-b = 0 \ \text{또는} \ a+c-2b = 0$$

a, b, c가 삼각형의 세 변의 길이이므로 $a+c-b \neq 0$이다.
$a+b-3c = 0$, $a-2b+c = 0$을 연립하여 정리하면
$b : c = 4 : 3$, $a : c = 5 : 3$이므로

$$
\begin{array}{r}
a : \quad\; c = 5 : \quad\; 3 \\
b : c = \quad\; 4 : 3 \\
\hline
a : b : c = 5 : 4 : 3
\end{array}
$$

따라서 이 삼각형은 변 a를 빗변으로 하는 직각삼각형이다.

답 변 a가 빗변인 직각삼각형

16-1

$$\frac{2b+5c}{5a+3b} = \frac{2c+5a}{5b+3c} = \frac{2a+5b}{5c+3a} = k \text{에서}$$

$$\frac{7a+7b+7c}{8a+8b+8c} = \frac{7(a+b+c)}{8(a+b+c)} = k \ \cdots ①$$

ⅰ) $8a+8b+8c = 0$일 때, $c = -a-b$이므로

$$(\text{준식}) = \frac{2b+5(-a-b)}{5a+3b} = \frac{-5a-3b}{5a+3b} = -1$$

$$\therefore\ k = -1$$

ⅱ) $8a+8b+8c \neq 0$일 때, 가비의 리에 의해

$$① = \frac{7}{8} = k$$

따라서 모든 k의 값의 곱은 $(-1) \times \dfrac{7}{8} = -\dfrac{7}{8}$이다.

답 $-\dfrac{7}{8}$

16-2

y, x, z의 순으로 계수를 비교하여 맨 마지막 식의 분자와 일치하도록 적당한 수를 곱해나가면

$$\frac{3(x-2y)}{3 \times 2} = \frac{2(5x-z)}{2 \times 3} = \frac{-3 \times 2z}{-3 \times 5}$$

$$\frac{3x-6y}{6} = \frac{10x-2z}{6} = \frac{-6z}{-15}$$

분모의 합이 0이 아니므로 가비의 리에 의해

$$\frac{3x-6y+10x-2z-6z}{6+6+(-15)} = \frac{13x-6y-8z}{-3}$$

$$\therefore\ c = -3$$

답 -3

17-1

주어진 조건식을 정리하여 x, y 사이의 관계식을 구하면

$$x^2 + 5xy - 4y^2 = 2x^2 + 2xy - 2y^2 \qquad x^2 - 3xy + 2y^2 = 0$$
$$(x-2y)(x-y) = 0 \qquad \therefore\ x = 2y \ \text{또는} \ x = y$$

ⅰ) $x = 2y$일 때, $x : y = 2 : 1$이므로 준식에 $x = 2$, $y = 1$을 대입하여 계산하면

$$(\text{준식}) = \frac{2^2 + 1^2}{2 \times 1 + 2 \times 1^2} = \frac{5}{4}$$

ⅱ) $x = y$일 때, $x : y = 1 : 1$이므로 준식에 $x = 1$, $y = 1$을 대입하여 계산하면

$$(\text{준식}) = \frac{1^2 + 1^2}{1 \times 1 + 2 \times 1^2} = \frac{2}{3}$$

따라서 식의 값은 $\dfrac{5}{4}$ 또는 $\dfrac{2}{3}$이다.

답 $\dfrac{5}{4}$ 또는 $\dfrac{2}{3}$

17-2

주어진 비례식을 등식으로 변형하면

$$\frac{x+y}{6} = \frac{y+z}{4} = \frac{z+x}{3}$$

이 등식의 값을 k로 놓고, x, y, z를 k를 이용하여 나타내면

$$x+y = 6k, \quad y+z = 4k, \quad z+x = 3k$$

$$\therefore\ x = \frac{5}{2}k, \quad y = \frac{7}{2}k, \quad z = \frac{1}{2}k$$

따라서 $x : y : z = 5 : 7 : 1$이므로 준식에 $x = 5$, $y = 7$, $z = 1$을 대입하여 계산하면

$$(\text{준식}) = \frac{4 \times 5 + 5 \times 1}{2 \times 7 + 3 \times 1} = \frac{25}{17}$$

답 $\dfrac{25}{17}$

18-1

x가 3과 9의 비례중항이므로

$$x^2 = 3 \times 9 \qquad x^2 = 27 \qquad x = \pm 3\sqrt{3}$$

x가 양수이므로 구하는 x의 값은 $3\sqrt{3}$이다.

답 $3\sqrt{3}$

18-2

b가 a와 c의 비례중항이므로 $b^2 = ac$

$$(우변) = (a+c-b)(a+c+b) = (a+c)^2 - b^2$$
$$= a^2 + 2ac + c^2 - b^2 = a^2 + 2b^2 + c^2 - b^2$$
$$= a^2 + b^2 + c^2$$
$$= (좌변)$$

답 풀이참조

③ 유리함수

19-1

$y = f(x)$에서 $f(x)$가 x에 관한 유리식일 때, 이 함수를 유리함수라 하므로 보기 중 $f(x)$가 x에 관한 유리식이 아닌 것을 찾으면 ③이다.

답 ③

19-2

① $y = \sqrt{x^2} = |x|$: 다항함수이므로 유리함수이다.

② $y = \sqrt{x^3} = |x|\sqrt{x}$: 유리함수가 아니다.

③ $y = \sqrt{x^4} = x^2$: 다항함수이므로 유리함수이다.

④ $y = \dfrac{1}{|x|}$: $x \geq 0$인 부분을 y축에 대하여 대칭시킨 그래프이므로 유리함수이다.

⑤ $|y| = \dfrac{1}{x}$: $y \geq 0$인 부분을 x축에 대하여 대칭시킨 그래프이므로 유리함수가 아니다.

따라서 유리함수가 아닌 것은 ②, ⑤이다.

답 ②, ⑤

20-1

$$y = \dfrac{\frac{1}{2}(2x-2)+3}{2x-2} = \dfrac{3}{2x-2} + \dfrac{1}{2}$$

ⅰ) 정의역 : $\{x \mid x \neq 1$인 모든 실수$\}$

ⅱ) 치역 : $\left\{y \mid y \neq \dfrac{1}{2}$인 모든 실수$\right\}$

ⅲ) 점근선 : $x = 1$, $y = \dfrac{1}{2}$

   x절편 : $y = 0 \rightarrow x = -2$

   y절편 : $x = 0 \rightarrow y = -1$

x절편, y절편, 점근선을 이용하여 그래프를 그리면 다음과 같다.

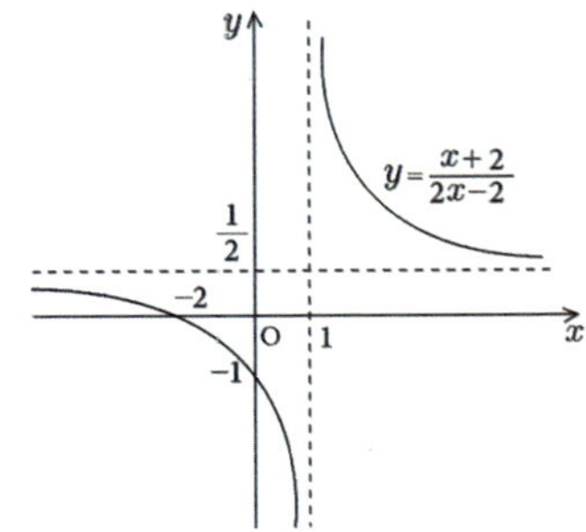

답 풀이참조

20-2

$$y = \dfrac{-(x+2)+5}{x+2} = \dfrac{5}{x+2} - 1$$이므로 점근선의 방정식은

   $x = -2$, $y = -1$

$$y = \dfrac{2(x-2)+2}{x-2} = \dfrac{2}{x-2} + 2$$이므로 점근선의 방정식은

   $x = 2$, $y = 2$

점근선으로 둘러싸인 부분을 좌표평면에 나타내면 다음과 같다.

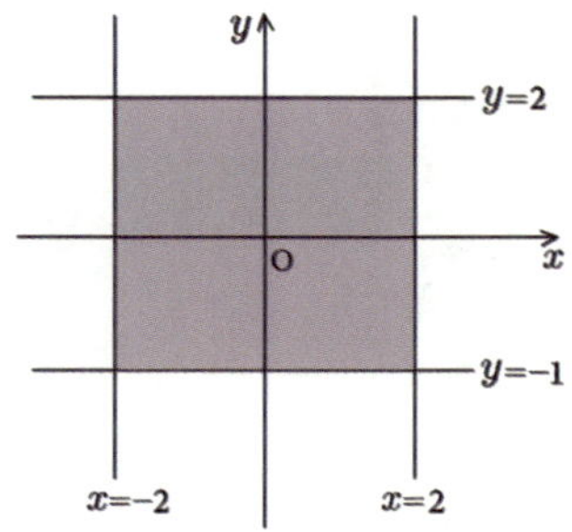

따라서 구하는 넓이는
$$\{2 - (-2)\} \times \{2 - (-1)\} = 4 \times 3 = 12$$

답 12

21-1

$$y = \dfrac{-2(x+2)-1}{x+2} = \dfrac{-1}{x+2} - 2$$

따라서 주어진 함수는 $y = -\dfrac{1}{x}$의 그래프를 x축의 방향으로 -2만큼, y축의 방향으로 -2만큼 평행이동한 것이다.

   $\therefore a = -2$, $b = -2$

답 $a = -2$, $b = -2$

21-2

① $y = \dfrac{(x-1)+2}{x-1} = \dfrac{2}{x-1} + 1$

   $\therefore$ 이 함수는 $y = \dfrac{2}{x}$를 평행이동한 것이다.

② $y = \dfrac{(x-1)+1}{x-1} = \dfrac{1}{x-1} + 1$

   $\therefore$ 이 함수는 $y = \dfrac{1}{x}$을 평행이동한 것이다.

③ $y = \dfrac{(x-1)-1}{x-1} = \dfrac{-1}{x-1} + 1$

   $\therefore$ 이 함수는 $y = -\dfrac{1}{x}$을 평행이동한 것이다.

④ $y = \dfrac{-(x-1)-1}{x-1} = \dfrac{-1}{x-1} - 1$

   $\therefore$ 이 함수는 $y = -\dfrac{1}{x}$을 평행이동한 것이다.

⑤ $y = \dfrac{(x+1)-2}{x+1} = \dfrac{-2}{x+1} + 1$

$\therefore$ 이 함수는 $y=-\dfrac{2}{x}$ 를 평행이동한 것이다.

따라서 $y=\dfrac{1}{x}$ 을 평행이동하여 겹칠 수 있는 것은 ②이다.

답 ②

22-1

$$y=\frac{(2x-3)+2}{2x-3}=\frac{2}{2x-3}+1$$

따라서 주어진 그래프는 점 $\left(\dfrac{3}{2},\ 1\right)$ 에 대하여 대칭이다.

$a=\dfrac{3}{2}$, $b=1$ 이므로 $ab=\dfrac{3}{2}\times1=\dfrac{3}{2}$

답 $\dfrac{3}{2}$

22-2

$$y=\frac{2(2x+1)-3}{2x+1}=\frac{-3}{2x+1}+2$$

따라서 주어진 그래프는 점 $\left(-\dfrac{1}{2},\ 2\right)$ 를 지나고 기울기가 ±1 인 직선에 대칭이므로

 i) 점 $\left(-\dfrac{1}{2},\ 2\right)$ 를 지나고 기울기가 1인 직선을 구하면

$$y-2=x+\frac{1}{2}$$
$$\therefore\ y=x+\frac{5}{2}$$
$$\therefore\ a=\frac{5}{2}$$

 ii) 점 $\left(-\dfrac{1}{2},\ 2\right)$ 를 지나고 기울기가 -1 인 직선을 구하면

$$y-2=-\left(x+\frac{1}{2}\right)$$
$$\therefore\ y=-x+\frac{3}{2}$$
$$\therefore\ b=\frac{3}{2}$$

답 $a=\dfrac{5}{2}$, $b=\dfrac{3}{2}$

23-1

$y=\dfrac{b}{x+a}+c$ 의 그래프의 점근선의 방정식은 $x=-a$, $y=c$ 이므로 $a=1$, $c=-3$ 이다.

$$\therefore\ y=\frac{b}{x+1}-3$$

이 그래프가 $(0,\ -1)$ 을 지나므로 식에 대입하면
$$-1=b-3 \quad \therefore\ b=2$$
따라서 $a=1$, $b=2$, $c=-3$ 이다.

답 $a=1$, $b=2$, $c=-3$

23-2

$y=\dfrac{b}{2x-a}-c$ 의 그래프의 점근선의 방정식은 $x=\dfrac{a}{2}$, $y=-c$ 이다.

이때 그림에서 점근선의 방정식을 구하면 $x=-1$, $y=-1$ 이므로

$$\frac{a}{2}=-1,\ -c=-1 \quad \therefore\ a=-2,\ c=1$$

$$\therefore\ y=\frac{b}{2x+2}-1$$

이 그래프가 $\left(\dfrac{1}{2},\ 0\right)$ 을 지나므로 식에 대입하면

$$0=\frac{b}{3}-1 \quad \therefore\ b=3$$

따라서 $a+b+c$ 의 값을 구하면
$$a+b+c=-2+3+1=2$$

답 2

24-1

$y=\dfrac{-2x+b}{x+a}$ 의 그래프의 y 축에 평행한 점근선의 방정식이 $x=-a$ 이므로 $-a=2$ $\therefore\ a=-2$

$$\therefore\ y=\frac{-2x+b}{x-2}$$

이 그래프가 점 $(0,\ 1)$ 을 지나므로 식에 대입하면

$$1=\frac{b}{-2} \quad \therefore\ b=-2$$

답 $a=-2$, $b=-2$

24-2

주어진 유리함수의 점근선의 방정식이 $x=2$, $y=1$ 이므로 식에서의 점근선과 비교하면

$$-\frac{c}{2}=2 \quad \therefore\ c=-4$$
$$\frac{a}{2}=1 \quad \therefore\ a=2$$
$$\therefore\ y=\frac{2x+b}{2x-4} \quad \cdots ①$$

①이 점 $(1,\ 2)$ 를 지나므로 식에 대입하면
$$2=\frac{2+b}{-2} \quad \therefore\ b=-6$$
따라서 $a=2$, $b=-6$, $c=-4$ 이다.

답 $a=2$, $b=-6$, $c=-4$

25-1

$$y=\frac{-3(x-1)-4}{x-1}=\frac{-4}{x-1}-3$$

점근선 $x=1$, $y=-3$ $\cdots ①$

x절편 : $x=-\dfrac{1}{3}$, y절편 : 1

$\cdots$ ②

①, ②를 이용하여 주어진 범위에서 그래프를 그리면 오른쪽 그림과 같다.

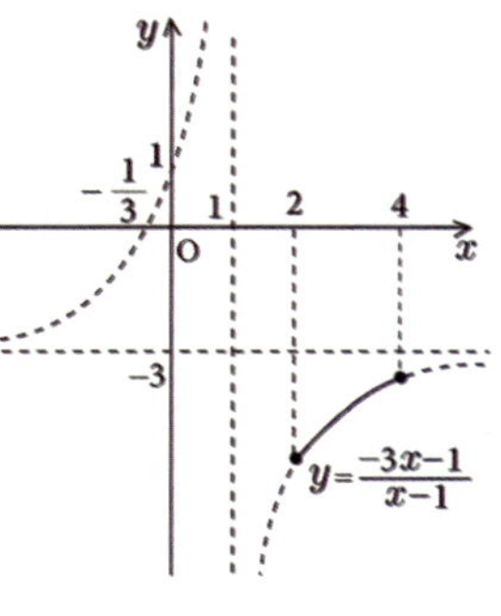

따라서 주어진 함수는 $x=2$에서 최솟값 -7, $x=4$에서 최댓값 $-\dfrac{13}{3}$ 을 갖는다.

답 최댓값 : $-\dfrac{13}{3}$, 최솟값 : -7

25-2

$$y=\frac{2(x-2)+1}{x-2}=\frac{1}{x-2}+2$$

주어진 함수는 감소하는 함수이므로

i) $x=a$에서 최댓값 $\dfrac{5}{3}$를 갖는다.

$$\frac{5}{3}=\frac{2a-3}{a-2} \text{에서 } 5(a-2)=3(2a-3)$$

$$5a-10=6a-9 \qquad \therefore a=-1$$

ii) $x=1$에서 최솟값 b를 갖는다.

$$\therefore b=\frac{2\times 1-3}{1-2}=1$$

답 $a=-1,\ b=1$

26-1

유리함수의 그래프와 직선이 만나도록 좌표평면에 나타내면 오른쪽 그림과 같다.

$$\therefore m>0$$

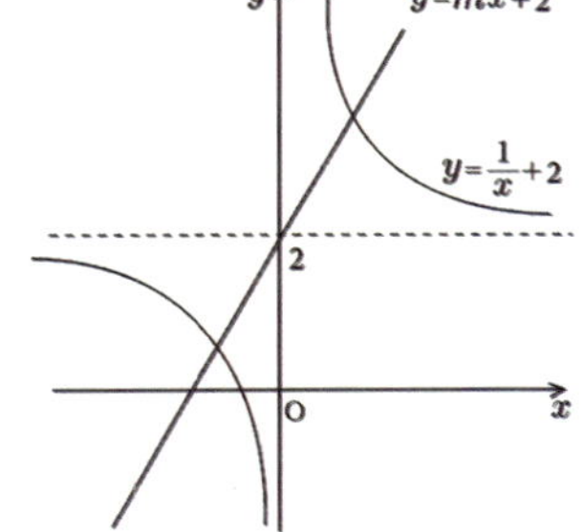

답 $m>0$

26-2

$$y=\frac{2(x+1)+2}{x+1}=\frac{2}{x+1}+2$$

유리함수의 그래프와 직선이 만나지 않게 좌표평면에 나타내면 오른쪽 그림과 같다.

$$\frac{2x+4}{x+1}=mx \text{에서}$$

$$mx^2+(m-2)x-4=0$$

$$\cdots ①$$

두 그래프의 교점이 생기지

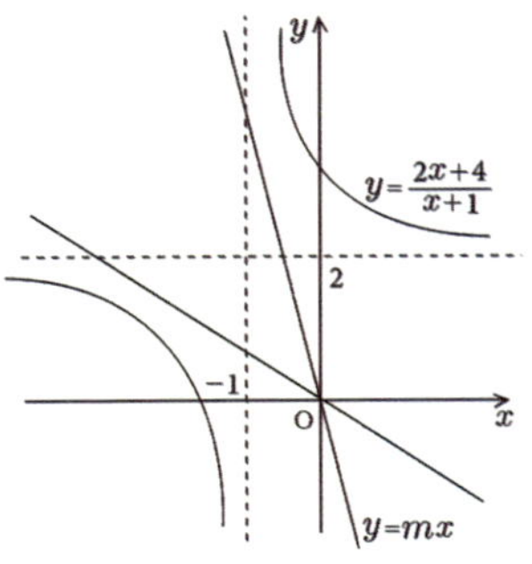

않아야 하므로 ①의 판별식 $D<0$이어야 한다.

$$D=(m-2)^2+16m=m^2+12m+4<0 \ \cdots ②$$

$m^2+12m+4=0$의 근이 $m=-6\pm 4\sqrt{2}$ 이므로

②에서 $-6-4\sqrt{2}<m<-6+4\sqrt{2}$

답 $-6-4\sqrt{2}<m<-6+4\sqrt{2}$

27-1

$(f\circ f)(x)=f(f(x))$이므로

$$f\left(\frac{x+1}{x-1}\right)=\frac{\dfrac{x+1}{x-1}+1}{\dfrac{x+1}{x-1}-1}=\frac{x+1+x-1}{x+1-x+1}=\frac{2x}{2}=x$$

$$\therefore \frac{3}{x+2}=x \qquad 3=x^2+2x$$

$$x^2+2x-3=0 \qquad (x+3)(x-1)=0$$

$$\therefore x=-3,\ x=1$$

이때 유리함수 $f(x)$에서 $x\neq 1$이므로 구하는 x의 값은 -3이다.

답 -3

27-2

$$f^1(x)=\frac{x}{1-x}$$

$$f^2(x)=(f\circ f)(x)$$

$$=\frac{\dfrac{x}{1-x}}{1-\dfrac{x}{1-x}}=\frac{x}{1-x-x}=\frac{x}{1-2x}$$

$$f^3(x)=(f\circ f^2)(x)=f(f^2(x))$$

$$=\frac{\dfrac{x}{1-2x}}{1-\dfrac{x}{1-2x}}=\frac{x}{1-2x-x}=\frac{x}{1-3x}$$

$$\vdots$$

$$f^n(x)=\frac{x}{1-nx}$$

따라서 $f^{100}(x)=\dfrac{x}{1-100x}$ 이므로

$$f^{100}\left(\frac{1}{10}\right)=\frac{\dfrac{1}{10}}{1-100\times \dfrac{1}{10}}=\frac{\dfrac{1}{10}}{-9}=-\frac{1}{90}$$

답 $-\dfrac{1}{90}$

28-1

$y=\dfrac{1}{x-(-2)}+2$의 역함수는 $y=\dfrac{1}{x-2}-2$이므로

$a=-2,\ b=-2$이다.

답 $a=-2,\ b=-2$

28-2

$y = \dfrac{3x+b}{x+a}$ 의 역함수는 $y = \dfrac{-ax+b}{x-3}$ 이고 $f = f^{-1}$이므로

$a = -3$이다.

$$\therefore f(x) = \frac{3x+b}{x-3}$$

이 함수가 점 $(2, -6)$을 지나므로 식에 대입하면

$$-6 = \frac{3 \times 2 + b}{2-3} \qquad \therefore b = 0$$

따라서 $a+b$의 값을 구하면

$$a+b = -3$$

답 -3

08. $\dfrac{a^2+ab+b^2}{a}$ **09.** $\dfrac{5x+3}{3x+2}$ **10.** $\dfrac{5}{39}$

11. $\dfrac{2(2x^2+10x+5)}{x(x+1)(x+4)(x+5)}$ **12.** $\dfrac{-5x+4}{x(x-1)(x-2)}$

13. -2 **14.** (1) -1 (2) -1 (3) -1 **15.** 3

16. 변 a가 빗변인 직각삼각형 **17.** -3 **18.** $\dfrac{25}{17}$

19. ②, ⑤ **20.** 12 **21.** ② **22.** $a = \dfrac{5}{2}$, $b = \dfrac{3}{2}$

23. 2 **24.** $a = 2$, $b = -6$, $c = -4$

25. $a = -1$, $b = 1$ **26.** $-6 - 4\sqrt{2} < m < -6 + 4\sqrt{2}$

27. -1 **28.** -3

〈연습문제 A〉

01. ④ **02.** $\dfrac{ab}{2x}$ **03.** $\dfrac{2a^3 y}{6a^2 b^3 x^2 y^2}$, $\dfrac{3b^2 x}{6a^2 b^3 x^2 y^2}$

04. $\dfrac{x^2+y^2}{x^2-y^2}$ **05.** $a = -1$, $b = 1$, $c = 1$

06. (1) 0 (2) $\dfrac{8a^7}{x^8 - a^8}$ **07.** $\dfrac{6x+1}{x-1}$

08. $\dfrac{y+x}{y-x}$ **09.** $-a^2+1$ **10.** $\dfrac{25}{42}$ **11.** $\dfrac{4}{x(x+4)}$

12. $\dfrac{6}{x(x+6)}$ **13.** 1 **14.** $\pm 4\sqrt{7}$ **15.** 1

16. $2:3:7$ **17.** 1 **18.** $\dfrac{12}{5}$ **19.** ①, ③ **20.** ③

21. 정의역 : $\{x \mid x \neq -1$인 모든 실수$\}$

치역 : $\{y \mid y \neq -1$인 모든 실수$\}$

점근선 : $x = -1$, $y = -1$ 그래프 : 생략

22. $a = 2$, $b = 3$ **23.** 0 **24.** -5 **25.** 0

26. 최솟값 : 2, 최댓값 : $\dfrac{5}{2}$ **27.** -1 **28.** -3

29. $g(x) = \dfrac{-x+1}{x-2}$

〈연습문제 B〉

01. ②, ⑤ **02.** $\dfrac{x(y-x)}{y+x}$

03. $\dfrac{(x+2)(x-1)}{(x+1)(x-2)(x-3)(x-1)}$,

$$\dfrac{(x-3)(x+1)}{(x+1)(x-2)(x-3)(x-1)}$$

04. $\dfrac{1}{x+y}$ **05.** $a = 1$, $b = 2$, $c = -1$

06. $\dfrac{2(ab+b+ca)}{(a+b)(b+c)(c+a)}$ **07.** $\dfrac{x}{2x+3}$

〈중·고교 연결과정 선수학습〉

01-1

조건식에서 $\sqrt{x-2}\sqrt{x+1}=-\sqrt{(x-2)(x+1)}$ 이므로

$x-2\leq0$에서 $x\leq2$ ··· ①

$x+1\leq0$에서 $x\leq-1$ ··· ②

①, ②의 공통범위를 구하면 $x\leq-1$

$$(준식)=|x-2|-|x+1|=-(x-2)+(x+1)$$
$$=-x+2+x+1=3$$

답 3

01-2

조건식에서 $\sqrt{x-2}\sqrt{1-x}=-\sqrt{(x-2)(1-x)}$ 이므로

$x-2\leq0$에서 $x\leq2$ ··· ①

$1-x\leq0$에서 $x\geq1$ ··· ②

①, ②의 공통범위를 구하면 $1\leq x\leq2$

$$(준식)=\sqrt{(x+3)^2}+\sqrt{(x-5)^2}=|x+3|+|x-5|$$
$$=x+3-(x-5)=x+3-x+5=8$$

답 8

02-1

조건식에서 $\dfrac{\sqrt{x+2}}{\sqrt{x}}=-\sqrt{\dfrac{x+2}{x}}$ 이므로

$x+2\geq0,\ x<0\quad\therefore\ -2\leq x<0$

$$(준식)=|x|+|x+2|=-x+x+2=2$$

답 2

02-2

조건식에서 $\dfrac{\sqrt{x}}{\sqrt{x-3}}=-\sqrt{\dfrac{x}{x-3}}$ 이므로

$x\geq0,\ x-3<0\quad\therefore\ 0\leq x<3$

$$(준식)=\sqrt{(x-3)^2}+\sqrt{x^2}=|x-3|+|x|$$
$$=-(x-3)+x=-x+3+x=3$$

답 3

03-1

(1) $(준식)=\dfrac{6(\sqrt{5}-\sqrt{2})}{(\sqrt{5}+\sqrt{2})(\sqrt{5}-\sqrt{2})}$

$$=\dfrac{6(\sqrt{5}-\sqrt{2})}{3}=2(\sqrt{5}-\sqrt{2})$$

(2) $(준식)=\dfrac{(\sqrt{3}-\sqrt{5})(2+\sqrt{3})}{(2-\sqrt{3})(2+\sqrt{3})}$

$$=2\sqrt{3}+3-2\sqrt{5}-\sqrt{15}$$

답 (1) $2(\sqrt{5}-\sqrt{2})$ (2) $2\sqrt{3}+3-2\sqrt{5}-\sqrt{15}$

03-2

$(준식)=\dfrac{1+\sqrt{2}+\sqrt{3}}{\{(1+\sqrt{2})-\sqrt{3}\}\{(1+\sqrt{2})+\sqrt{3}\}}$

$$=\dfrac{1+\sqrt{2}+\sqrt{3}}{(1+\sqrt{2})^2-\sqrt{3}^2}=\dfrac{1+\sqrt{2}+\sqrt{3}}{1+2\sqrt{2}+2-3}$$

$$=\dfrac{1+\sqrt{2}+\sqrt{3}}{2\sqrt{2}}=\dfrac{(1+\sqrt{2}+\sqrt{3})\sqrt{2}}{2\sqrt{2}\times\sqrt{2}}$$

$$=\dfrac{\sqrt{2}+2+\sqrt{6}}{4}$$

답 $\dfrac{\sqrt{2}+2+\sqrt{6}}{4}$

04-1

$$\dfrac{3+\sqrt{7}}{3-\sqrt{7}}=\dfrac{(3+\sqrt{7})^2}{9-7}=\dfrac{9+6\sqrt{7}+7}{2}$$

$$=\dfrac{16+6\sqrt{7}}{2}=8+3\sqrt{7}$$

답 $8+3\sqrt{7}$

04-2

$x=\dfrac{(2+\sqrt{5})^2}{(2-\sqrt{5})(2+\sqrt{5})}$

$$=-(4+4\sqrt{5}+5)=-9-4\sqrt{5}$$

$y=\dfrac{(2-\sqrt{5})^2}{(2+\sqrt{5})(2-\sqrt{5})}$

$$=-(4-4\sqrt{5}+5)=-9+4\sqrt{5}$$

$x+y=-9-4\sqrt{5}-9+4\sqrt{5}=-18$

$xy=(-9-4\sqrt{5})(-9+4\sqrt{5})=1$

$\therefore\ x^2+y^2=(x+y)^2-2xy$

$$=(-18)^2-2\times1=322$$

답 322

05-1

$$\dfrac{-3}{\sqrt{2}+\sqrt{5}}=\dfrac{2-5}{\sqrt{2}+\sqrt{5}}=\sqrt{2}-\sqrt{5}$$

답 $\sqrt{2}-\sqrt{5}$

05-2

$(준식)=\dfrac{2-1}{\sqrt{2}+\sqrt{1}}+\dfrac{2-1}{\sqrt{2}-\sqrt{1}}$

$$=\sqrt{2}-\sqrt{1}+\sqrt{2}+\sqrt{1}$$

$$=2\sqrt{2}$$

답 $2\sqrt{2}$

01-1

무리식의 값이 실수가 되려면 (근호 안의 식의 값) ≥ 0이어야
하므로

$$2-3x \geq 0 \quad 3x \leq 2$$
$$\therefore x \leq \frac{2}{3}$$

답 $x \leq \dfrac{2}{3}$

01-2

무리식의 값이 실수가 되려면 (근호 안의 식의 값) ≥ 0,
(분모) $\neq 0$이어야 하므로

$$x+2 > 0 \quad \therefore x > -2 \quad \cdots ①$$
$$3-2x \geq 0 \quad \therefore x \leq \frac{3}{2} \quad \cdots ②$$

①, ②의 공통범위를 구하면

$$-2 < x \leq \frac{3}{2}$$

따라서 무리식의 값이 실수가 되게 하는 정수 x는 3개이다.

답 3

02-1

$$(1) \ (준식) = \frac{(\sqrt[3]{4})^2 - \sqrt[3]{4 \times 2} + (\sqrt[3]{2})^2}{(\sqrt[3]{4} + \sqrt[3]{2})\{(\sqrt[3]{4})^2 - \sqrt[3]{4 \times 2} + (\sqrt[3]{2})^2\}}$$
$$= \frac{\sqrt[3]{16} - \sqrt[3]{8} + \sqrt[3]{4}}{(\sqrt[3]{4})^3 + (\sqrt[3]{2})^3}$$
$$= \frac{2\sqrt[3]{2} - 2 + \sqrt[3]{4}}{6}$$

$$(2) \ (준식) = \frac{\sqrt[3]{3} - 1}{(\sqrt[3]{9} + \sqrt[3]{3} + 1)(\sqrt[3]{3} - 1)}$$
$$= \frac{\sqrt[3]{3} - 1}{(\sqrt[3]{3})^3 - 1^3} = \frac{\sqrt[3]{3} - 1}{2}$$

답 (1) $\dfrac{2\sqrt[3]{2} - 2 + \sqrt[3]{4}}{6}$ (2) $\dfrac{\sqrt[3]{3} - 1}{2}$

02-2

$$(준식) = \frac{1}{\sqrt[3]{4} - 1} + \frac{1}{(\sqrt[3]{4})^2 + \sqrt[3]{4} + 1^2}$$
$$= \frac{(\sqrt[3]{4})^2 + \sqrt[3]{4} + 1^2 + \sqrt[3]{4} - 1}{(\sqrt[3]{4} - 1)\{(\sqrt[3]{4})^2 + \sqrt[3]{4} + 1^2\}}$$
$$= \frac{\sqrt[3]{16} + 2\sqrt[3]{4}}{(\sqrt[3]{4})^3 - 1}$$
$$= \frac{2\sqrt[3]{2} + 2\sqrt[3]{4}}{3}$$

답 $\dfrac{2\sqrt[3]{2} + 2\sqrt[3]{4}}{3}$

03-1

x, y의 분모를 유리화하면

$$x = \frac{\sqrt{3} + \sqrt{2}}{(\sqrt{3} - \sqrt{2})(\sqrt{3} + \sqrt{2})} = \frac{\sqrt{3} + \sqrt{2}}{3 - 2} = \sqrt{3} + \sqrt{2}$$
$$y = \frac{\sqrt{3} - \sqrt{2}}{(\sqrt{3} + \sqrt{2})(\sqrt{3} - \sqrt{2})} = \frac{\sqrt{3} - \sqrt{2}}{3 - 2} = \sqrt{3} - \sqrt{2}$$
$$x + y = \sqrt{3} + \sqrt{2} + \sqrt{3} - \sqrt{2} = 2\sqrt{3}$$
$$x - y = \sqrt{3} + \sqrt{2} - \sqrt{3} + \sqrt{2} = 2\sqrt{2}$$
$$xy = (\sqrt{3} + \sqrt{2})(\sqrt{3} - \sqrt{2}) = 3 - 2 = 1$$
$$(준식) = \frac{(\sqrt{x} + \sqrt{y})^2}{(\sqrt{x} - \sqrt{y})(\sqrt{x} + \sqrt{y})} = \frac{x + y + 2\sqrt{xy}}{x - y}$$
$$= \frac{2\sqrt{3} + 2}{2\sqrt{2}} = \frac{\sqrt{3} + 1}{\sqrt{2}} = \frac{\sqrt{6} + \sqrt{2}}{2}$$

답 $\dfrac{\sqrt{6} + \sqrt{2}}{2}$

03-2

$$(준식) = \frac{(x^2 + 4x + 4) - (x^2 - 2x + 1)}{\sqrt{x^2 + 4x + 4} - \sqrt{x^2 - 2x + 1}}$$
$$= \sqrt{x^2 + 4x + 4} + \sqrt{x^2 - 2x + 1}$$
$$= \sqrt{(x+2)^2} + \sqrt{(x-1)^2} = |x+2| + |x-1| = 4$$

절댓값 안이 0이 되는 x의 값을 구하면 $x = -2$, $x = 1$이므로
구간을 나누어 해를 구하면

i) $x < -2$일 때

$$(준식) = -x - 2 - x + 1 = 4 \quad -2x = 5 \quad \therefore x = -\frac{5}{2}$$

ii) $-2 \leq x < 1$일 때

$$(준식) = x + 2 - x + 1 = 4 \quad 3 = 4 \ (모순)$$
$$\therefore \ 해가 \ 없다.$$

iii) $x \geq 1$일 때

$$(준식) = x + 2 + x - 1 = 4 \quad 2x = 3 \quad \therefore x = \frac{3}{2}$$

i), ii), iii)에 의해 $x = -\dfrac{5}{2}$ 또는 $x = \dfrac{3}{2}$

답 $x = -\dfrac{5}{2}$, $x = \dfrac{3}{2}$

04-1

$$x = \frac{2 + \sqrt{3}}{(2 - \sqrt{3})(2 + \sqrt{3})} = 2 + \sqrt{3} \ 에서 \ x - 2 = \sqrt{3}$$

양변을 제곱하고 정리하면

$$(x - 2)^2 = \sqrt{3}^2 \quad x^2 - 4x + 4 = 3$$
$$\therefore x^2 - 4x + 1 = 0$$
$$(준식) = 2x(x^2 - 4x + 1) + 3 = 3$$

답 3

04-2

$x = 1 - \sqrt{2}$ 에서 $x - 1 = -\sqrt{2}$
양변을 제곱하고 정리하면
$$(x-1)^2 = (-\sqrt{2})^2 \quad x^2 - 2x + 1 = 2$$
$$\therefore x^2 - 2x - 1 = 0$$
$$(준식) = (x-1)(x^2 - 2x - 1) + x - 2$$
$$= x - 2 = 1 - \sqrt{2} - 2 = -1 - \sqrt{2}$$

답 $-1 - \sqrt{2}$

05-1

$x^2 - 4x + 1 = 0$의 양변을 x로 나누면
$$x - 4 + \frac{1}{x} = 0 \quad \therefore x + \frac{1}{x} = 4$$
$$\left(\sqrt{x} + \frac{1}{\sqrt{x}}\right)^2 = x + 2 + \frac{1}{x} = 4 + 2 = 6$$
$$\sqrt{x} + \frac{1}{\sqrt{x}} > 0 \text{이므로} \quad \sqrt{x} + \frac{1}{\sqrt{x}} = \sqrt{6}$$

답 $\sqrt{6}$

05-2

$x^2 - 3x + 1 = 0$의 양변을 x로 나누면
$$x - 3 + \frac{1}{x} = 0 \quad \therefore x + \frac{1}{x} = 3$$
$$\left(\sqrt{x} - \frac{1}{\sqrt{x}}\right)^2 = x - 2 + \frac{1}{x} = 3 - 2 = 1$$
$$\therefore \left| \sqrt{x} - \frac{1}{\sqrt{x}} \right| = 1$$

답 1

06-1

$$\sqrt{6 + \boxed{\sqrt{6 + \sqrt{6 + \cdots}}}} = x$$
$$\llcorner x$$
$$\sqrt{6 + x} = x \quad 6 + x = x^2 \quad x^2 - x - 6 = 0$$
$$(x-3)(x+2) = 0 \quad \therefore x = 3 \text{ 또는 } x = -2$$
$x > 0$이므로 식의 값은 3이다.

답 3

06-2

$$\sqrt{12 - \boxed{\sqrt{12 - \sqrt{12 - \cdots}}}} = x$$
$$\llcorner x$$
$$\sqrt{12 - x} = x \quad 12 - x = x^2 \quad x^2 + x - 12 = 0$$
$$(x+4)(x-3) = 0 \quad \therefore x = -4 \text{ 또는 } x = 3$$
$x > 0$이므로 식의 값은 3이다.

답 3

07-1

$1 < \sqrt{3} < 2 \quad 2 < 1 + \sqrt{3} < 3$
따라서 정수 부분 a와 소수 부분 b의 값을 구하면
$$a = 2, \ b = (1 + \sqrt{3}) - 2 = \sqrt{3} - 1$$
a, b를 이용하여 식의 값을 구하면
$$\frac{1}{b} - \frac{1}{a+b} = \frac{1}{\sqrt{3} - 1} - \frac{1}{\sqrt{3} + 1}$$
$$= \frac{\sqrt{3} + 1 - \sqrt{3} + 1}{2} = 1$$

답 1

07-2

$2 < \sqrt{5} < 3 \quad -3 < -\sqrt{5} < -2 \quad 1 < 4 - \sqrt{5} < 2$
따라서 정수 부분 a와 소수 부분 b의 값을 구하면
$$a = 1, \ b = (4 - \sqrt{5}) - 1 = 3 - \sqrt{5}$$
a, b를 이용하여 식의 값을 구하면
$$2ab = 2 \times 1 \times (3 - \sqrt{5}) = 6 - 2\sqrt{5}$$

답 $6 - 2\sqrt{5}$

2 무리함수

08-1

정의역 $3x + 2 \geq 0 \quad x \geq -\frac{2}{3} \ \rightarrow \ \left\{ x \,\middle|\, x \geq -\frac{2}{3} \right\}$
치역 $y - 1 = \sqrt{3x + 2} \geq 0 \quad y \geq 1 \ \rightarrow \ \{ y \,|\, y \geq 1 \}$

답   정의역 : $\left\{ x \,\middle|\, x \geq -\frac{2}{3} \right\}$

치역 : $\{ y \,|\, y \geq 1 \}$

08-2

(1) 정의역 $3x \geq 0 \quad x \geq 0 \ \rightarrow \ \{ x \,|\, x \geq 0 \}$
　　치역 $y = \sqrt{3x} \geq 0 \quad y \geq 0 \ \rightarrow \ \{ y \,|\, y \geq 0 \}$
(2) 정의역 $-3x \geq 0 \quad x \leq 0 \ \rightarrow \ \{ x \,|\, x \leq 0 \}$
　　치역 $y = \sqrt{-3x} \geq 0 \quad y \geq 0 \ \rightarrow \ \{ y \,|\, y \geq 0 \}$
(3) 정의역 $3x \geq 0 \quad x \geq 0 \ \rightarrow \ \{ x \,|\, x \geq 0 \}$
　　치역 $y = -\sqrt{3x} \leq 0 \quad y \leq 0 \ \rightarrow \ \{ y \,|\, y \leq 0 \}$
(4) 정의역 $-3x \geq 0 \quad x \leq 0 \ \rightarrow \ \{ x \,|\, x \leq 0 \}$
　　치역 $y = -\sqrt{-3x} \leq 0 \quad y \leq 0 \ \rightarrow \ \{ y \,|\, y \leq 0 \}$

답   (1) $\{ x \,|\, x \geq 0 \}, \ \{ y \,|\, y \geq 0 \}$
(2) $\{ x \,|\, x \leq 0 \}, \ \{ y \,|\, y \geq 0 \}$
(3) $\{ x \,|\, x \geq 0 \}, \ \{ y \,|\, y \leq 0 \}$
(4) $\{ x \,|\, x \leq 0 \}, \ \{ y \,|\, y \leq 0 \}$

09-1

출발점 $2x+1=0$에서 $x=-\dfrac{1}{2}$, $y=-1$ $\cdots$ ①

방향 → 右측 上 $\cdots$ ②

x절편 $y=0$ → $(\sqrt{2x+1})^2=1^2$

$\quad 2x+1=1 \quad \therefore x=0 \cdots$ ③

①, ②, ③을 이용하여 그래프를 그리면 다음과 같다.

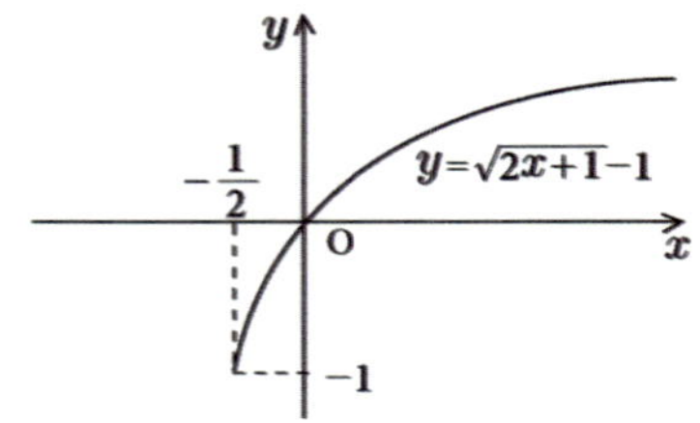

답 풀이참조

09-2

출발점 $-x-3=0$에서 $x=-3$, $y=1$ $\cdots$ ①

방향 → 左측 下 $\cdots$ ②

x절편 $y=0$ → $(\sqrt{-x-3})^2=1^2$

$\quad -x-3=1 \quad \therefore x=-4 \cdots$ ③

①, ②, ③을 이용하여 그래프를 그리면 다음과 같다.

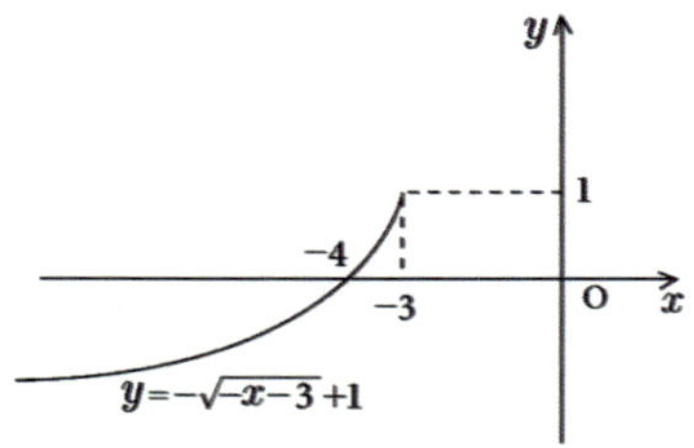

답 풀이참조

10-1

$y=\sqrt{x}$ 의 그래프를 x축의 방향으로 1만큼, y축의 방향으로 2만큼 평행이동하면

$\quad y-2=\sqrt{x-1} \quad \therefore y=\sqrt{x-1}+2 \cdots$ ①

①의 그래프를 x축에 대하여 대칭이동하면

$\quad -y=\sqrt{x-1}+2 \quad \therefore y=-\sqrt{x-1}-2$

답 $y=-\sqrt{x-1}-2$

10-2

$y=-\sqrt{2x+1}$ 를 y축에 대하여 다시 대칭이동하고 x축의 방향으로 1만큼, y축의 방향으로 -1만큼 평행이동하면 $y=a\sqrt{bx+c}+d$가 된다.

$y=-\sqrt{2x+1}$ 의 그래프를 y축에 대하여 대칭이동하면

$\quad y=-\sqrt{2\times(-x)+1}=-\sqrt{-2x+1}$

$\quad\quad \therefore y=-\sqrt{-2x+1} \cdots$ ①

①을 x축의 방향으로 1만큼, y축의 방향으로 -1만큼 평행이동하면

$y+1=-\sqrt{-2(x-1)+1}$

$\quad \therefore y=-\sqrt{-2x+3}-1 \cdots$ ②

②는 $y=a\sqrt{bx+c}+d$이므로

$\quad a=-1,\ b=-2,\ c=3,\ d=-1$

답 $a=-1,\ b=-2,\ c=3,\ d=-1$

11-1

$y=\sqrt{-(x-1)}+k$의 그래프는 감소하는 그래프이므로 $x=0$에서 최솟값 -1을 갖는다.

$\quad -1=\sqrt{1}+k \quad \therefore k=-2$

답 $k=-2$

11-2

$y=-\sqrt{2\left(x+\dfrac{1}{2}\right)}+a$의 그래프는 감소하는 그래프이므로 $x=4$에서 최솟값 -1을 갖고 $x=0$에서 최댓값 b를 갖는다.

$\quad -1=-\sqrt{9}+a \quad \therefore a=2$

$\quad b=-\sqrt{1}+a \quad b=-1+2 \quad \therefore b=1$

$\quad \therefore a+b=2+1=3$

답 3

12-1

출발점의 좌표가 $(-1,\ 1)$이므로 무리함수의 식에서

$\quad -b=-1 \quad \therefore b=1,\ c=1$

$\quad\quad \therefore y=a\sqrt{x+1}+1\ (a<0) \cdots$ ①

이 그래프가 점 $(0,\ 0)$을 지나므로 ①에 대입하여 a의 값을 구하면

$\quad 0=a+1 \quad \therefore a=-1$

따라서 $a+b+c$의 값을 구하면

$\quad a+b+c=-1+1+1=1$

답 1

12-2

주어진 그림의 식을 구하면 출발점이 $(0,\ -1)$이므로

$\quad y=\sqrt{ax}-1$

이 그래프가 $(2,\ 0)$을 지나므로 대입하여 a의 값을 구하면

$\quad 0=\sqrt{2a}-1 \quad \sqrt{2a}=1 \quad \therefore a=\dfrac{1}{2}$

$\quad\quad \therefore y=\sqrt{\dfrac{1}{2}x}-1 \cdots$ ①

①을 x축의 방향으로 -2만큼 y축의 방향으로 1만큼 평행이동하면

$\quad y-1=\sqrt{\dfrac{1}{2}(x+2)}-1 \quad \therefore y=\sqrt{\dfrac{1}{2}x+1}$

따라서 $b=1$, $c=0$이다.

답 $a=\dfrac{1}{2}$, $b=1$, $c=0$

13-1

$y=\sqrt{x-3}$ 과 직선 $y=mx+1$이 만나도록 그래프를 그리면 다음과 같다.

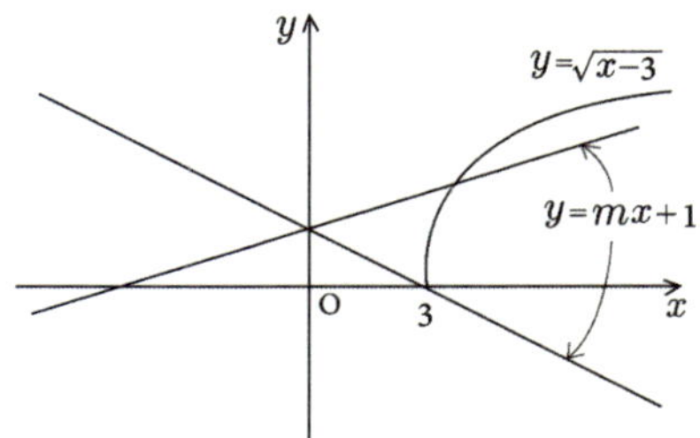

직선이 점 $(3,\ 0)$을 지날 경우 m의 값을 구하면

$$0=3m+1 \quad \therefore\ m=-\frac{1}{3}$$

이때 직선이 $y=\sqrt{x-3}$ 과 만나려면 $m\geq -\frac{1}{3}$ $\cdots$ ①

직선이 $y=\sqrt{x-3}$ 과 접할 경우 m의 값을 구하면

$$\sqrt{x-3}=mx+1 \quad x-3=m^2x^2+2mx+1$$
$$m^2x^2+(2m-1)x+4=0$$
$$D=(2m-1)^2-16m^2=0$$
$$4m^2-4m+1-16m^2=0$$
$$12m^2+4m-1=0$$
$$(6m-1)(2m+1)=0$$
$$\therefore\ m=\frac{1}{6}\ \text{또는}\ m=-\frac{1}{2}$$

무리함수 $y=\sqrt{x-3}$ 과 직선이 접할 경우 m의 값은 $\frac{1}{6}$이므로 직선이 $y=\sqrt{x-3}$ 과 만나려면 $m\leq \frac{1}{6}$ $\cdots$ ②

따라서 ①, ②에 의해 $-\frac{1}{3}\leq m\leq \frac{1}{6}$

답 $-\frac{1}{3}\leq m\leq \frac{1}{6}$

13-2

$y=\sqrt{-2(x-2)}$ 와 직선 $y=-x+k$가 두 개의 교점을 가지도록 그래프를 그리면 다음과 같다.

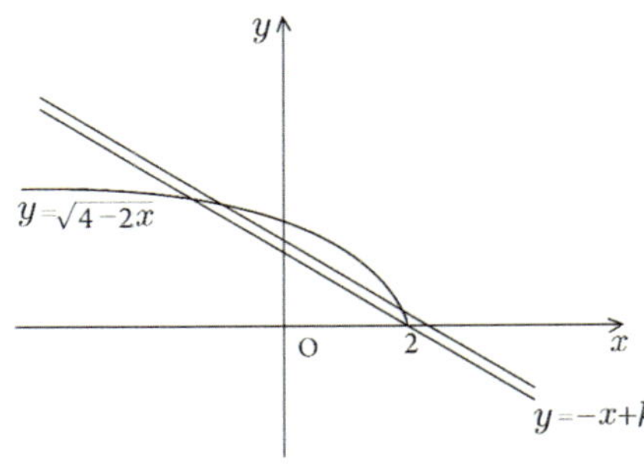

직선이 점 $(2,\ 0)$을 지날 경우 k의 값을 구하면

$$0=-2+k \quad \therefore\ k=2$$

이때 직선이 $y=\sqrt{4-2x}$ 와 두 개의 교점을 가지려면

$k\geq 2$ $\cdots$ ①

직선이 $y=\sqrt{4-2x}$ 와 접할 경우 k의 값을 구하면

$$\sqrt{4-2x}=-x+k \quad 4-2x=x^2-2kx+k^2$$
$$x^2-2(k-1)x+k^2-4=0$$
$$D/4=(k-1)^2-(k^2-4)=0$$
$$k^2-2k+1-k^2+4=0$$
$$-2k+5=0 \quad \therefore\ k=\frac{5}{2}$$

직선이 $y=\sqrt{4-2x}$ 와 두 개의 교점을 가지려면

$$k<\frac{5}{2}\ \cdots\ ②$$

따라서 ①, ②에 의해 $2\leq k<\frac{5}{2}$

답 $2\leq k<\frac{5}{2}$

14-1

$y=\sqrt{x-1}+2$의 정의역과 치역을 구하면
$x-1\geq 0$에서 정의역은 $\{x|x\geq 1\}$
$y-2=\sqrt{x-1}\geq 0$에서 치역은 $\{y|y\geq 2\}$
따라서 역함수의 정의역은 $\{x|x\geq 2\}$이다.
$y=\sqrt{x-1}+2$에서 $y-2=\sqrt{x-1}$
양변을 제곱하고 x에 대하여 정리하면

$$y^2-4y+4=x-1$$
$$\therefore\ x=y^2-4y+5$$

x와 y를 바꾸고 역함수를 구하면

$$y=x^2-4x+5\ (x\geq 2)$$

답 $y=x^2-4x+5\ (x\geq 2)$

14-2

$f^{-1}(2)=\frac{5}{2}$에서 $f\left(\frac{5}{2}\right)=2$이므로

$$2=\sqrt{2\times\frac{5}{2}+a} \quad \sqrt{5+a}=2$$
$$5+a=4 \quad \therefore\ a=-1$$
$$\therefore\ f(x)=\sqrt{2x-1}$$

따라서 $f\left(\frac{1}{2}\right)$의 값을 구하면

$$f\left(\frac{1}{2}\right)=\sqrt{2\times\frac{1}{2}-1}=0$$

답 0

15-1

무리함수와 역함수의 그래프의 교점의 좌표는 무리함수의 그래프와 직선 $y=x$의 교점과 같으므로

$$\sqrt{3x+4}=x \quad 3x+4=x^2$$
$$x^2-3x-4=0 \quad (x-4)(x+1)=0$$

$$\therefore\ x=-1 \text{ 또는 } x=4$$

주어진 무리함수의 정의역은 $x \geq -\dfrac{4}{3}$, 역함수의 정의역은

$x \geq 0$이므로 두 함수의 정의역의 공통부분인 $x \geq 0$에서
구하는 교점의 좌표는

$(4,\ 4)$

답 $(4,\ 4)$

15-2

두 함수 $y=\sqrt{x-1}+1$과 $x=\sqrt{y-1}+1$은 역함수이므로
두 함수의 교점은 $y=\sqrt{x-1}+1$과 $y=x$의 교점과 같다.

$$\sqrt{x-1}+1=x \qquad \sqrt{x-1}=x-1$$
$$x-1=x^2-2x+1$$
$$x^2-3x+2=0 \quad (x-1)(x-2)=0$$
$$\therefore\ x=1 \text{ 또는 } x=2$$

이때 무리함수와 역함수의 정의역이 모두 $x \geq 1$이므로
구하는 교점의 좌표는

$(1,\ 1),\ (2,\ 2)$

따라서 두 교점 사이의 거리를 구하면

$$\sqrt{(2-1)^2+(2-1)^2}=\sqrt{2}$$

답 $\sqrt{2}$

〈연습문제 A〉

01. $-\sqrt{2}\,a+b$ **02.** $2a$

03. (1) $2(\sqrt{5}-\sqrt{2})$ (2) $2\sqrt{3}+3-2\sqrt{5}-\sqrt{15}$

04. 322 **05.** $2\sqrt{2}$ **06.** $x \geq \dfrac{1}{2}$

07. (1) $\dfrac{\sqrt[3]{25}+\sqrt[3]{10}+\sqrt[3]{4}}{3}$ (2) $\dfrac{1+\sqrt[3]{2}}{3}$

08. $\sqrt{2}+1$ **09.** 2 **10.** $\sqrt{7}$ **11.** 2 **12.** 1

13. (1) $\{x\,|\,x \geq 2\},\ \{y\,|\,y \geq 3\}$

     (2) $\{x\,|\,x \geq -2\},\ \{y\,|\,y \leq -3\}$

14. 생략   **15.** $a=1,\ b=-2,\ c=-1$

16. 최댓값 : -3, 최솟값 : -4

17. $a=-2,\ b=4,\ c=-2$

18. -3 **19.** $y=x^2+4x+1\ (x \geq -2)$

20. $\left(\dfrac{1+\sqrt{13}}{2},\ \dfrac{1+\sqrt{13}}{2}\right)$

〈연습문제 B〉

01. 8 **02.** 3 **03.** $\dfrac{\sqrt{2}+2+\sqrt{6}}{4}$ **04.** 3

05. $\dfrac{2\sqrt[3]{2}+2\sqrt[3]{4}}{3}$ **06.** $x=-\dfrac{5}{2},\ x=\dfrac{3}{2}$

07. $-1-\sqrt{2}$ **08.** 1 **09.** 3

10. $-1+2\sqrt{7}$

11. (1) $\{x\,|\,x \geq 0\},\ \{y\,|\,y \geq 0\}$

     (2) $\{x\,|\,x \leq 0\},\ \{y\,|\,y \geq 0\}$

     (3) $\{x\,|\,x \geq 0\},\ \{y\,|\,y \leq 0\}$

     (4) $\{x\,|\,x \leq 0\},\ \{y\,|\,y \leq 0\}$

12. 생략   **13.** $a=-1,\ b=-2,\ c=3,\ d=-1$

14. 3 **15.** $a=\dfrac{1}{2},\ b=1,\ c=0$ **16.** $2 \leq k < \dfrac{5}{2}$

17. 0 **18.** $\sqrt{2}$

MEMO

◢ MEMO